Wilhelm Füßl

Arthur Schönberg (1874–1943)

Ein Ingenieurleben im Schatten Oskar von Millers

Deutsches Museum

Das Deutsche Museum und der Autor Dr. Wilhelm Füßl
bedanken sich herzlich für die finanzielle Unterstützung
der Publikation bei:
Brigitte Berndorfer, München
Camilo Dornier, Starnberg
Bernd Junkers, München
Erich Randol Schoenberg, Los Angeles
Uniper Kraftwerke GmbH

Bibliografische Information der Deutschen Nationalbibliothek
Die Deutsche Nationalbibliothek verzeichnet diese Publikation in der
Deutschen Nationalbibliografie; detaillierte bibliografische Daten sind
im Internet unter http://dnb.de abrufbar.

Dr. Wilhelm Füßl: „Arthur Schönberg (1874–1943).
Ein Ingenieurleben im Schatten Oskar von Millers"

Redaktion: Dr. Kathrin Mönch
Satz, Layout: mediendesign : kai royer, Berlin
Umschlaggestaltung: Jutta Esser
Umschlagmotiv: Deutsches Museum, München, Archiv, NL 114/394 GF_140
Druck und Bindung: optimal media GmbH, Röbel
ISBN 978-3-948808-27-3

Für Johannes

Inhalt

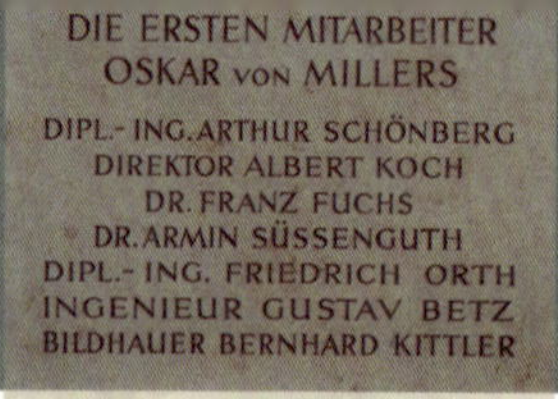

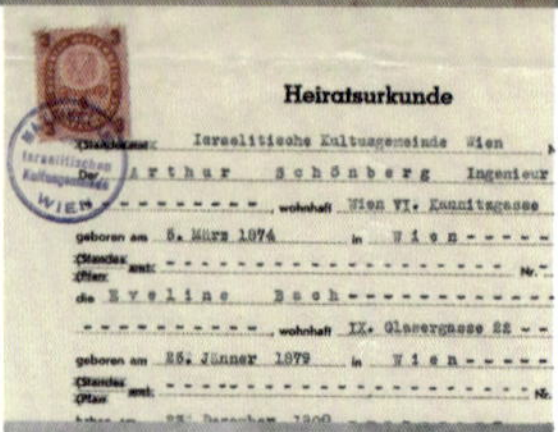
Heiratsurkunde

Israelitische Kultusgemeinde Wien

Der Arthur Schönberg Ingenieur

wohnhaft Wien VI. Kaunitzgasse

geboren am 5. März 1874 in Wien

die Eveline Bach

wohnhaft IX. Glasergasse 22

geboren am 25. Jänner 1879 in Wien

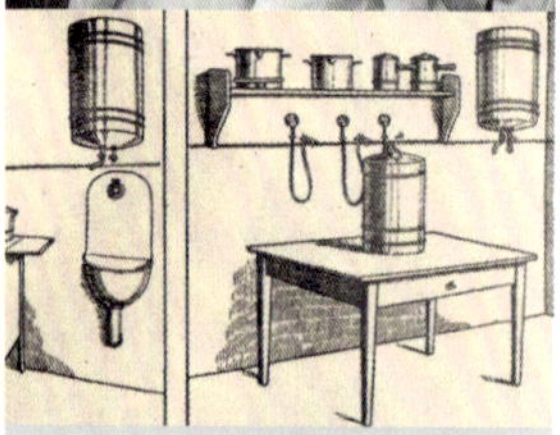

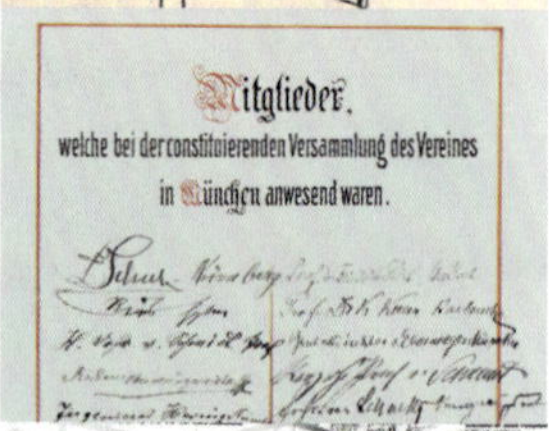
Mitglieder,
welche bei der constituierenden Versammlung des Vereines
in München anwesend waren.

-Werner, Henriette: Kunst und Volk. David Josef Bach 1874–1

Mateo; u. a.: Rudolf Steiner – Die Alchemie des Alltags (Auss
2010.

, Christiane: Finanzverwaltung und Judenverfolgung. Die Ent
gens in Bayern während der NS-Zeit. München 2008.

okratie und Verbrechen. Antisemitische Finanzpolitik und Ver
alsozialistischen Deutschland. München 2013.

, Hans (Hrsg.): Von Juden in München. Ein Gedenkbuch. Mü

gangene Tage. Jüdische Kultur in München. München, Wien 1

, Boris Venediktovič: Die sowjetisch-deutsche Gesellschaft „Ku
Jahren 1923 bis 1933. In: Sanke, Heinz (Hrsg.): Deutschland,
inf Jahrzehnten kultureller Zusammenarbeit. Berlin 1966, S. 1

Einführung

Spurensuche

Fällt in Gesprächen der Name „Schönberg“, wird er meist mit dem berühmten österreichischen Komponisten und einflussreichen Musiktheoretiker Arnold Schönberg (1874–1951)[1] verbunden. Die Person von Arthur Schönberg (1874–1943) dagegen ist in der Öffentlichkeit unbekannt. Dabei hatten sie viele Gemeinsamkeiten. Beide stammten vom selben Großvater (Abraham Schönberg) ab, waren also Cousins, beide wurden 1874 im Abstand von nur sechs Monaten in Wien geboren und beide hatten in ihrer Jugend einen sich vielfach überschneidenden Freundeskreis. Mit den unterschiedlichen beruflichen Karrieren – Arthur Schönberg als Ingenieur und Arnold als Komponist – trennten sich ihre Wege.

An dem geringen Bekanntheitsgrad des Ingenieurs Schönberg konnte auch eine Steintafel vor dem Ehrensaal des Deutschen Museums nichts ändern (Abb. 1). Jahrzehntelang hing sie nahezu unbemerkt an der Wand, bevor sie seit Mitte 2022 wegen der Sanierung des Hauses nicht mehr der Öffentlichkeit zugänglich ist. Überschrieben ist sie mit „Die ersten Mitarbeiter Oskar von Millers“ und an oberster Stelle steht „Dipl.-Ing. Arthur Schönberg“. Selbst langjährigen Mitarbeiterinnen und Mitarbeitern des Museums war und ist der Name nicht geläufig.

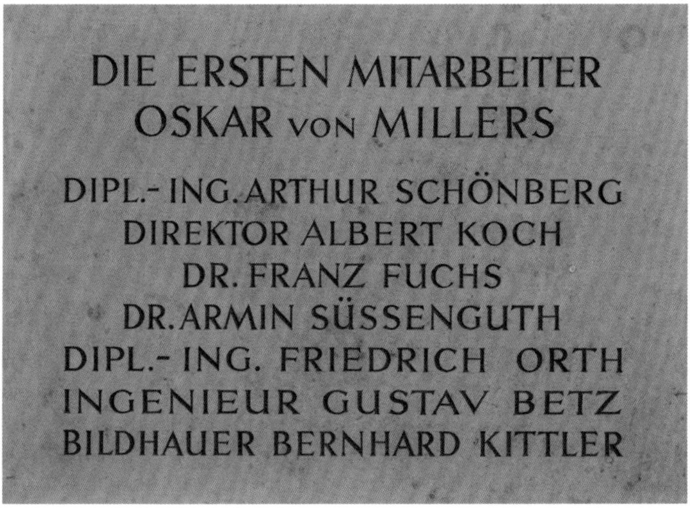

Abb. 1 Ehrentafel für die frühesten Mitarbeiter des Deutschen Museums mit Arthur Schönberg an erster Stelle.

Während es sich bei den anderen Genannten um Personen handelt, die lange Jahre im Deutschen Museum festangestellt waren und in den Museumsakten als Kuratoren unterschiedlicher Fachgebiete oder – wie im Fall von Kittler – als Leiter der Bildhauerwerkstatt immer wieder genannt sind, finden sich zu Arthur Schönberg im Museumsarchiv deutlich spärlichere Informationen. Sie sind zudem über Hunderte von Mappen verstreut.

Von Arthur Schönberg haben sich nur wenige Fotografien erhalten, die einen kleineren, bärtigen Mann zeigen. Ein am 8. Mai 1940 ausgestellter Reisepass vermerkt folgende äußere Merkmale:[2]

„Gestalt:	klein
Gesicht:	oval
Farbe der Augen:	braun
Farbe des Haares:	grau
Besondere Kennzeichen:	Hasenscharte“

Wollte man das Leben von Arthur Schönberg in wenigen inhaltlichen Stichworten zusammenfassen, würde sich folgendes Bild ergeben: Geboren als Jude in Wien – Maschinenbaustudium – 37 Jahre Tätigkeit im Ingenieurbüro Oskar von Miller in München – Konzeption zahlreicher Elektrizitätsnetze – Mitarbeit beim Aufbau des Deutschen Museums – Tod im Ghetto Theresienstadt. Ein Beispiel für das Leben eines Juden in Deutschland also. Es ist die Geschichte eines Juden im Kaiserreich, in der Weimarer Republik und im Nationalsozialismus. Sie handelt von Schönbergs überaus erfolgreichem Wirken in einem der bedeutendsten Planungsbüros für Energiefragen in Europa und von seinem Aufstieg zum Bürochef und Teilhaber dieses Unternehmens. Schon sein beruflicher Erfolg macht Arthur Schönberg für eine Biografie interessant. Ein Mensch, der in die Maschinerie des NS-Staats geriet, seines kompletten Vermögens beraubt wurde, im Holocaust zahlreiche Verwandte, darunter seine Frau und eine Tochter, verlor und schließlich selbst ermordet wurde. Nur die Tochter Else und sein Enkel Michael haben als einzige Familienmitglieder überlebt.

Was sind die Ursachen für seinen mangelnden Bekanntheitsgrad? Ein wesentlicher Grund dürfte darin liegen, dass sein Name in der Zeit der NS-Gewaltherrschaft aus der öffentlichen Wahrnehmung getilgt wurde. Als Jude wurde Schönberg von den Nationalsozialisten bekämpft, systematisch verfolgt und aus seiner Position als Gesellschafter, Prokurist und führender Planungsingenieur der Firma Oskar von Millers gedrängt und später ermordet. Ein zweiter Aspekt für seine Anonymität ist, dass mit den angedeuteten Großprojekten in der Regel die Person Oskar von Miller verbunden ist. Jener war es, der die Ideen für diese Vorhaben entwickelte, sie gegen vielfältige Widerstände durchsetzte und erfolgreich realisierte. Die eigentliche planerische Arbeit leisteten jedoch talentierte Ingenieure in seiner Firma. Die zentrale Persönlichkeit war dabei Arthur Schönberg. In den zeitgenössischen Veröffentlichungen und späteren Forschungsarbeiten wird er allerdings so gut wie nie genannt.

Schönberg war der Mann hinter Oskar von Miller. In Fachkreisen hatte sein Name zu Lebzeiten einen exzellenten Ruf; in der breiten Öffentlichkeit war er dagegen kaum bekannt.

Diese Feststellung wirft ein bezeichnendes Licht auf die Geschichtsschreibung, das Geschichtsbild und das Geschichtswissen nicht nur in Deutschland. Biografische Studien beschäftigen sich nahezu ausnahmslos mit berühmten Frauen und Männern der Weltgeschichte. Übertragen auf das Deutsche Museum bedeutet das, dass heute fast jeder dessen Gründer Oskar von Miller kennt, der 1903 seine Idee für ein naturwissenschaftlich-technisches Museum in München verwirklicht und es zu einer weltweit führenden Einrichtung ausgebaut hat.

Wer die Biografie Millers kennt, dem fallen die ungeheuer breit gestreuten Aktivitäten dieses Mannes auf. Abgesehen von der Gründung des Deutschen Museums war er Pionier der Elektrizitätsversorgung, Gründer und Inhaber eines europaweit führenden Ingenieurbüros für Energiefragen, Mitglied der Ersten Kammer des Königreichs Bayern, Initiator des Baus des Walchenseekraftwerks und Organisator des Bayernwerks, mehrere Jahre Vorsitzender des Vereins Deutscher Ingenieure, Mitglied im Vorstand der Transeuropa-Union, im Verwaltungsrat der Deutschen Reichsbahn-Gesellschaft und vieles mehr. Eine bewundernswerte Lebensleistung, die durch zahlreiche Quellen belegt ist. Seine unbestreitbaren Verdienste in der Frühzeit der Elektrotechnik und beim Bau von großen Stromnetzen sind bekannt, sein Leben und Wirken gut erforscht und in einer 400-seitigen Publikation beschrieben.

Als Autor der Biografie Oskar von Millers wurde mir schon vor Jahren klar, dass nicht nur ein vielstündiger Arbeitstag, eine hervorragende Selbstorganisation und eine große Durchsetzungsfähigkeit diese enorme Lebensleistung ermöglicht haben. Faktisch waren es zahlreiche Personen im Museum und im Ingenieurbüro Millers, die seine Ideen und Vorgaben in konkrete Ergebnisse umsetzten. Die meisten von ihnen sind heute unbekannt. Es sind Personen der zweiten und dritten Reihe. Ihre Namen waren (und sind es noch heute) offensichtlich für die historische Forschung uninteressant.

Diese Beobachtung lässt sich mit der schwierigen Quellenlage zu solchen Personen erklären. Nur hin und wieder fallen in den Akten die Namen von Millers engsten Mitarbeitern und in einem Fall auch von einer Mitarbeiterin. Die berufliche Tätigkeit von Personen der zweiten Reihe erschließt sich für Forschende häufig nur indirekt aus ihren Namenskürzeln auf der ausgehenden Post, die in der Regel von der Frontfigur, in unserem Fall Oskar von Miller, unterschrieben war. Im Deutschen Museum durften die zuständigen Kuratoren nur solche Korrespondenzen eigenständig führen, die sich mit Detailfragen befassten. Die eingehende Post musste grundsätzlich erst Miller vorgelegt werden, der sie dann an seine Beschäftigten weiterleitete. Bei einer derart hierarchisch bestimmten Unternehmensstruktur bleiben diese nahezu unsichtbar und ihr Wirken konturlos. Ihre Persönlichkeiten sind kaum zu fassen. Nicht wesentlich anders ist die Situation im Ingenieurbüro Millers.

Unter den vielen Angestellten sticht bei einer intensiven Beschäftigung mit dem Leben und Werk Millers dennoch immer wieder der Name von Arthur Schönberg heraus. Bei genauem Betrachten der Quellen und der Fokussierung auf seine Person fällt auf, dass er in zentralen Punkten und selbst bei scheinbar nebensächlichen Themen immer an Millers Seite auftaucht.

Ein Bild scheint fast symptomatisch für die Beziehung zwischen Miller und Schönberg zu sein. Es handelt sich um ein Triptychon des Malers Georg Waltenberger, der darauf die Grundsteinlegung zum Neubau des Deutschen Museums im Jahr 1906 festhielt (Abb. 2).

Abb. 2 Georg Waltenberger: Gemälde zur Grundsteinlegung des Deutschen Museums. Auf der Mitteltafel ist leicht zurückversetzt hinter dem sich auf seinen Säbel stützenden Prinz Ludwig von Bayern Arthur Schönberg abgebildet.

Auf der Mitteltafel ist im Vordergrund Kaiser Wilhelm II. zu sehen, der mit dem Hammer den Grundstein legt. Links von ihm stehen Prinz Ludwig von Bayern, der spätere König Ludwig III., daneben Kaiserin Auguste Viktoria, Prinzregent Luitpold und wieder links von diesem Prinzessin Marie Therese, die Gattin Ludwigs. In der ersten Reihe hinter dem Kaiser sind linkerhand von dessen Federbusch Oskar von Miller, Carl von Linde und Walther von Dyck zu sehen. Diese drei agierten über viele Jahre als Vorstand des Deutschen Museums. Und direkt links neben Dyck und hinter Prinz Ludwig ist leicht zurückversetzt Arthur Schönberg abgebildet. Rechts vom Federbusch des Kaisers steht Wilhelm Conrad Röntgen, der 1906 Vorsitzender des Vorstands war und damit in diesem Jahr die formal höchste Funktion im Museum innehatte.

Die Platzierung Schönbergs verweist auf mehrere Aspekte. Zum einen war es dem Auftraggeber Miller wichtig, ihn in das Gemälde aufzunehmen. Damit sollte sein besonderes Engagement für das Deutsche Museum gewürdigt werden. Seine Rolle wird dadurch hervorgehoben, dass neben den hochbedeutenden und hochadeligen Persönlichkeiten nur ein einziger weiterer Beschäftigter des Museums auf dem Gemälde Platz fand: der von Miller ebenfalls geschätzte Baurat Albert Koch. Mit der Positionierung Schönbergs hinter dem Dreiervorstand ist auch seine Funktion beschrieben. Er war derjenige, der im Hintergrund die Büroarbeiten im Museum organisierte und den Vorstand, insbesondere Miller, bei substanziellen Arbeiten unterstützte. Damit wird Schönberg deutlich als „Akteur der zweiten Reihe" typisiert.

In der vorliegenden Biografie wird Arthur Schönberg genau auf diese Bezeichnung hin untersucht. Damit wendet sich diese Lebensbeschreibung ab von einer Geschichtsschreibung der Spitzenkarrieren. Mit der Fokussierung auf Schönberg verändert sich die historische Perspektive und gleichzeitig die Methodik einer solchen biografischen Darstellung.

Der Ausdruck „Akteur bzw. Akteurin der zweiten Reihe" – oder wie es im Englischen heißt: „second tier people" – scheint auf den ersten Blick einer Abwertung gleichzukommen. Mit Menschen der zweiten Garde, mit der zweiten Besetzung, mit dem zweiten Glied, dem zweiten Anzug etc. sind in der Regel Personen gemeint, die nicht die Hauptrolle spielen, sondern höchstens punktuell und zeitlich eingeschränkt die Hauptperson ersetzen. In meinem Verständnis von Akteuren oder Akteurinnen der zweiten Reihe ist jedoch ein Personenkreis gemeint, der es überhaupt nicht darauf anlegt, an die Stelle der jeweiligen Schlüsselfiguren zu treten. Es sind vielmehr Menschen im Hintergrund, die im Stillen wirken, mit ihrer Arbeit die Erfolge der Spitzenleute jedoch erst ermöglichen.

Schon die Wortwahl „Akteur/Akteurin" soll deren aktive, mitgestaltende Rolle im Netzwerk von Firmen und Institutionen betonen. Ihre Biografien der zweiten Reihe zu untersuchen bedeutet jedoch automatisch, gleichzeitig ihre Referenzpersonen, die Protagonisten und Protagonistinnen, zu berücksichtigen. Daher muss eine biografische Darstellung zu einem Akteur oder einer Akteurin der zweiten Reihe wie Arthur Schönberg immer auch die Referenzperson, in diesem Fall Oskar von Miller, im Auge haben. Grundlegend für eine solche Betrachtungsweise ist es, den Akteur oder die Akteurin in seiner bzw. ihrer permanenten Beziehung zu der Frontfigur zu sehen, zu beurteilen und darzustellen. Die ursprüngliche Idee zu einer Doppelbiografie der beiden Persönlichkeiten Miller und Schönberg wurde jedoch verworfen, da sie vermutlich die beiden Ingenieure fälschlich als gleichwertig dargestellt hätte. Mit der Konzentration auf Schönberg wird die Bedeutung der Person Miller nicht automatisch und künstlich reduziert, seine Aktivitäten aber unter der Perspektive beurteilt, inwieweit sein Umfeld sein umfangreiches Wirken ermöglicht hat. Eine Biografie zu Schönberg bedeutet also ein Oszillieren zwischen ihm und Miller, ihrer beiden Ideen, Fähigkeiten und Wirksamkeit.

Das Leben Arthur Schönbergs spielte sich – abgesehen von der Familie – in einer zeittypisch von Männern geprägten Berufswelt ab. Noch während seines Studiums gab es an der Technischen Hochschule in Wien keine Studentinnen. Sie wurden erst 1919 zugelassen. Ähnlich verhielt es sich an der TH München. Auch dort konnte sich erst spät, im Jahr 1915, eine Frau immatrikulieren. In der Maschineningenieurabteilung ist die erste Frau sogar erst im Wintersemester 1924/25 nachgewiesen.[3] Entsprechend der späten Zulassung von Frauen zu technisch-ingenieurwissenschaftlichen Fächern begannen ihre Karrieren, sofern diese überhaupt möglich waren, ebenfalls zeitversetzt. Dies hatte zur Folge, dass in den Führungspositionen im Ingenieurbüro Oskar von Miller keine Ingenieurinnen angestellt waren und sich im Deutschen Museum bis zu Schönbergs Ausscheiden weder unter der Kuratorenschaft noch im externen Referentenkreis Frauen befanden. Erst 1921 war die Wahl von Frauen in Museumsgremien zugelassen. Selbst im bis 1922 geführten Stifterbuch finden sich unter den 596 namentlich Genannten nur 14 Frauen, meist die Ehefrauen oder Witwen angesehener Industrieller. Diese Verteilung nach Geschlechtern spiegelt ansatzweise den geringen Anteil von Frauen in Techniker-, Ingenieur- und naturwissenschaftlichen Berufen in Deutschland in der ersten Hälfte des 20. Jahrhunderts wider, weshalb im Text größtenteils auf das Gendern von Berufen und Tätigkeiten verzichtet wird.

Zur Quellenlage

Eine biografische Darstellung Schönbergs wird durch die Tatsache erschwert, dass sein Lebensschwerpunkt, die Arbeit im Ingenieurbüro Oskar von Millers, durch massive Aktenverluste kaum mehr nachvollziehbar ist. Praktisch sämtliche Unterlagen der Firma am Ferdinand-von-Miller-Platz 3 in München wurden im Zweiten Weltkrieg durch Bombentreffer vernichtet, damit auch alle Projektunterlagen, an denen Schönberg zwischen 1903 und 1937 mitgearbeitet hat. Durch den Brand des Hauses wurden gleichzeitig Dokumente aus dem persönlichen Nachlass Schönbergs zerstört, die er kurz vor seiner Deportation der Familie von Miller anvertraut hatte. Da sich Millers Wohnung und sein Ingenieurbüro im selben Gebäude befunden hatten, waren neben seinen eigenen beruflichen auch die privaten Unterlagen von der Bombardierung betroffen. Immerhin konnte die Familie von Miller einige Teile seines Nachlasses vor den Luftangriffen der Alliierten in ihre Sommervilla am Starnberger See in Sicherheit bringen. Diese Unterlagen werden heute im Archiv des Deutschen Museums verwahrt. Nur ein Bruchteil der persönlichen Unterlagen Schönbergs hat in den geretteten Dokumenten Millers überlebt – ein kümmerlicher Rest eines so erfolgreichen Ingenieurlebens. Dieser wurde im Jahr 2013 aus dem Nachlass Millers herausgezogen und ein eigener Bestand „Nachlass Schönberg" gebildet.[4] Insgesamt umfasst er lediglich elf Blätter. Zwei handschriftliche Briefentwürfe, eine Gehaltsaufstellung, eine Urkunde und zwei kurze Veröffentlichungen sind alles, was sich in München erhalten hat. Es ist anzunehmen, dass Schönberg selbst vieles vernichten musste, als die Unterdrückungsmaßnahmen der Nationalsozialisten immer massiver wurden und er mit seiner Frau eine geräumige Wohnung in Schwabing gegen ein einziges Zimmer und später gegen ein Etagenbett in einer Sammelunterkunft aufgeben musste.

Hilfreich für die Quellensammlung waren die biografischen Erinnerungen, die seine Tochter Else in den Jahren 1991 und 1992 an den Autor dieses Buches geschrieben hat. Ihre Angaben hat sie in verschiedenen Interviews in ähnlicher Weise wiederholt. Else Schönberg war auch im Besitz einiger biografischer Dokumente ihres Vaters. Diese schenkte ihr Adoptivsohn Michael, der sich nach 1945 in Frankreich erst „Michel Ernst-Schönberg“ und später „Ernst-Schonberg“ nannte, dem Holocaust Museum Los Angeles (HMLA) bzw. dem Arnold Schönberg Center (ASC) in Wien (Bestand „Satellite Collections, E 9“). Im ASC wird der sehr umfangreiche Nachlass von Arthurs Cousin, dem Komponisten Arnold Schönberg, archiviert, in dem sich einige berührende Schreiben des Ingenieurs finden. Diese Korrespondenz hat das ASC schon vor Jahren dankenswerterweise dem Autor in Kopie zur Verfügung gestellt; die Briefe Arthurs stehen heute online. Sie werden im Folgenden nach den im Internet einsehbaren Images zitiert. Im Bestand des HMLA sind Fotografien und Dokumente zu Arthur und Else Schönberg enthalten. Auch sie sind online verfügbar. Für Schönbergs Tätigkeit am Deutschen Museum in München waren der erhaltene Teilnachlass Oskar von Millers und insbesondere das hervorragend sortierte Verwaltungsarchiv des Hauses Fundgruben. In Hunderten von Akten konnte der Autor zahlreiche Splitter zu Schönbergs Biografie aufspüren. Die Unterlagen zu mehreren Entschädigungsverfahren, die Else und ihr Adoptivsohn nach dem Zweiten Weltkrieg anstrengten, finden sich im Bayerischen Hauptstaatsarchiv (BayHStA) und im Staatsarchiv München (StAM). Viele weitere biografische Daten lieferte der bekannte amerikanische Jurist Eric Randol Schoenberg, ein Enkel des Komponisten, der mehrere Jahre auch Präsident des HMLA war. Andere Fakten hat der Verfasser in mehr als 30 Jahren aus der Literatur, verschiedenen Archiven und von Privatpersonen mühsam zusammengetragen.

Die Biografie zu Arthur Schönberg ist auch eine Geschichte gegen das Vergessen. Die Zeitzeuginnen und Zeitzeugen für das Unterdrückungs-, Ausgrenzungs- und Vernichtungssystem des nationalsozialistischen Regimes sind heute fast ausnahmslos verstorben. Die individuellen Lebensverläufe von Juden und Jüdinnen in Deutschland zwischen 1933 und 1945 wurden durch die NS-Gewaltherrschaft praktisch aus dem historischen Gedächtnis gelöscht. Es ist nun die Aufgabe der historischen Forschung, ihr Leben aus spärlich erhaltenen Quellen zu rekonstruieren. Gelingen wird dies nur bei wenigen Menschen, meist bei solchen, die bereits vor dem NS-Regime bedeutende und einflussreiche Berufe ausübten. Wichtig sind aber darüber hinaus Biografien von Personen der zweiten Reihe auch, da durch ihre Geschichte nicht nur die Namen jüdischer Frauen und Männer weiterleben, sondern die historische Perspektive durch ihr Wirken an wichtigen Stellen ergänzt wird. Arthur Schönberg ist für eine solche Perspektivverschiebung ein spannendes Beispiel.

Dank

Ein Werk wie die vorliegende Biografie ist nur möglich mit der Unterstützung vieler Einrichtungen und Einzelpersonen. Danken möchte ich den Verantwortlichen zahlreicher Archive, Bibliotheken und Forschungseinrichtungen. Es ist nicht übertrieben zu sagen, dass diese Hilfe die halbe Erde umspannt hat – von den USA über Großbritannien, Frankreich, Deutschland, Tschechien und Österreich bis nach Israel. Alle Beteiligten einzeln zu nennen ist an dieser Stelle nicht möglich, die Quellenverweise in den Anmerkungen müssen genügen. In besonderer Weise danke ich dem Archiv des Deutschen Museums, seinem Leiter Dr. Matthias Röschner und seinen Mitarbeiterinnen und Mitarbeitern. Sie haben bereitwillig Hunderte von Akten herausgesucht, hervorragendes Bildmaterial zur Verfügung gestellt und die Erstfassung des Manuskripts durchgesehen. Dem Verlag Deutsches Museum bin ich in besonderer Weise für die Aufnahme des Buchs in sein Verlagsprogramm verbunden. Damit kehrt Arthur Schönberg nach Jahrzehnten des Vergessens an eine seiner wichtigsten Wirkungsstätten zurück. Verlagsleiterin Dr. Kathrin Mönch hat sich rasch für das Projekt begeistert und das Manuskript vorzüglich lektoriert. Ein großer Dank geht an das Arnold Schönberg Center in Wien und an das Holocaust Museum Los Angeles, die mir zahlreiche Digitalisate von Originalunterlagen zu Arthur Schönberg und seiner Familie überlassen haben.

Ein tiefer Dank gilt der 1997 verstorbenen Tochter von Arthur Schönberg, Dr. Else Schönberg. Sie hat mir in mehreren, sehr persönlichen Briefen über das Schicksal ihrer Familie berichtet. Diese Korrespondenz war der Auslöser für die vorliegende Biografie, da sie mir verdeutlichte, wie wichtig es ist, das Gedächtnis an diesen brillanten Ingenieur und Organisator der Nachwelt zu erhalten. Leider war es mir nicht vergönnt, Else Schönberg persönlich kennenzulernen. Die Biografie hätte sicherlich durch den direkten Kontakt gewonnen. Leider verstarb auch ihr Adoptivsohn Michael lange vor Beginn der Arbeiten an dem Buch. Seine Witwe Annette Ernst-Schonberg hat sich geduldig auf viele Fragen eingelassen, die sich im Zusammenhang mit den Quellen stellten – ein herzlicher Dank an sie. Der amerikanische Anwalt und Enkel des Komponisten Arnold Schönberg, Eric Randol Schoenberg, wiederum hat zahlreiche Quellen zur Verfügung gestellt. Besonders bemerkenswert ist seine intensive Beschäftigung mit den unterschiedlichen Zweigen seiner Vorfahren, deren Ergebnisse er in GenWiki uneigennützig im Internet präsentiert. Vielen Dank, Randy! Jared Armstrong und Philip Marriott in Crowborough, Großbritannien, haben mit vielen Informationen ebenfalls an entscheidenden Stellen zu der vorliegenden Biografie beigetragen.

Es ist mir ein besonderes Anliegen, denen zu danken, die durch einen finanziellen Beitrag das Erscheinen dieses Buches ermöglicht haben. Dabei war es mir eine besondere Freude, dass Personen, die dem Deutschen Museum teilweise schon seit Jahrzehnten verbunden sind, die Bedeutung einer Biografie zu Arthur Schönberg erkannt haben und bereit waren, diese finanziell zu fördern. Mein Dank gilt Brigitte

Berndorfer, Camilo Dornier, Ehrenmitglied des Freundes- und Förderkreises Deutsches Museum e.V., und Bernd Junkers, beide langjährige Freunde des Museums, sowie Eric Randol Schoenberg, Enkel des Komponisten Arnold Schönberg. Im 100. Jahr des Bestehens des Walchenseekraftwerks hat Uniper Kraftwerke nicht nur seinen Schöpfer Oskar von Miller gefeiert, sondern eben auch die Biografie zu dessen engsten Mitarbeiter Arthur Schönberg großzügig gefördert. Theodoros Reumschüssel von Uniper sei in diesem Zusammenhang besonders genannt. Allen Beteiligten war es ein Anliegen, dass die Biografie Schönberg rechtzeitig im Jahr seines 150. Geburtstags erscheinen konnte. Dafür danke ich allen sehr, sehr herzlich.

In den letzten Jahren hat meine Frau Uschi das mühsame Sammeln der Quellen mit ihren schrecklichen, grausamen und immer berührenden Inhalten kontinuierlich begleitet. Sie hat miterlebt, wie schwierig es oft war, Details zu verifizieren, zu bewerten und sie angemessen darzustellen. Seit mehr als dreißig Jahren hat sie meine Publikationen gegengelesen und mit aufmerksamem Blick und kritischen Kommentaren auch das Manuskript dieser Biografie durchgesehen. Widmen möchte ich das Buch meinem Sohn Johannes. Ihn und Arthur Schönberg verbinden der identische Geburtstag und -monat. Johannes hat in den vergangenen Jahren das Entstehen der Biografie mit großer Empathie und hohem Interesse unterstützt und mich darin bestärkt, dass das Leben und der Tod Schönbergs und seiner Familie für die Nachwelt festgehalten werden muss.

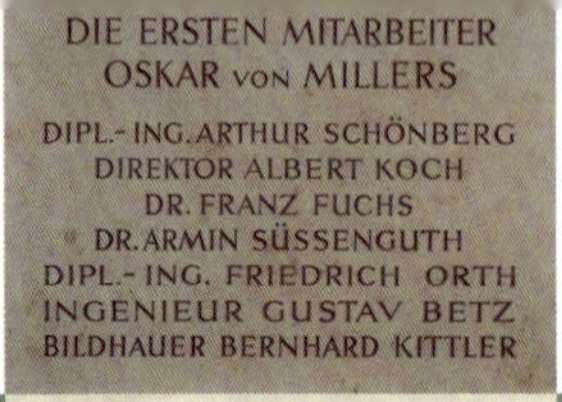

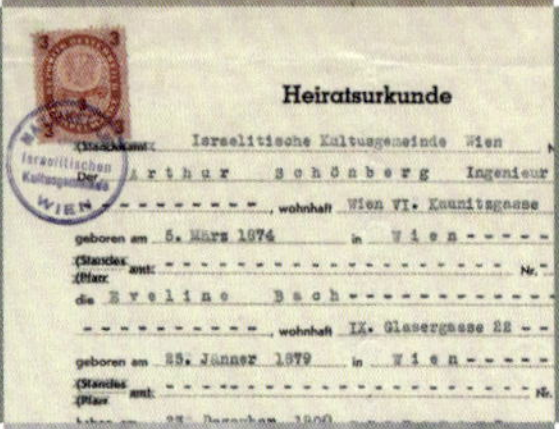

Heiratsurkunde

(Standesamt: Israelitische Kultusgemeinde Wien
Der Arthur Schönberg Ingenieur
wohnhaft Wien VI. Kaunitzgasse
geboren am 5. März 1874 in Wien
(Standes- (Pfarr- amt: Nr.
die Eveline Bach
wohnhaft IX. Glasergasse 22
geboren am 23. Jänner 1879 in Wien
(Standes- (Pfarr- amt: Nr.

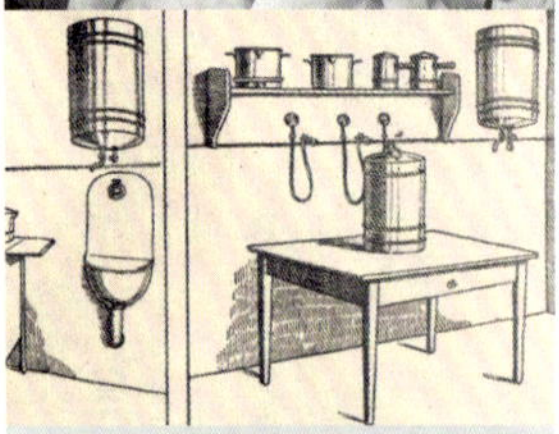

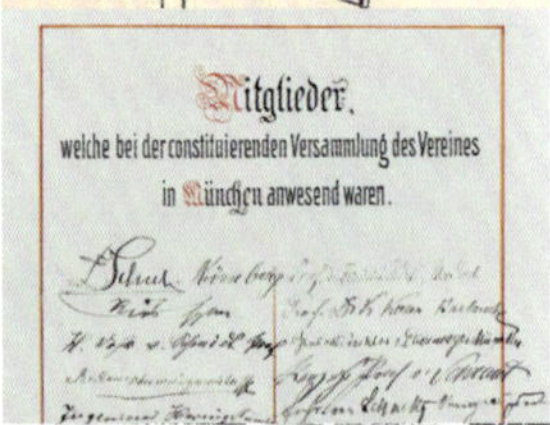

Mitglieder,
welche bei der constituierenden Versammlung des Vereines
in München anwesend waren.

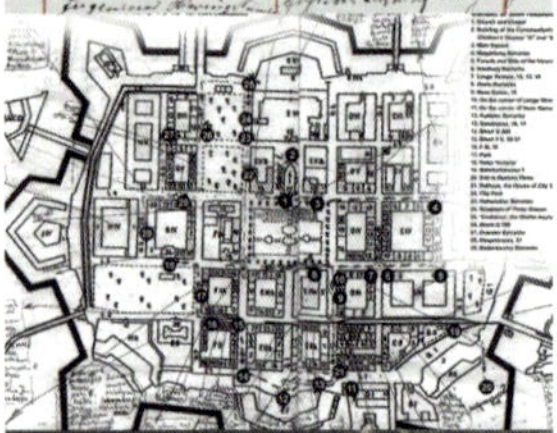

…-Werner, Henriette: Kunst und Volk. David Josef Bach 1874–1…

… Mateo; u. a.: Rudolf Steiner – Die Alchemie des Alltags (Auss…
… 2010.

…, Christiane: Finanzverwaltung und Judenverfolgung. Die Entz…
…ögens in Bayern während der NS-Zeit. München 2008.

…rokratie und Verbrechen. Antisemitische Finanzpolitik und Ver…
…nalsozialistischen Deutschland. München 2013.

…, Hans (Hrsg.): Von Juden in München. Ein Gedenkbuch. Mü…

…gangene Tage. Jüdische Kultur in München. München, Wien 1…

…, Boris Venediktović: Die sowjetisch-deutsche Gesellschaft „Ku…
… Jahren 1923 bis 1933. In: Sanke, Heinz (Hrsg.): Deutschland,…
…inf Jahrzehnten kultureller Zusammenarbeit. Berlin 1966, S. 1…

Kapitel 1

Von Wien nach München

Die Vorfahrinnen und Vorfahren von Arthur Schönberg lassen sich im ersten Drittel des 19. Jahrhunderts in der nordungarischen Kleinstadt Szécsény nachweisen. Sein Großvater Abraham (1812–1871) stammte aus einer dort ansässigen jüdischen Familie. Abraham war zweimal verheiratet. Ein Sohn aus erster Ehe war Samuel (1838–1889), der Vater des berühmten Komponisten Arnold Schönberg; Ignaz (1842–1922), Arthurs Vater, stammte aus der zweiten Ehe. Arthur und Arnold Schönberg waren also Cousins.

Abraham Schönberg siedelte Anfang der 1840er Jahre nach Preßburg (heute Bratislava) um. Ende des nächsten Jahrzehnts zog er dann mit seiner Familie von Preßburg nach Wien, wo er sich im II. Bezirk, der Leopoldstadt, niederließ. Dieses Viertel wurde später aufgrund seines hohen jüdischen Bevölkerungsanteils und der zahlreichen Mazzes-Bäckereien auch als „Mazzesinsel" bezeichnet. Als Zentrum des Wiener Judentums bildete es das spätere Lebensumfeld des jungen Arthur. Abraham war im Kleiderhandel tätig. Die Wiener Adressbücher weisen ihn als Kurrentwarenhändler, also als Kaufmann für Baumwollwaren, oder als Galanteriewarenhändler aus. Unter Galanteriewaren verstand man zu dieser Zeit in Wien „modische Accessoires und Gebrauchsgegenstände wie Fächer, Tücher, Schals, Parfümfläschchen, Puderdosen, Modeschmuck usw."[1] Arthur Schönberg lernte seinen Großvater väterlicherseits nicht mehr kennen, da dieser 1871, drei Jahre vor Arthurs Geburt, verstorben war. Seine Großmutter Hermine („Minna", geb. Löwy, 1808–1889), eine Schwester der ersten Ehefrau Abrahams, Theresia (1807–vor 1841), ist nach dem Tod ihres Mannes zweimal genannt, einmal 1879 in Gaudenzdorf bei Wien ohne nähere Berufsangabe,[2] ein zweites Mal 1880 als „Pfaidlerin" im Wiener Vorort Sechshaus.[3] Sie war also Hemdenmacherin und verkaufte diese neben Strümpfen, Hauben etc. Sie verstarb 81-jährig am 5. Mai 1889 in Wien an Altersschwäche[4] und wurde auf dem Zentralfriedhof begraben.

Arthurs Vater Ignaz war noch vor dem Umzug der Familie Abrahams in Preßburg geboren worden. Aufgrund der habsburgischen Bestimmungen wurde ihm in seiner Geburtsstadt das Heimatrecht eingeräumt, das ihm ein Aufenthaltsrecht und soziale Unterstützung sicherte. Da Ignaz später für Wien kein Heimatrecht beantragte, obwohl dies nach den gesetzlichen Regelungen möglich gewesen wäre, blieb für ihn wie für seinen Sohn Arthur das Heimatrecht für Preßburg gültig.

Über den schulischen und beruflichen Werdegang von Ignaz Schönberg ist wenig bekannt. Wahrscheinlich besuchte er in Preßburg die Grundschule und absolvierte dann eine kaufmännische Lehre. Anlässlich der Volkszählung 1869 ist er als Buchhalter in Wien belegt. Seine Adresse stimmt zu dem Zeitpunkt noch mit der seines Vaters Abraham in der Oberen Donaustraße 29 im II. Bezirk überein. Auch im Wiener Adressbuch von 1870 sind bei ihm diese Berufsbezeichnung und die gleiche Anschrift genannt. Noch im selben Jahr, am 9. Februar 1870, gründete er mit Sigmund Weiß die offene Gesellschaft Sigm. Weiß & Schönberg;[5] zehn Tage später wurde sie beim k. k. Handelsgericht in Wien in das Handelsregister eingetragen. Sitz des Geschäfts war anfangs die Rosmaringasse 6 im I. Wiener Bezirk, ab 1872 die Eßlinggasse 16 im II. Bezirk. Unter der ersten Adresse ist Schönbergs Kompagnon noch im Wiener Adressbuch von 1870 als „Kleiderhändler" eingetragen.

Schon aus der Reihenfolge der beiden Namen geht hervor, dass Weiß in dem Geschäft der führende Mann war und den Hauptteil des Kapitals einbrachte. Das Vertretungsrecht der Gesellschaft stand beiden zu in dem Sinne, „daß Sigmund Weiß die Worte ‚Sigm. Weiß' zeichnet und ‚Ignaz Schönberg' die Worte ‚& Schönberg' beisetzt".[6] Weiß und Schönberg inserierten regelmäßig in Wiener Tageszeitungen. Zwischen dem 9. Februar 1870 und dem 19. September 1872 sind in der *Morgen-Post* bzw. im *Neuen Wiener Tagblatt* 125 Annoncen abgedruckt.[7] Aus den Inseraten geht das Geschäftsfeld der beiden hervor. Darin bot man Haus- und Grundbesitzern, Kaufleuten, Fabrikanten und Privatpersonen Darlehen in jeder Höhe bei niedriger Verzinsung gegen Wechsel und Schuldscheine an, später auch Geld zum Hausbau. Da Ignaz am 26. Mai 1872 die 23-jährige Charlotte Weiss (1849–1885)[8] heiratete, steht zu vermuten, dass zwischen seiner Ehefrau und seinem gleichnamigen Geschäftspartner ein Verwandtschaftsverhältnis bestand. Allerdings verlieren sich in den Quellen die Spuren der Eltern von Charlotte Weiss sehr schnell. Bekannt ist neben ihrem Bruder Julius lediglich die Schwester Nina Anna, die mit dem Berliner Bankier Ernst Siegmund Magnus verheiratet war. Mit ihm führte Arthur Schönberg später eine kurze Korrespondenz wegen seines beruflichen Fortkommens.

Die Geschäftsbeziehung scheint allerdings nicht lange gehalten zu haben, da die Firma nach 1873 in den Adressbüchern nicht mehr auftaucht und keine weiteren Inserate von Weiß & Schönberg aufzufinden sind. Wahrscheinlich wurde das Geschäft ein Opfer des Wiener Börsenkrachs im Jahr 1873, als die Spekulationsblase – angeheizt durch hochspekulative Aktiengeschäfte, bei denen man Aktien ohne eine vollständige Bezahlung erwerben konnte, sowie durch ebenso wenig abgedeckte Immobilienkäufe – platzte und dies die Gründerkrise auslöste, die auch das Deutsche Reich massiv in Mitleidenschaft zog.[9] Die Habsburgermonarchie hatte sich nach dem deutsch-österreichischen Krieg 1866 zwar wirtschaftlich sehr schnell erholt und eine Hochkonjunktur in der Bauwirtschaft und im Eisenbahnbau erlebt, allerdings waren viele Projekte ohne ausreichende Sicherheiten über Kredite finanziert worden. Praktisch zeitgleich mit dem enttäuschenden Auftakt der Weltausstellung 1873 in Wien, zu der letztlich nur ein Drittel der erwarteten Besucherinnen und Besucher kamen, begannen der Zusammenbruch des Aktienmarkts und panikartige Verkäufe im Immobiliensektor.

Nach der Auflösung der Gesellschaft Sigm. Weiß & Schönberg blieb Ignaz Schönberg dem Wechselgeschäft treu. Am 12. Oktober 1875 ließ er unter seinem Namen beim Handelsgericht ein Wechsel- und Escomptegeschäft eintragen.[10] Als Geschäftssitz fungierte seine Wohnadresse in der Praterstraße 32 im II. Bezirk.[11]

Sein eigenes Geschäft betrieb Ignaz Schönberg aber schon lange vor der amtlichen Eintragung. In Wiener Zeitungen waren seit dem 26. Mai 1874 Inserate geschaltet, in denen er ähnliche Finanzgeschäfte wie mit Sigmund Weiß anbot (Abb. 3). Für Haus- und Grundbesitzende stellte er Kapital in jeder Höhe zur Verfügung, erwarb und belehnte Forderungen, Erbschaften und Legate.

Ignaz Schönberg,
Praterstraße Nr. 32,
gibt sofort: Geld in jeder
Höhe, Geld als Bauvor-
schuß, Geld auf Häuser,
Geld für Erbschaften, Geld
für gute Wechsel, Zinsen
billig. Kanzleistunden von
8–12 Uhr und von 2–5 Uhr.

Abb. 3 Werbeanzeige von Ignaz Schönberg im *Neuen Wiener Tagblatt*, Nr. 143, 26. Mai 1874, S. 8.[12]

Im zeitgenössischen Verständnis[13] kaufte ein „Escompteur“, wie Ignaz Schönberg seine berufliche Tätigkeit bezeichnete, von einer Person oder Firma einen Wechsel vor dessen Fälligkeit an. Dadurch verschaffte er dem Geschäftspartner flüssiges Kapital, während er selbst von einem verhandelten Entgelt profitierte. Allerdings legten Escompteure Wert darauf, dass der Wechsel abgesichert war, entweder durch Waren, Immobilien, Erbschaften, Vorschüsse oder – wie es im Inserat von Ignaz heißt – durch „gute Wechsel“. Indem er in seiner Annonce den Interessenten jedoch Geld anbot, scheint sein Geschäftsmodell im Grunde auf Darlehen zu basieren, für die er Zinsen bekam und für die als Sicherheit eben Häuser, Erbschaften, Legate etc. hinterlegt waren.

Wie die Geschäfte von Ignaz Schönberg liefen und ob sie erfolgreich waren, lässt sich nicht nachvollziehen. Aus dem Handelsregister im Stadt- und Landesarchiv Wien geht hervor, dass er bereits am 12. November 1878 sein Geschäft aufgegeben hat.[14] Ein Jahr später fehlt im Adressbuch eine Berufsbezeichnung; in den Jahren 1881 bis 1883 erscheint er als „Kaufmann“, während unter dem Namen seiner Ehefrau Lotte (Charlotte) ein Warenkommissionsgeschäft in der Kaiser-Joseph-Straße 32, ebenfalls im II. Bezirk, eingetragen ist – nur wenige Schritte von der Wohnung der Familie in der Springergasse entfernt. Anlässlich der Volkszählung 1880 wurde Ignaz noch mit einem „Commissions- und Inkassogeschäft“ geführt.[15] Ob er damit Konkurs gegangen war, bleibt offen, doch deutet die Eröffnung eines neuen Geschäfts auf den Namen seiner Frau darauf hin. Möglicherweise war Ignaz damals lediglich bei ihr angestellt. Als sie mit dem vierten Kind schwanger wurde, übernahm Ignaz die Leitung, da er im Adressbuch von 1884 als „Geschäftsleiter“ genannt ist. Nach dem Tod seiner Frau 1885 ist er bis 1896 als „Kaufmann“ eingetragen. Welchen Beruf Ignaz danach ausübte, ist unbekannt. Zwischen 1897 und 1902 ist als Berufsbezeichnung „Privatbeamter“ vermerkt. Dies ist ein Hinweis darauf, dass er nicht mehr selbstständig tätig war, sondern als Angestellter in einem größeren nichtstaatlichen Betrieb eine höherwertige kaufmännische bzw. nicht-kaufmännische Büroarbeit erledigte. „Privatbeamter“ ist dabei als Gegensatz zum staatlich festangestellten Beamten zu verstehen. Der Begriff des „Privatbeamten“ konkurrierte noch bis an die Wende zum 20. Jahrhundert mit der Bezeichnung „Angestellter“, diente aber vor allem dazu, einen höheren sozialen Status – im Gegensatz zum Arbeiter – zu verdeutlichen, der mit einem besseren Gehalt und einer scheinbaren Unkündbarkeit verbunden war.[16] Ignaz wollte also mit seinem Eintrag in das Adressbuch als „Privatbeamter“ auch eine über Arbeitern und Angestellten liegende Position verdeutlichen. In den Jahren 1905 und 1906 ist er nochmals als Kaufmann erwähnt, ohne dass der Beruf genauer spezifiziert ist. Ab diesem Zeitpunkt fehlt sein Name in den Wiener Adressbüchern.

Die in einigen Adressbüchern fehlenden Einträge sind unter Umständen damit zu erklären, dass Ignaz in diesen Zeiträumen nicht mehr den Kriterien des *Lehmann's Allgemeinen Wohnungs-Anzeigers* entsprach, der Gewerbegehilfen, Tagelöhner, Dienstboten und Nicht-Selbstständige von der Aufnahme ausschloss. Dass er ab 1907 nicht mehr erscheint, hängt vermutlich damit zusammen, dass er im Alter von 65 Jahren nicht länger berufstätig war.

Merkwürdig sind die fast jährlichen Wohnungswechsel der Familie (mit Bezirksangabe):

1870:	Obere Donaustraße 29 (II.)
1871:	[nicht erwähnt]
1872:	Eßlinggasse 9 (I.)
1873:	Herminengasse 4 (II.)
1874:	Augartenalleestraße 7 (II.)
1875:	Praterstraße 32 (II.)
1876:	Ferdinandstraße 22 (II.)
1877–1878:	Glockengasse 18 (II.)
1879:	Blumauergasse 14 (II.)
1880:	Reisnerstraße 10 (III.)
1881–1883:	Springergasse 4 (II.)
1884:	Mariahilferstraße 114 (VII.)
1885–1890:	Schottenfeldgasse 26 (VII.)
1891–1892:	Dreilaufergasse 18 (VII.)
1893–1896:	Gumpendorferstraße 49 (VI.)
1897:	Franzensbrückenstraße 6 (II.)
1898–1899:	Körnergasse 6 (II.)

Die vielfachen Adressenänderungen zwischen 1870 und 1880 sind vielleicht dadurch zu erklären, dass Ignaz in Wohnungen einzog, für die seine Schuldner mit ihren Geldrückzahlungen im Rückstand geblieben waren, und er mit der Hausnutzung wenigstens einen Teil der Schuld beitreiben konnte.

Erstaunlicherweise findet sich der Name von Ignaz Schönberg mehrfach in der Privilegiensammlung des Österreichischen Patentamts. Am 5. November 1875 erhielt er ein Privileg auf eine „eigenthümliche Construction von Briefpapier, welches den Brief, Umschlag und Verschluß in einem Stücke vereint, genannt ‚Universalbrief'".[17] Dieses übertrug er wenige Monate später auf seine Ehefrau Lotte.[18] Das Privileg erlosch nach Ablauf von drei Jahren im November 1878. Im selben Jahr erwarb er für die Dauer eines Jahres ein Privileg auf eine „Abortschutzdecke aus Papier"[19] – ein deutlicher Hinweis auf die Sanitärverhältnisse der Zeit! Im Jahr 1882 reichte er einen Antrag auf „Neuartige Zeichenvorlagen zur Erleichterung des Unterrichts im Freihandzeichnen" ein.[20] Am 13. Dezember 1882 wurde ihm ein weiteres Privileg für die vom ihm konzipierten „Kaisercouverts" – für „verbesserte Briefcouverts und Umschläge aller Art" – bewilligt,[21] eine Variante des „Universalbriefs". Und noch einmal, am 12. August 1891, beantragte Ignaz ein Patent zu „Neuerungen an Nägeln".[22]

Ignaz Schönberg verstarb am 12. Juni 1922 in Wien, rund ein Monat vor seinem 80. Geburtstag. Er wurde im Grab seiner Ehefrau Lotte und seiner Tochter Elsa auf dem Wiener Zentralfriedhof bestattet, die beide vor ihm verstorben waren.

Über Arthur Schönbergs Mutter Charlotte oder, wie sie in anderen Quellen genannt wird, „Sarolta", der ungarischen Form von Charlotte, ist wenig bekannt. Aus ihrer Ehe mit Ignaz stammten vier Kinder: Helene Henny Ilona (1873–1942, später verheiratete Grundmann), die ein Jahr nach der Eheschließung auf die Welt kam, Elsa (1878–1892), die mit nur 14 Jahren verstarb, Charlotte (1885–1916, verheiratete Breier) und eben Arthur, der als zweites Kind am 5. März 1874 geboren wurde. In den Jahren 1881 bis 1883 ist Lotte Schönberg – wie erwähnt – als „Warenkommissärin" mit einem Geschäft in der Kaiser-Joseph-Straße 26 in *Lehmann's Allgemeinem Wohnungs-Anzeiger* eingetragen. Im Alter von nur 36 Jahren starb Arthurs Mutter am 18. August 1885 im Kindbett – nur wenige Tage nach der Entbindung ihrer dritten Tochter Charlotte.

Über Arthurs Kindheit wissen wir wenig. Die wechselnden geschäftlichen Aktivitäten und Arbeitsverhältnisse des Vaters, die auf ein prekäres Einkommen schließen lassen, hatten direkte Auswirkungen auf den Knaben Arthur. Der Lebensstandard der Familie scheint bescheiden und der Hausstand eher gering gewesen zu sein, wie die vielen Umzüge vermuten lassen. Zudem war das soziale Ansehen eines Escomteurs nicht hoch, da Wechsel- und Leihgeschäfte in der Öffentlichkeit traditionell mit dem Stereotyp des „Wucherjuden" verbunden wurden. Erst mit der Aufgabe seines selbstständigen Geschäfts gelang dem Vater ein gewisser sozialer Aufstieg, der sich in der Betonung des „Privatbeamten" niederschlug. Zu diesem Zeitpunkt – ca. 1897/98 – hatte Arthur aber bereits sein Studium abgeschlossen und war aus der väterlichen Wohnung ausgezogen. Mehrere Aussagen zu seiner Kindheit stammen von der Tochter Else.[23] Nach ihren Angaben hatte er eine Lippen-Kiefer-Gaumenspalte, die von einem Arzt nur unzureichend operiert wurde. Wegen seiner schlechten Aussprache lachten ihn bei Schuleintritt die Mitschüler aus, das Schulkollegium wollte ihn sogar ausschulen. Nur der Mathematiklehrer erkannte bereits damals Arthurs Begabung und setzte sich für ihn ein. In der Familie Schönbergs wurde lange Zeit eine Karte sorgfältig aufbewahrt, auf der sein Verbleib an der Schule festgehalten war: „Der Schüler Arthur Schonberg [sic!] kann weiter die Schule besuchen.“[24]

Die Volksschule besuchte Arthur Schönberg seit 1880 in der Holzhausergasse in der Leopoldstadt, nur wenige Minuten von der damaligen Wohnung seiner Eltern in der Springergasse entfernt.[25] Sie wurde in diesem Jahr als Doppelschule getrennt nach Geschlechtern neu eröffnet. Seine ein Jahr ältere Schwester Helene war in der benachbarten Schule in der Darwingasse eingeschult. Nach dem obligatorischen vierjährigen Besuch der Volksschule in den Jahren 1880 bis 1884 durfte Arthur aufgrund seiner Begabung an die Realschule wechseln. Vermutlich handelte es sich um die k. k. Staats-Ober-Realschule auf dem Schottenfeld in der Neustiftgasse 95–97 im VII. Bezirk. Zu diesem Zeitpunkt wohnte er mit seinem Vater in der Schottenfeldstraße 26, nur fünf Querstraßen von der Schule entfernt.

Als Arthur elf Jahre alt war, starb seine Mutter im Kindbett. Während seither seine drei Schwestern von Tanten erzogen wurden, lebte Arthur weiterhin bei seinem Vater. Nach dem Tod der Mutter hörten die nahezu jährlichen Wohnungsumzüge überraschend auf. Zwischen 1885 und dem Studienabschluss des Sohnes 1896 sind in *Lehmann's Allgemeinem Wohnungs-Anzeiger* lediglich drei Adressen für Ignaz Schönberg aufgeführt (Schottenfeldgasse 26, Dreilaufergasse 26 und Gumpendorferstraße 49). Ein Grund dürfte gewesen sein, dass der Vater seinem Sohn keinen weiten Schulweg zumuten wollte.

In der Volksschule und in der weiterführenden Realschule war Arthur immer ein vorzüglicher Schüler. In Österreich verstand man unter der „Realschule“ eine spezialisierte Sekundarschule, die zur Hochschulreife, insbesondere für Technische Hochschulen, führte. Der Lernstoff umfasste Religion, die Unterrichtssprache Deutsch, zwei moderne Fremdsprachen (Französisch und Englisch), Geografie und Geschichte, Mathematik, Naturgeschichte, Physik, Chemie, Geometrisches Zeichnen, Darstellende Geometrie, Freihandzeichnen, Schönschreiben und Turnen.[26] Nach Aussage der Tochter Else wurde Arthur aufgrund seiner besonderen schulischen Leistungen mehrfach in das Goldene Ehrenbuch der Schule eingetragen.[27] Das Zeugnis der Realschulmatura aus dem Jahr 1891 weist ihn als „Vorzugsschüler“ aus.[28] Aus dem Jahr 1886 ist bekannt, dass Arthur ein Versetzrätsel aus der Wiener Wochenzeitung *Das interessante Blatt* richtig auflöste und dafür in der Zeitung namentlich gelobt wurde.[29]

Eine amüsante Anekdote aus der Schulzeit Arthurs hat sich in der Familie überliefert. Als er 13 Jahre alt war, prahlten seine Klassenkameraden damit, dass sie jeden Abend ins Bordell gehen würden. Arthur fühlte sich bemüßigt, nun ebenfalls dort zu erscheinen, um dann feststellen zu müssen, dass diese gelogen hatten.[30]

Mit der Realschulmatura hatte Arthur die Berechtigung zum Studium an der Technischen Hochschule Wien erworben. Dort schrieb er sich als Siebzehnjähriger im Wintersemester 1891/92 für das Fach Maschinenbau ein.

An der Hochschule existierten damals neben der Allgemeinen Abteilung vier unterschiedliche Fachschulen:

1. Ingenieurschule (für Straßen- und Wasserbau);
2. Bauschule (für Hochbau);
3. Maschinenbauschule;
4. Chemische Schule (für technische Chemie).

Während für die beiden ersten eine Studienzeit von mindestens fünf Jahren vorgeschrieben war, konnte man die anderen in vier Jahren absolvieren. Generell war pro Semester ein Unterrichtsgeld von 25 Gulden festgelegt, das bei nachgewiesener Mittellosigkeit oder guten Studienerfolgen entweder halbiert oder ganz erlassen werden konnte. Die Bewertung der Studienleistungen erfolgte durch die Noten „vorzüglich – sehr gut – gut – genügend – ungenügend". Im ersten Studienjahr war Arthur von der Entrichtung des halben Unterrichtsgelds, ab dann bis 1894/95 vollständig befreit. Diese Befreiung war auf seine guten Leistungen zurückzuführen. Lediglich für das letzte Studienjahr musste er die volle Gebühr von 25 Gulden pro Semester entrichten. Betrachtet man seine Prüfungsergebnisse, bestätigen sie die sehr guten Schulnoten der vorausgegangenen Jahre. In der Regel wurden seine Leistungen als „sehr gut", manchmal als „vorzüglich" und nur selten als „gut" bewertet. Während seines gesamten Studiums findet sich nie ein „genügend" oder „ungenügend". Am 29. Juli 1894 schloss er die Erste Staatsprüfung, am 22. Dezember 1896 die Zweite Staatsprüfung ab. Die Prüfungen fanden dabei teilweise in verschiedenen Studienjahren statt. An der Abschlussprüfung nahmen im Fach Maschinenbau insgesamt 52 Studenten teil, 48 bestanden sie, vier fielen durch. Soweit sich aus den Akten ablesen lässt,[31] gehörte Arthur zu den 20 Prozent der Jahrgangsbesten, nur vier Absolventen hatten etwas bessere Noten als er, sechs in etwa seinen Notendurchschnitt. Interessant ist, dass für 18 Studenten eine jüdische Herkunft angeben ist, was einem erstaunlich hohen Anteil an den Prüflingen von rund 35 Prozent entspricht. Die Ergebnisse für Arthurs Einzelprüfungen sind in Tabelle 1 dokumentiert.

Mit mehreren Studienkollegen war Arthur enger befreundet, wie spätere Briefwechsel zeigen.[32] Zu diesen gehörten Arnold Steiner, Friedrich Eichberg und Rudolf Dub – alle drei wie er jüdischen Glaubens, was darauf hindeutet, dass er während der Studienzeit vorwiegend im jüdischen Umfeld seiner Heimatstadt verkehrte. Mit ihnen blieb Schönberg zeit seines Lebens in Kontakt. Mit Ausnahme einer kurzen Korrespondenz mit Friedrich Eichberg haben sich allerdings keine Quellen erhalten, die näheren Aufschluss über sein Studium und seine Kontakte zu den Wiener Studienkollegen geben könnten.

Arnold Steiner ist in den Münchner Adressbüchern zwischen 1899 und 1903 als Ingenieur in München belegt. Möglicherweise war er es, der seinen Freund Arthur 1899/1900 auf die freie Stelle im Technischen Bureau Oscar von Miller [33] hinwies. Ab 1903 arbeitete Steiner als Oberingenieur in Wiesbaden. Im selben Jahr warb ihn Schönberg bei der Gründung des Deutschen Museums als Mitglied an; allerdings hielt Steiner seine Mitgliedschaft nur bis 1908 aufrecht.[34] In der NS-Zeit emigrierte er nach Buenos Aires, wo er als beratender Ingenieur tätig war.

Tab. 1 Arthur Schönbergs Prüfungsergebnisse in der Ersten und Zweiten Staatsprüfung seines Maschinenbaustudiums an der Technischen Hochschule Wien.[35]

Einzelprüfungen	Note
Allgemeine und technische Physik	sehr gut
Anorganische und organische Chemie	sehr gut
Geodäsie	vorzüglich
Niedere Geodäsie (Situationszeichnen)	sehr gut
Hochbau	sehr gut
Straßen- und Wasserbau	sehr gut
Brücken- und Eisenbahnbau	gut
Land- und Forstwirtschaft (Bodenbearbeitung)	vorzüglich
Land- und Forstwirtschaft (Viehzucht, Molkerei)	sehr gut
Mechanische Technologie I (Eisenhüttenwesen)	vorzüglich
Mechanische Technologie II (Eisenbearbeitung)	sehr gut
Mechanische Technologie III (Spinnerei, Weberei, Papierfabrikation)	sehr gut
Nationalökonomie und Finanzwissenschaft	sehr gut
Buchhaltung technischer Unternehmen	sehr gut
Handels- und Wechselrecht	vorzüglich
Versicherungsmathematik	vorzüglich
Maschinenlehre, I. + II. Teil	gut
Maschinenbau, I. Teil	gut
Maschinenbau, Konstruktionsübung	gut
Maschinenbau, II. Teil	sehr gut
Maschinenbau, Konstruktionsübung	gut

Die beiden anderen Studienkollegen, Friedrich Eichberg und Rudolf Dub, machten später – ähnlich wie Arthur Schönberg – eine glänzende Karriere. Eichberg (1875–1941), Sohn eines Kaufmanns, war nach seinem Studium einige Jahre Assistent bei dem bekannten Physiker Adalbert von Waltenhofen. Ab 1900 entwickelte er mit dem Ingenieur Gabriel Winter, der zu dieser Zeit wie er selbst bei der österreichischen Union-Elektricitäts-Gesellschaft beschäftigt war, den Winter-Eichberg-Motor, einen Einphasenmotor, mit dem ab 1904 die Stubaitalbahn als erste Wechselstrombahn Österreichs angetrieben wurde. Eines der frühesten Exemplare eines solchen Motors stiftete die Allgemeine Elektricitäts-Gesellschaft (AEG) im Jahr 1907 dem Deutschen Museum, nachdem Schönberg seinen Freund Eichberg darum gebeten hatte.[36] 1912 wechselte Eichberg zu den Linke-Hofmann-Werken in Breslau, wo er zum Generaldirektor aufstieg. Ab 1921 war er Vorstandsmitglied der AEG und anschließend im Aufsichtsrat der Firma. Eichberg gehörte zum Freundeskreis des Komponisten Arnold Schönberg, Arthurs Cousin. Der Musiker schenkte ihm 1912 ein von ihm gemaltes Ölbild mit dem Titel *Winterszene.*[37] Eichberg trat – vermutlich auf Initiative seines

Freundes Arthur – als einer der ersten dem Deutschen Museum als Mitglied bei. 1927 wurde er sogar in den Ausschuss des Deutschen Museums gewählt, 1934 allerdings aufgrund seiner jüdischen Herkunft aus diesem Gremium ausgeschlossen.[38] Im Jahr 1938 gelang ihm die Ausreise in die USA. Als Arthur Schönberg ab 1938/39 seine eigene Auswanderung betrieb, wandte er sich 1941 hilfesuchend auch an Eichberg, der damals in Ann Arbor (USA) lebte. Davon wird noch zu sprechen sein (vgl. S. 187–188).

Ein anderer Studienkollege jüdischer Herkunft war der ein Jahr jüngere Rudolf Dub (1873–1939).[39] Er kam – nach verschiedenen beruflichen Stationen in Duisburg, Wien, Brünn und Jekaterinoslawl (Ukraine), wo er eine bewegliche Klappbrücke entwickelte – schließlich ab 1907 als Professor für Maschinenbau an die Deutsche Technische Hochschule in Brünn. Auch er blieb Schönberg und dem Deutschen Museum verbunden. So stiftete er 1927 der Bibliothek des Deutschen Museums die beiden Bände seines Werks *Der Kranbau. Berechnung und Konstruktion von Kranen aller Art*,[40] die er mit einer eigenhändigen Widmung versah.[41]

Auch einige andere – nichtjüdische – Absolventen aus dem Jahrgang Schönbergs wurden später bekannte Persönlichkeiten, so der aus Kemnitz (heute Kremnica, Slowakei) stammende Jaromir Križko,[42] der einen wesentlichen Anteil an der Elektrifizierung der Wiener Straßenbahn hatte, dann für einige Jahre die Montage der Elektrozentrale in Budapest und ab 1907 zehn Jahre lang die städtischen elektrischen Betriebe, das Wasserwerk und die Straßenbahngesellschaft in Czernowitz (Ukraine) leitete, bevor er in die Privatwirtschaft wechselte.

Bis zu seinem Studienabschluss scheint Arthur bei seinem Vater gewohnt zu haben. Anschließend nahm er sich eine Wohnung in einem schönen, von dem Architekten August Ribak erbauten späthistoristischen Mietshaus mit der Adresse Weyringergasse 13 (IV. Bezirk). In *Lehmann's Allgemeinem Wohnungs-Anzeiger* ist er 1898 zum ersten und einzigen Mal mit eigener Adresse nachgewiesen. Bezeichnet wird er hier als „Ingenieur".

Mit der Zweiten Staatsprüfung hatte Arthur keinen akademischen Grad erlangt, durfte sich aber „Ingenieur" nennen. Erst Jahrzehnte später verwendete Schönberg den Grad „Diplom-Ingenieur". Diesen hatte er jedoch nicht in Wien erworben. Vielmehr wurde er ihm am 15. Mai 1925 von der Technischen Hochschule Berlin verliehen.[43] Die Diplomierung erfolgte aufgrund von Fernprüfungen Schönbergs. Eine solche war für Regierungs- und Bauräte möglich, welche die Zweite Staatsprüfung abgelegt hatten und ihre Baumeisterarbeit als Diplomarbeit einreichten.[44] Nachdem Schönberg 1920 die deutsche Staatsbürgerschaft erhalten hatte und 1925 zum bayerischen Landesbaurat ernannt worden war, erfüllte er die formalen Voraussetzungen für eine solche Nachdiplomierung. Da die entsprechenden Akten im Archiv der Technischen Universität Berlin nicht mehr erhalten sind, kann nur vermutet werden, dass Schönberg Teile seiner Publikation *Landes-Elektrizitätswerke* als Qualifizierungsarbeit eingereicht hat. Das Buch erschien etwas später im Jahr 1926, gemeinsam bearbeitet mit einem weiteren Ingenieur der Firma Millers, Ernst Glunk (vgl. S. 93–105). Der in Wien abgelegte Studienabschluss und die dortigen Prüfungsergebnisse wurden dabei anerkannt.

Beim Abschluss seines Studiums war Schönberg gerade 22 Jahre alt. Anschließend arbeitete er laut Angaben seiner Tochter Else in einer Wiener Automobilfabrik.[45] Falls diese Aussage zutrifft, dürfte es sich um die k. k. Hofwagenfabrik Jacob Lohner & Cie gehandelt haben, die als erste Fabrik in Wien Automobile baute.[46] Ludwig Lohner, Sohn des Firmengründers, hatte sich seit 1896 in den Kopf gesetzt, das erste Auto in Österreich zu entwickeln. Im Jahr 1897 wurde ihm die Betriebserlaubnis dafür erteilt. Die Beschäftigung Schönbergs in der Automobilfabrik scheint jedoch nur von kurzer Dauer gewesen zu sein.

Noch während seines Studiums oder kurz danach lernte Arthur seine spätere Frau Eveline Bach (meist „Eva" genannt) kennen.[47] Vermutlich kam der Kontakt über seinen Cousin, den angehenden Komponisten Arnold Schönberg zustande, mit dem Eva zumindest vorher zeitweise enger befreundet war.[48] Arthur verlobte sich mit Eva wohl vor seinem beruflichen Wechsel zur Allgemeinen Elektricitäts-Gesellschaft (AEG) in Berlin, in die er am 1. Oktober 1898 eintrat.[49] Welche Tätigkeit er dort ausübte, ist unklar. Else Schönberg berichtet aber, dass der Vater von Emil Rathenau, dem Begründer der AEG, und dessen Sohn Walther sehr geschätzt wurde.[50] In Berlin wurde Schönberg 1899 auch Mitglied des renommierten Elektrotechnischen Vereins.[51] Da Eva nicht in der Reichshauptstadt leben wollte, scheint eine Vorbedingung für die Heirat gewesen zu sein, dass sich Arthur eine Stellung in Süddeutschland oder Österreich-Ungarn suchen sollte. Aus diesem Grund bewarb er sich Ende 1899 auf eine öffentliche Ausschreibung des Technischen Bureaus Oscar von Miller in München, wo er am 18. Juni 1900 als technischer Sekretär eingestellt wurde. Sein Jahresgehalt betrug anfänglich 3960 Reichsmark, was etwa dem fünffachen Durchschnittseinkommen im Deutschen Reich entsprach.[52] Der firmeneigene, beamtenähnliche Pensionsfonds dürfte für Arthur ein zusätzliches Argument für die Stellung in München gewesen sein. Am 23. Dezember 1900 erfolgte in Wien die Eheschließung mit der 21-jährigen Eva (Abb. 4).

Nachdem Arthur und Eva Schönberg das erste halbe Jahr ihres München-Aufenthalts in der Loristraße 36, also in unmittelbarer Nähe zu Arthurs Arbeitgeber am Ferdinand-von-Miller-Platz, gewohnt hatten, zog das Ehepaar ab 7. Januar 1901 in eine Wohnung in der Frundsbergstraße, bevor es kurz vor der Geburt der ersten Tochter Else einige Häuser weiter in die Frundsbergstraße 21 übersiedelte. 1903 kam das zweite Kind, Lotte, zur Welt.

Über den Münchner Freundes- und Bekanntenkreis von Arthur Schönberg ist nichts bekannt. In den Akten findet sich nur Leopold Weinberg,[53] der lange Jahre Prokurist des Bankhauses Aufhäuser war. Dieser konnte 1939 erst nach Zürich und anschließend nach Amsterdam emigrieren, wurde dort aber später verhaftet, nach Bergen-Belsen deportiert und dort ermordet.[54] In den Münchner Adressbüchern fällt ein weiterer Name auf, Heinrich Zörnig. Mit ihm wohnte Schönberg zwischen 1905 und 1911 zuerst im selben Haus in der Tengstraße 10. Am 1. Januar 1914 zog er wie Zörnig mit seiner Familie in das Haus Nördliche Auffahrtsallee 69.[55] Daraus kann man schließen, dass beide befreundet waren. Zörnig war Apotheker und seit 1903 Assistent an der Ludwig-Maximilians-Universität München, wo er gleichzeitig das Amt des Kustos des Pflanzenphysiologischen Instituts bekleidete. 1916 wurde er als ordentlicher Professor an die Universität Basel berufen.

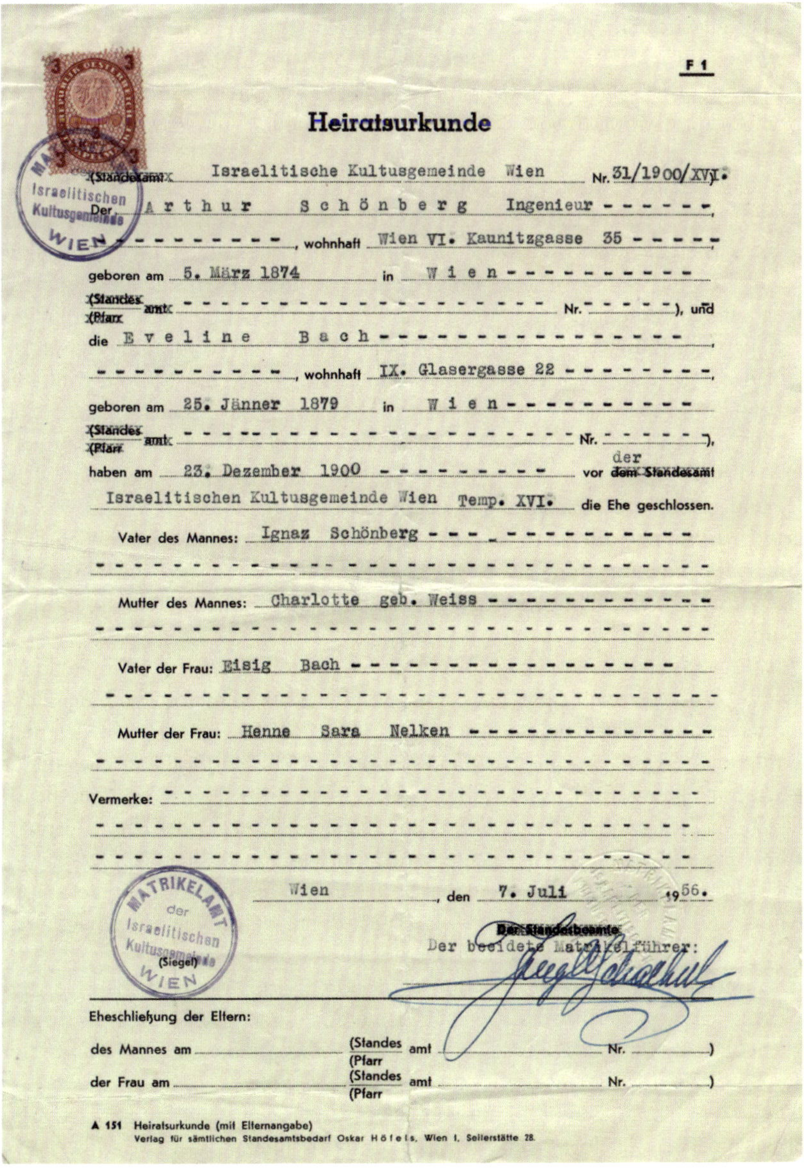

F 1

Heiratsurkunde

~~(Standesamt)~~ Israelitische Kultusgemeinde Wien Nr. 31/1900/XVI.

Der Arthur Schönberg Ingenieur - - - - - -,

- - - - - - - - - -, wohnhaft Wien VI. Kaunitzgasse 35 - - - - -

geboren am 5. März 1874 in Wien - - - - - - - - - - -

~~(Standes~~ ~~(Pfarr~~ ~~amt~~ - Nr. - - - - -), und

die Eveline Bach - - - - - - - - - - - - - - - - - -,

- - - - - - - - - - -, wohnhaft IX. Glasergasse 22 - - - - - - - -,

geboren am 25. Jänner 1879 in Wien - - - - - - - - - - -

~~(Standes~~ ~~(Pfarr~~ ~~amt~~ - Nr. - - - - - -),

haben am 23. Dezember 1900 - - - - - - - - - vor der ~~dem Standesamt~~

Israelitischen Kultusgemeinde Wien Temp. XVI. die Ehe geschlossen.

Vater des Mannes: Ignaz Schönberg - - - - - - - - - - - - - -

Mutter des Mannes: Charlotte geb. Weiss - - - - - - - - - - - - -

Vater der Frau: Eisig Bach - - - - - - - - - - - - - - - - - -

Mutter der Frau: Henne Sara Nelken - - - - - - - - - - - - -

Vermerke: -

Wien, den 7. Juli 1956.

~~Der Standesbeamte~~
Der beeidete Matrikelführer:

(Siegel)

Matrikelamt der Israelitischen Kultusgemeinde Wien

Eheschließung der Eltern:

des Mannes am .... (Standes (Pfarr amt .... Nr. ....)

der Frau am .... (Standes (Pfarr amt .... Nr. ....)

A 151 Heiratsurkunde (mit Elternangabe)
Verlag für sämtlichen Standesamtsbedarf Oskar Höfels, Wien I, Seilerstätte 28.

Abb. 4 Heiratsurkunde von Arthur Schönberg und Eveline Bach, 23. Dezember 1900.[56]

Über Schönbergs Verhältnis zum Judentum und über eventuelle Aktivitäten in der Münchner jüdischen Gemeinde sind keine Hinweise überliefert. In jüdischen Vereinen, Wohltätigkeitsorganisationen und Gesellschaften scheint er sich nicht engagiert zu haben. Zumindest taucht sein Name bei ihnen weder als Mitglied noch als Spender auf – dies gilt insofern, als sich die entsprechenden Jahresberichte erhalten haben. Nur einmal, im Jahr 1918, ist eine Spende in Höhe von fünf Mark zugunsten des Palästina-Hilfswerks überliefert.[57] In diese Tatsache kann man allerdings keine besondere Positionierung Schönbergs zum Judentum oder zum Zionismus hineininterpretieren, wurde die Spende doch von der Freundin seiner Tochter Lotte, Lotte Kahn, eingesammelt, die im *Jüdischen Echo* mehrfach als Sammlerin genannt ist. Der einzige Hinweis auf seine Haltung zum Judentum stammt von seiner Tochter Else. Sie schrieb in einem Brief an den Autor, dass ihr Vater „überhaupt nichts über der jüdischen Religion kannte".[58] Ihre Aussage ist nicht leicht zu interpretieren. Wahrscheinlich kann man darin eine gewisse Verwurzelung in der jüdischen Religion herauslesen. Einmal, so Else, habe der Vater eine hohe Position abgelehnt, da sie mit der Forderung nach einer Taufe verbunden gewesen sei. So weit wollte er trotz seiner offensichtlichen Integrationsbemühungen in Bayern nicht gehen. Eine Einäscherung seines Leichnams nach seinem Tod lehnte er ab, wie Else Schönberg weiter schrieb: „Hingegen glaubte er fest an ein gewisses Weiterleben nach dem Tode, und er hat uns immer eingeschärft, daß der Vater nicht verbrand werden wolle."[59] Aus ihrer Notiz kann man ablesen, dass ihr Vater im Wesentlichen dem Glauben des Judentums an eine nächste Welt folgte, wenngleich die Thora nur wenige Aussagen zu einem Leben nach dem Tod macht und im Prinzip auf eine Bejahung des Erdenlebens abzielt.

Als Bürger der k. k. Monarchie Österreich-Ungarn mit Heimatrecht in Preßburg unterstand Schönberg zu Beginn des Ersten Weltkriegs der Militärpflicht in der Doppelmonarchie. Er wurde mehrfach auf eine Wehrtauglichkeit untersucht, letztlich aber aufgrund seines Gesundheitszustands freigestellt.[60] Bekannt ist, dass er in dieser Zeit Kriegsanleihen zeichnete, allerdings keine des Deutschen Reichs, sondern die im April 1916 ausgegebene und mit 5½ Prozent verzinste vierte Österreichische Kriegsanleihe.[61] Für 1700 Kronen – was heute etwa 3400 Euro entsprechen würde – kaufte er eine solche an, eine Investition, die sich nach dem verlorenen Krieg und der galoppierenden Inflation in Österreich im Mai 1922, durch welche die Schuldverschreibungen komplett entwertet wurden, als wertlos herausstellte.

Das Ende des Kriegs und die Auflösung der österreichisch-ungarischen Doppelmonarchie hatten auch Auswirkungen auf Arthur Schönberg. Da der Staat als solcher nicht mehr existierte, galt er als staatenlos. Nach einigem Hin und Her wurde ihm 1920 die bayerische Staatsangehörigkeit verliehen.

Die 1920er Jahre waren bestimmt von einem steigenden Wohlstand Schönbergs, einer besonders erfolgreichen Zeit als Ingenieur in der Firma Oskar von Millers und als Pionier des elektrischen Kochens in Deutschland. Darauf wird in Kapitel 3 ausführlich eingegangen.

Im März 1933 mietete er in der Hiltensperger Straße 43 im zweiten Stock eine geräumige Wohnung an. Sie umfasste Wohnzimmer, Schlafzimmer, Speisezimmer, Herrenzimmer, Arbeitszimmer und ein Gästezimmer. Hinzu kamen die Küche, eine Diele und ein Eingangsraum. Von der Wohnungseinrichtung hat sich im Bayerischen Hauptstaatsarchiv ein (undatiertes) Inventar erhalten, das Schönbergs ältere Tochter Else nach dem Zweiten Weltkrieg im Zuge des Entschädigungsverfahrens angefertigt hat. Es bezieht sich auf das Mobiliar und einige Gebrauchsgegenstände. Vermutlich hatte sie die Einrichtung vor Augen, wie diese anlässlich des München-Besuchs zum 60. Geburtstag ihres Vaters im Jahr 1934 vorhanden war.[62]

Es lohnt sich, das Inventar genauer anzusehen, da es wertvolle Hinweise auf den Lebensstil der Familie Schönberg liefert, weswegen die Aufstellung in Tabelle 2 abgedruckt ist. Die Schreibweise von Else Schönberg im Akt wurde leicht modernisiert. Namen und Begriffe sind in den Anmerkungen erläutert.

Tab. 2 Inventar des Mobiliars und einiger Gebrauchsgegenstände um 1934, das Schönbergs ältere Tochter Else im Zuge des Entschädigungsverfahrens nach dem Zweiten Weltkrieg angefertigt hat.

<u>Wohnzimmer</u>
1 großes handgeschnitztes eichenes Buffet (Möbelfabrik Fritzsche)
1 kleine dazu passende Anrichte (Möbelfabrik Fritzsche)
1 Tisch dazu passend (Möbelfabrik Fritzsche)
8 Stühle (Möbelfabrik Fritzsche)
Filetvorhänge
rote Übergardinen
1 handgeschmiedeter Blumenständer
1 Spiegel mit vergoldetem Rahmen
1 schöner Lüster (von Schwarz und Weigel)[63]
1 alter wertvoller Lehnstuhl Brokat
1 Lehnstuhl modern grauer Samt (Möbelfabrik Fritzsche)[64]
1 Diwan
2 wertvolle rote Plüschdecken für den Diwan
ferner:
1 komplettes Glasservice geschliffen, mindestens 48 Stück
1 komplettes Speiseservice, Porzellan für 24 Personen, Gold und grüner Rand
1 Teeservice Nymphenburg für 12 Personen
1 Mokkaservice Nymphenburg für 12 Personen
1 komplettes Silberbesteck für 6 Personen (reines Silber) mit allen Schikanen
1 sehr wertvolles Mokkaservice für 6 Personen gold und braunes Muster mit dazu passendem Tablett
1 Eisservice aus Glas handgemalt und gebrannt für 12 Personen, bemalte Teller und Gläser, Bonbonieren

Silber: Körbchen, Becher, 2 große Aufwarter, je 2 große und 2 kleinere silberne Leuchter
1 sehr altes Likörservice gerilltes Glas mit silbernem Rand
1 elektrische Kaffeemaschine
1 Standuhr
1 Stehlampe

Kleines Speisezimmer
1 ausziehbarer Tisch Eiche (Möbelfabrik Fritzsche)
6 Stühle (Möbelfabrik Fritzsche)
1 Silberschrank Eiche (Möbelfabrik Fritzsche)
1 Teppich
Doppelvorhänge
Lüster

Diele
1 Bauerntisch
6 Bauernstühle
2 handbemalte Schränke
1 Teppich
1 Elektrische Nähmaschine

Herrenzimmer
1 großer Diplomatenschreibtisch, Eiche (Möbelfabrik Fritzsche)
1 Bücherschrank (Möbelfabrik Fritzsche)
1 Bücherregal mit 24 Bänden Brockhaus Lexikon (Möbelfabrik Fritzsche)
1 Nähtisch mit Fächern
1 Sofa, 1 Fauteuil und 2 Stühle, Eiche gepolstert (Möbelfabrik Fritzsche)
1 guter Teppich
1 Lüster
1 Paar Spitzenvorhänge
1 Paar grüne Gobelinvorhänge
1 guter Radioapparat
2 große komplette Rieffler Reißzeuge[65]
1 Rechenschieber
Technische Werke
1 handgeprägte Ledermappe
1 Schreibmaschine
1 Klavier Steingraeber[66]
1 Notenständer
Sehr viele Noten: alle Klassiker und zahlreiche Partituren alles in guter gebundener Ausgabe

Eingang
Teppich
Kleiderständer mit Spiegel
1 großer alter Bauernschrank Eiche
1 großer Schrank für Besen und anderes Material

Schlafzimmer
2 große Eichenbetten, alles Eiche von Fritzsche
2 Nachtkästchen, alles Eiche von Fritzsche
1 großer Doppelschrank mit Spiegel, Eiche von Fritzsche
1 Wäschekasten, Eiche von Fritzsche
1 Toilettentisch mit Drehstuhl, Eiche von Fritzsche
Lampe
2 Daunendecken
2 Wolldecken
Kissen
Rosshaarmatratzen
Vorhänge
reichlich Bett- und Haushaltswäsche

Gästezimmer[67]
weißlackierte Möbel
1 Bett komplett
1 Kasten
1 Waschtisch
1 Kommode
1 weißer Tisch oval mit 2 Stühlen aus gebogenem Holz
Vorhänge

Arbeitszimmer – Atelier
2 Biedermeier Schreibtische
1 Bücherregal mit wertvollen Büchern
1 Lüster
1 Teppich
mehrere Tischlampen
Vorhänge
1 großer Arbeitsschrank mit Abteilungen für Arbeitsmaterial
1 große Couch (doppelt)
4 ineinanderschiebbare Glastische
kleine Kissen und große Bettkissen, Decken usw.
1 ganz moderner Vervielfältigungsapparat (1940 gekauft)
1 eichernes Taburett[68]

1 fahrbarer Teetisch
1 Rauchtisch mit handgeschlagener Platte
1 altes Kupfertablett
1 komplettes Steinerbett[69]

<u>Küche</u>
1 Küchenbuffet
1 Tisch
Stühle und Hocker
1 elektrischer Küchenherd
1 Gasküchenherd
1 elektrischer Wasserspeicher 75 l
1 elektrisches Bügeleisen
1 Gasbügeleisen
1 Staubsauger
1 komplette Küchengeschirrausstattung für elektrisches Kochen
1 komplette Ausstattung, grau, Emaille für gewöhnliches Kochen
1 einfaches 6personiges Essgeschirr
1 6personiges Silber (versilbert)
1 Eismaschine
1 einfaches Glasservice

Reichliche Wäsche und Kleiderausstattung
Feepelzkragen,[70] Muff und Hutgarnitur
1 Fotoapparat

<u>Schmuck</u>
1 Brillantring
1 goldene Damenuhr mit Doppeldeckel und langer goldener Gliederkette
2 goldene Eheringe
1 goldenes Medaillon (Emaille)
1 goldene Brosche
2 schwarze Emaillearmbänder
1 Tulaherrentaschenuhr[71]
1 silberne Herrentaschenuhr
1 Perlmutteropernglas
1 Zeiss Opernglas
2 Silberketten mit verschiedenen goldenen und silbernen Anhängern
1 Granatschmuck: Brosche und Ring
2 Korallenketten (dunkelrot und rosa)
1 Wiener Werkstättenring[72]
1 Goldring mit Herz

1 Elfenbeinkette
geschliffene Kristallgläser
böhmische Gläser geschliffen
1 Dose Kopenhagen[73]

Bilder
ein Frauenkopf von Uhde[74]
eine Bildskizze meines Vaters von [Name nicht genannt][75]
1 Studienkopf
zahllose Bilder meines Schwagers Rudolph Ernst[76]
1 Grammophon mit vielen Platten

Abb. 5 Aufnahme der Anrichte im Wohnzimmer Schönbergs in der Hiltensperger Straße, 1934.[77]

Glücklicherweise hat sich von der Wohnung Schönbergs eine Fotografie erhalten, die einen Eindruck vom Mobiliar vermittelt. Die Aufnahme (Abb. 5) zeigt die im Inventar beschriebene Anrichte aus dunkel gebeizter Eiche vor einer mit Blumenmotiven bemusterten Tapete. Die Möbelfronten sind größtenteils handgeschnitzt. Auf der mittleren Tür ist das Brustbild einer Frau zwischen Akanthusranken abgebildet. Die Griffe und die pfeilartigen Beschläge sind ebenfalls in Handarbeit gefertigt. Auf dem Möbel steht mittig auf einer Servierplatte das angesprochene wertvolle

Mokkaservice für sechs Personen, das zum Teil vergoldet und mit braunem Muster dekoriert ist. Auf einem kleinen Aufsatz ist zentral ein silbernes Tablett aufgestellt, links und rechts davon sind zwei Schmuckteller erkennbar. Bei diesen handelt es sich um Erinnerungsteller des Deutschen Museums. Sie wurden anlässlich des Richtfests für das neue Ausstellungsgebäude auf der Museumsinsel von der Königlichen Porzellan Manufaktur Nymphenburg hergestellt und am Tag der Feierlichkeiten am 5. Oktober 1911 allen Festgästen zur Erinnerung geschenkt. Die Positionierung der Museumsteller im Wohnzimmer Schönbergs zeigt die hohe Bedeutung, die das Deutsche Museum für ihn hatte.

Die Anrichte wurde von der um die Jahrhundertwende sehr bekannten Firma Hofmöbelfabrik O. Fritzsche gefertigt. Sie hatte ihre Produkte u. a. auf der Weltausstellung 1894 in Chicago, bei der *Prima Esposizione Internazionale d'Arte Decorativa Moderna* 1902 in Turin und bei der Ausstellung *München 1908* gezeigt. Vom selben Hersteller finden sich im Wohnzimmer Schönbergs noch ein Buffet, ein Tisch und acht Stühle, im Speisezimmer ein ausziehbarer Tisch mit sechs Stühlen und ein Silberschrank, im Herrenzimmer ein großer Schreibtisch, ein Bücherschrank, ein Bücherregal sowie ein Sofa, ein Fauteuil und zwei Stühle. Auch das Schlafzimmer war mit zwei Eichenbetten derselben Firma sowie zwei Nachtkästchen, einem Doppelschrank, einem Wäschekasten und mit einem Toilettentisch mit Drehstuhl ausgestattet. Alle Möbel waren im Stil des Wohnzimmers aus Eichenholz gefertigt. Obwohl es sich bei der Anrichte – ebenso wie bei den anderen Einrichtungsgegenständen von Otto Fritzsche – um hochwertige und solide Möbel handelt, stammten sie aus einer Serienproduktion der Firma. Der Möbelhersteller Otto Fritzsche griff bei seiner Gestaltung gerne auf Motive der Frührenaissance zurück, wie sie auch die Anrichte zeigt.[78] Das Bayerische Nationalmuseum in München ist im Besitz eines vergleichbaren Wohnzimmers aus dem Besitz des Münchner Bildhauers Heinrich Waderé, das eine ähnliche Ornamentik aufweist.[79]

Die einheitlich gestaltete Wohnungseinrichtung der Möbelfabrik Otto Fritzsche mit ihrem schweren Dekor ist Ausdruck für die bürgerlich konservative Grundeinstellung des Ehepaars Schönberg. Die Ausstattung ist solide, keinesfalls protzig. Obwohl sich die Ehefrau Eva und ihre Töchter Else und Lotte politisch eher im linken Spektrum verorten lassen, dominiert im Heim der Familie eine konventionelle, auf Repräsentation ausgerichtete Möbelwahl. Auch beim Ankauf von Geschirr und Besteck achtete man auf qualitativ hochwertige und renommierte Hersteller wie die Porzellan Manufaktur Nymphenburg. Teile des Geschirrs scheinen Erbstücke zu sein.

Während die Wohnungseinrichtung eher traditionell ist, war der Haushalt modern und komplett mit Elektrogeräten ausgestattet. So waren eine elektrische Kaffeemaschine, eine elektrische Nähmaschine und ein elektrisches Bügeleisen vorhanden; in der Küche stand ein entsprechender Herd mit einem kompletten Satz an Töpfen und Pfannen für elektrisches Kochen. Dies verwundert nicht, hatte doch Schönberg in den Städten Schweinfurt und Schwandorf 1926 erstmals das elektrische Kochen im Haushalt eingeführt (vgl. S. 105–111). Auch ein Radioapparat fehlte nicht, obwohl der Hörfunk in Bayern erst einige Jahre zuvor, nämlich 1924, sein Programm aufgenommen hatte. Im Herrenzimmer stand ein Flügel der bekannten Bayreuther Klaviermanufaktur Steingraeber & Söhne. Wie aus dem Inventar hervorgeht, waren „alle Klassiker und zahlreiche Partituren alles in guter gebundener Ausgabe“ vorhanden.[80] Ob Arthur Schönberg allerdings selbst gespielt hat, muss bezweifelt werden. Vermutlich ist das Instrument seiner Frau Eva zuzuordnen, die aus einem musischen Haus stammte und deren Bruder David Josef auch die berühmten Wiener Arbeiterkonzerte organisierte.

Ob bewusst oder unbewusst – nichts deutet in dem von Else Schönberg erstellten Inventar auf einen praktizierten jüdischen Glauben in der Familie hin. So fehlen die Menora, der typische siebenarmige Leuchter, oder die für die jüdischen Speisegebote erforderliche doppelte Ausstattung mit getrennten Töpfen, Pfannen, Essgeschirren, Putzmitteln etc. Auch ist in der Aufstellung der obligatorische Gebetsschal, der Tallit, nicht erwähnt. Dies irritiert etwas, sofern man sich die traditionell jüdische Prägung Arthurs in seiner Jugend vor Augen hält. Vieleicht aber schienen Else Schönberg Gegenstände des jüdischen Lebens bei der Aufstellung des Inventars nicht erwähnenswert.

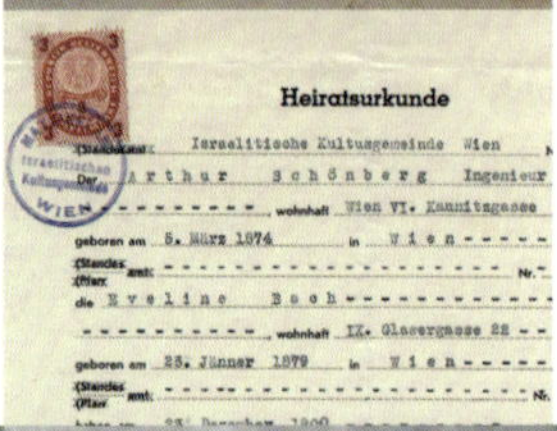

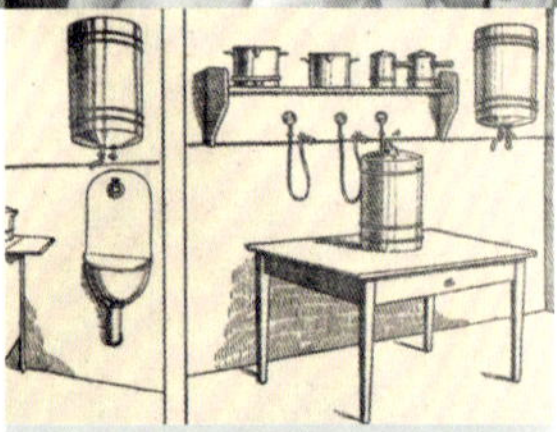

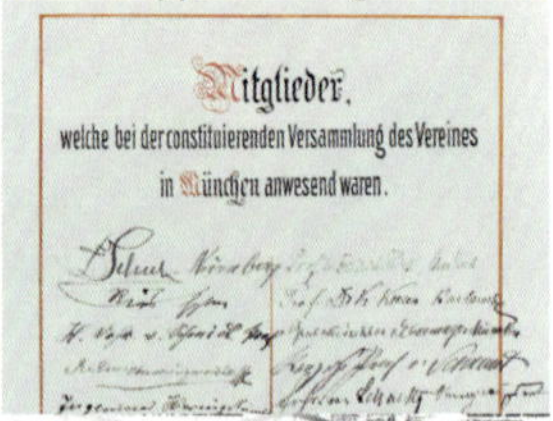

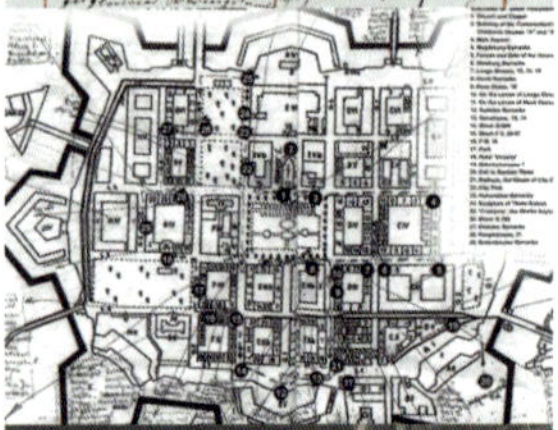

-Werner, Henriette: Kunst und Volk. David Josef Bach 1874–1

Mateo; u. a.: Rudolf Steiner – Die Alchemie des Alltags (Auss
2010.

, Christiane: Finanzverwaltung und Judenverfolgung. Die Entz
ögens in Bayern während der NS-Zeit. München 2008.

okratie und Verbrechen. Antisemitische Finanzpolitik und Ver
nalsozialistischen Deutschland. München 2013.

, Hans (Hrsg.): Von Juden in München. Ein Gedenkbuch. Mü

gangene Tage. Jüdische Kultur in München. München, Wien 1

, Boris Venediktovič: Die sowjetisch-deutsche Gesellschaft „Ku
Jahren 1923 bis 1933. In: Sanke, Heinz (Hrsg.): Deutschland,

Kapitel 2

Die Familie

Über die familiären und persönlichen Beziehungen von Ignaz Schönberg und seinem Sohn ist wenig bekannt. Die angesprochenen zahlreichen Wohnungswechsel dürften dauerhafte Freundschaften eher erschwert haben. Vermutlich beschränkten sie sich im Wesentlichen auf Kontakte zu jüdischen Glaubensgenossen aus dem II. Bezirk, in dem Vater und Sohn fast zwei Jahrzehnte gewohnt hatten. Dort war auch die Familie von Arthurs späterer Ehefrau ansässig.

Eveline (Eva) Schönberg

Wie Arthur stammte Eva aus einer in die Residenzstadt Wien zugezogenen jüdischen Familie. Ihr Vater Eduard Eisig Bach (1843–1892) und seine Frau Henriette, geb. Nelken (1846–1924), waren beide gebürtig aus dem galizischen Ort Lemberg (heute Lwiw, Ukraine). Ihre Familie besaß dort laut Angabe der Enkelin Else Schönberg ein sehr angesehenes Modegeschäft.[1] Eduard Bach hatte ursprünglich das Hutmachergewerbe erlernt, schlug sich aber in Wien als Kaufmannsgehilfe durch. Henriette brachte eine ansehnliche Mitgift in die Ehe, die allerdings durch den Wiener Börsenkrach im Jahr 1873 rasch wieder verloren ging.[2] Wohl um 1875 – nach der Geburt des zweiten Kinds – zogen Evas Eltern in den Wiener Vorort Fünfhaus (Neubaugürtel 11).[3] Schon 1882 erfolgte der Umzug in die Hauptstadt der österreichisch-ungarischen Doppelmonarchie, wo sich Eduard 1882 mit einer Hutmanufaktur selbstständig machte. Als Geschäftsadresse ist in den Wiener Adressbüchern die Kaiser-Joseph-Straße 30 angegeben, während die Wohnung in der Zwerggasse 4 lag. 1883 zog die Familie in die Pazmanitengasse 3 im II. Bezirk um. Ab dem Jahr 1888 sind die Adressen für Geschäft und Wohnung mit der Pazmanitengasse identisch.

Die Waren seines Hutgeschäfts exportierte Eduard vorwiegend nach Osteuropa. Mit dem Beginn des Zollkriegs zwischen Österreich-Ungarn und dem Königreich Rumänien im Jahr 1886 brach dieser Absatzmarkt weg. Ein verkleinertes Hutmachergeschäft in Wien konnte noch einige Jahre gehalten werden. Es wurde von der Ehefrau Henriette betrieben, während Eduard als Haupteinkäufer einer großen Textilfirma umherreiste. Auf einer dieser Geschäftsreisen starb er 1892 in Ternopil (Ukraine) an Herzschlag.[4]

Das Ehepaar hatte fünf Kinder, vier Söhne – Maximilian Jacob (geb. 1871), David Josef (geb. 1874), Martin (geb. 1883) und Benno (geb. 1885) – sowie die Tochter Eva. Sie wurde am 17. Januar 1879 geboren. Beim Tod des Vaters im Jahr 1892 war sie gerade 13 Jahre alt. Die Mutter führte das Hutgeschäft fort. In *Lehmann's Allgemeinem Wohnungs-Anzeiger* aus dem Jahr 1893 ist unter der Pazmanitengasse 3 statt des Hutgeschäfts ihres Mannes nun Henriette („Henna“) Bach mit einem „Manufakturwarengeschäft" eingetragen.[5] Henriette bemühte sich trotz der Doppelbelastung als Geschäftsfrau und Mutter sehr um eine anspruchsvolle Erziehung der Kinder, ließ sie Klavier lernen und ermöglichte ihnen eine gute Schulbildung. Dreien ihrer Söhne (Maximilian, David und Benno) finanzierte sie ein Studium und unterstützte sie bis zur Promotion. Der vierte Sohn Martin absolvierte eine Ausbildung als Schriftsetzer, konvertierte später zum evangelischen Glauben und arbeitete bis zu seiner Emigration 1938 in verschiedenen Wiener Druckereien. Die Ausbildungswege der Kinder lassen darauf schließen, dass sich das Ehepaar Bach zuerst mit dem Hutladen und dann die Witwe mit ihrem Manufakturwarengeschäft einen gewissen Wohlstand erarbeitet hatte. Auch Henriettes späterer Umzug von der Leopoldstadt nach Mödling deutet auf eine gesicherte finanzielle Lage hin. Im dortigen, sehr geräumigen Haus der Bachs in der Brühler Straße 104 verbrachte Arnold Schönberg, der Freund ihres Sohnes David, 1904 seine Sommerferien, wo er an eigenen Kompositionen und an der Instrumentierung und dem Klavierauszug der Oper *Bergkönig* von Robert Fischhof arbeitete.[6] Die Fürsorge Henriettes um ihren Nachwuchs ging David manchmal zu weit, da sie selbst den volljährigen Kindern gerne Vorschriften machen wollte. David, in der Familie auch „Dunjo" genannt,[7] der bis zu seinem 30. Lebensjahr bei seiner Mutter lebte, berichtet, nach ihrem Wunsch hätte er noch als Erwachsener zu einer bestimmten Uhrzeit abends zuhause sein sollen.[8]

Im Juni 1916 holte Arthur Schönberg seine 70-jährige Schwiegermutter Henriette Bach zu sich nach München in die Wohnung in der Nördlichen Auffahrtsallee.[9] Dort verstarb sie am 15. November 1924 im Alter von 78 Jahren.[10] Begraben wurden sie drei Tage später auf dem Neuen Israelitischen Friedhof in München-Schwabing. Um 1930 beauftragte Arthur seinen späteren Schwiegersohn Rudolf Ernst mit einem Grabstein für Henriettes Grab. Dessen Gestaltung fand in der zeitgenössischen Kritik „volle Beachtung", da Ernst mit ihm „die Vergänglichkeit alles Irdischen gegenüber den bleibenden Worten der Heiligen Schrift" gekonnt zum Ausdruck gebracht habe.[11]

Eva Bachs Brüder Maximilian und David kamen schon früh mit sozialistischem Gedankengut in Kontakt.[12] Beide engagierten sich in der Wiener Arbeiterbewegung. Der ältere Bruder Max, der 1897 promoviert worden war und 1898 ein monumentales Buch über die *Geschichte der Wiener Revolution im Jahre 1848. Volksthümlich dargestellt* mit 942 Seiten veröffentlichte, arbeitete als Journalist und schrieb u. a. für die sozialdemokratische *Arbeiter-Zeitung*. Max Bach heiratete 1901 in Manchester Ada Goulden (1868–1950), die jüngste Schwester der englischen Frauenrechtlerin Emmeline Pankhurst. Die Schwestern stammten aus einer radikal-demokratischen Familie, die sich gegen Sklaverei genauso engagierte wie für das Frauenwahlrecht in England.

Der zweitgeborene Sohn David Josef[13] studierte in Wien Philologie und Philosophie und hörte Vorlesungen bei dem berühmten Physiker und Philosophen Ernst Mach sowie dem Physiker Ludwig Boltzmann. 1897 wurde er mit einer Arbeit über *Das Problem der Außenwelt bei David Hume* promoviert. David Bach gilt als eine der wichtigsten und einflussreichsten Persönlichkeiten der Wiener Kultur zwischen 1905 und 1933. Über seinen Bruder Max kam er als Publizist zur *Arbeiter-Zeitung*, für die er seit 1904 schrieb und bei der er von 1918 bis 1933 als Leiter des Feuilletons wirkte. Im Jahr 1905 begründete er in Wien die Arbeiter-Symphoniekonzerte. Dahinter stand die Idee, klassische Musik auch der Arbeiterklasse zugänglich zu machen, eine Vorstellung, die dem bürgerlichen Musikpublikum der Kaiserzeit geradezu als revolutionär vorkommen musste. Beim ersten Konzert, der Aufführung einer Symphonie von Gustav Mahler, wurde bewusst das Werk eines lebenden Komponisten an der Schwelle der Spätromantik zur Moderne ausgewählt und der volkstümlichen Militär- und Schrammelmusik gegenübergestellt. David Bach hat über das epochemachende Konzert notiert: „An diesem Abend spielte zum ersten Mal die Arbeiterschaft eine sichtbare Rolle in der Geschichte der Musikpflege in Wien. Es war ein historischer Abend."[14] David Bach leitete von 1919 bis 1933 die von der Sozialdemokratischen Arbeiterpartei geschaffene Sozialdemokratische Kunststelle, die Arbeiterinnen und Arbeitern Konzerte, verbilligte Theaterkarten, Vorträge und Museumsführungen ermöglichte. Die Kunststelle ist sicherlich als Erweiterung der von ihm begründeten Arbeiterkonzerte zu sehen. Er engagierte sich auch im 1923 gegründeten ersten österreichischen PEN-Zentrum und in der zehn Jahre später ins Leben gerufenen Vereinigung sozialistischer Schriftsteller.

Im Jahr 1906 heiratete David Bach die acht Jahre ältere Gisela Cohn, eine Schwester der Musikerin Bella Cohn, die als Lehrerin am Neuen Wiener Konservatorium unterrichtete. Arthur Schönberg und sein Cousin Heinrich hatten im Jahr 1900 aus Berlin eine Postkarte an sie geschickt (Abb. 6). Während sich das Ehepaar Bach 1939 durch die Emigration nach England vor dem Holocaust retten konnte,[15] wurde Bella Cohn in einem Konzentrationslager ermordet. In England betätigte sich David Bach weiterhin politisch im Klub der österreichischen Sozialisten und in der Vereinigung österreichischer Journalisten. Wie in Wien organisierte er Musikveranstaltungen. 1947 verstarb er in London.

Über ihren Bruder David lernte Eva den angehenden Komponisten Arnold Schönberg kennen. David und Arnold waren seit der Schulzeit eng befreundet. Zu ihrem Freundeskreis gehörten auch die bekannten Musiker Oskar Adler und Alexander von Zemlinsky. Jahre später sagte Arnold über David:

> „Ein anderer meiner damaligen Freunde war David Bach: ein Philolog, Philosoph, Literaturkenner, Mathematiker und ein ganz guter Musiker. Er hatte so großen Einfluß auf die Entwicklung meines Charakters, daß er diesem die ethische und moralische Kraft zu verleihen mochte, die meinen Widerstand gegen Gewöhnlichkeit und Allerweltsvolkstümlichkeit begründen konnte."[16]

Eva und Arnold Schönberg freundeten sich an. Dieser widmete ihr einige frühe Kompositionen, so das *Schilflied* nach einem Text von Nikolaus Lenau: „Drüben geht die Sonne scheiden".[17] Entstanden ist das Lied wie zwei weitere, die Arnold ebenfalls der Jugendfreundin Eva widmete, nach Angaben von David Bach um 1893.

Abb. 6 Arthur Schönberg mit seinem Cousin Heinrich in Berlin, 1900. Mit der handschriftlichen Anmerkung „Das Kleine daneben bin ich. Arthur".[18]

Der schwärmerische Text des 21-Jährigen für die erst 14 Jahre alte Eva – „In mein stilles, tiefes Leiden / Strahlst du, Ferne! hell und mild / Wie durch Binsen hier und Weiden, / Strahlt des Abendsternes Bild" – deutet auf ein romantisches Verhältnis zwischen beiden hin. Nach Aussage des Enkels von Arnold Schönberg, Eric Randol Schoenberg, wollten beide ursprünglich heiraten; das Verhältnis ging aber auseinander.[19]

Während das Leben der Familie Bach von Literatur, Musik und Politik bestimmt war, scheint der jüdische Glaube kein Thema gewesen zu sein. David hat später in verschiedene Polizeimeldebögen unter der Spalte Religionszugehörigkeit „konfessionslos" eingetragen.[20]

Wahrscheinlich über ihren Bruder David Josef bzw. über dessen Freund Arnold kam Eva etwas später mit Arnolds gleichaltrigem Cousin Arthur in Kontakt. Man kann daraus erkennen, dass sich die Freundeskreise von Arnold und Arthur teilweise überschnitten. So waren die genannten Arnold Steiner und Friedrich Eichberg auch Freunde von Arnold, wie dessen Biograf Hans Heinz Stuckenschmidt festgehalten hat.[21] In seinem Beileidsschreiben nach dem Tod Eichbergs 1941 schrieb der Komponist, dass er „Fritz" seit dem sechsten Lebensjahr gekannt und mit ihm die Volksschule und die Realschule besucht habe.[22]

Als Arthur Schönberg Eva Bach kennenlernte, war er noch als Ingenieur in einer Wiener Automobilfirma beschäftigt. Kurz vor seinem beruflichen Wechsel nach Berlin zur Allgemeinen Elektricitäts-Gesellschaft (1898) erfolgte die Verlobung, am 23. Dezember 1900 die Eheschließung.

Abb. 7 Die Familie Schönberg, ca. 1906.[23] Fotograf: Franz Grainer

Aus den mehr als vier Jahrzehnten, welche die Familie Schönberg in München lebte, ist wenig über Evas Wirken bekannt. Das Verhältnis zwischen den Eheleuten scheint sehr innig gewesen zu sein, wenn man die spätere gemeinsame Deportation sieht und die Dokumente zum Tod von Eva liest (vgl. S. 200–213). Aus den früheren Jahren ist nur eine einzige Postkarte von Arthur an seine Frau aus Eisenach vom 20. Mai 1923 überliefert, als er sich dort im Zusammenhang mit dem vom Ingenieurbüro Oskar von Miller geplanten Thüringenwerk aufhielt. „Gruß v. Pfingstsonntag A." lautet der lapidare Text.[24] Nicht viel wortreicher ist seine Ansichtskarte an die Tochter Else, die vom selben Tag datiert: „Auf Wiedersehen Mittwoch? Vater".[25]

Aus den wenigen erhaltenen Unterlagen lässt sich nicht erkennen, inwieweit Eva Schönberg am Leben ihres Mannes im Ingenieurbüro und im Deutschen Museum teilgenommen hat. Vermutlich war sie mit ihren Kindern bei den jährlichen Bürofesten im Garten der Millers am Ferdinand-von-Miller-Platz anwesend. Aus den Quellen ist bekannt, dass sie sich den Familienausflügen des Ingenieurbüros anschloss. So ist die Teilnahme der gesamten Familie Schönberg am Ausflug an den Königssee anlässlich des 25-jährigen Bestehens der Miller'schen Firma im Jahr 1915 archivalisch belegt (Abb. 8). Es ist anzunehmen, dass Arthurs Frau auch zu den Museumsfeiern eingeladen wurde. Jährlich bekamen sie und ihre Kinder von der Museumsverwaltung mehrere Eintrittskarten zugesandt, wofür sich Eva und die elfjährige Else artig mit eigenhändig geschriebenen Briefen bedankten.[26]

Abb. 8 Gruppenfoto am Königssee anlässlich des 25-jährigen Bestehens des Ingenieurbüros Oskar von Miller, 1915.[27] In der ersten Reihe stehen Arthur Schönbergs Töchter Lotte und Else (dritte bzw. sechste von links); hinter Else sind Arthur und die Mutter Eva zu erkennen.

Ihre beiden Töchter Else und Lotte scheint die Mutter ganz im Geiste der eigenen Jugenderfahrungen sehr fortschrittlich erzogen zu haben. Wie ihre Brüder Maximilian und David stand Eva der Sozialdemokratie nahe. In einem Interview hat Else Schönberg ihre Mutter in der Rückschau als „ziemlich progressiv" bezeichnet.[28] Darauf verweisen das Engagement von Eva und Else in der Frauenbewegung. Mit Else besuchte die Mutter zwischen 1917 und 1919 die großen Veranstaltungen zum Frauenwahlrecht in München.[29] Natürlich lag ihr wie ihrem Mann daran, die intellektuellen Fähigkeiten der älteren Tochter zu fördern – bis zu deren späterer Promotion. Insofern ist Evas Einsatz für das Frauenwahlrecht vor dem Hintergrund der Forderung nach einer Gleichberechtigung von Frauen zu sehen. Ganz offensichtlich orientierte sich das Ehepaar Schönberg bei der Erziehung der Töchter nicht an dem damals in weiten Kreisen gültigen Bild der Frau, das sie auf die Rolle der Hausfrau und Mutter reduzierte. Auch die Förderung des künstlerischen Talents der beiden Mädchen lag der Mutter am Herzen. Darauf deuten das Klavier der Fa. Steingraeber und die zahlreich vorhandenen Noten in der Schönberg'schen Wohnung hin.[30] Neben der Frauenbewegung engagierte sich Eva in besonderer Weise als sogenannte Waisenpflegerin, wobei sie sich ehrenamtlich um Kinder ohne Eltern und um uneheliche Kinder kümmerte.[31] In München gab es um 1915 rund 500 solcher Waisenpflegerinnen.[32] In dieser Funktion kümmerte sich Eva um Mädchen bis 21 Jahre, um Jungen bis sieben Jahre und um volljährige weibliche Mündel, die unter der Aufsicht des zuständigen Waisenrats standen.[33] Die Kinder mussten regelmäßig zuhause besucht werden, um ihre Lebensverhältnisse zu überprüfen. Die Kontrollen waren teilweise insofern problematisch, als manchmal die Kindsväter oder die Lebensgefährten der Mütter anwesend waren, was nicht selten zu Auseinandersetzungen führte.[34]

Mit ihrer sozialen Tätigkeit folgte Eva der jüdischen Tradition, sich um Bedürftige zu kümmern. In der jüdischen Familie wird das soziale Engagement der Frau zugeordnet. Soweit die Quellenlage es zulässt, kann man feststellen, dass sich weder Eva noch ihre Töchter Else und Lotte in Münchner jüdischen oder nichtjüdischen Wohltätigkeitsorganisationen in leitenden Funktionen betätigt haben. Auch für Arthur finden sich keine entsprechenden Hinweise.

Die sich steigernden Unterdrückungsmaßnahmen der Nationalsozialisten scheinen Eva stark belastet zu haben. Schon früh plädierte sie für eine Emigration, während ihr Mann sorglos blieb. Ihr Vorschlag war, in die Sowjetunion auszuwandern, da das Buch ihres Mannes über *Landes-Elektrizitätswerke* dort in zahlreichen Bibliotheken vorhanden sei.[35] Diese Wertschätzung wollte Eva nutzen.

Abb. 9 Passfoto von Eva Schönberg, 1939.[36]

Frühzeitig stellte sich bei ihr ein bleibendes Herzleiden ein. Seit 1936 finden sich Anhaltspunkte für diese Erkrankung, die im selben Jahr durch eine Kur im Warmbad Villach in Kärnten stabilisiert werden sollte.[37] Dass Eva dafür nach Österreich fuhr, hing auch damit zusammen, dass infolge der Nürnberger Gesetze zahlreiche Kurorte im Deutschen Reich Genesungsaufenthalte von Gästen jüdischen Glaubens zunehmend eingeschränkt hatten und sich weigerten, diese unterzubringen.[38] Anders dagegen in Österreich, wo vor dem sogenannten „Anschluss" im Jahr 1938 noch völlig andere rechtliche Regelungen galten. Wie die Quellen festgehalten haben, verschlechterte sich ihr Herzleiden so sehr, dass sie um 1941/42 mehrfach im Jüdischen Krankenhaus in der Münchner Hermann-Schmid-Straße behandelt werden musste. Von diesem Hospital aus wurde sie Anfang Juni 1942 nach Theresienstadt deportiert, wo sie am 23. Dezember desselben Jahres – ihrem 42. Hochzeitstag – verstarb (vgl. S. 209–211).

Else Schönberg

Arthur und Eva Schönberg hatten zwei Töchter, Else und Charlotte (Lotte). Beide erhielten den Namen enger Verwandter, Else nach der jung verstorbenen Schwester des Vaters, Elsa Schönberg (1878–1892), Lotte wiederum nach Arthurs Mutter Charlotte (geb. Weiss, 1849–1885). Über die ältere Tochter Else sind wir aus verschiedenen Quellen gut informiert. Sie überlebte den Holocaust und gab später mehrere Interviews über das Leben ihrer Familie. Zudem stand der Verfasser dieses Buchs in den 1990er Jahren in Briefkontakt mit Else Schönberg und konnte von ihr viele interessante Details zu ihrem Leben, aber auch zum Leben ihres Vaters erfahren.

Geboren wurde Else am 30. September 1901 in München. Mit sechs Jahren kam sie in die Volksschule, im September 1911 in die Städtische Höhere Töchterschule an der Luisenstraße, das heutige Luisengymnasium.[39] Für Mädchen des gehobenen Bürgertums in München war der Besuch einer höheren Töchterschule eine Frage des Sozialprestiges. Immerhin mussten pro Schuljahr 150 Mark Schulgeld entrichtet werden. Von den 162 Schülerinnen des Jahrgangs 1911/12 sind im Schulbericht 20 mit „israelitischer Konfession" angegeben; in Elses Klasse bekannten sich sechs Schülerinnen zum jüdischen Glauben. Der Unterricht erstreckte sich von Montag bis Samstag und umfasste bereits in der ersten Klasse einen Französisch-Unterricht. Ganz im traditionellen Sinn der Erziehung „höherer Töchter" zu gebildeten und geschickten Hausfrauen wurden auch praktische Fächer wie Häkeln und Nähen unterrichtet.

Else hatte das Glück, dass der Magistrat der Stadt München im Februar 1912 beschlossen hatte, an der Luisenschule ab dem Schuljahr 1912/13 einen sechsstufigen Gymnasialzweig einzurichten. Aufgrund ihrer hervorragenden schulischen Leistung konnte sie im Herbst 1914 in diesen überwechseln, der damals noch als Realgymnasium bestand. Der humanistische Zweig wurde erst etwas später eingeführt. Else blieb allerdings auf dem Realgymnasium.

Mit Schulanfang im September 1914 musste die gesamte Luisenschule aus ihrem Gebäude ausziehen, da es nach dem Beginn des Ersten Weltkriegs für militärische Zwecke benötigt wurde. Alle Klassen zogen in die zweite Städtische Höhere Töchterschule am St. Annaplatz. Für Else und ihre Schwester Lotte, die seit dem Herbst ebenfalls die Luisenschule besuchte, bedeutete dies, dass sie einen deutlich weiteren Schulweg auf sich nehmen mussten.

Kindheit und Jugend von Else und Lotte verliefen in den Kriegsjahren von 1914 bis 1918 und den Krisenjahren der Weimarer Republik in ruhigem Fahrwasser. Die Kriegszeit stand für die Schülerinnen der Luisenschule allerdings unter dem Zeichen von Stundenkürzungen, da Lehrkräfte fehlten; zudem erfasste die deutschnationale Kriegspropaganda ihre Schule. Immerhin lebten die Geschwister in einer gut behüteten und wohlhabenden Familie. Auch von den wachsenden Nahrungsmittelproblemen werden sie weitgehend verschont geblieben sein. Millers gesamtes Büropersonal, so auch die Familie Schönberg, durfte im großen Garten des Miller'schen Hauses am Ferdinand-Miller-Platz Gemüse anbauen. Miller selbst kaufte im Ersten Weltkrieg das Gut Nussrain bei Erding, um die Versorgung seiner Familie und gleichzeitig die seiner Belegschaft mit Nahrungsmitteln zu sichern.[40]

Mit Kriegsende 1918 wurden Else und Lotte auf ihrem Schulweg quer durch die Stadt zumindest an manchen Tagen hautnah mit den revolutionären Ereignissen, den Massen an heimkehrenden Soldaten und mit den Kämpfen der Gegenrevolution konfrontiert. Auch die antisemitischen Flugblätter, die nach November 1918 in München massenhaft verteilt wurden, dürften ihnen nicht entgangen sein. Zudem breitete sich in München im Herbst 1919 eine Pogromstimmung aus. Im *Jüdischen Echo* hieß es in diesen Monaten: „Wir Juden müssen damit rechnen daß ein wirksamer, energischer Schutz der Ordnung und des Gesetzes keineswegs mit Sicherheit zu erwarten ist".[41]

Im Juli 1920 legte Else ihr Abitur ab. In einem Brief an seinen Cousin Arnold vermerkte der Vater Arthur Schönberg später stolz, Else habe ihr Abitur mit Bestnoten absolviert, so mit der Note 1 in Deutsch, Französisch, Englisch und Mathematik.[42] Nach ihren eigenen Aussagen feierte sie den Schulabschluss im Nymphenburger Park, nahe der elterlichen Wohnung in der Nördlichen Auffahrtsallee. Von den Eltern bekam sie einen Wäschekorb mit Rosen, die aus dem Garten des Hauses stammten.

Früh, wahrscheinlich bereits in der Schulzeit, engagierte sich Else gemeinsam mit ihrer Mutter politisch. Beide sympathisierten mit der Sozialdemokratie und kämpften mit Anita Augspurg und Lida Gustava Heymann für das Frauenwahlrecht. Die beiden Frauenrechtlerinnen waren aber, wie Else später anmerkte, „politisch viel linker als wir".[43] Vermutlich trugen sie das von Anita Augspurg in den Jahren 1918/19 geforderte Rätesystem nicht mit. Else (und wohl auch ihre Mutter) rechnete sich dem rechten Flügel der Sozialdemokratie zu; eine Kommunistin sei sie nie gewesen, da sie von ihren Studien her gewusst habe, dass „der Kommunismus allein aus wirtschaftlichen Gründen nicht funktionieren konnte."[44] Im selben Text erinnerte sich Else: „Und da haben wir ein schönes Programm aufgestellt, was alles zu machen wäre für die Frauen, im Eherecht und im Erbrecht und was weiß ich!"[45]

Da das Wahlrecht für Frauen im November 1918 eingeführt wurde, muss das Engagement also vor dieser Zeit begonnen haben. Wie Else Schönberg in einem Interview mitgeteilt hat, nahm sie in München an den großen Veranstaltungen zum Frauenstimmrecht teil.[46] Aus dem vorausgegangenen Zitat geht hervor, dass es ihr nicht nur um das Wahlrecht für Frauen, sondern allgemein um mehr Rechte für Frauen ging. Daher ist unklar, ob sich die Bemerkung auf die Stellung der Frau im Kaiserreich bezieht oder nicht doch eher auf deren Neupositionierung nach der Revolution in Bayern 1918. Auch kann man aus dem Zitat auf eine engagierte Rolle von Else (und vielleicht auch ihrer Mutter) in der Münchner Frauenbewegung schließen. Allerdings fällt in den entsprechenden Quellen der Name „Schönberg" an keiner Stelle.[47] Immerhin war Else im Revolutionsjahr 1918 erst 17 Jahre alt und dürfte in der Frauenbewegung keine echte Rolle gespielt haben. Nichtsdestotrotz beeinflussten die politischen Diskussionen um die Rolle der Frau während des Ersten Weltkriegs und mit Beginn der Weimarer Republik die jugendliche Else, ihre Mutter Eva und die jüngere Schwester Lotte in erheblichem Maße. Die Revolution von 1918 und die Weimarer Reichsverfassung brachte zwar die wahlrechtliche Gleichstellung von Männern und Frauen, im praktischen politischen Leben blieb der Einfluss der Frauen jedoch gering. Die Wirkungsfelder der Frauen waren auf die Bereiche Bildung, Erziehung und Sozialarbeit beschränkt.[48]

Ebenso wie die Sozialarbeit der Mutter Eva werfen die politischen Aktivitäten ein interessantes Schlaglicht auf die Familie von Arthur Schönberg. Es handelte sich um ein gutsituiertes Haus mit einer liberalen Grundeinstellung. Diese Tendenz scheint die Mutter vorgegeben zu haben, die aus einer intellektuellen Familie mit künstlerischen und sozialen Neigungen entstammte. Der Vater, der später von sich schrieb, er habe nie einer politischen Partei angehört und sei auch nie politisch aktiv gewesen,[49] akzeptierte offensichtlich das politische und soziale Engagement seiner Frau und seiner Tochter. In der Familie waren alle weltoffen eingestellt. Bei den Schönbergs las man konservative Zeitungen wie die *Münchner Neuesten Nachrichten*, ebenso die sozialdemokratisch orientierte *Münchner Post*, die vor und nach dem Hitlerputsch am 8. November 1923 den Nationalsozialismus energisch bekämpfte und 1933 verboten wurde.

Im Wintersemester 1920/21 immatrikulierte sich Else an der Ludwig-Maximilians-Universität (LMU) München für das Fach „Staatswirtschaft".[50] Das Studium von Frauen war zu dieser Zeit längst institutionalisiert. Bayern hatte 1903 erstmals Frauen zum Studium an Universitäten zugelassen. Im Wintersemester 1921/22, also ein Jahr nach der Einschreibung Elses, gab es an der LMU 1004 Studentinnen (14 Prozent aller Studierenden), davon waren 11,9 Prozent jüdischen Glaubens.[51] Obwohl sie selbst ursprünglich lieber Lehramt studiert hätte, schrieb sie sich auf den Rat des Vaters hin für Staatswirtschaft ein. Er war der Ansicht, dass sie für den Beruf als Lehrerin „keine genügend dicke Haut" habe,[52] eine Meinung, der sie später zugestimmt hat. Im Wintersemester 1921/22 und im Sommersemester 1922 war sie an der Münchner Handelsschule eingeschrieben, wo sie mit dem Diplom in Volkswirtschaftslehre als Hauptfach abschloss. Während der beiden Semester hospitierte sie an der Staatswirtschaftlichen Fakultät der Universität. Zurück an der LMU strebte sie die Promotion an. Ursprünglich wollte sie über Taylorismus in der Hauswirtschaft schreiben, fand dafür aber keinen Betreuer. Auf ihrer Studentenkartei ist für die Rückmeldung zum Wintersemester 1923/24 – am 6. November 1923, mitten in der Hochinflation – eine Rückmeldegebühr von 22.900.000.000 Mark (in Worten: 22,9 Milliarden) vermerkt,[53] ein Hinweis darauf, wie schwierig sich die Situation der Studierenden in der Inflationszeit darstellte. Else hatte das Glück, bei ihren Eltern leben zu können. Daher musste sie sich keine Sorgen um eine eigene Wohnung und um ihren Lebensunterhalt machen, ein Vorteil, den in München nur wenige Studierende genießen konnten.

Der Soziologe Werner J. Cahnmann, der zeitgleich an der Fakultät studierte, erinnert sich, dass in einem Seminar seines späteren Doktorvaters Otto von Zwiedineck-Südenhorst vier jüdische Studentinnen waren – eine davon dürfte Else gewesen sein. Im selben Kurs saßen aber auch zwei Nationalsozialisten, darunter der spätere Reichsminister und führende Antisemit Rudolf Hess.[54] Else erlebte also den erstarkenden Nationalsozialismus nach dem Hitlerputsch 1923 sowohl in den Straßen Münchens als auch an der Universität hautnah. In einer Sendung des Bayerischen Rundfunks erzählte sie 1993:

> „Ich habe Hitler von Anfang an viel ernster genommen als die meisten Leute. Ich konnte die braunen Uniformen nicht sehen. Mein Vater hat mich furchtbar geschimpft, wenn ich um die Ecke gesaust bin, wenn so eine Truppe daherkam. Mein Vater hat sich eingebildet, was kann denn schon passieren."[55]

Sie selbst engagierte sich, wie aus zwei Einträgen auf ihrer Studentenkarte hervorgeht, in der Studentischen Ortsgruppe des Centralvereins deutscher Staatsbürger jüdischen Glaubens. Dieser 1893 gegründete Verein bekannte sich schon durch seine Namensgebung zur eigenen jüdischen Identität und zur Loyalität zu Deutschland und propagierte eine deutsch-jüdische Symbiose. Daher trat er dezidiert für die vollständige rechtliche, politische, gesellschaftliche und kulturelle Gleichstellung von Jüdinnen und Juden ein. Eine Hauptaktivität des Centralvereins (CV) lag in der Abwehr des Antisemitismus in Deutschland. In dieser inhaltlichen Ausrichtung war er der wohl entschiedenste und prononcierteste Gegner der NSDAP seit deren Gründung.[56] Im Jahr 1932 gehörten in Deutschland dem Verein rund 60 000 Frauen und Männer an.[57] Elses Beitritt zur Studentischen Ortsgruppe des Centralvereins lässt also Rückschlüsse auf ihre politische und gesellschaftliche Positionierung in der Weimarer Republik zu. Sie verstand sich als deutsche Staatsbürgerin, ohne ihre jüdische Herkunft verleugnen zu wollen. Wichtig aber scheint ihr die politische Dimension des Vereins gewesen zu sein, nämlich die Bekämpfung des radikalen Antisemitismus der NSDAP.

Als Mitglied der Studentischen Ortsgruppe dürfte Else auch die *C.V.-Zeitung. Blätter für Deutschtum und Judentum. Organ des Central-Vereins deutscher Staatsbürger jüdischen Glaubens* bezogen haben, in der in den 1920er Jahren permanent über antisemitische Übergriffe berichtet wurde. Allerdings wurde darin auch die „wachsende Interessenlosigkeit in den Kreisen der jüdischen Studierenden" beklagt.[58] Ein Artikel widmete sich 1923 explizit den Zuständen an der Ludwig-Maximilians-Universität München,[59] an der man eine zunehmend innigere Verbindung zwischen der Hitler-Partei und den Studierenden konstatierte. Die persönlichen Erfahrungen an der Universität und die immer heftigeren Übergriffe, so der Überfall auf den jüdischen Vizepräsidenten der Handelskammer Siegmund Fraenkel im Juni 1923, die Ausweisungen sogenannter „Ostjuden" durch Ministerpräsident Gustav von Kahr im selben Jahr und zahlreiche andere antisemitische Maßnahmen und Angriffe dürften Else stark politisiert haben. Der Historiker Michael Brenner schildert die Situation 1923 in München so: „Jüdische Bürger werden angespuckt, beleidigt, als Geiseln genommen."[60] Das Jahr 1923 gipfelte dann im November im Hitlerputsch, der zwar niedergeschlagen wurde, aber auch der Familie Schönberg die Macht der aufkommenden nationalsozialistischen Partei und die Bedrohung des jüdischen Lebens in München verdeutlichte.

Else, wahrscheinlich die aktivere der beiden Töchter, hatte einen großen Bekanntenkreis, ging gerne tanzen und liebte die Münchner Faschingszeit. Sie habe immer die „schönsten Kostüme" gehabt, erinnerte sie sich.[61] Während des Studiums bzw. der Promotionszeit verbrachte sie einige Monate in England und war nach eigenen Angaben ein Jahr lang bei der Münchner Firma A. Frenkel & Cie als Fremdsprachenkorrespondentin tätig.[62]

Im Juni 1924 meldete sich Else zur mündlichen Doktorprüfung in den Fächern Volkswirtschaftslehre, Finanzwirtschaft, Statistik und Sozialpolitik an. Thema ihrer Dissertation war *Die Monopolfrage in der Elektrizitätsversorgung.* Die schriftliche Arbeit bei Adolf Weber wurde mit „admodum laudabilis" (Note II) bewertet, das Gesamtergebnis der mündlichen Prüfungen für den Doktorgrad ergab letztlich die Note II (magna cum laude). Die Einzelprüfungen fanden in Finanzwissenschaft bei Adolf Lotz, in Volkswirtschaftslehre bei ihrem Doktorvater Weber, in Sozialpolitik bei Otto von Zwiedineck-Südenhorst und in Statistik bei Friedrich Zahn statt.

Zum Thema der Dissertation scheint Arthur Schönberg geraten zu haben. Die Monopolfrage beschäftigte das Deutsche Reich und die einzelnen deutschen Staaten schon vor dem Ersten Weltkrieg, bestimmte aber gerade nach der Revolution 1918 und nach dem im März 1919 im Reichstag beschlossenen Gesetz zur Sozialisierung der Wirtschaft die energiepolitische Diskussion. Letztlich kam ein Rahmengesetz nie zur Ausführung, da sich die Großkonzerne erfolgreich dagegen wehren konnten. Einzelne Staaten gingen den Weg eigener Landeselektrizitätswerke, so Bayern, Baden oder Thüringen.

Aus der Doktorarbeit von Else meint man an vielen Stellen den Duktus des Vaters herauszuhören, der als deutschlandweit anerkannter Spezialist für Energienetze beruflich ständig mit den Monopolansprüchen des Staats und dem Widerstand der Energieversorger konfrontiert war. Sicherlich konnte Else bei der Abfassung der Arbeit auf die Unterstützung des Vaters zählen. In den Promotionsakten der Ludwig-Maximilians-Universität findet sich das handschriftliche Gutachten ihres Doktorvaters, des bedeutenden Nationalökonomen an der LMU München Adolf Weber, aus dem hier einige Passagen zitiert werden:[63]

„Ehe man in medias res geführt wird, muß man sich von der Verfasserin über Begriff und Art der Elektromonopole belehren lassen in einer Art und Weise, die wohl kaum jemand ganz befriedigen wird, auch wohl die Verfasserin selbst nicht – das von ihr erfundene ‚Monopol der Unrentabilität' läßt sich sicher nicht rechtfertigen. Dabei ist ihr aber zugute zu halten, daß der Monopolbegriff auch größere Geister wie wir noch viel zu schaffen macht."

Trotz dieses etwas überheblichen und kritischen Einstiegs begutachtete Weber die Arbeit insgesamt positiv: „Die eigentliche Ausführung bringt dann aber zwei interessante Fälle von Aufschlüssen, wobei die Verfasserin zeigt, daß sie den großen Stoff sicher beherrscht." Sie habe die bisherige Forschung gut zusammengefasst, gehe mit ihrer Darstellung zu den Monopolen in den verschiedenen Stadien der Elektrizitätsversorgung weit über die bisherigen Erkenntnisse hinaus und präsentiere eine Reihe von interessanten Fällen. Und weiter: „Die dann folgende Darstellung der Monopolfrage in den verschiedenen Stufen der Elektrizitätsversorgung (Abschnitt 7–10) zeigt höchst wertvolle neue Gesichtspunkte auf." Sein Gesamturteil: „Beweis für die Festigkeit zu selbständiger eindringlicher Kritik. Sie verdient wohl die Note ‚admodum laudabilis (II.)'." Die anderen Gutachter und die Prüfer in den mündlichen Prüfungen schlossen sich dem Urteil an, sodass sich für Else die Gesamtnote „magna cum laude" ergab.

Ihre Studentenkarte weist nach, dass sie sich nach der Promotion erneut an der LMU München einschrieb, jetzt in Philosophie.[64] Danach wird ihr Lebenslauf etwas unübersichtlich, insofern, als sie sich am Ende des Sommersemesters 1928 abmeldete und am 12. Dezember 1929 wieder immatrikulierte. Ende des Wintersemesters 1931/32 exmatrikulierte sie sich endgültig.

Die Jahre zwischen der Promotion 1924 und ihrer Emigration 1933 sind geprägt von der Suche nach einer geeigneten Arbeitsstelle und einer gewissen Selbstfindung, worauf das Philosophiestudium hinweist. Insgesamt gesehen war die berufliche Situation von Studierenden nach der Weltwirtschaftskrise 1929 ausgesprochen schwierig. Dies galt besonders für Frauen, die sich nur in wenigen Fällen in ausbildungsnahen Berufen etablieren konnten. Von 1925 bis 1928 arbeitete Else als Wirtschaftsprüferin und Assistentin der Geschäftsführung der Süddeutschen Treuhand-Gesellschaft GmbH in München,[65] einem Unternehmen, das über 25 Jahre auch für die Rechnungsprüfung des Deutschen Museums tätig war. Anschließend ging sie für ein Jahr nach Paris, um hier an der École de préparation des professeurs de français à l'étranger ein Diplom zur Französischlehrerin für Ausländer zu absolvieren.[66] Zurück in München war sie von 1930 bis 1932 bei der großen Baufirma Gebr. Rank beschäftigt, wo sie für die Überwachung und Abwicklung eines großen Angebots des Unternehmens in Frankreich zuständig war. Anschließend bereitete sie sich auf die Prüfung als vereidigte Wirtschaftsprüferin vor. Ob sie diese Weiterbildung abschließen konnte, ist unklar.

In der Frauenbewegung war Else mit ihrer Mutter weiterhin aktiv. Nachdem die Weltwirtschaftskrise nicht nur Auswirkungen auf die werktätige Bevölkerung, sondern auch auf die Studierenden der Münchner Hochschulen hatte, sah sich der Verein für Fraueninteressen und Frauenarbeit, in dem die beiden Frauen ehrenamtlich engagiert waren, zu einer Hilfsaktion für bedürftige Studentinnen veranlasst. Else stellte dabei Lebensmittelpakete zusammen, wie eine explizite Nennung ihres Namens im Jahresbericht des Vereins zeigt: „Für treue Mithilfe hierbei sind wir Dr. E. Schönberg besonders verpflichtet."[67]

Die sogenannte Machtergreifung der NSDAP am 30. Januar 1933 bedeutete für Else eine lebensverändernde Zäsur. Ihr war klar, dass sie aufgrund ihres politischen und gesellschaftlichen Engagements als Frauenrechtlerin und Mitglied des dezidiert anti-nationalsozialistischen Centralvereins deutscher Staatsbürger jüdischen Glaubens auf einer der zahlreichen schwarzen Listen der Münchner NS-Organisationen stand. So vermutete die Bayerische Politische Polizei nach einer Hausdurchsuchung der Geschäftsstelle des Vereins in der Nacht vom 9. auf den 10. März 1933 eine Zusammenarbeit mit politischen Gruppierungen, die gegen die NSDAP agieren würden.[68] Vorstellbar ist, dass bei dieser Aktion Mitgliedslisten des Centralvereins beschlagnahmt wurden, in denen auch Else vermerkt war.[69] Zudem zeigte sich, dass die Nationalsozialisten von Beginn an das Ziel verfolgten, die Frauenbewegung zu vernichten.[70] Deutschlandweit wurden nach der sogenannten Machtergreifung Frauenrechtlerinnen verhaftet. In München wurde ebenfalls schon im März 1933 das Münchner Büro der Internationalen Frauenliga für Frieden und Freiheit (IFFF) durchsucht und stark verwüstet.[71] Vor diesem Hintergrund muss Elses Entschluss, Deutschland zu verlassen, gesehen werden. Obwohl der Vater ihr davon abriet, entschied sie sich für die sofortige Auswanderung. Am 30. April 1933 floh sie nach Frankreich, wo sie sich in Paris niederließ. Ihre Auswanderung hat sie später damit begründet, dass sie Hitler und die NSDAP immer als Bedrohung ihrer jüdischen Existenz gesehen habe.[72]

Die Flucht Elses aus Deutschland erfolgte in einer Phase, in der die französischen Einreise- und Aufenthaltsbedingungen übergangsweise sehr liberal waren. Für die Einreise genügte ein Pass und ein Visum, im April 1933 war eine solche sogar ohne gültigen Reisepass möglich.[73] Ende desselben Jahres wurden die Bestimmungen aber wieder verschärft. Allerdings lebten zu diesem Zeitpunkt schon rund 30 000 deutsche Emigrantinnen und Emigranten in Frankreich.[74]

Für die Flüchtlinge bestand damals eine erhebliche Rechtsunsicherheit. Da Elses Aufenthaltsgenehmigung anfangs nur für drei Jahre gültig war, erhielt sie keine Arbeitserlaubnis. Zudem behandelten viele Pariser Beamte die aus dem Ausland Zugezogenen nach Gutdünken, sodass immer die latente Gefahr einer Abschiebung drohte. Neben Verbrechen und Vergehen aller Art bzw. politischen Aktivitäten konnten auch wirtschaftliche Gründe zur Ausweisung führen. Daher war es für Else wichtig, nicht bei den Behörden aufzufallen. Da es keine Möglichkeit gab, an eine reguläre Arbeitserlaubnis zu kommen, musste sie sich mit Gelegenheitsjobs, als Kindermädchen, Übersetzerin und freiberufliche Finanzberaterin durchschlagen.[75] Dabei halfen ihr die einige Jahre zuvor in Paris geknüpften Kontakte und ihre guten Fremdsprachenkenntnisse. Zeitweise wohnte sie in einem Haus am Quai d'Orsay auf dem Dachboden, wo es nicht einmal Licht gab. Abends besuchte sie die Höhere Wirtschaftsschule (École de Législation professionelle financière et coloniale), die sie als Jahrgangsbeste abschloss. Dafür wurde sie mit der Medaille der Handelskammer und einer Prämie von 500 Francs ausgezeichnet.[76] Obwohl sie sich längst in München abgemeldet hatte, wurde sie zwei Jahre nach ihrer Emigration mit Schreiben der Regierung von Oberbayern vom 20. Mai 1935 ausgebürgert, d. h. sie verlor im Zuge des Reichbürgergesetzes ihre deutsche Staatsangehörigkeit (vgl. Abb. 40 auf S. 170).[77]

In diesem Zusammenhang stellt sich die Frage nach der Aberkennung ihres Doktorgrades. Üblicherweise nutzten die deutschen Universitäten das *„Gesetz über den Widerruf von Einbürgerungen und die Aberkennung der deutschen Staatsangehörigkeit"* vom 14. Juli 1933, um über eigens veränderte Promotionsordnungen emigrierten Personen ihren Doktortitel wegen „Unwürdigkeit" abzuerkennen. Stefanie Harrecker hat die Aberkennungsverfahren und -methoden an der Ludwig-Maximilians-Universität detailliert untersucht. Zu Else Schönberg äußert sie sich allerdings nur in einer Fußnote. Darin heißt es, dass sie zu den wenigen Personen gehört habe, die ihren Doktorgrad nicht verloren hätten.[78] Der Grund ist wohl, dass Else von den NS-Machthabern auf keine offizielle Ausbürgerungsliste gesetzt wurde und so nicht in die bürokratischen Mühlen der LMU geriet.[79]

Erst 1937 erhielt Else in Frankreich eine Arbeitskarte, die es ihr ermöglichte, offiziell zu arbeiten. Allerdings musste diese alle sechs Monate erneuert werden, wodurch eine hohe Abhängigkeit von den französischen Behörden bestand. Im selben Jahr besuchte ihr Vater sie noch einmal in Paris, auch um die dortige „kleine" Weltausstellung zu besichtigen, die vom 25. Mai bis 25. November stattfand.

In den Jahren 1937 bis 1940 war Else für das Bankhaus A. Spitzer & Cie tätig, wo sie Leiterin der bankinternen Finanzdokumentation war. Parallel dazu studierte sie Jura, um ihre beruflichen Perspektiven zu verbessern.

Politisch war Else in Frankreich nach eigener Aussage nicht aktiv, nicht zuletzt, da dies Personen aus dem Ausland strikt verboten war.[80] Bekannt ist aber, dass sie während des Spanischen Bürgerkriegs Briefe und Päckchen an Freunde schickte, die den kommunistisch geführten Internationalen Brigaden angehörten und gegen General Franco kämpften.[81]

Privat plante Else für den 29. Juli 1939 ihre Hochzeit mit Carl Rapaport (1894–1942/45).[82] Er war polnischer Jude aus Podwoloczyska (heute Pidwolotschysk, Ukraine), einem damals wichtigen Handelsort und kulturellen Zentrum jüdischen Lebens in Galizien, wo auch der Schriftsteller Hermann Kesten geboren wurde. Über Carl Rapaport wissen wir wenig. Aus unbekannten Gründen zog er nach Paris, wo er als Buchhalter arbeitete. Seine Meldeadresse „15, rue Henri Regnault" war mit der von Else identisch. Möglicherweise war er in derselben Bank wie Else beschäftigt.

Abb. 10 Else Schönbergs Verlobter Carl Rapaport.

Während der Vater aufgrund der politischen Verhältnisse in Deutschland nicht zu der Hochzeit anreisen konnte, kam ihre Schwester Lotte, die ihrerseits aus München nach Jugoslawien geflohen war, nach Paris. Die Trauung platzte aber unerwartet: „Und dann hat irgendwas gefehlt an den Papieren“, erinnerte sich Else in einem Interview. Sie sollte später nachgeholt werden, allerdings kam es nie dazu.[83] Ihr Verlobter Rapaport wurde 1941 inhaftiert und kam in das Lager Pithivier (Camp de Pithivier). Mit dem als „convoi n°6 du 17 juillet 1942“ (Transport Nr. 6 vom 17. Juli 1942) bekannt gewordenen Transport, der aus rund 930 in Frankreich inhaftierter Jüdinnen und Juden bestand, wurde er nach Auschwitz deportiert.[84] Seine traurige Bekanntheit erhielt der Transport durch die Tatsache, dass mit diesem Zug erstmals auch Frauen und Kinder in größerer Zahl aus Frankreich in ausländische Vernichtungslager geschickt wurden. In Auschwitz wurde Rapaport zu einem unbekannten Zeitpunkt ermordet.

Mit Beginn des Zweiten Weltkriegs im September 1939 holte die nationalsozialistische Gewaltherrschaft und Rassenpolitik Else Schönberg in Paris wieder ein. Der anfängliche „drôle de guerre“, der „seltsame Krieg“ oder „Sitzkrieg“ (Wortspiel auf „Blitzkrieg“), wie die weitgehend militärisch ereignislose Phase zwischen September 1939 und Mai 1940 an der französischen Grenze bisweilen bezeichnet wird, schlug in die deutsche Besetzung von großen Teilen Frankreichs um. Als im Mai 1940 die deutschen Truppen ihre große Frankreich-Offensive starteten, wurde Else im Zuge einer groß angelegten Internierungswelle gemeinsam mit zahlreichen anderen Ausländerinnen in Frankreich, meist solche jüdischen Glaubens, inhaftiert. Lediglich Frauen mit kleinen Kindern wurden verschont.[85] Else kam dabei zuerst in das Pariser Sportstadion Vélodrôme d'hiver, bevor sie zwei Wochen später in das südfranzösische Sammellager „Camp de Gurs“, einen Ort im nicht von Deutschen besetzten Südfrankreich verschickt wurde. Insgesamt wurden im Mai und Juni 1940 rund 10 000 Frauen dorthin deportiert. Wie so viele andere Ausländerinnen in

Frankreich verstand sich Else zu dieser Zeit nach wie vor als politischer Flüchtling vor dem Nationalsozialismus.[86]

Das rund drei Quadratkilometer große Lager war in 12 „ilôts", 12 Blöcke, eingeteilt, die jeweils aus ca. 25 Baracken à 60 Schlafplätzen bestanden. Else war im ilôt „M" untergebracht. Die Zustände in Gurs hat sie später detailliert beschrieben:

> „Es war eine ganze Stadt hinter Stacheldraht. Kein Baum. Kein Grün. Die Lagerstraße: drei Kilometer lang. Je 25 bis 30 Baracken gehörten zu einem ilôt, einem mit Stacheldraht umzäunten Block. Jede Baracke war etwa 25 Meter lang und 5 Meter breit; ihr mit alter Dachpappe gedecktes Satteldach ruhte an den Seiten auf etwa einen Meter hohen Lattenwänden; im Dach waren sechs Luken, die sich mit Holzklappen verschließen ließen. Links 30 Strohsäcke, rechts 30 Strohsäcke, keine Decken, kein Tisch, kein Stuhl, keine Bank, kein Nagel, kein Geschirr."[87]

Die Lebensbedingungen in dem in ein Feuchtgebiet gebauten Lager waren katastrophal. Die Frauen lagen auf dem nackten Erdboden, der bei schlechtem Wetter schlammig wurde. Sommer wie Winter waren die Insassinnen Hitze und Kälte nahezu ungeschützt ausgesetzt. Die sanitären Einrichtungen bestanden aus acht Wasserhähnen pro Baracke. Die Frauen mussten sich dort im Freien waschen, ohne durch Holzkabinen vor den Blicken anderer Inhaftierten und der Wachen geschützt zu sein. Auch die acht Aborte zählenden „Hochburgen" waren frei einsehbar. Die Lagerorganisation bestand pro ilôt aus zwei Französinnen und einer gut Französisch sprechenden Deutschen als Barackenchefinnen. Auch Else wurde aufgrund ihrer hervorragenden Französischkenntnisse zu einer solchen bestimmt. In dieser Funktion hatte sie sich um das Essen zu kümmern, um die Meldung von Krankheiten, um die Sauberkeit und vor allem auch um die Vollzähligkeit der Insassinnen.

In Gurs traf Else auf andere Frauen aus ihrer alten Münchner Heimat, darunter Hedwig Kämpfer, die in München ebenfalls in der Frauenbewegung aktiv gewesen war und mit den in der Schweiz lebenden Aktivistinnen Anita Augspurg und Lida Gustava Heymann in Kontakt stand. Kämpfer hatte sich 1919 der Unabhängigen Sozialdemokratischen Partei Deutschlands (USPD) angeschlossen und war bis 1924 im Münchner Stadtrat. 1935 war sie – wie zuvor Else – aus politischen Gründen nach Paris geflohen. Im Lager kam Else auch mit anderen prominenten Frauen zusammen, mit denen sie teilweise ihr Leben lang in Kontakt blieb, so mit der Pädagogin und Journalistin Hanna Schramm, die später ihre Erinnerungen an Gurs veröffentlichte,[88] dann mit deren Lebensgefährtin Käthe Hirsch, mit Anneliese Eisenstaedt, der Künstlerin Edith Auerbach, einer Tochter des renommierten Kölner Mediziners Benjamin Auerbach, oder mit der aus Budapest stammenden Tänzerin Klara Horowitz, die gemeinsam mit ihrer Schwester Elisabeth in Gurs Vorstellungen gab.[89]

In der Baracke von Else war rund die Hälfte Jüdinnen, die vor den Nazis aus Deutschland geflohen waren: „Die Jugend der jüdischen Emigration wollte sich nicht knechten lassen und schuftete lieber [in Frankreich; Anm. d. Verf.], um notdürftig ihr Leben zu fristen, oder sie ging mit viel Idealismus nach Palästina, ehe sie sich in Deutschland anspeien ließ."[90]

Mit ihrem Vater stand Else während ihrer Internierung in Gurs anfangs noch in Verbindung. Um ihre Freilassung zu betreiben, schrieb Arthur Schönberg an seinen Cousin Arnold, um ihn für eine regelmäßige Zahlung an seine Tochter zu gewinnen. Sie komme nur aus Gurs frei, wenn eine Person in den Vereinigten Staaten zusichere, mit 40 Dollar monatlich für ihren Lebensunterhalt zu garantieren.[91] Aufgrund seiner eigenen finanziellen Verhältnisse konnte der in den USA lebende Komponist allerdings nicht helfen.

Else blieb bis Juni 1941 in Gurs. Dank ihres früheren Arbeitgebers und „Pariser patron", des Bankiers Arthur Spitzer, Chef des gleichnamigen Bankhauses A. Spitzer, der sie in Gurs besuchte, gelang es ihr, zunächst auf Urlaub entlassen zu werden.[92] Sie blieb in der Gegend, wohnte offiziell in einem Hotel und konnte anfangs ganz legal von Strickarbeiten und Sprachkursen leben. Als 1942 das Gebiet zur Kriegszone wurde und Jüdinnen und Juden binnen 24 Stunden die Gegend verlassen mussten, tauchte Else unter. Versteckt lebte sie in verschiedenen Orten in Südfrankreich – „auf Speichern und in Kartoffelkellern".[93] In Vic,[94] gemeint ist Vic-en-Bigorre, konnte sie dank der Unterstützung des Direktors des dortigen Gymnasiums Deutschstunden geben. Bis 1945 lebte sie mit falschen Papieren auf den Namen „Beaumont" größtenteils im Untergrund. Mit ihren Eltern hatte sie in dieser Zeit keinen Kontakt. Gegenüber seinem Schwager Martin Bach, der in die Schweiz emigriert war, klagte Arthur Schönberg: „Besorgt sind wir auch um Else von der wir gar nichts hören".[95] Umgekehrt hatte Else von der Deportation der Eltern nach Theresienstadt im Juni 1942 offensichtlich keine Kenntnis. Während ihres Untertauchens kam Else in Kontakt mit der Resistance, ohne sich dieser anzuschließen.

Gegen Ende des Zweiten Weltkriegs fuhr Else kurzzeitig nach Paris zurück, wo sie ihre Wohnung von der Nachbarschaft ausgeplündert vorfand. Daher kehrte sie für ein weiteres Jahr nach Vic-en-Bigorre zurück, um dort Unterricht zu geben. 1946 schloss sie sich dem jüdischen Hilfswerk Œuvre de secours aux enfants (OSE) an, einer Organisation, die Kindern half, deren Eltern geflüchtet, ermordet oder deportiert worden waren. Seit 1943 agierte die OSE im Untergrund. Die Kinder wurden dabei oft in Internaten, Klöstern und Familien untergebracht oder in die neutrale Schweiz geschleust. Angeworben wurde Else von der damaligen Leiterin der OSE, Andrée Salomon.[96]

Der OSE blieb Else mehr als zwei Jahrzehnte verbunden. Von 1946 bis 1969 arbeitete sie als Direktionsassistentin bei der OSE, hauptsächlich im Bereich Finanzen und juristische Fragen.[97] Nach dem Zweiten Weltkrieg adoptierte sie den Sohn Michael ihrer in Jugoslawien verschollenen Schwester Lotte. In ihre Geburtsstadt München kam sie nach dem Krieg nur selten: „Ich war wiederholt in Deutschland, schon wegen meiner Wiedergutmachung, aber ich war sehr vorsichtig. Ich habe nur die Leute besucht, von denen ich bestimmt wußte, dass sie Anti-Nazi waren, wie zum Beispiel die Familie von Oskar von Miller."[98] Else Schönberg verstarb 1997 in Paris.

Lotte Schönberg

Im Gegensatz zu ihrer zwei Jahre älteren Schwester Else sind zu Lotte kaum biografische Unterlagen vorhanden. Geboren wurde sie am 18. September 1903 in München. Die ersten Lebensjahre verbrachte sie in der Familienwohnung in der Frundsbergstraße 21, die der Vater rund einen Monat vor Elses Geburt angemietet hatte. Wie ihre Schwester besuchte sie seit dem Schuljahr 1913/14 die Höhere Mädchenschule an der Luisenstraße,[99] wechselte jedoch nicht wie diese an die seit 1912 bestehende Gymnasialabteilung, sondern schloss nach sechs Jahren ihre Schulzeit im Sommer 1919 ab. Ob die Eltern angesichts fehlender Begabung auf den Wechsel an den Gymnasialzweig verzichteten oder ob sich Lotte aufgrund ihres handwerklich-kunstgewerblichen Interesses dagegen entschied, lässt sich nicht feststellen. Auch bleibt unklar, ob sich Lotte in ihrer Jugend wie die Mutter und Else sozial, gesellschaftlich oder politisch engagierte. In späteren Jahren ist allerdings ein linkspolitisches Engagement belegt.

Eine gesicherte biografische Quelle findet sich erst für das Jahr 1919 wieder. Damals trat sie im Oktober mit gerade 16 Jahren in die Staatliche Kunstgewerbeschule München in der Luisenstraße ein.[100] Als Berufsziel gab sie „Kunstgewerblerin" an. Lotte sah ihre Zukunft also nicht als Zeichenlehrerin an einer Schule, sondern eher im kunstgewerblichen Bereich.[101]

Die Münchner Einrichtung zählte neben der Nürnberger Kunstgewerbeschule und der Akademie der Bildenden Künste in München zur wichtigsten künstlerischen Ausbildungsstätte in Bayern. Leiter war zu diesem Zeitpunkt der bekannte Architekt und Designer Richard Riemerschmid. Im Wintersemester 1920/21 besuchten insgesamt 397 Schülerinnen und Schüler die Anstalt.[102] Lotte war eines von 197 Mädchen und eine der Jüngsten; manche regulär Eingeschriebene waren bis zu zehn Jahre älter als sie, einige Gastschüler gehörten sogar den Geburtsjahrgängen 1873 und 1874 an und waren damit 30 Jahre älter als Lotte. Der Unterricht[103] gliederte sich in den Hauptunterricht (Zeichenklasse, Raumausstattung, Buchdruck und Buchausstattung, Architekturzeichnen, Dekorative Malerei, Weibliche Handarbeiten und Entwerfen von Textilien, Dekorationsmalerei, Bildhauerei, Metall- und Edelmetallarbeiten etc.) sowie in die Hilfsfächer (Methodik des Zeichenunterrichts, grafische Techniken wie Radieren und Holzschnitt, Kunstgeschichte, Anatomie etc.) und in den Werkunterricht (Buchbinderei, Holzbildhauerei, Formengießen, Steindruck, Buchdruck, Keramik etc.). Welche Kurse Lotte genau besuchte, ist nicht nachzuvollziehen. Einer ihrer Lehrer war der Maler Willi Geiger, der u. a. das Fach „Abendakt, Morgenakt" unterrichtete. Bei ihm belegte Lotte von 1921 bis 1923 Kurse. Von Geiger stammt eine Bestätigung aus dem Jahr 1962. Darin bezeichnet er Lotte als „Mensch von vornehmer Denkungsart", der „ungewöhnlich begabt" gewesen sei.[104] Die Staatliche Kunstgewerbeschule schloss Lotte 1923 ab.

In der Deutschen Nationalbibliothek hat sich am Standort Leipzig erstaunlicherweise eine kleine Schrift von Lotte Schönberg erhalten, ein Druck des Gedichts *Gott* von Johann Gottfried Herder (Abb. 11–13).[105] Offensichtlich handelt es sich um eine Schularbeit Lottes an der Staatlichen Kunstgewerbeschule. Datiert ist das Büchlein auf das Jahr 1922. Ihre Aufgabe war es, das Gedicht in der hauseigenen Werkstatt für Buchdruckerei und Buchbinderei zu setzen, zu drucken und dafür eine geeignete Bindung zu gestalten. Als Buchtype wählte sie eine „Ehmcke-Fraktur", benannt nach dem Grafiker und Schriftgestalter Fritz Helmuth Ehmcke, der die Werkstatt erst einige Jahre zuvor an der Kunstgewerbeschule eingerichtet hatte.[106] Das Druckjahr deutet darauf hin, dass Lottes Arbeit möglicherweise für die *Deutsche Gewerbeschau* (München 1922) vorgesehen war, bei der Ehmcke Mitglied im Hauptausschuss war, und die nach Ausstellungsende von der Leipziger Bibliothek übernommen wurde. Im Ausstellungsführer bzw. im Katalog ist Lotte Schönberg allerdings nicht genannt.

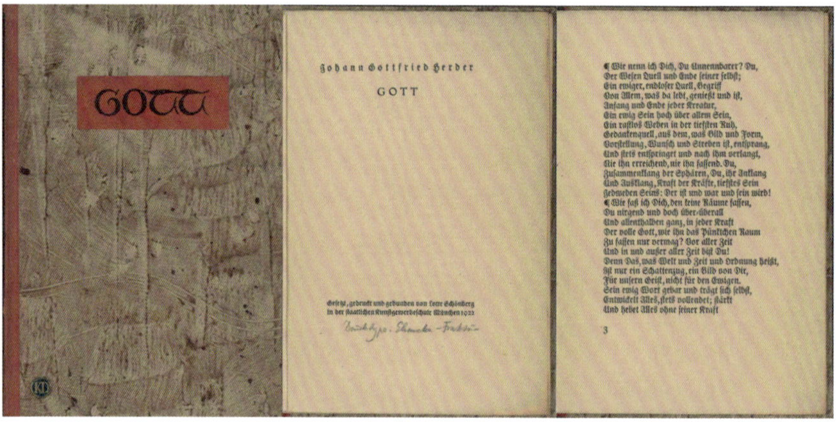

Abb. 11–13 Schularbeit Lotte Schönbergs zu Herders Gedicht *Gott*, 1922.

In den folgenden Jahren arbeitete Lotte als Kostümbildnerin für verschiedene Münchner Theater. Ihr erster großer Erfolg war die Kostümausstattung des Ensembles der Münchner Kammerspiele bei der berühmt gewordenen Aufführung von Gerhart Hauptmanns *Die Ratten* (Abb. 14). Hier war ihr Name zum ersten Mal im Programmheft abgedruckt.[107] Das Stück hatte am 6. Dezember 1932 Premiere, inszeniert von dem langjährigen Direktor und künstlerischen Leiter Otto Falckenberg und mit Therese Giehse in der Rolle von Frau John. Andere prominente Mitwirkende waren Marianne Hoppe, Will Dohm und Kurt Horwitz. Die Eltern dürften stolz auf ihre begabte Tochter gewesen sein, vor allem, da sie in verschiedenen Zeitungen positiv erwähnt wurde, u. a. im *Münchner Sonntagsanzeiger*, in der *Bayerischen Staatszeitung*, der *Münchner Zeitung*, welche „die zeitgerechten Kostüme von Lotte Schönberg-Ernst" lobte,[108] und vor allem in der *München-Augsburger Zeitung*.[109] Diese schrieb: „Nimmt man die Bühnenbilder Vogels, die Kostüme Lotte Schönberg-Ernsts hinzu, so läßt sich die Aufführung bezeichnen als: etwas in seiner Höhe durchaus Einziges."[110]

Selbst der *Völkische Beobachter* erwähnt die Kostümbildnerin, wenngleich die Formulierung „charakteristisch die Kostüme Lotte Schönberg-Ernsts" verwaschen wirkt.[111] Vermutlich traf Lotte auch mit Gerhart Hauptmann persönlich zusammen, der einige Tage nach der Premiere München besuchte.

Abb. 14 Die morphiumsüchtige Sidonie Knobbe in Gerhart Hauptmanns *Die Ratten*, gespielt von Frieda Hummel. Münchner Kammerspiele, 1932.[112] Fotografin: Gertrude Fehr-Fuld.

In *Die Ratten* hatte Lotte Ernst gezeigt,[113] dass sie hervorragend mit dem Regisseur Falckenberg zusammenarbeiten und ihre Kostümentwürfe ideal auf das Bühnenbild sowie die Schauspielerinnen und Schauspieler abstimmen konnte. Daher war es naheliegend, dass Otto Falckenberg sie in derselben Spielzeit für seine Aufführung der *Komödie der Irrungen* von William Shakespeare als Kostümbildnerin beauftragte.[114] Auch in diesem Zusammenhang findet sich in mehreren Theaterkritiken ihr Name, so im *Bayerischen Staatsanzeiger*, in der *München-Augsburger Abendzeitung* und im *Rosenheimer Anzeiger*.[115] Die *Münchner Telegramm-Zeitung* lobte die Kostüme Lottes:

> „Die Kostüme, von Lotte Schönberg betreut, erheischen eine besondere Anerkenntnis; bis auf das Kostüm des Kaufmanns, das die Grenze ein wenig zu überschreiten schien, waren sie lauter treffliche Einfälle – am meisten das Kostüm des doppelten Antipholus und das der Buhlerin, auch das der Köchin. Der fast wie für eine Marionettenbühne festgefügte Mechanismus dieser Komödie

> der Verwechslungen [...] empfing vom Kostümlichen her eine bemerkenswerte, glaubwürdige Unterstützung.“ [116]

Ein Zeugnis von Otto Falckenberg für Lotte vom Dezember 1933 belegt, dass sie mit ihren Entwürfen dessen Vorstellungen und den Zeitgeist getroffen hatte. Sie habe, schreibt Falckenberg, in der Spielzeit für die beiden Inszenierungen die Entwürfe ausgeführt und die Anfertigung überwacht. Sie habe die Arbeiten zu seiner „allergrössten Zufriedenheit“ ausgeführt und

> „[...] ihre künstlerische Aufgabe in origineller und erfolgreicher Weise gelöst und sich auch auf dem Gebiet des Technischen vollauf gewachsen gezeigt, was sich insbesondere in der ungewöhnlichen Sparsamkeit ausdrückte, mit der die kostümliche Ausstattung der beiden Stücke durchgeführt wurde. Ich bin der Ueberzeugung, dass Frau Schönberg-Ernst jedem großen Theaterbetrieb in der Stellung des Ausstattungschefes und künstlerischen Beirates gewachsen sein dürfte.“[117]

Die beiden Aufträge an den Kammerspielen deuten an, dass Lotte 1932 am Beginn einer erfolgreichen Karriere als Kostümbildnerin stand. Ungefähr zeitgleich schuf sie die Puppen für das zeitgenössische Puppenspiel *Spiel* von Heinz Brenner, das in der Kleinkunstbühne des Steinicke-Saals in der Adalbertstraße uraufgeführt wurde. Die Puppen waren bis zu einem Meter groß und den Kritiken zufolge nicht auf „schön“ getrimmt, sondern „fern aller stilistischer Konvention“ grotesk gestaltet.[118] „Besonders witzig war die Drahthaarfoxkarikatur des unartigen Höllenhundes Ami“ notierte die *München-Augsburger Abendzeitung*.[119] Der Hofer Anzeiger wiederum lobte die Puppen von Lotte ausführlich:

> „Dadurch [durch einen Sprecher auf der Bühne; Anm. d. Verf.] kommen auch die Puppen von Frau Lotte Schönberg-Ernst erst richtig zur Geltung. Das Reiche Groteskstalent, das die Künstlerin Besitzt, kann sich in den Puppen ausleben. So kommen wirklich prachtvolle Marionetten zustande, die an die hohe, längst vergessene Marionettenkunst erinnern.“[120]

Allerdings war der Erfolg nur von kurzer Dauer. Die sogenannte „Machtergreifung“ der Nationalsozialisten und das von ihnen erlassene Gesetz zur Wiederherstellung des Berufsbeamtentums vom 7. April 1933 betraf auch das jüdische Personal an Theatern. Mit der Ersten Verordnung zur Durchführung des Reichskulturkammergesetzes vom 1. November 1933[121] wurde für Kunstschaffende die Mitgliedschaft in der Reichskammer der bildenden Künste (kurz Reichskunstkammer) verpflichtend. Da Jüdinnen und Juden jedoch von der Aufnahme ausgeschlossen waren, bedeutete die Verordnung quasi ein Berufsverbot für Lotte. Dementsprechend war eine weitere Beschäftigung an den Münchner Kammerspielen nicht mehr möglich. Ob Otto Falckenberg vor der Veröffentlichung der Verordnung für die neue Theatersaison 1933/34 noch mit Lotte als Kostümbildnerin geplant hat, lässt sich aufgrund fehlender Quellen nicht sagen.

Die NS-Gesetzgebung hatte jedenfalls zur Konsequenz, dass Lotte in der Folgezeit nicht länger an öffentlichen Theatern in München beschäftigt wurde. Als Ausweichmöglichkeiten boten sich jüdische Vereine und Gesellschaften an. So war sie im

Februar 1935 bei der Aufführung von Stefan Zweigs *Der verwandelte Komödiant* für die Kostüme verantwortlich, die sie nach Aussage der Kritik „trefflich" entworfen hatte.[122] Im Stück selbst übernahm sie zudem die Rolle eines Hoffräuleins. Das Theaterstück wurde im Rahmen einer Veranstaltung des Jüdischen Turn- und Sportvereins München aufgeführt. Für den Mai desselben Jahres ist eine Aufführung des Lustspiels *Die vertauschten Rollen* von Francisco de Rojas Zorilla überliefert, die von der Ortsgruppe München des Jüdischen Frauenbunds organisiert worden war. Hier gestaltete Lotte die Kostüme und die Dekoration.[123] Auch die Saaldekoration für das Kinderfest der Zionistischen Ortsgruppe anlässlich des Chanukka-Fests im Dezember stammte von ihr.[124] Im Februar 1936 fertigte sie für die Feier der Jüdischen Jugendbünde ebenfalls die Dekoration,[125] und genau ein Jahr später ist sie beim Kinderfest der Frauenarbeitsgemeinschaft für Palästina erneut nachgewiesen. Hier zeichnete sie auf einer Bühnenleinwand vor den Kindern „in verblüffender Schnelligkeit [...] eine blühende Landschaft aus der trockenen Wüste".[126]

Am 18. Januar 1932 hatte Lotte den Maler Rudolf („Rudi") Ernst geheiratet, den sie schon mehrere Jahre kannte.[127] Rudolf wurde am 19. September 1896 in München geboren.[128] Sein Vater Markus war 1891 von Neusatz (Novi Sad) nach München gezogen, wo er nahe am Marienplatz ein Friseurgeschäft betrieb. Als Siebenjähriger wurde Rudi getauft. Bis zum 15. Lebensjahr besuchte er die Volks- und Realschule in München bzw. Ingolstadt und ging dann nach Genf, wo er das Friseurhandwerk erlernte. Bei Ausbruch des Ersten Weltkriegs kehrte er aus der Schweiz zurück und leistete von Mai 1915 bis November 1918 im österreichisch-ungarischen Heer Kriegsdienst.[129] Anschließend betätigte er sich nach dem Tod des Vaters im mütterlichen Geschäft gemeinsam mit seinem Bruder Hugo als Friseur. 1925 beschloss er unvermittelt, Maler zu werden und bewarb sich an der Akademie der Bildenden Künste München. Trotz erfolgreicher Aufnahme brach er das Studium schon nach wenigen Tagen wieder ab. Stattdessen besuchte er die Meisterschule für das Maler- und Lackierer-Handwerk, wo er alle Arten der dekorativen Kunst kennenlernte.

In einem eigenen Atelier fertigte Rudolf Ernst Mosaiken und Ölbilder an und experimentierte auch mit verschiedenen grafischen Techniken.[130] 1929 wurde er zum ordentlichen Mitglied der renommierten Künstlervereinigung *juryfreie e. v.* gewählt. Eigene Ausstellungen erfolgten 1930 (zusammen mit Elisabeth Springer)[131] bzw. 1932 in den Galerie-Räumen der juryfreien in der Prinzregentenstraße und – ebenfalls 1932 – im Graphischen Kabinett Günther Franke. Zu dieser Ausstellung haben sich einige Originalbriefe von Ernst erhalten.[132]

Themen seines künstlerischen Schaffens waren ursprünglich Porträts, Stillleben und Landschaften. So präsentierte er bei der *Münchener Kunstausstellung* 1931 fünf Ölgemälde: ein Herrenbildnis, ein Knabenporträt, zwei Landschaftsbilder und ein Stillleben.[133] Von seiner späteren Frau Lotte sind zwei Porträts bekannt, das 1929/30 im *zweijahrbuch* der juryfreien abgedruckte Brustbild *portrait frl. l. sch.* (Abb. 15) und das Ganzkörpergemälde *Lotte Schönberg* (Öl auf Leinwand, ca. 1930).[134] Wie Else Schönberg in einem Inventarverzeichnis 1934 festgehalten hat, hingen „zahllose

Bilder" von Ernst in der elterlichen Wohnung in der Hiltensperger Straße.[135] Um welche es sich dabei gehandelt hat, ist unbekannt.

Abb. 15 Rudolf Ernsts Porträt seiner späteren Frau Lotte: portrait frl. l. sch., Öl auf Leinwand, ca. 1930.[136]

Obwohl Rudolf, der von jüdischen Eltern abstammte, als Knabe getauft worden war, wurde er nach 1933 gemäß den NS-Rassengesetzen als Jude eingestuft und mit Ausstellungsverbot belegt. Dieses Verbot bedeutete einen tiefen Einschnitt in seinem Leben. Seine gerade am Anfang stehende Karriere wurde abrupt gestoppt. Lediglich in jüdischen Vereinigungen war eine Ausstellung noch möglich. So beteiligte er sich an der *Reichsausstellung Jüdischer Künstler* 1936 in Berlin mit vier Arbeiten.[137] Auch der Verkauf von Bildern stockte, sodass er gezwungen war, mit Zeichenunterricht etwas Geld zu verdienen. Dazu inserierte er 1933 mehrfach in der *Bayerischen Israelitischen Gemeindezeitung.*[138] Zentral in diesen Jahren aber war, wie Anna Messner schreibt, die Tatsache, dass er unter dem Druck des faktischen Berufsverbots sein ursprünglich abgelegtes Judentum künstlerisch verarbeitete: „Durch die Repressalien und Verfolgungen der Nationalsozialisten wurde Rudolf Ernst von außen gewaltsam auf seine jüdische Herkunft zurückverwiesen, die von nun an alle Bereiche seines Lebens bestimmen sollte."[139] In der Folge schuf er zahlreiche Holzschnitte zu jüdischen Themen und Motiven, so für eine nie erschienene Bilderbibel.[140] Auch seine Beteiligung am Marionettentheater Münchner Jüdischer Künstler ist in diesem Zusammenhang zu sehen. Fritz Rosenthal, der später unter dem Namen Schalom Ben-Chorin bekannt wurde, hat in seinem Erinnerungsbuch *Jugend an der Isar* drei Freunde besonders hervorgehoben, nämlich Marie-Luise Kohn (Maria Luiko), Alfons Rosenberg und eben Rudolf Ernst:

> „Er war ein Meister des Holzschnittes. Zu meinem Mysterienstück ‚Das Messiasspiel' schuf er den eindrucksvollen Umschlagentwurf, und einen Zyklus meiner Gedichte illustrierte er mit Radierungen von außerordentlicher Zartheit. – In Israel findet sich heute noch einiges aus seinem Nachlass: Graphiken, die eine Verwandte des Künstlers an der Akademie in Zagreb gefunden hat."[141]

Abb. 16 Rudolf Ernst, Cover zu Das Messiasspiel von Fritz Rosenthal, 1933.[142]

Da beide Künstler Rudolf und Lotte Ernst nur über ein geringes Einkommen verfügten, zogen sie einige Monate nach ihrer Heirat zu Lottes Eltern, zuerst in die Heßstraße und im November 1933 mit ihnen in die Hiltenspergerstraße 43, wo sie das Gästezimmer bewohnten. Ernst war – wie sein Vater – ursprünglich österreichisch-ungarischer Staatsangehöriger und galt nach dem Ersten Weltkrieg als staatenlos. Daher versuchte er im Jahr der Eheschließung, in Bayern eingebürgert zu werden.[143] Allerdings konnte er kein geregeltes Einkommen nachweisen, weswegen sein Gesuch im Dezember 1932 abgewiesen wurde, trotz des Hinweises auf das Vermögen seiner Frau und auf ein zu erwartendes Erbe nach dem Tod seines Schwiegervaters Arthur Schönberg.[144]

Wie aus den späteren Entschädigungsakten hervorgeht, wurde das Ehepaar Ernst von Arthur Schönberg finanziell unterstützt.[145] Schon anlässlich der Eheschließung hatte der Vater für Lotte bei der Bayerischen Hypotheken- und Wechselbank ein Wertpapierdepot in Höhe von 20.000 Mark eingerichtet.[146]

Lotte war zu diesem Zeitpunkt in der Münchner Kunstszene gut etabliert. So war sie mit der Journalistin, Schriftstellerin und Grafikerin Charlotte (Carlo) Mor von Weber eng befreundet, ebenso mit Lotte Kahn, der späteren ersten Ehefrau des Architekten Louis Robert Lippl, sowie mit Marie-Luise Kohn, die unter ihrem Künstlernamen Maria Luiko bekannt war. Mit ihr und ihrem Mann Rudolf stellte Lotte im Jahr 1934 eigene Werke in zwei Räumen in der Herzog-Rudolf-Straße 1 aus. In der *Bayerischen Israelitischen Gemeindezeitung* wurden Lottes Arbeiten „einer gemäßigt-expressionistischen Richtung" zugeordnet.[147]

Maria Luiko hatte schon 1924 im Münchner Glaspalast ausgestellt. Sie gehörte zu dem ersten großen Transport von fast 1000 Jüdinnen und Juden, die später, am 20. November 1941, von München aus nach Kaunas deportiert und dort ermordet wurden.[148]

Luiko, Rudolf und Lotte Ernst riefen mit einigen anderen Künstlerinnen und Künstlern das biblische Marionettentheater *Bimath Buboth* ins Leben,[149] etwas später, im Jahr 1935, waren sie maßgeblich an der Gründung des Münchner Marionettentheaters Jüdischer Künstler beteiligt. Gemeinsam führten sie bei verschiedenen Vorstellungen die Marionetten. Die Figuren dafür hatten großteils Maria Luiko und Rudolf Ernst geschaffen. Ein Teil der von Maria Luiko entworfenen Figuren hat sich im Münchner Stadtmuseum erhalten. Nach Aussage des mit ihnen befreundeten Malers Günther Grassmann standen Luiko, Ernst und ihre Freunde „parteipolitisch weit links, fast pro-kommunistisch".[150] Ob dies auch auf Lotte zutrifft, muss dahingestellt bleiben. Zu vermuten ist eine derartige Einstellung jedenfalls, sofern man ihre spätere Tätigkeit im kroatischen Untergrund einbezieht. Zum Kreis des Marionettentheaters gehörte auch der bereits genannte Fritz Rosenthal. Er schrieb u. a. für Bimath Buboth Texte auf Hebräisch, die bei den Vorstellungen teilweise mit traditionellen Melodien vorgetragen wurden. Für die Zeit zwischen 1935 und 1937 sind für das Marionettentheater insgesamt 18 Künstlerinnen und Künstler nachgewiesen, die sich alle in der Münchner Kulturszene einen Namen gemacht hatten.[151]

Lotte Ernst ist in mehreren Stücken des Marionettentheaters als Mitwirkende und als Gestalterin des Bühnenbildes und der Kostüme genannt.[152] So war sie u. a. für die – wie es in der *Bayerischen Israelitischen Gemeindezeitung* hieß – „technisch vorzügliche Puppenführung" bei den Stücken *Moses* und *Das Mädchen von Elizondo* verantwortlich.[153] Auch bei der Doppelaufführung von *Das Gelöbnis* (von Perez Hirschbein) und *Das Ochsenmenuett* (von Georg von Hoffmann), die mehrere Wiederholungen fand, ist Lotte als Puppenspielerin genannt.[154]

Das Marionettentheater Münchner Jüdischer Künstler gab mehrfach Gastauftritte in anderen Städten, beispielsweise in Nürnberg und Regensburg. So berichtet das *Nürnberg-Fürther Israelitische Gemeindeblatt* über eine Aufführung von *Die Insel Tulipatan* von Jacques Offenbach in Nürnberg Ende des Jahres 1936:

> „Man darf wohl sagen, dass der Einsatz der ausdrucksvoll geschnitzten und wirksam kostümierten Figuren auf sehr beachtenswerter Höhe stand. Die Puppenführung (Frl. Marialuise Kohn, Frau Lotte Ernst, Herr Rudolf Ernst) machte die Figuren suggestiv so lebendig, dass sie bald wie beseelt erschienen. Die Bewegungen und Gesten der Puppen stützten wirklichkeitstreu die textliche und musikalische Reproduktion durch die Münchner Sängerinnen und Sänger, Staatsopernsänger i.R. Walter Nies [sic!], Opernsänger Kapell [sic!], Frau Sonja Ziegler, Frau Reta Loeb und unseren bekannten Fürther Tenor Rudolf Offenbacher." [155]

Für die jüdische Schuljugend präsentierte dasselbe Ensemble noch zwei Vorstellungen mit den Stücken *Die drei Wünsche* und *Die geheimnisvolle Pastete* von Franz Graf von Pocci.[156]

Im Jahr 1937 musste das Marionettentheater Münchner Jüdischer Künstler nach nur dreijähriger Aufführungsdauer wieder schließen, zumindest sind danach keine Hinweise auf weitere Stücke überliefert.

Diese Veranstaltungen mit meist kleinem Publikum und entsprechend bescheidenen Gagen verdeutlichen, mit welchen Schwierigkeiten jüdische Künstlerinnen und Künstler seit der Ersten Verordnung zur Durchführung des Reichskulturkammergesetzes zu kämpfen hatten. Die Einkommen waren minimal. Zudem waren viele politisch links eingestellt. Fehlende Arbeitsmöglichkeiten und die zunehmende Verfolgung als Juden zwangen einige in den nächsten Jahren zur Emigration. Lotte hatte als Rückhalt ihre Familie und fand bei ihrem Vater Arthur die lebensnotwendige finanzielle Unterstützung, die anderen fehlte.

Die eingeschränkten künstlerischen Möglichkeiten und die für sie immer bedrohlicher werdende Situation in München zwangen Lotte und Rudolf Ernst, über eine Emigration nachzudenken. Else Schönberg berichtete in einem Interview, das Ehepaar habe überlegt, bei ihr in Paris eine neue künstlerische Heimat zu finden. Dies erwies sich aber aufgrund der sehr eingeschränkten Arbeitsmöglichkeiten für Personen aus dem Ausland als unmöglich.[157] Wahrscheinlich dachten sie anschließend daran, in die Heimatstadt von Rudolf Ernsts Vaters, Markus Ernst, zurückzukehren. Dieser war im damals ungarischen Neusatz (heute Novi Sad) geboren. Der Ort wurde nach dem Ersten Weltkrieg dem Königreich Jugoslawien zugeschlagen. Auf diesen

Plan weisen zumindest zwei Briefe Rudolf Ernsts vom Dezember 1937 und April 1938 hin, die einen Poststempel des heute serbischen Orts tragen.[158] Auch eine Auswanderung nach Palästina, wie sie Ernsts Freund Fritz Rosenthal 1935 erfolgreich realisiert hatte, stand zur Diskussion. Die Anregung kam von Lottes Schwester Else. Die Versuche des Ehepaars, dort um 1935 eine Einreise bewilligt zu bekommen, blieben aus unbekannten Gründen erfolglos.[159] Schließlich flohen Lotte und Rudolf Ernst mit ihrem 1936 geborenen Sohn Michael sowie Rudolfs Bruder Hugo im März 1938 nach Zagreb.[160] Auslöser war letztlich ein Verhör Rudolf Ernsts durch die Gestapo, das ihm seine Bedrohungslage verdeutlichte. Arthur Schönberg unterstützte die Emigration seiner Tochter mit 14.000 Reichsmark, eine Ausgabe, die er sich offiziell hatte genehmigen lassen müssen, da die antisemitische Gesetzgebung die Verfügung über eigene Ersparnisse stark beschränkt hatte.[161]

Während Arthur noch im Mai 1939 seinem Cousin Arnold in den USA schreiben konnte, dass Lotte mit ihrem Mann und „einem entzückenden 3jährigen Buben“ in Zagreb lebe,[162] scheint deren Ehe schon bald darauf in die Brüche gegangen zu sein. Zur geplanten Hochzeit ihrer Schwester Else (1939) reiste Lotte bereits allein nach Paris. 1940 trennte sich das Ehepaar. Lotte musste nun allein für sich und ihren Sohn Michael sorgen. Sie war damals in Zagreb künstlerisch tätig, doch brachte ihr das wenig Geld ein.

In Zagreb lebten bis zum Zweiten Weltkrieg weit mehr als 10 000 Juden. Dies änderte sich schlagartig, als die deutsche Wehrmacht im Frühjahr 1941 in kurzer Zeit das Königreich Jugoslawien und das benachbarte Griechenland eroberte. In dieser Zeit brach der Kontakt Arthur Schönbergs zu Lotte ab. Nach der Zerschlagung Jugoslawiens durch die Achsenmächte im April 1941 und der Gründung des Unabhängigen Staats Kroatien mit einer Regierung unter der diktatorischen Ustascha-Bewegung, eine faschistische, antikommunistische und antisemitische Gruppierung, die seit 1941 den „Unabhängigen Staat Kroatien“ beherrschte und bis Kriegsende enger Verbündeter von Nazi-Deutschland blieb, wurden im Land Rassengesetze in Anlehnung an die des Deutschen Reichs erlassen. Am 7. August 1941 wurden Rudolf und Hugo Ernst nachts auf dem Heimweg von Ustascha-Milizionären kontrolliert und ihnen dabei ihre Ausweise abgenommen. Gleichzeitig wurden sie aufgefordert, am nächsten Tag bei der Polizei zu erscheinen. Aus Angst vor Terror der Ustascha vergifteten sich die Brüder Ernst noch in derselben Nacht mit Gas.[163]

Nach der Trennung von ihrem Mann fand Lotte Unterkunft in einem Haus der jüdischen Gesellschaft für Humanität (Društvo čovječnasti), in dem auch ihre Freundin Klara Atijas, eine bekannte Kommunistin, mit ihrer Mutter lebte.[164] In Zagreb schloss sich Lotte nach Angaben von Familienangehörigen einer kommunistischen Untergrundbewegung an.[165] Am 15. September 1942[166] wurden sie und Klara Atijas verhaftet. Die Hintergründe sowie das weitere Schicksal Lottes sind unbekannt. Eine Möglichkeit ist, dass sie in das von der Ustascha geleitete Konzentrationslager Jasenovac oder in eines der Vernichtungslager im Osten deportiert und dort ermordet worden ist. Lottes Schwiegertochter Annette Ernst-Schonberg berichtete in einer E-Mail an den Autor, dass Lotte im Lager Jasenovac „von der Ustascha mit einem Hammer erschlagen“ wurde.[167] Das Landgericht Zagreb erklärte Lotte nach Kriegsende für tot; als Todesdatum wurde der 30. Mai 1945 festgesetzt.[168]

Ihr Sohn Michael war bereits vor ihrem Tod gemeinsam mit drei anderen jüdischen Kindern im privaten Zagreber Kinderheim von Annemarie (Annemie) Wolff-Richter untergebracht,[169] die durch eine Scheinehe mit einem muslimischen Tapezierer einige Zeit vor einer Judenverfolgung geschützt war. Nach Wolff-Richters Verhaftung 1944 kam Michael zu seiner Tante Vera Ferovic,[170] die ebenfalls in Zagreb lebte. Ein Jahr nach dem Ende des Zweiten Weltkriegs, als Else Schönberg nach Paris zurückkehrte, ließ sie Michael nach Paris kommen und adoptierte ihn später.

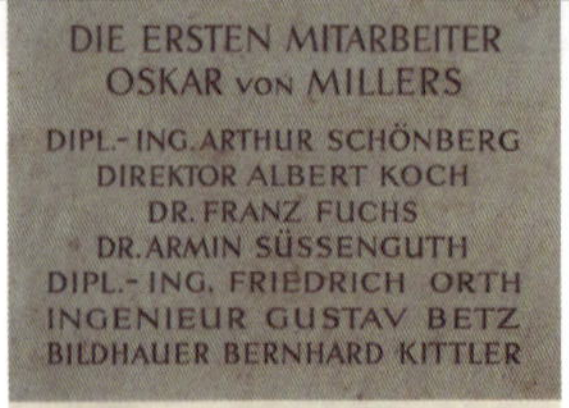

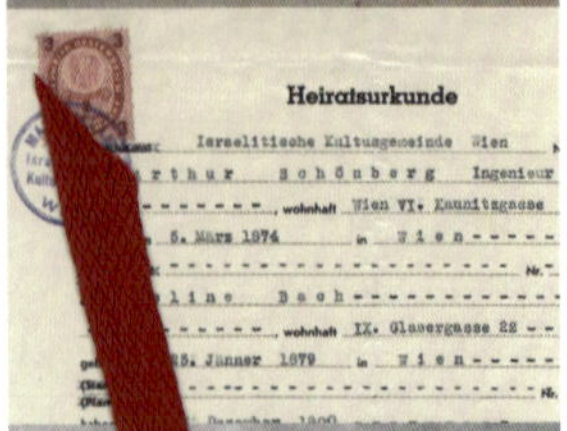

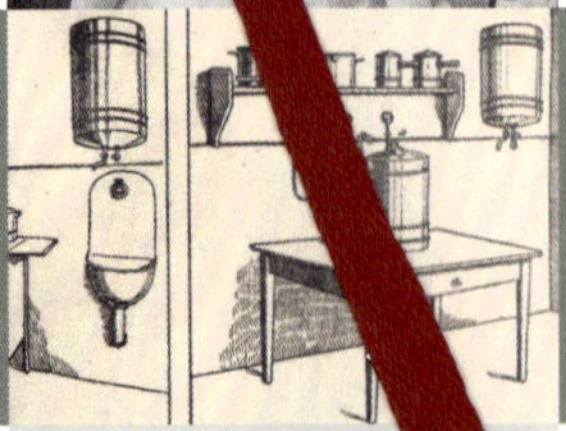

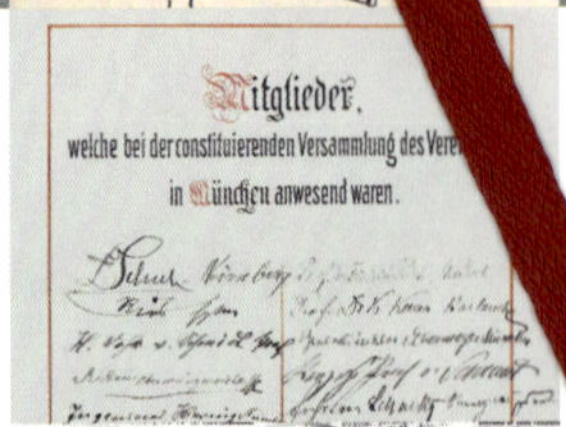

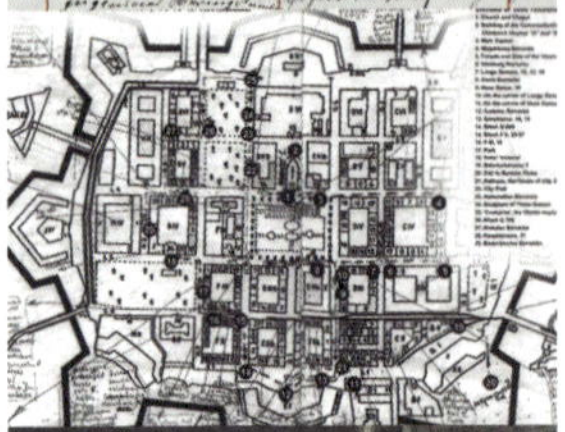

-Werner, Henriette: Kunst und Volk. David Josef Bach 1874–1
Mateo; u. a.: Rudolf Steiner – Die Alchemie des Alltags (Auss
2010.
, Christiane: Finanzverwaltung und Judenverfolgung. Die Ent
ögens in Bayern während der NS-Zeit. München 2008.
okratie und Verbrechen. Antisemitische Finanzpolitik und Ver
alsozialistischen Deutschland. München 2013.
, Hans (Hrsg.): Von Juden in München. Ein Gedenkbuch. Mü
gangene Tage. Jüdische Kultur in München. München, Wien 1
, Boris Venediktovič: Die sowjetisch-deutsche Gesellschaft „Ku
Jahren 1923 bis 1933. In: Sanke, Heinz (Hrsg.): Deutschland,
nf Jahrzehnten kultureller Zusammenarbeit. Berlin 1966, S. 1

Kapitel 3

Im Ingenieurbüro Oskar von Miller

„Ich bin Jude in ungekündigter Stellung und kann daher keine Zeugnisse vorlegen, aber ich bin bereit, eine Prüfungsarbeit zu machen" – so zitiert seine Tochter Else Schönberg das Bewerbungsschreiben ihres Vaters beim Technischen Bureau Oscar von Miller in München.[1] Miller hatte Mitte/Ende 1899 die Stelle öffentlich ausgeschrieben. Auffällig an diesem Satz ist, dass Schönberg dezidiert auf seinen jüdischen Glauben hingewiesen hat, so als ob er eine antisemitische Einstellung des künftigen Arbeitgebers testen wollte. Dabei war allgemein bekannt, dass Miller und der jüdische Industrielle Emil Rathenau lange Jahre zusammengearbeitet hatten und seit ihrer Zeit bei der AEG befreundet waren. Erst ein Jahr zuvor hatten sie eine gemeinsame Reise nach Konstantinopel (heute Istanbul) unternommen. Denkbar ist sogar, dass Miller von seinem früheren Kompagnon Rathenau auf die Person Schönbergs aufmerksam gemacht worden war bzw. dieser ihn empfohlen hatte.

Hintergrund für den Stellenwechsel war, dass Schönbergs Verlobte Eva nicht in der deutschen Reichshauptstadt leben wollte und die Hochzeit von einem anderen Lebensmittelpunkt als Berlin abhängig machte. Der Inhaber der Firma, der europaweit bekannte Oskar von Miller (1855–1934),[2] schickte Schönberg eine Aufgabe zur Gasversorgung, die dieser rasch löste. Dass Miller dem Kandidaten ausgerechnet ein Problem aus der Gastechnik stellte, mag anfänglich verwundern, da bis dahin weder seine Firma noch Schönbergs damaliger Arbeitgeber, die AEG in Berlin, auf diesem Feld sonderlich in Erscheinung getreten waren. Wahrscheinlich ist, dass Miller schon zu diesem Zeitpunkt daran dachte, sein bisheriges Geschäftsfeld – Planung, Bau und Betrieb elektrischer Werke – zu erweitern und mit der Neueinstellung einen dafür qualifizierten Ingenieur suchte. Unter vielen Bewerbern wurde Schönberg für die Stelle eines „Technischen Sekretärs" ausgewählt. Dass dieser dafür wirklich der geeignete Mann war, sollte sich in den kommenden Jahren rasch herausstellen.

Aber auch ein anderer Beweggrund für die Einstellung Schönbergs drängt sich auf. Ungewöhnlicherweise lud Oskar von Miller seinen neuen Mitarbeiter, der am 18. Juni 1900 seine Tätigkeit im Technischen Bureau begonnen hatte, kurz nach dessen Arbeitsbeginn zu einer gemeinsamen Reise nach Paris ein. Dort fand seit Mitte April die Weltausstellung rund um den neu errichteten Eiffelturm und an der Esplanade des Invalides statt. Man fragt sich, warum Miller diese Einladung ausgesprochen hat. Aus der Retrospektive bietet sich eine Erklärung an: Es ist bekannt, dass Miller seit der Elektrotechnischen Ausstellung in Frankfurt am Main 1891 mit der Gründung eines technischen Museums liebäugelte. Betrachtet man die Geschichte des Deutschen Museums in München, so fällt auf, dass sich hier einige markante Objekte und Ausstellungseinheiten wiederfinden, die schon im Jahr 1900 in Paris zu sehen waren. Dazu gehörte die Präsentation der chemischen Industrie. Sie war eindeutig Vorbild für die ab 1925 im Deutschen Museum gezeigte chemische Präparate-Sammlung.[3] Ebenso fanden die in der französischen Hauptstadt verwendeten prachtvollen Vitrinen später im Münchner Technikmuseum eine Nachahmung. Ähnlich verhält es sich mit dem in Paris gezeigten Bergwerk, das als Vorbild für die Ausstellung zum Bergbau im Deutschen Museum gilt.[4] Möglicherweise hatte der gemeinsame Besuch der Weltausstellung also den Hintergrund, Erfahrungen für das spätere Museumsprojekt zu sammeln. Dass Miller dabei mit Schönberg einen Angestellten gefunden hatte, der sowohl konzeptionell dachte als auch ein gewandter Autor war, dürfte ihm damals noch nicht bewusst gewesen sein. Miller selbst veröffentlichte nach seinem Besuch eine vierteilige Serie über die Elektrotechnik auf der Pariser Weltausstellung.[5] Ob sein neuer Mitarbeiter bereits an diesen Artikeln mitgewirkt hat, ist unklar.

Der Firmenchef

Mit seinem Arbeitsbeginn im Technischen Bureau Oscar von Miller – so die damalige und sich später noch häufiger ändernde Firmenbezeichnung – bekam es Arthur Schönberg mit einem eigenwilligen, nicht immer einfachen Chef zu tun, der trotz vieler positiver Eigenschaften gefürchtet war. Es lohnt sich, in diesem Zusammenhang einen kurzen Blick auf die Biografie Millers zu werfen, die an anderer Stelle ausführlich behandelt worden ist.[6]

Abb. 17 Uvatypie Oskar von Millers, aufgenommen von Heinrich Traut, 1931.[7]

Oskar von Miller stammte aus einer einflussreichen Münchner Familie. Sein Vater Ferdinand von Miller d. Ä. (1813–1887) war ab 1844 Leiter der Königlichen Erzgießerei in München und hatte durch berühmte Güsse internationales Ansehen und von König Ludwig I. die Erhebung in den Adelsstand erlangt. Der Durchbruch war ihm mit dem Guss der monumentalen Bavaria auf der Münchner Theresienhöhe geglückt; für einen Löwen der Quadriga des Münchner Siegestors erhielt er 1851 bei der Londoner Weltausstellung eine Goldmedaille. Seine kolossalen Denkmäler und Statuen fanden weltweit Verbreitung. So stammen u. a. die Portale für das Kapitol in Washington oder die Standbilder von Simón Bolívar in Bogotá und Caracas aus seiner Werkstatt.

Von Ferdinands 15 Kindern genoss der älteste Sohn Fritz als Goldschmied internationales Renommee. Ein anderer Sohn, Ferdinand (d. J.), stieg zum Reichsrat der Krone Bayerns und zum Präsidenten der Akademie der bildenden Künste auf; er war ein persönlicher Freund Prinzregent Luitpolds und sicherte so der Familie das Wohlwollen des bayerischen Herrscherhauses. Wilhelm von Miller, ein weiterer Sohn Ferdinands d. Ä., wurde Professor für Chemie und errichtete an der Technischen Hochschule München das erste elektrochemische Laboratorium Deutschlands.

Der jüngste Spross des Erzgießers, Oskar, absolvierte ein Bauingenieurstudium in München, arbeitete kurz im bayerischen Staatsdienst, um sich dann unter dem Einfluss der elektrotechnischen Ausstellung in Paris 1881 als Autodidakt dem neuen Zweig der Elektrotechnik zuzuwenden. Schon 1882 organisierte er die erste deutsche elektrotechnische Ausstellung in München, die sein ausgesprochenes Organisationstalent sichtbar werden ließ. Die hier erstmals verwirklichte Übertragung von Gleichstrom über weite Strecken (von Miesbach nach München über 78 Kilometer) verhalf Oskar von Miller zu internationaler Anerkennung. Emil Rathenau, der Begründer der Deutschen Edison-Gesellschaft (ab 1887: Allgemeine Elektricitäts-Gesellschaft, AEG) holte Miller 1883 als Technischen Direktor nach Berlin, wo dieser bis 1889 wirkte. Ab 1890 machte er sich mit dem Technischen Bureau Oscar von Miller selbstständig. Dieses entwickelte sich zu einer führenden europäischen Planungsfirma für Kraftwerksanlagen (u. a. Etschwerke 1897/98, Brennerwerke 1898/99, Pfalzwerke 1910–1912, Walchenseekraftwerk 1918–1924). Gleichzeitig baute Miller europaweit elektrische Zentralen für Kommunen, die er teilweise als Unternehmer in Eigenregie betrieb.

Die Elektrotechnische Ausstellung in Frankfurt 1891 brachte eine Fortsetzung des Miesbacher Experiments zur Übertragung von Strom, dieses Mal mit Drehstrom. Die Kraftübertragung von Lauffen am Neckar nach Frankfurt über 175 Kilometer bildete den Durchbruch bei der Versorgung großräumiger Gebiete mit Strom. Die Ausstellung hatte Miller im Auftrag des Frankfurter Magistrats organisiert. Ursprünglich sollte sie die Vor- und Nachteile einzelner elektrischer Systeme – Gleichstrom, Wechselstrom, Drehstrom – für die Elektrifizierung von Kommunen aufzeigen. Miller nutzte die Ausstellung, um alle Arten elektrischer Geräte und deren Anwendung in Industrie, Gewerbe und Haushalt zu demonstrieren. „Es handelte sich darum dem Volk zu zeigen, wie nützlich die Elektrizität in der Werkstätte und im Haushalt sei und wie befruchtend sie in allen Zweigen von Handwerk und Gewerbe sein konnte" schrieb der spätere Generaldirektor der Firma Felten & Guilleaume, eines führenden Unternehmens für Kabel aller Art, Georg Zapf, in seinen Lebenserinnerungen.[8]

Die Erfahrungen der beiden elektrotechnischen Ausstellungen in München und Frankfurt 1882 und 1891 waren für Miller nicht nur bei der Einführung der Elektrizität wichtig, sondern auch für die spätere Konzeption von Ausstellungen im Deutschen Museum, mit dessen Planung Oskar von Miller in Frankfurt begann.

Beruflicher Aufstieg

Über die frühen Arbeiten Schönbergs im Technischen Bureau Oscar von Miller ist wenig bekannt, da dessen Geschäftsakten im Zweiten Weltkrieg nahezu vollständig vernichtet wurden. Vermutlich wurde er zu den laufenden Projektierungen für die geplanten Elektrizitätswerke in Murnau, Ludwigshafen, Riga und Schäßburg herangezogen, die zwischen 1900 und 1903 in Millers Ingenieurbüro ausgearbeitet wurden. Auch an der Verwaltung der von Miller betriebenen Werke (u. a. Kaiserslautern, Schwandorf, Ludwigshafen, Wiesbaden, Brennerwerke) und an deren technischem Ausbau war er – einer späteren Notiz zufolge – beteiligt.[9]

Im November 1902 hielt sich Miller wegen eines langwierigen Hexenschusses in Wiesbaden zur Kur auf, wobei er einen Großteil seiner Zeit der Vorbereitung des zweiten Teils seines Werks *Die Versorgung der Städte mit Elektricität* widmete.[10] Im ersten Band, der 1896 erschienen war, hatte Miller allgemein die Anwendung der Elektrizität für Beleuchtungszwecke und für mechanische Arbeit behandelt und war dabei auf die Unterschiede von Einzelanlagen, Blockstationen und Zentralanlagen eingegangen. Anschließend hatte er die Komplexe „Konsumerhebung", „Berechnung des Leitungsnetzes" und „Stromverteilung" dargestellt. Hier wurde Miller von seinem Mitarbeiter und späteren Direktor der von Miller erbauten Etschwerke, August Hassold, unterstützt. Für den Folgeband[11] hatte sich Miller die Anforderungen an die Grundstücke und an die Baulichkeiten für Kraft- und Unterstationen sowie deren technische Einrichtungen vorgenommen. Dabei ging er grundsätzlich von einer Zentralstation aus, deren Ausstattung je nach Art des Antriebs (Dampf, Gas, Wasserkraft) unterschiedlich gestaltet sein musste. Andere Abschnitte beschäftigten sich mit der jeweiligen Art der elektrischen Einrichtung der Zentralen mit Gleich-, Wechsel- und Drehstrom sowie mit den dafür erforderlichen Maschinen und Materialien. In sein Buch aufgenommen hatte Miller auch die Ausführung der Leitungsnetze. Bei der Planung mussten Elektrizitätswerke und die Verteilung von Strom so konzipiert werden, dass eine künftige Erweiterung relativ problemlos mit der vorhandenen Technik kombinierbar war. Ein wichtiger Gesichtspunkt war dabei die wirtschaftliche Projektierung der Einzelwerke, also die Ermittlung von Anlage- bzw. Betriebskosten und Lieferbedingungen, die Festsetzung von Stromtarifen und die Ausgestaltung der Verträge zwischen

Betreiber und Konsumenten. Auch der erwartete Konsum bei Industrie, Gewerbe und Privathaushalt spielte für die Entwürfe eine wichtige Rolle.

Da Millers Arbeit am Manuskript des zweiten Bands nur zögerlich voranschritt, beorderte er während des Kuraufenthalts 1902 seinen Mitarbeiter Schönberg nach Wiesbaden.[12] Mit ihm arbeitete er täglich bis zu sieben Stunden an dem Buch. Anfangs stöhnte er in den Briefen an seine Frau Marie, dass es „ziemlich langsam vorwärts" gehe.[13] Schon zwei Wochen später konnte er ihr jedoch mit Stolz mitteilen, dass der zweite Teil des Buchs abgeschlossen sei. Vielleicht war es der Akribie Schönbergs bei der Erstellung des Manuskripts zuzuschreiben, dass Miller seiner Frau klagte: „Ein Kapitel hat noch recht viel unnöthige Arbeit und Kosten gemacht, denn es hat wohl niemand eine Ahnung, daß 2 Seiten über 6 Wochen Studien erforderten."[14] Der Bemerkung kann man entnehmen, dass die Abfassung des Texts für beide harte Arbeit war. Gemeinsame Abende mit Schönberg waren offensichtlich für den Gesellschaftsmenschen Miller kein Ausgleich. Einmal schrieb er: „[...] den Abend mit dem nicht besonders unterhaltenden Herrn Schönberg verbracht".[15] Die Distanz zwischen dem Chef und seinem Mitarbeiter, dem er in späteren Jahren blindlings vertraute, scheint in den ersten Arbeitsjahren Schönbergs noch sehr groß gewesen zu sein.

In seinen Briefen an die Ehefrau berichtete Miller von einem Missgeschick, das Schönberg bei der Anreise nach Wiesbaden passiert war. Eine Bekannte der Familie hatte ihm für Miller einen Most mitgegeben. Dieser habe während der Zugfahrt zu gären begonnen und den Stöpsel aus der Flasche getrieben. Schönberg sei froh gewesen, dass der „ganze braunrothe Most nicht in seinen Koffer gelaufen ist."[16]

Schönberg stellte – gemeinsam mit Miller – das nach der Wiesbadener Zeit letztlich auf 306 Druckseiten angewachsene Buch (plus einem umfangreichen Register) in kurzer Zeit fertig. Gedruckt lag es Mitte des Jahres 1903 vor. Die kurze Bearbeitungsphase des Manuskripts über Bleisatz, Fahnen und Umbruch erstaunt umso mehr, als etwa ab Anfang desselben Jahres die Vorplanungen für die Gründung des Deutschen Museums begannen. Miller bedankte sich im Vorwort des Buchs ausdrücklich bei Schönberg:

> „Bei der Redaktion des vorliegenden Heftes wurde ich von Herrn A. Schönberg, Ingenieur in meinem elektrotechnischen Bureau zu München, in liebenswürdigster Weise unterstützt, und ich möchte diesem Herrn an dieser Stelle meinen Dank und meine Anerkennung aussprechen. Juni 1903"[17]

In der elektrotechnischen Fachwelt wurde die Publikation sehr positiv aufgenommen. Der Elektrotechniker Max Breslauer lobte in der *Elektrotechnischen Zeitschrift* den klaren Aufbau des Werks und vor allem die Tatsache, dass es nicht generalisiere, sondern auf die unbedingt notwendige Berücksichtigung der individuellen Verhältnisse vor Ort hinweise.[18] Diese Andeutung ist nicht unwichtig, da im Buch zahlreiche – von Breslauer ebenfalls positiv besprochene – Zeichnungen abgebildet sind. Aus dem Text und den Plänen ist der jeweilige Ort oder das erläuterte Netz nicht eindeutig zu identifizieren. Nur an wenigen Stellen sind die Verweise auf Zentralstationen, die vom

Ingenieurbüro Millers errichtet wurden, klar erkennbar, so bei den Werken in Meran, Ludwigshafen und Kaiserslautern. Interessant ist eine Passage der Besprechung Breslauers, in der er die „flüssige Sprache“ des Buchs hervorhebt, die „keine nicht zur Sache gehörende Gelehrsamkeit enthält, sondern den Stoff mit sicherer Führung vom einmal eingenommenen Standpunkte des projektierenden Ingenieurs sichtet“.[19] Hier glaubt man die besondere Sprach- und Schreibfertigkeit Schönbergs zu erkennen, während Miller selbst in das Buch sein ungeheures, in 20 Jahren erworbenes Praxiswissen einfließen ließ, das Schönberg damals noch abging.

In den folgenden zwei Jahrzehnten ist Schönberg als Ingenieur kaum mehr nachweisbar. Dies ist – wie erwähnt – der schwierigen Quellenlage zu Millers Firma geschuldet. Das Ende des Ersten Weltkriegs bedeutete für das Technische Bureau Oskar von Miller einen erheblichen Einschnitt, was zu einem wesentlichen Teil auf die gesamtwirtschaftliche Lage im Deutschen Reich zurückzuführen ist. Die hohen umlaufenden Geldmengen, die sinkende Kaufkraft sowie die Reparationsforderungen der Alliierten förderten den Währungsverfall und eine rasch ansteigende Inflation. Die Haushalte auf Reichs- und Länderebene konnten nicht mehr durch staatliche Einnahmen an Steuern, Abgaben und Zöllen gedeckt werden, was zu einer steigenden Kreditaufnahme und Verschuldung des Reichs führte.[20] Für das Miller'sche Unternehmen hatte die wirtschaftliche Entwicklung konkret zur Folge, dass die laufenden Kosten bei öffentlichen Aufträgen aufgrund der rasanten Geldentwertung kaum abgedeckt, geschweige denn Gewinne erzielt werden konnten. Oskar von Miller, der sich trotz eines strengen Regiments in seiner Firma stets intensiv um seine Mitarbeiterinnen und Mitarbeiter kümmerte, sah für sein Unternehmen keine Perspektive mehr. In dieser Situation schlug Miller im März 1920 der bayerischen Regierung vor, Teile seines Büros in staatliche Dienste zu übernehmen und ihm dafür eine Entschädigung zu bezahlen.[21] Damit sollte die reibungslose Durchführung der laufenden Arbeiten am Walchenseekraftwerk und am Bayernwerk gewährleistet werden (zu den beiden Großprojekten vgl. den folgenden Abschnitt Walchenseekraftwerk und Bayernwerk). Ganz offensichtlich zielte der Vorschlag Millers darauf ab, sich und seine Familie finanziell abzusichern, aber auch seine leitenden Mitarbeiter und Prokuristen Arthur Schönberg, Ernst Glunk und Ewald Jacobs als staatliche Beamte in unkündbare Positionen zu bringen. Die bayerische Regierung schien nicht abgeneigt und schlug als Entschädigungssumme 750.000 Mark vor. Miller dagegen forderte eine Million, da er sonst für sich, seine Familie und seine Angestellten Probleme sehe. Die von ihm bezifferte Übernahmesumme errechnete er aus dem Reingewinn seiner Firma, der in den letzten drei bis fünf (Friedens-)Jahren bei durchschnittlich rund 100.000 Mark gelegen habe. Für den zehnfachen Wert eines Jahresertrags sei er bereit, alle Akten und Pläne für das staatliche Projekt zu übergeben, die Arbeitsräume in seinem Wohnhaus zu vermieten und die weitere Oberleitung zu übernehmen. Mit seiner Forderung verband er den dezenten Hinweis, dass er mit seiner Firma bis 1918 kostenfrei für das Walchenseeprojekt gearbeitet habe. Solange die Erträge des Geschäfts hoch gewesen seien, habe er die ehrenamtliche Tätigkeit für den Staat leicht ausüben können. Aufgrund der veränderten wirtschaftlichen Verhältnisse müsse er sein Ingenieurbüro von der unbezahlten Arbeit entweder ganz befreien oder es in Teilen dem Staat anbieten.

Um die Differenzen zu klären, wurde die Süddeutsche Treuhand-Gesellschaft AG eingeschaltet, die in einem Gutachten vom 23. November 1920 den Wert des Ingenieurbüros – wie Miller selbst – auf eine Million Mark taxierte.[22] In der Folge brachten allerdings die bayerischen Ministerien im März 1921 einen völlig neuen Vorschlag ins Spiel. Er beinhaltete, dass das bisherige Büropersonal Millers nicht beim Staat angestellt, sondern in der privaten, neu zu gründenden Bayernwerk Aktiengesellschaft angesiedelt werden sollte. Auch sollte mit der Übernahme keine Lebensstellung verbunden sein, sondern die Verträge nur für die – absehbare – Zeit des Baus des Walchenseekraftwerks und des Bayernwerks gelten. Für Schönberg und seine Mitprokuristen bedeutete dieses Angebot eine höchst unsichere Zukunft. Miller selbst empfand es als persönlichen Affront. Nur neun Tage nach dem staatlichen Vorschlag bat er in einem Schreiben vom 31. März 1921 darum, ihn seiner Position als Vorstand des Walchenseekraftwerks zu entheben.[23] In seiner Begründung führte er an, dass der Staat seine Firma nicht übernehmen wolle, den Kreis seiner Aufgaben immer enger ziehe und somit seinen Einfluss auf die Projekte einschränke. Immerhin erklärte er sich bereit, die Geschäfte übergangsweise zu führen.

In den Monaten April bis Juni standen allerdings im Projekt wichtige Entscheidungen an. So mussten die Aufträge für die Generatoren, Transformatoren und Hochspannungs-Schaltanlage vergeben werden. Und als ob Miller den bayerischen Behörden demonstrieren wollte, wie wichtig seine führenden Mitarbeiter für die Projekte waren, nahm nicht er an der Auftragsvergabe teil, sondern ließ die entsprechenden Verträge durch seine Prokuristen Schönberg und Glunk abzeichnen.[24]

Nur wenige Wochen nach seinem Rücktritt stellte Miller sein bisheriges Unternehmen wirtschaftlich auf eine neue Organisationsform um. Am 21. Juli 1921 wurde der „Vertrag über die Errichtung einer Gesellschaft mit beschränkter Haftung“ mit den persönlichen Unterschriften der Gesellschafterinnen und Gesellschafter notariell beurkundet und anschließend ins Handelsregister eingetragen.[25] Der offizielle Name lautete seither „Ingenieurbüro Oskar von Miller. Gesellschaft mit beschränkter Haftung“ mit Sitz in München. Paragraf 1 des Gesellschaftervertrags beschrieb das Geschäftsfeld:

> „Zweck der Gesellschaft ist der Erwerb und Fortbetrieb des technischen Büros Oskar von Miller, d.i. die Bearbeitung und jede Art der Verwertung technischer Einrichtungen und Anlagen durch Projektierung, Herstellung, Erwerb, Betrieb, Beteiligung und dergleichen.“[26]

Als Generalbevollmächtigter wurde Miller eingesetzt, als Geschäftsführer fungierten Schönberg, Glunk und Jacobs. Der Gesellschaftsvertrag regelte auch die Geschäftsfelder und die jährlichen Gewinnausschüttungen. Am selben Tag wurde ein Vertrag zwischen der neuen GmbH und Oskar von Miller geschlossen, der die Rechte und Pflichten des bisherigen Firmeninhabers definierte.[27]

Insgesamt brachten elf Personen ein Stammkapital von 250.000 Mark ein. Der ursprüngliche Firmeninhaber Miller, seine Frau Marie und seine Kinder Hermann, Marianne, Julie, Walther und Rudolf verfügten mit 180.000 Mark über eine klare Zweidrittelmehrheit. Die bisherigen Prokuristen Schönberg, Glunk und Jacobs steuerten 70.000 Mark bei. An der neuen Firma war Schönberg also mit zehn Prozent beteiligt (vgl. Tab. 3).

Tab. 3 Aufteilung des Stammkapitals der Oskar von Miller GmbH, 1921.[28]

Oskar von Miller	90.000 M
Marie von Miller	40.000 M
Arthur Schönberg	25.000 M
Ernst Glunk	25.000 M
Ewald Jacobs	20.000 M
Hermann von Miller	10.000 M
Marianne von Miller	10.000 M
Julie von Bomhard	10.000 M
Walther von Miller	10.000 M
Rudolf von Miller	10.000 M

Die eingebrachten Geschäftsanteile verloren aufgrund der galoppierenden Inflation rasch ihren Wert. Um die rasante Geldentwertung zu verdeutlichen, kann ein Rundschreiben der GmbH an seine Gesellschafter vom 7. November 1921 – nur rund dreieinhalb Monate nach der Gründung – herangezogen werden.[29] Darin wurden die festen Bezüge des Hauptbevollmächtigten Miller und der drei Geschäftsführer neu festgelegt. Miller erhielt statt 50.000 Mark jährlich nun 70.000 sowie eine Erhöhung seiner Aufwandsentschädigung um 9000 auf 33.000 Mark. Das Jahresgehalt von Arthur Schönberg erhöhte sich von 45.000 auf 63.000 Mark, während die beiden anderen Geschäftsführer Glunk und Jacobs statt 36.000 nun 50.000 Mark bezahlt bekamen. Bei Schönberg betrug die inflationsbedingte Aufstockung von Juni bis Anfang November also 40 Prozent. Aus den Zahlen geht hervor, wie hoch seine Bedeutung für die neue GmbH eingeschätzt wurde, da er nun nur zehn Prozent weniger als der Firmengründer und Generalbevollmächtigte der GmbH, Oskar von Miller, und rund ein Viertel mehr als Glunk und Jacobs verdiente.

Schon am 1. August 1921 hatte Miller dem Bayerischen Staatsministerium des Handels, der Industrie und des Gewerbes mitgeteilt, dass er seine Firma in eine GmbH umgewandelt habe.[30] „Die Gründung erfolgte, um meinen Mitarbeitern unabhängig von der Zeit, in der ich noch persönlich an den Aufgaben meines Büros teilzunehmen vermag, eine erspriessliche Tätigkeit in ihrem bisherigen Wirkungskreis dauernd zu sichern“, bemerkte Miller spitz. Die Weigerung der bayerischen Regierung, seine Firma zu übernehmen, hatte ihn tief verärgert. Als Geschäftsfeld der GmbH führte Miller an: „Sie wird sich wie mein bisheriges Unternehmen mit der

Projektierung, dem Bau und Betrieb von Elektrizitätswerken und Ueberlandzentralen befassen. Eine Ausdehnung ihres Wirkungskreises auf verwandte Gebiete ist beabsichtigt."[31] Die letzte Bemerkung ist insofern interessant, als Miller offensichtlich über die Elektrizität hinaus einen Einstieg in das Gasgeschäft plante.

Bedingt durch den Höhepunkt der Inflation, die Einführung der Rentenmark bzw. der Reichsmark (RM) im Jahr 1924 wurde es notwendig, die Gesellschaftsanteile an der GmbH neu festzusetzen.[32] Das Stammkapital betrug nun 30.000 RM, wobei die drei Geschäftsführer Schönberg, Glunk und Jacobs jeweils 3000 RM einbrachten, Oskar von Miller 11.000 RM und seine fünf Kinder jeweils 2000 RM beisteuerten. Damit blieben die Mehrheitsverhältnisse in der Firma im Vergleich zur Gründung weitgehend erhalten.

Obwohl die neue GmbH in den folgenden Jahren immer wieder für öffentliche Stellen beratend tätig war, dauerte es ziemlich genau ein Jahrzehnt, bis das Ingenieurbüro als Beratungsstelle des Bayerischen Staatsministerium des Innern offiziell anerkannt wurde.[33] Empfohlen wurde es für den Abschluss, die Verlängerung oder die Änderung von Konzessionsverträgen bei Leitungsnetzen in Landgemeinden, Städten oder Überlandwerken sowie für den Bau und die Erweiterung von Elektrizitätswerken oder den Anschluss an Überlandwerke.[34]

Walchenseekraftwerk und Bayernwerk

Die Realisierung des Walchenseekraftwerks und des Bayernwerks ist ein Musterbeispiel für die vorausschauende Planung und zielstrebige Umsetzung einer Elektrizitätsversorgung für das rechtsrheinische Bayern.[35] Seit 1903 verfolgte Miller diesen Plan. Mit mehreren Studien versuchte er in den Jahren 1903, 1907, 1911 und 1914 die bayerische Regierung von einem solchen Projekt zu überzeugen. Dabei arbeiteten er und mehrere Mitarbeiter seines Ingenieurbüros teilweise ohne Bezahlung daran. In der ersten Phase ging es darum zu klären, ob überhaupt ein Walchenseekraftwerk gebaut werden sollte, dann um die Fragen, wie es technisch und wirtschaftlich rentabel zu realisieren war, welchen Einfluss der Staat, die bayerischen Kommunen und die Industrie haben sollten und wie die Ausführung vonstattengehen konnte. Im Juni 1914 genehmigten nach langwierigen Diskussionen schlussendlich beide Kammern des Königreichs Bayern das Vorhaben. Noch war allerdings unklar, ob nach dem Vorbild der pfälzischen Landesversorgung ein Generalunternehmen – nämlich das Ingenieurbüro Oskar von Miller – das Projekt zu einem Fixpreist umsetzen sollte. In dieser Phase der politischen Durchsetzung war Miller eindeutig der handelnde Akteur seiner Firma. Er konferierte mit den zuständigen Ministerien und focht das Projekt in zermürbenden Diskussionen in den beiden Kammern des Landtags durch. Schönberg taucht in diesen Jahren in den offiziellen Akten zum Walchenseekraftwerk praktisch nicht auf. Seine Rolle beschränkte sich vorwiegend auf die Zulieferung von Daten. Die Aufgabenverteilung spiegelt sich im erbrachten Arbeitsaufwand wider. Aus einer

Aufstellung, die auf einem Arbeitsbuch der Firma beruht, geht hervor, dass Miller in den Jahren von 1910 bis 1913 für das Projekt insgesamt 24,5 Arbeitstage aufgewendet hat, seine Mitarbeiter Schönberg bzw. Jacobs dagegen nur 14 bzw. 1,25 Tage.[36] Miller war also der von Staat, Landtag und Wirtschaft gefragter und anerkannte Verhandlungspartner.

Mit dem Beginn des Ersten Weltkriegs im August 1914 begann die zweite Phase des Walchenseekraftwerk- und des Bayernwerkprojekts. Allerdings veränderte der Krieg die Grundbedingungen entscheidend. Durch die Kriegsführung und die dadurch gebundenen Finanzmittel des Staats trat das Walchenseeprojekt als ziviles Vorhaben in den Hintergrund. Miller musste sogar befürchten, dass es zu scheitern drohte. Um es zu retten, bot er im September 1914 an, die weiteren Planungen mit seinem Büro als freiwilligen Kriegsdienst – ohne Kosten für den Staat – weiterzubetreiben.[37] Die Entscheidung über das Angebot Millers fiel in einer Audienz bei König Ludwig III., der den Vorschlag unterstützte. Im Anschluss wurde ein ausführlicher Vertrag erstellt, der Miller die Projektierung, die Erarbeitung eines „Bayernwerks" als Generalunternehmen für die Stromverteilung und schließlich die Planung des technischen und maschinellen Teils des Walchenseekraftwerks und Bayernwerks zuwies; eine Honorierung der Arbeiten war definitiv ausgeschlossen.[38]

Neben der Rettung des Projekts als solchem spielte für Miller bei seinem Angebot auch der Gedanke eine Rolle, möglichst viele seiner Mitarbeiter vom Kriegsdienst zu befreien. Dies gelang nur teilweise. Schönberg wurde als österreichisch-ungarischer Staatsangehöriger mehrfach gemustert, aufgrund seines Gesundheitszustands aber nicht eingezogen. Nähere Umstände dazu sind nicht bekannt. Ein weiterer wichtiger Ingenieur des Unternehmens, Ernst Glunk, musste dagegen mehrere Jahre ins Feld; erst ab 1917 konnte er in die Arbeiten für das Walchenseekraftwerk einbezogen werden.

Die ersten Ergebnisse des „freiwilligen Kriegsdiensts" seitens des Technischen Bureaus legte Miller Anfang Oktober 1915 vor.[39] Das Gutachten *Vorschläge des Herrn Oskar von Miller in München über den Ausbau und die Verwertung der Walchenseekraft (Oktober 1915)*[40] beinhaltete die Trennung zwischen einem staatlich erbauten Kraftwerk am Walchensee und einem davon unabhängigen Betreiberunternehmen, dem „Bayernwerk". Letzteres sollte als gemischtwirtschaftliches Unternehmen, also durch Staat, Kommunen und Privatkapital, realisiert werden. Miller beschrieb darin die notwendigen Projektierungsarbeiten, die technische Ausführung des Walchenseewerks, die Organisation des Bayernwerks, dessen Stromabnehmer und Kraftquellen, den errechneten Gesamtkonsum für das rechtsrheinische Bayern, die Anlage- und Betriebskosten sowie einen Vorschlag zur Verteilung des erwarteten Gewinns. Es steht zu vermuten, dass Miller und Schönberg für diese Stellungnahme eng zusammengewirkt haben, wenngleich diese – wie bei ähnlichen offiziellen Gutachten des Technischen Bureaus – in der Ich-Form, also als Produkt Millers persönlicher Arbeit, geschrieben ist. Das bereits angesprochene Arbeitsbuch der Firma, in dem die Projekte der einzelnen Mitarbeiter verzeichnet wurden, weist in den Jahren 1914 und 1915 für

Arbeiten zum Walchenseekraftwerk beim Firmeninhaber 129,5 und bei Schönberg 129 Tage aus (vgl. Tab. 4).[41]

Tab. 4 Jährlicher Arbeitsaufwand von Miller und Schönberg für das Walchenseeprojekt (in Tagen), 1914–1919.

Jahr	Miller	Schönberg
1914	27	39,5
1915	102,5	89,5
1916	91,5	87,5
1917	158	157,5
1918	194	130,5
1919	318,5	208

Schönberg dürfte bei der Projektierung für die Ermittlung des Gesamtverbrauchs, der Anlage- und der Betriebskosten zuständig gewesen sein. Wie die überlieferten Protokolle belegen, war er jetzt – im Gegensatz zur ersten Phase der Planungen – bei zahllosen Besprechungen anwesend. In der Regel sind dort allerdings keine Wortbeiträge von ihm vermerkt, da stets Miller für seine Firma sprach.

Um eine Vorstellung von dem ungeheuren Aufwand für die Erfassung aller relevanten Daten für ein Bayernwerk zu bekommen, genügt ein Blick in das von Arthur Schönberg nach Abschluss aller Arbeiten herausgegebenen Werk *Landes-Elektrizitätswerke*.[42] Um einen Generalplan für die bayerischen Wasserkraftwerke aufstellen zu können, wurden Lagepläne der bayerischen Flüsse und Bäche sowie ein Höhenplan für die auszubauende Flussstrecke angefertigt. Gleichzeitig erfolgte eine Begehung der Gegenden, in denen Wehre oder Talsperren, Kanäle oder Stollen gebaut werden sollten. Dabei wurden auch die Geländeverhältnisse und die geologische Beschaffenheit des Untergrunds geprüft. Sofern der Augenschein nicht ausreichend war, wurden Schürfungen angeordnet. Wichtig waren genaue, jahreszeitenabhängige Pegelbeobachtungen, um die Wassermengen und Jahresdauerkurven ermitteln zu können.

Diese detaillierten Erhebungen waren extrem aufwendig. Daher blieb der Arbeitsaufwand in den folgenden Jahren hoch, wie sich aus Tabelle 4 ablesen lässt. Immerhin hatten Miller und Schönberg bereits Ende 1916 die Feinheiten für den wasserbau-, maschinenbau- und elektrotechnischen Teil des Walchenseekraftwerks so weit fertiggestellt, dass man die Angaben an potenzielle Anbieter weiterleiten konnte. Im Jahr 1917 schien es so, als könnten endlich die zähen Verhandlungen zwischen Staat, Stromversorgern, Industrie und Bayernwerk glücklich abgeschlossen werden. In einer Besprechung vom 12. Februar, bei der auch Schönberg anwesend war, sprach Miller davon, dass die „technischen Unterlagen für die Ausführung des Bayernwerks nahezu vollendet" seien.[43]

Zwar wurde das Vorhaben auf politischer Ebene erst am 21. Juni 1918 durch den Landtag definitiv gebilligt, doch musste vorab als Entscheidungsgrundlage ein umfassender Generalplan zur einheitlichen Stromversorgung Bayerns und für das

Walchenseekraftwerk ausgearbeitet werden. Dazu war es wichtig, die dafür notwendige Technik zu planen, die Anlagen zu konstruieren und die technischen Pläne zu zeichnen. Ebenso musste die betriebswirtschaftliche Basis berechnet und diese den zuständigen Ministerien, den parlamentarischen Gremien, den bestehenden großen Stromlieferanten in Bayern und den interessierten Kommunen plausibel gemacht werden.

Bis Februar 1918 hatten Miller und sein inzwischen als „Technisches Büro" firmierendes Unternehmen die Pläne für das Bayernwerk vollständig ausgearbeitet. In der sogenannten *Blauen Denkschrift* (Abb. 18) wurden die Ergebnisse zusammengeführt.

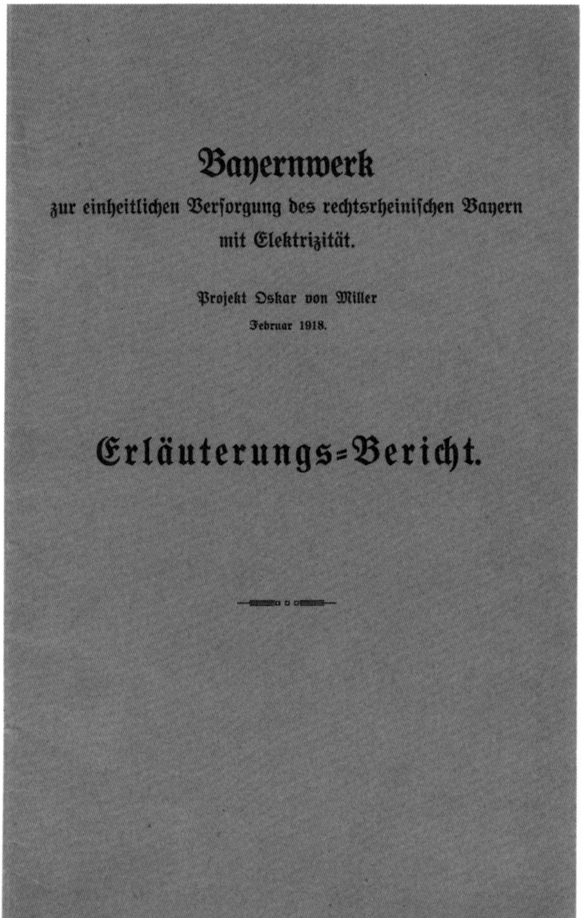
Bayernwerk
zur einheitlichen Versorgung des rechtsrheinischen Bayern
mit Elektrizität.

Projekt Oskar von Miller
Februar 1918.

Erläuterungs-Bericht.

Abb. 18 Oskar von Miller: Bayernwerk zur einheitlichen Versorgung des rechtsrheinischen Bayern mit Elektrizität, 1918 (Titelblatt).[44]

Besondere Sorgfalt legte das Gutachten auf die Ermittlung des Gesamtverbrauchs, der Anlagekosten, der Betriebskosten und des Gewinns, da die Wirtschaftlichkeit eines bayerischen Stromnetzes in den früheren Jahren immer wieder in Frage gestellt worden war. Die Vorarbeiten dafür leistete Schönberg, wenngleich sein Name in der Denkschrift nicht fällt. In dieser spricht Miller immer von „seinen" Untersuchungen, Datenerhebungen und Berechnungen. Einen wichtigen Hinweis auf die Bedeutung Schönbergs für die gesamte Projektierung von Walchenseekraftwerk und Bayernwerk lieferte dessen Tochter Else, die dem Autor dieses Buches bestätigte, dass ihr Vater alle Pläne für die beiden Projekte allein gezeichnet habe. Miller habe die Zeichnungen später in einer großen Mappe vereint und Schönberg zur Erinnerung geschenkt. „Die Mappe trug eine kurze Notiz von O. v. Miller, in der er die Urherschaft [sic!] meines Vaters anerkannte und ihn beglückwünschte."[45]

Für das primäre Hauptleitungsnetz des Bayernwerks war eine Spannung von 100 000 Volt vorgesehen. Dieses sollte den Strom vom Walchensee sowie die Überschüsse anderer bestehender bayerischer Elektrizitätswerke aufnehmen und ihn über München, Landshut, Passau, Regensburg, Ansbach, Nürnberg und Augsburg in alle Kreise des rechtsrheinischen Bayern verteilen (vgl. Abb. 19).[46] Gedacht war an eine Ringleitung, die mit außerbayerischen und ausländischen Energieversorgern verknüpft werden konnte. Diese landesweite Energieversorgung sah Miller durchaus auch unter einem sozialen Aspekt, da er hoffte, durch eine flächendeckende Elektrifizierung Industrie, Handwerk, Gewerbe und Landwirtschaft gleichermaßen stärken zu können. Um die notwendige Leistung des künftigen Bayernwerks adäquat zu ermitteln, war es notwendig, den aktuellen Stromkonsum zu erheben. Dabei bediente sich das Technische Büro Millers einer umfangreichen Datenerhebung, die bei den größeren bayerischen Orten durchgeführt wurde. Dazu entwickelte das Büro einen standardisierten Fragebogen, um die Ergebnisse vergleichbar zu machen.[47] Die neuen Forschungen zu Schönberg lassen den Schluss zu, dass er für die einheitliche Datenerfassung und -auswertung zuständig war. Die Methodik, durch solche Umfragen zu vernünftigen Basisdaten zu kommen, hatte er schon Jahre zuvor bei der Gründung des Deutschen Museums angewandt (vgl. S. 129–135). Auch bei der späteren Datenerhebung für das *Gutachten über die Reichselektrizitätsversorgung* (vgl. S. 111–117) kamen Fragebögen zur Anwendung. Für das Projekt eines reichsweiten Stromnetzes ist seine Urheberschaft ebenfalls durch Quellen belegt.

Um den erwarteten Stromkonsum abdecken zu können, sollten alle wichtigen, in Bayern verfügbaren Niederdruck- und Hochdruckwasserkraftwerke sowie Dampf-, Kohlen- und Gaskraftwerke zusammengeschlossen werden. Da aber die Leistung der Wasserkraftwerke je nach Wasserstand im Sommer und Winter erheblich schwankte, waren komplizierte Berechnungen notwendig – sollte das Bayernwerk doch wirtschaftlich arbeiten. Für den Fall eines Zusammenschlusses aller bayerischen Großversorger errechnete Schönberg eine jährliche Ersparnis von 4,2 Millionen Mark.

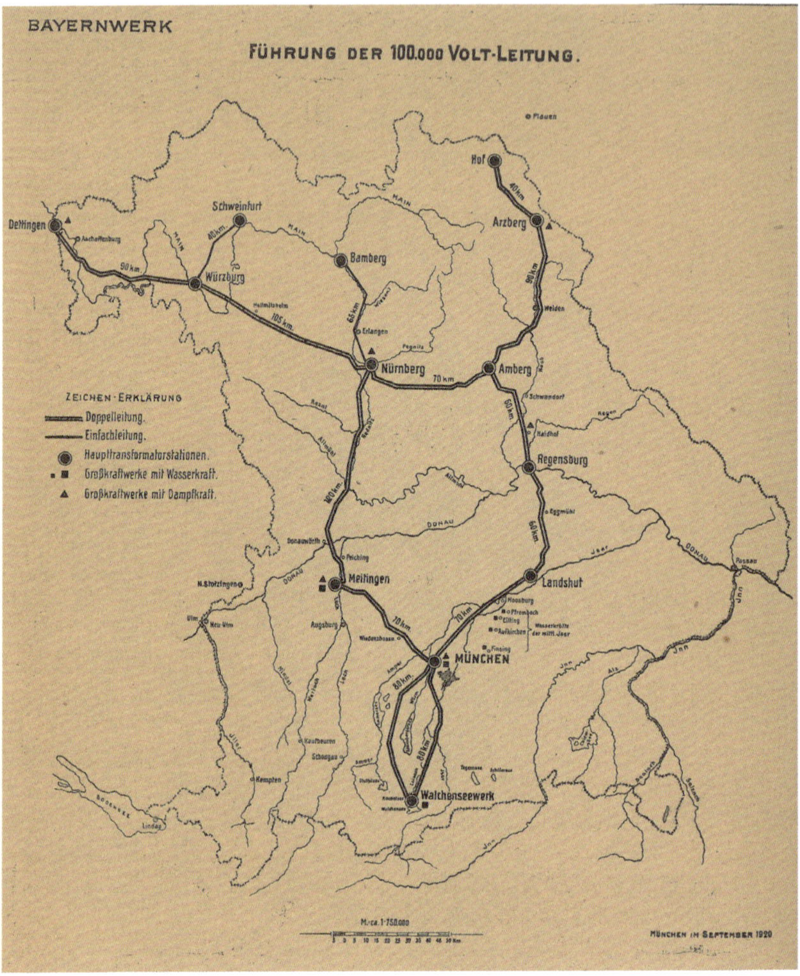

Abb. 19 Das geplante Leitungsnetz des Bayernwerks, 1920.[48]

Die in dem Gutachten genannten Beträge waren allerdings kriegsbedingte Preise, die deutlich höher lagen als die von Miller und Schönberg erwarteten Friedenspreise. Im Text fasste Millers Blaue Denkschrift alle größeren Wasserkräfte am Walchensee, der Stadt München, der Isarwerke, der Amperwerke, der Leitzachwerke, des staatlichen Saalachkraftwerks und der Lech-Elektrizitätswerke zusammen und bezog dabei deren Dampfanlagen sowie die mit Braunkohle betriebenen Werke in Schwandorf, Arzberg, der Gewerkschaft Gustav in Dettingen und das Großkraftwerk Franken bei Nürnberg in seine Überlegungen mit ein. Die aufgezählten Stromlieferanten waren gleichzeitig als Stromabnehmer vorgesehen.

Letztlich errechnete der Generalplan ein Anlagekapital in Höhe von 27 bis 32 Millionen Mark, von denen zehn Prozent durch Gesellschaftsanteile, der Rest durch Schuldenaufnahme aufgebracht werden sollte. Durch günstige Stromtarife sollte das Bayernwerk pro gelieferter Kilowattstunde 2,6 Pfennig erhalten, selbst aber für angekauften Strom nur zwischen 1,2 und 1,8 Pf./kWh bezahlen. Mit der Differenz sollte der Hauptteil des Anlagekapitals refinanziert werden. Der Vorschlag des Generalplans ging dahin, das Bayernwerk als gemischtwirtschaftliches Unternehmen mit 51 Prozent Staatsanteil als Aktiengesellschaft oder Gesellschaft mit beschränkter Haftung zu organisieren. Gerade dieser Punkt wurde zum großen Streitfall zwischen dem Staat und den von Kommunen und großen Stromversorgern betriebenen Überlandwerken.

Kern des Bayernwerks war die Wasserkraftnutzung am Walchensee. Die geografisch besondere Situation – ein natürlicher Unterschied von 200 Höhenmetern zwischen dem höhergelegenen Walchensee und dem im Tal liegenden Kochelsee – hatte schon vor Millers Vorstoß verschiedene Ingenieure zu Überlegungen einer Überleitung von Walchenseewasser in den Kochelsee angeregt. Damit sollten die Turbinen eines Kraftwerks angetrieben und so große Mengen an Strom gewonnen werden. Diese Ideen lösten in den bayerischen Ministerien eine kontroverse Diskussion über den Wert der staatlichen Wasserkräfte aus. Erstmals erkannte die Regierung ihre Verantwortung für eine gesamtstaatliche Stromversorgung.

Abb. 20 Günter Voglsamer: Wandgemälde mit dem Walchenseekraftwerk im Deutschen Museum, 1953.

Millers Projekt sah eine deutliche Ausweitung des ursprünglichen Plans vor, da es die Wasserkräfte der Gegend über den Walchensee hinaus nutzen wollte. Zutreffender müsste man von einem komplexen „Walchensee-System“ sprechen, das von Krün im Westen bis zum Rißbach im Osten und über zwei Kraftwerke bei Obernach und Niedernach bis in die Nähe von Wolfratshausen reichte. Die Idee war, die erheblichen Wasserkräfte der Region und den Höhenunterschied zwischen dem Walchensee und dem Kochelsee energietechnisch auszunützen. Mit dem Walchensee stand ein Wasserreservoir zu Verfügung, das entsprechend angezapft werden sollte. Um die Entnahme wenigstens teilweise auszugleichen, musste man dem See größere Wassermengen zuführen. Durch ein Isarwehr bei Krün wurde ein künstlicher Stausee geschaffen, ein Teil des Isarwassers zum kleinen Salchensee bei Wallgau und von dort über einen Stollen von vier Kilometer Länge zum Walchensee geleitet. Vor dem See sollte es die Turbinen im Obernach-Kraftwerk antreiben, wobei ein Gefälle von rund 70 Metern ausgenützt werden sollte. Auch der Rißbach diente als Wasserzufuhr für den Walchensee. Mit einem Wehr wurde sein Wasser durch den 3647 Meter langen Grasberg-Stollen geführt, unterquerte die Isar und floss dann durch den rund 3300 Meter langen Hochkopf-Stollen zum kleinen Niedernach-Kraftwerk. Hier konnte man ein Gefälle von 20 Metern für den Antrieb der Turbinen ausnutzen. In den Rißbach-Stollen sollte zusätzlich Wasser des kleinen Fischbachs und des Alpenbachs eingeleitet werden.

Das Wasserüberleitungssystem war zwar bereits in den 1920er Jahren konzipiert worden, doch wurden die Kraftwerke in Obernach und Niedernach erst nach dem Zweiten Weltkrieg errichtet. Das Ziel der Zuleitungen war und ist bis heute also, dem Walchensee ständig neues Flusswasser zuzuführen, um dann an der Nordspitze des Sees bei Urfeld möglichst große Wassermengen in den Kochelsee überleiten und für die Stromerzeugung nutzen zu können. Dabei war das System so angelegt, dass man dem Walchensee mehr Wasser entnehmen wollte, als die Zuflüsse einspeisten. Man nahm also bewusst eine Senkung der Wasseroberfläche um mehrere Meter – insgesamt um 6,6 Meter – in Kauf. Jeder Zentimeter an Absenkung brachte dem Walchenseekraftwerk rund 65 000 Kilowattstunden, dem See wurden dadurch maximal bis zu 110 Millionen Kubikmeter Wasser entzogen. Im Frühjahr und Sommer, wenn die Zuflüsse wieder stärker sind, sollte der Seespiegel auf seinen alten Stand gebracht werden. Auswirkungen auf die Ökologie, die Flößerei und die Fischwirtschaft waren in den Plänen kaum berücksichtigt.

Bei Urfeld wurde das Walchenseewasser über ein Einlaufwerk und einen 1200 Meter langen, 4,80 hohen und 4,60 Meter breiten Stollen durch den Kesselberg zum Wasserschloss über dem Kochelsee geleitet. Der Einlauf befindet sich zehn Meter unter dem Seespiegel. Vom Wasserschloss stürzt das Wasser über sechs mächtige Rohre in das am Kochelsee gelegene Kraftwerk. Um bei einem eventuellen Rohrbruch das Kraftwerk nicht zu gefährden, wurde dieses etwas seitlich versetzt gebaut, sodass die Rohre vor dem Kraftwerk einen Knick machen.

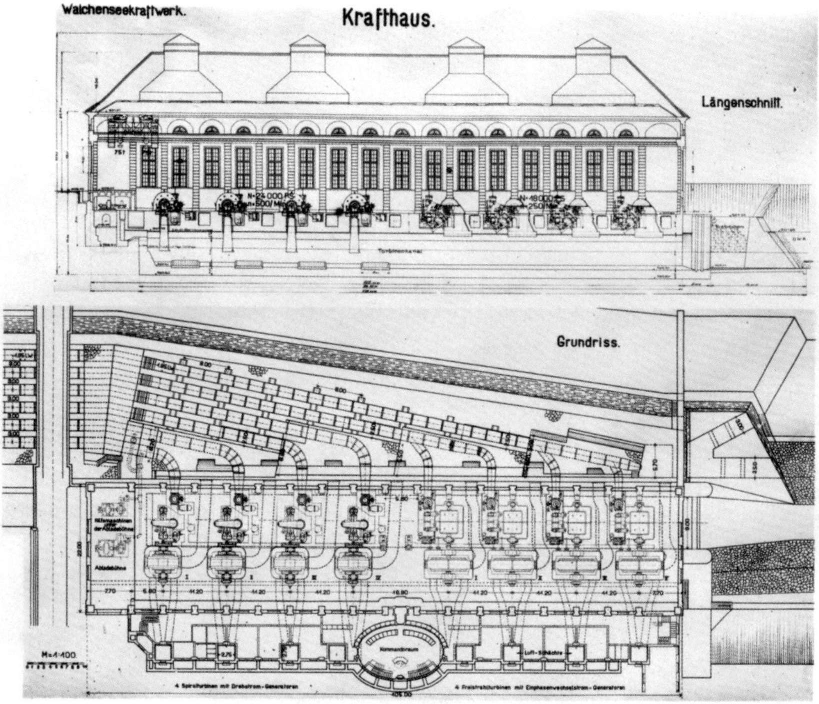

Abb. 21 Grundriss der Maschinenhalle des Walchenseekraftwerks am Kochelsee.[49]

Die Rohre haben im oberen Bereich einen Durchmesser von 2,25 Metern und sind hier zehn Millimeter dick. Vier Rohre münden in vier Francisturbinen, die jeweils mit einem Drehstrom-Generator verbunden sind. Die zwei restlichen Rohre treiben vier Pelton-Freistrahlturbinen an, an die vier Einphasenstrom-Generatoren angeschlossen sind. Die Trennung hat ihren Hintergrund darin, dass Teile des Stroms über die Leitungen des Bayernwerks hochgespannt weiterverteilt werden, während man den Gleichstrom direkt in das Netz der bayerischen Staatsbahn einspeiste, ein Vorgehen, das bis heute gültig ist. Das dem Kochelsee zugeleitete Wasser wird dann über den Kochelsee-Auslauf der Loisach und bei Beuerberg über einen eigenen Kanal, den Loisach-Isar-Kanal, wieder der Isar zurückgeführt.

Im Januar 1924 trieb zum ersten Mal Wasser vom Walchensee die Turbinen des Kraftwerks an. Die erzeugte Leistung war gewaltig. Insgesamt hatte es eine Ausbauleistung von 124 Megawatt, davon 72 Megawatt Drehstrom und 52 Megawatt Bahnstrom. Damit war es bei seiner Eröffnung eines der größten Wasserkraftwerke der Welt. Heute werden am Walchensee im Jahr rund 300 Millionen Kilowattstunden erzeugt, durch die Werke in Krün, Obernach und Niedernach kommen nochmals

50,4 Millionen Kilowattstunden hinzu. Bei Volllast fließen heute 84 Kubikmeter Wasser in der Sekunde durch die Turbinen. Es ist bemerkenswert, dass die zu Beginn der 1920er Jahre konzipierte Rohrleitung auch nach 100 Jahren noch unverändert genutzt wird; auch die 1921/22 eingebauten Turbinen wurden erst spät, in den 1980er Jahren, ausgewechselt.

Die umfangreichen und zeitaufwendigen Projektierungsarbeiten und letztlich auch sein Gesundheitszustand bewahrten Schönberg vor einem Militärdienst. Wie er selbst zum Ersten Weltkrieg stand, ist nicht überliefert. Seine eigene Familie hat in München den Krieg und die damit verbundenen Nahrungsmittelbeschränkungen gut überstanden (vgl. S. 47). Ein Bruder seiner Frau, Benno Bach, fiel 1915 als Soldat. Wie Millionen anderer seiner Landsleute zeichnete Schönberg 1916 österreichische Kriegsanleihen. Im August desselben Jahres wurde er durch König Ludwig III. für seine Verdienste um das Walchenseekraftwerk mit dem König-Ludwig-Kreuz für Heimatverdienste ausgezeichnet.[50]

Während des Ersten Weltkriegs blieb Schönbergs Gehalt im Technischen Büro im Wesentlichen unverändert.[51] Zu seinem jährlichen Grundgehalt von 6400 Mark kam eine Gratifikation von 600 Mark pro Jahr. Sein Anteil am Reingewinn und an Tantiemen schwankte während des Krieges zwischen 3371 Mark im Jahr 1915 und 5903 Mark 1918. Hinzu kamen Beiträge der Firma zu einem Sparfonds bzw. zu einer Kinderversicherung, die sich zwischen 2627 Mark (1914) und 1012 Mark (1916) bewegten (vgl. Tab. 5).

Tab. 5 Gehaltsaufstellung Schönbergs in den Jahren 1914 bis 1918.[52]

Jahr	Gehalt / Zulagen	Gratifikationen	Anteil am Reingewinn / Tantiemen	Ehrengeschenk	Sparfonds / Kinderversicherung	Gratifikation Deutsches Museum	Summe
1914	6400	600	4030		2627	1000	14.657
1915	6400	600	3371		1712	1000	13.083
1916	6400	600	3483		1012	1000	12.495
1917	6400	600	3811	10.000	1162	1000	22.973
1918	6400	600	5903		1630	1000	15.533

Ergänzt wurde sein Verdienst in der Kriegszeit um eine jährliche Prämie des Deutschen Museums in Höhe von 1000 Mark für Schönbergs dort geleistete Arbeit. Damit hatte er ein Einkommen, das den Durchschnittsverdienst in Deutschland in etwa um den Faktor 12 übertraf. Im Vergleich zu einem Regierungsrat mit zehnjähriger Berufspraxis war sein Einkommen etwa doppelt so hoch. Damit gehörte er eindeutig zum gehobenen Bürgertum Münchens. Zum Ausdruck kommt dies u. a. darin, dass er zum 1. Januar 1914 eine Wohnung im Erdgeschoss des Hauses Nördliche Auffahrtsallee 69 anmietete, zu der ein schöner Garten gehörte. Dieses Quartier in bester Lage – direkt am Nymphenburger Kanal und mit Blick zum Nymphenburger Schloss – war von Schönberg sicherlich unter repräsentativen Gesichtspunkten gewählt worden.

In das Jahr 1917 fiel ein „Ehrengeschenk" Millers an mehrere Beschäftigte seines Unternehmens, wobei Arthur Schönberg die ungewöhnlich große Summe von 10.000 Reichsmark zufloss. Ein weiterer Ingenieur seiner Firma, Ernst Glunk, bekam 5000 RM. Der Grund für die hohen Zahlungen ist unklar, da für 1917 kein Großauftrag für das Technische Büro Oskar von Miller bekannt ist, der eine außergewöhnliche Sonderzahlung gerechtfertigt hätte. Zwar wären die abschließenden Besprechungen zum Bayernwerk in diesem Jahr fast zu einem Abschluss gekommen, was der Firma Millers für die Zukunft hohe Einnahmen garantiert hätte, doch scheiterten sie letztlich. Dass Schönberg die doppelte Summe im Vergleich zu seinem Mitprokuristen Glunk erhielt, verdeutlicht einmal mehr seine herausgehobene Stellung und Bedeutung im Ingenieurbüro, die er sich dort in rund eineinhalb Jahrzehnten erarbeitet hatte.

Das Technische Büro Oskar von Miller wurde 1918 mit der Projektleitung des Walchenseekraftwerks und des Bayernwerks beauftragt. Da Miller nach der Revolution in Bayern gleichzeitig als Staatskommissar für Energiefragen eingesetzt war, konnte er die Realisierung energisch vorantreiben. Grundlage bildeten die von ihm und Schönberg im Krieg erarbeiteten Pläne. Da die Werke auch als Arbeitsbeschaffungsmaßnahme für heimkehrende bayerische Frontsoldaten galten, wurden neben den großen deutschen Elektrizitätsfirmen, die über das entsprechende Know-how verfügten, bayerische Unternehmen besonders zahlreich herangezogen.

Die Arbeiten am Walchensee waren hinsichtlich der Geologie und der Arbeitsbedingungen problematisch. Hinzu kamen die Auswirkungen der politischen Ereignisse von 1918 und 1919, der Räteregierung und der Gegenrevolution in Bayern sowie die Konfrontationen zwischen der bayerischen Regierung und der Regierung des Deutschen Reichs. Immer wieder kam es zu Streiks, die durch die wachsende Inflation zusätzlich angeheizt wurden. Zudem stiegen die Kosten für das Walchenseewerk rasant. Das Aktienkapital musste inflationsbedingt mehrfach erhöht werden; auch wurden zusätzliche Anleihen ausgegeben. Miller wiederum sah sich in diesen Jahren einer wachsenden Opposition der Elektroindustrie, der bayerischen Stromversorger und selbst der Münchner Ministerien ausgesetzt. Da seine Vorschläge zunehmend verwässert wurden und die Regierung seinen Einfluss Stück für Stück beschnitt, trat Miller am 30. Juni 1921 als Staatskommissar und als Vorstand des Walchenseekraftwerks zurück, bemerkenswerterweise fünf Tage vor der offiziellen Gründung der Bayernwerk AG.

Inwieweit Schönberg von den Differenzen betroffen war, lässt sich nicht feststellen. Belegt ist, dass er bis Mitte 1921 an zahlreichen offiziellen Besprechungen in den bayerischen Ministerien beteiligt war. Auch sein hoher Zeitaufwand für das Walchensee- bzw. Bayernwerkprojekt im Jahr 1919, als er 208 Arbeitstage in das Vorhaben investierte (vgl. Tab. 4), deuten darauf hin, dass ihn die Arbeiten am Projekt nach wie vor enorm forderten. Im Jahr 1917 stieg auch ein weiterer Ingenieur der Firma, Ernst Glunk, der bis dahin Kriegsdienst geleistet hatte, in die Projektierung ein. In der Zeit von 1918 bis 1919 arbeitete dieser ebenfalls in erheblichem Umfang für das Vorhaben, insgesamt 119,5 bzw. 210 Arbeitstage.[53] Damit brachten Miller, Schönberg und Glunk für das Walchenseeprojekt in den beiden Jahren 1185 Arbeitstage ein – ein kolossaler Aufwand. Leider sind die Vergleichszahlen für die Jahre 1920 und 1921 nicht überliefert, da das entsprechende Arbeitsbuch des Technischen Büros Oskar von Miller im Zweiten Weltkrieg verloren gegangen ist. Da sich aber die Geschäftsräume des Bayernwerks und des Walchenseekraftwerks bis Herbst 1921 – als neue Räume angemietet wurden – im Privathaus Millers befanden,[54] dürfte Schönberg wie bisher für die technische Seite der Projekte verantwortlich gewesen sein. In die Zeit des Ausstiegs Millers aus dem Bayernwerk fällt auch die Diskussion, inwieweit führende Angestellte seines Büros vom bayerischen Staat übernommen werden sollten (vgl. S. 72–73). Dies betraf vor allem Schönberg, Glunk und Jacobs. Dass die bayerische Staatsregierung dem Vorschlag anfangs nicht abgeneigt war, ist der anerkannt hohen technischen Kompetenz des Unternehmens und hier besonders des Bürochefs und Prokuristen Schönberg zuzuschreiben.

Mit seinen Arbeiten für das Walchenseekraftwerk und das Bayernwerk hatte sich Schönberg reichsweit als Experte in Energiefragen einen Namen gemacht. Wenngleich die Anstellung beim bayerischen Staat bzw. beim Bayernwerk letztlich scheiterte, war sein Ruf als Elektrofachmann unbestritten. Daher verwundert es nicht, dass der kühl rechnende sowie in allen Vertragsangelegenheiten rund um das Bayernwerk versierte Arthur Schönberg und nicht der streitbare und umstrittene Oskar von Miller in ein Schiedsgericht berufen wurde, das im Zuge der Gründung des Bayernwerks eingerichtet worden war. Es sollte eventuelle Differenzen zwischen den Vertragsparteien unter Ausschluss des Rechtswegs schlichten. Zum ersten Mal musste dieses Gremium 1929 aktiv werden, als Streitigkeiten zwischen dem Bayernwerk und der Betriebsgemeinschaft Kachlet Franken GmbH um die Zahlung vom Stromlieferungen aus dem Passauer Kachletkraftwerk eskalierten.[55] In dem Schiedsverfahren, das sich bis 1931 hinzog, konnten die Probleme ausgeräumt werden, doch zeigte sich in der Auseinandersetzung, wie argwöhnisch sich das Bayernwerk und die Vertreter der fränkischen Stromversorger beäugten. Bemerkenswerterweise kam es bereits vor Beginn des Schiedsverfahrens zu einem erbitterten, über zwei Rechtsinstanzen geführten Prozess. Die Betriebsgemeinschaft Kachlet Franken lehnte Schönberg als Schiedsrichter ab, weil sie ihn aufgrund seiner Tätigkeit im Ingenieurbüro Oskar von Miller als zu bayernwerkfreundlich ansah.[56]

Da mit Hugo Gunz, Direktor der Rütgerswerke in Berlin und Beisitzer im Bayernwerk, und mit Franz Riso, Vorstandsmitglied der Elektrizitätswerke Sachsen Anhalt AG und Beisitzer der Betriebsgemeinschaft Kachlet Franken, jede Partei einen Gefolgsmann im Gremium hatte, war die Betriebsgemeinschaft der Ansicht, dass sich mit Schönberg das Gewicht zugunsten des Bayernwerks verschieben würde. Ganz unrecht hatte man damit nicht. Letztlich konnten die Vertreter des Bayernwerks, des Walchenseewerks und der Mittleren Isar AG – wohl mit Unterstützung der bayerischen Staatsregierung – Schönberg gerichtlich als Gutachter durchsetzen. In einem Protokoll wurde diese Tatsache so kommentiert, dass die Verhandlungen nun für das Bayernwerk leichter zu führen seien, „weil die neue Vergleichskommission nicht mehr einseitig, sondern, nachdem Herr Schönberg wieder aktionsfähig ist, paritätisch besetzt sein wird."[57] Der Streit drehte sich hauptsächlich um die Übernahme und Überleitung des im Kachlet-Kraftwerk erzeugten Stroms durch das Bayernwerk und die dafür jeweils zu tragenden Kosten. Schon nach wenigen Monaten konnte der Streit mit einem Schiedsspruch beigelegt werden.[58] Kurz vor der Entscheidung des Schiedsgerichts im Juli 1931 hatte ein Vorstandsmitglied des Bayernwerks, Ministerialrat Rudolf Decker, den Streit in einer Sitzung des Bayernwerks resümiert. Dabei betonte er, dass einer „unserer Schiedsrichter" – gemeint ist hier Schönberg – von dem Gegner abgelehnt worden und der Streit um ihn mit „großer Erbitterung" geführt worden sei.[59]

Kaum hatte sich Oskar von Miller vom Bayernwerk und vom Walchenseekraftwerk zurückgezogen, regte er schon 1923 die Errichtung einer Großversuchsanlage für Wasserbau am Walchensee an. Sie wurde drei Jahre später unter dem Namen „Forschungsinstitut für Wasserbau und Wasserkraft" gegründet.[60] Auch für dieses Projekt zog Miller seinen langjährigen Vertrauten Schönberg heran, wie verschiedene Protokolle belegen.[61] Die Akten lassen vermuten, dass sich Schönberg dabei um die Erfassung der grundlegenden Daten kümmerte, so der Wassermengen in den verschiedenen Monaten, und um die Überleitungsmöglichkeiten von Wasser aus Isar und Obernach. Ähnlich wie in anderen Fällen war Schönberg beim Forschungsinstitut für die konzeptionelle Planung zuständig.

Thüringenwerk

Mit der Planung und dem Bau des Walchenseekraftwerks und des Bayernwerks hatte die Ingenieurbüro Oskar von Miller GmbH ihre europaweit führende Rolle als Planungsfirma für landesweite Elektrizitätswerke erneut unter Beweis gestellt. Als einziges Unternehmen hatte sie mehrere großflächige Stromnetze wie die Pfalzwerke, das Karpatenwerk und das Bayernwerk realisiert. Daher verwundert es nicht, dass sie auch den Zuschlag für die Konzeption eines Thüringenwerks erhielt. Nach Aussage von Arthur Schönberg war dabei hilfreich, dass die GmbH zu diesem Zeitpunkt mit einem Gutachten beauftragt war, das den zweckmäßigen Ausbau der in Thüringen gelegenen Saaletalsperren untersuchen sollte.[62]

Als eigenständiges Land war der Freistaat Thüringen erst am 1. Mai 1920 geschaffen worden. Da seine Städte und Regionen ursprünglich verschiedenen Fürstentümern angehört hatten, war die Zersplitterung im Bereich der Elektrizitätsversorgung groß. Das thüringische Wirtschaftsministerium sah es daher von Beginn an als eine Hauptaufgabe, hier eine Lösung mit einem einheitlichen Landesunternehmen zu finden. Dieses sollte die große Zahl unabhängiger Orts- und Überlandwerke in ein gemeinsames Netz integrieren.

Die von der Ingenieurbüro Oskar von Miller GmbH ausgearbeitete organisatorische und technische Umsetzung hat Schönberg in einem Aufsatz in der *Elektrotechnischen Zeitschrift* vom 5. Juni 1924 beschrieben (Abb. 22).[63] Der Vorschlag des Münchner Unternehmens ging dahin, die zahlreichen Einzelwerke des Landes technisch und wirtschaftlich in sieben regionale Gruppen (Breitungen, Gispersleben, Jena, Gera, Auma, Probstzella und Eisfeld) zusammenzufassen. Dies bedeutete in der Praxis, dass viele Stromversorgungsunternehmen aufgelöst und einer größeren Gruppe zugeordnet werden mussten. Wie kompliziert die Planungen waren, zeigt das vom Ingenieurbüro Oskar von Miller neu vorgeschlagene Versorgungsgebiet Gera, in dem bisher sieben unterschiedliche öffentliche Anbieter und Abnehmer sowie zahlreiche kleinere Elektrizitätswerke, in der Regel von Unternehmen, bestanden.[64] In ganz Thüringen existierten sogar 70 Stromerzeuger, die mehr als 100 kW produzierten. Da aber klar war, dass die sieben Einzelgebiete nicht in der Lage sein würden, ihren Bedarf ausschließlich durch eigene Kraftwerke zu decken, wurden sie in einem übergreifenden „Thüringenwerk" zusammengefasst. Vorbild dafür war das Bayernwerk. Ähnlich wie in Bayern sollte das Thüringenwerk die leistungsfähigsten Kraftwerke des Landes verbinden und durch gegenseitigen Ausgleich den Strombedarf sichern. Dafür war wie in Bayern eine Ringleitung geplant. Hauptkraftquelle waren die Saaletalsperren, die Braunkohlenwerke im Nordosten und das Kaligebiet im Westen. Ebenfalls in Anlehnung an das bayerische Vorbild waren für Thüringen Anschlüsse an benachbarte Landeselektrizitätswerke vorgesehen, so an das Bayernwerk und an das Elektrizitätswerk Sachsen-Anhalt (ESAG). Obwohl deren Netze aus einer 100kV-Leitung bestanden und ein Stromaustausch auf gleicher Spannung technisch sinnvoll gewesen wäre, sollte die thüringische Ringleitung nach den Ausführungen Schönbergs lediglich mit einer Spannung von 50 kV betrieben werden. Grund dafür waren Wirtschaftlichkeitsberechnungen des Ingenieurbüros Oskar von Miller, die auf umfangreichen Vergleichserhebungen beruhten. Der geschätzte Strombedarf von 120 000 Kilowatt konnte zur Hälfte durch Wasserkraft und zu einem weiteren Drittel durch mit Braunkohle betriebene Dampfkraftwerke abgedeckt werden. Um den Gesamtbedarf zu sichern, schlug das Ingenieurbüro den Bau weiterer Dampfkraftwerke vor, da diese von der Jahreszeit unabhängige Stromlieferanten waren. Die Entscheidung für Dampfkraftwerke war vielleicht dadurch bedingt, dass unklar war, wann und wo die Talsperren an der Saale gebaut werden und in Betrieb gehen konnten. Alle übrigen Kraftanlagen, meist kleinere Werke, sollten lediglich als Reserve dienen. Geplant war, viele von ihnen sukzessive stillzulegen, da sie durch ein einheitliches thüringisches Stromnetz unrentabel waren. Für Notfälle sahen die Planungen vor, Strom über die benachbarten Netze zu beziehen. Realistischerweise war ein kompletter Ausbau eines thüringischen Elektrizitätsnetzes nur in mehreren Stufen möglich, weshalb Schönberg in seinem Aufsatz davon sprach, auch vom Elektrizitätswerk der Stadt Erfurt, das damals noch nicht zu Thüringen gehörte, zusätzlichen Strom zu beziehen. Bei einem vollen Ausbau des Leitungsnetzes war eine Leistung von 500 Millionen Kilowattstunden möglich.

577

Elektrotechnische Zeitschrift

(Zentralblatt für Elektrotechnik)

Organ des Elektrotechnischen Vereins seit 1880 und des Verbandes Deutscher Elektrotechniker seit 1894.

Schriftleitung: E. C. Zehme, Dr. F. Meißner. — Verlag von Julius Springer. — Berlin W 9, Linkstraße 23/24.

45. Jahrgang. Berlin, 5. Juni 1924. Heft 23.

Das Thüringenwerk.

Von A. Schönberg, München.

Die in Thüringen bestehenden öffentlichen Stromversorgungsunternehmen erfassen mit einer großen Zahl von Orts- und Überlandwerken das gesamte Staatsgebiet, so daß von etwa 1,5 Mill. Einwohnern kaum 20 000 als unversorgt gelten können. Infolge der früher herrschenden Kleinstaaterei war hierbei aber eine weitschauende Elektrizitätswirtschaft ausgeschlossen. Nur einzelne Werke versorgen ein großes, abgerundetes Gebiet mit Hilfe neuzeitlicher Kraftanlagen und Leitungsnetze. Nach Errichtung des thüringischen Freistaates betrachtete es das neue Wirtschaftsministerium daher als eine seiner wichtigsten Aufgaben, die zersplitterte Elektrizitätswirtschaft einer einheitlichen Regelung zuzuführen. Da zu jener Zeit das Ingenieurbureau Oskar von Miller mit einem Gutachten über den zweckmäßigsten Ausbau der Saaletalsperren beschäftigt war, wurde es auch mit der Bearbeitung der Elektrizitätswirtschaft betraut. Als Ergebnis seiner Arbeiten legte es den Plan einer allgemeinen Landes-Elektrizitätsversorgung „Thüringenwerk" vor, welcher vom thüringischen Landtag einstimmig gebilligt wurde, und der nunmehr durch die Gründung der „Thüringischen Landes-Elektrizitätsversorgung A.-G. Thüringenwerk" mit dem Sitz in Weimar zur Ausführung gelangt.

Das Projekt des Thüringenwerks entstand auf Grund eingehender Untersuchungen über die bestehenden Anlagen, deren technische und wirtschaftliche Einzelheiten durch Fragebogen und örtliche Bereisung festgestellt wurden. Die Bearbeitung dieses Ma-

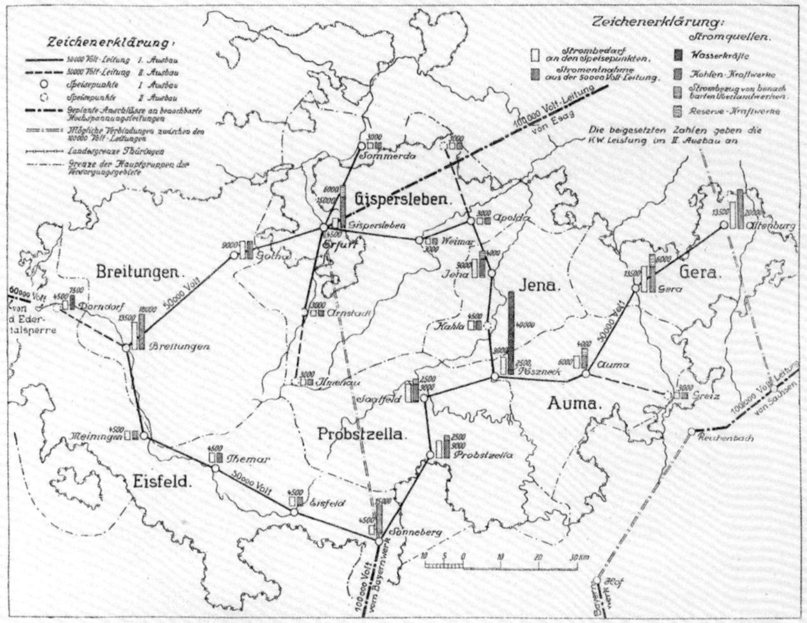

Abb. 1. Das 50 kV-Netz der Thüringischen Landes-Elektrizitätsversorgung

Abb. 22 Arthur Schönberg: Das Thüringenwerk, Elektrotechnische Zeitschrift, 1924.[65]

Das Thüringenwerk war analog zum Bayernwerk organisiert. Die Aktiengesellschaft unter staatlicher Führung fasste die wichtigsten stromliefernden oder stromabnehmenden Elektrizitätswerke des Landes zusammen. Dadurch sollte das notwendige Kapital leichter aufgebracht werden. Allerdings war in der Hochinflation des Jahres 1923 eine reelle Kostenabschätzung nicht möglich. Die größten Stromversorger sollten nach dem Vorschlag des Münchner Ingenieurbüros bestehen bleiben, lediglich der Bau und Betrieb des Höchstspannungsnetzes sowie der notwendigen Transformatorenstationen waren dem neuen Thüringenwerk zugeordnet. Es fällt auf, dass Schönberg in seinem Beitrag bei den Planungen sehr stark von einem freiwilligen Zusammenschluss der in Thüringen vorhandenen Elektrizitätswerke ausging und auf einen Konsens von Staat und Stromerzeugern setzte. Keinesfalls wollte man das Landeselektrizitätswerk per staatlichem Zwang oktroyieren. Ebenso sollte der Einfluss des Staats zurückgenommen werden. Beide Aspekte beruhten auf den Erfahrungen in Bayern, wo die Diskussionen um die Rolle des Staats, die Organisationsform des Bayernwerks und der finanzielle Ausgleich zwischen den beteiligten Stromlieferanten Dauer-(Streit-)Themen gewesen waren, welche die Parteien ein Jahrzehnt lang beschäftigten.

Schließlich konnte auf der Basis der vom Ingenieurbüro vorgeschlagenen Rahmenbedingungen am 17. Oktober 1923 nach relativ kurzer Planungsphase die „Thüringische Landes-Elektrizitätsversorgung AG Thüringenwerk" mit Sitz in Weimar gegründet werden.

Es ist erstaunlich, dass die Ingenieurbüro Oskar von Miller GmbH in der Lage war, mehrere Großprojekte wie den Bau des Walchenseekraftwerks, die Konzeption des Bayernwerks und den Plan eines thüringischen Landeselektrizitätsnetzes parallel zu realisieren. Möglich war dies nur, indem vielfältige Erfahrungen aus Bayern in das Thüringenwerk einflossen und vorhandene Pläne lediglich angepasst werden mussten. Dabei setzte man auf das bei den Pfalzwerken und dem Bayernwerk erprobte System der Datenerhebung mittels Fragebögen. In dem von Schönberg 1926 herausgegebenen Buch *Landes-Elektrizitätswerke* ist der umfangreiche Fragebogen für das Thüringenwerk abgedruckt.[66] Verschickt wurde ein mehrseitiger Text, der mit dem thüringischen Wirtschaftsministerium abgestimmt war; die Beantwortung war per Gesetz für alle angefragten Stellen verpflichtend.[67] Dementsprechend hoch war die Rückmeldequote. Die 70 öffentlichen Elektrizitätswerke und zahlreiche Firmen lieferten ihre Daten sowie ergänzende Planskizzen, Belastungskurven, Karten und Listen. Die Vollständigkeit wurde laut Schönberg von den Bezirksämtern überprüft und gegebenenfalls durch zusätzliche Nachfragen komplettiert. Die schriftlichen Unterlagen ergänzte das Ingenieurbüro durch eine Besichtigung der größeren Werke.[68] Aufgrund der historischen Entwicklung der Stromversorger und des Leitungsnetzes im neuen Freistaat war es notwendig, auch diejenigen Stromlieferanten zu erfassen, deren Leitungen durch thüringisches Staatsgebiet führten, ohne dass deren Erzeuger selbst im Land ansässig waren.

Zum Standardmodul des Ingenieurbüros gehörte ein als Ringleitung konzipiertes Stromnetz, das in der bayerischen Pfalz, beim Bayernwerk, nun im Thüringenwerk und später im Gutachten zur Reichselektrizitätsversorgung Anwendung fand. Dieses technische Erfahrungswissen, die systematische Datenerhebung und -auswertung sowie die Leistungsfähigkeit waren die besonderen Stärken des Münchner Unternehmens. Eine derart hohe Professionalität war in keiner anderen vergleichbaren Firma zu finden.

Am Projekt „Thüringenwerk" war Schönberg als der führende Ingenieur in der neugegründeten GmbH an herausragender Stelle beteiligt. In seiner gemeinsam mit Ernst Glunk verfassten Veröffentlichung *Landes-Elektrizitätswerke* sind die Projektierungsarbeiten für das Thüringenwerk an verschiedenen Stellen ausführlich beschrieben. Auch die Tatsache, dass es Schönberg war, der im Fachorgan *Elektrotechnische Zeitschrift* über das Projekt berichtete, und nicht etwa Miller, der üblicherweise die Außendarstellung des Ingenieurbüros betrieb und dabei gerne seine eigene Person in den Vordergrund rückte, deutet auf einen Wandel im Verhältnis von Miller und Schönberg hin. Dem Mitgesellschafter Schönberg räumte Miller nach der Umwandlung seines Unternehmens in eine GmbH mehr Freiheiten und eine größere Selbstständigkeit ein. Dies zeugt vom gewachsenen Respekt Millers vor dessen Leistungen.

Es fällt auf, dass Schönberg in seinem Aufsatz *Das Thüringenwerk* in der *Elektrotechnischen Zeitschrift* nicht nur auf einen Konsens der im Land angesiedelten Elektrizitätsversorger setzte, sondern auch die parteipolitischen Kontroversen im thüringischen Landtag und die noch gravierenderen Auseinandersetzungen zwischen der Reichsregierung und dem neu geschaffenen Staat Thüringen außen vor ließ. Dabei spielten gerade in den Jahren, in denen das Ingenieurbüro Oskar von Miller an der Projektierung der Landeselektrizitätsversorgung arbeitete, die Differenzen mit dem Reich eine große Rolle, die vor allem in der Art und im Umfang des Ausbaus der Wasserkräfte der Saale durch verschiedene Talsperren kulminierten.[69] Schönberg sprach im Zusammenhang mit der geplanten Ringleitung lapidar die „künftigen Saalekraftwerke" an, ohne den strittigen Standort der geplanten Talsperren zu thematisieren.[70] Dabei spielte gerade die Leistungsfähigkeit der Saale-Aufstauung für das thüringische Landeselektrizitätswerk eine wichtige Rolle, da sie rund ein Fünftel des Jahresbedarfs abdecken sollte. Der Baubeginn der Bleilochtalsperre im Jahr 1926 liegt aber zeitlich deutlich nach dem Gutachten des Münchner Büros, das an der Planung und Realisierung dieses Projekts nicht beteiligt war.

Die Publikation *Landes-Elektrizitätswerke*

Der Bekanntheitsgrad in der Wissenschaft oder im Ingenieurwesen definiert sich im 20. Jahrhundert nicht selten über die Zahl der eigenen Fachveröffentlichungen. Für Personen der „zweiten Reihe" ist dies von vorneherein problematisch, da sie kaum eigene Bücher und Aufsätze verfasst haben und sich ihre Arbeit in der Regel auf Zulieferungen für ihre „Chefs" oder „Chefinnen" beschränkt hat. Ähnlich ist es bei Arthur Schönberg. Von ihm sind insgesamt nur ein Buch und elf kleinere Artikel nachweisbar, die meistens lediglich zwei bis drei Seiten umfassen. Auffällig ist, dass nur ein einziger Beitrag vor 1924 erschienen ist.

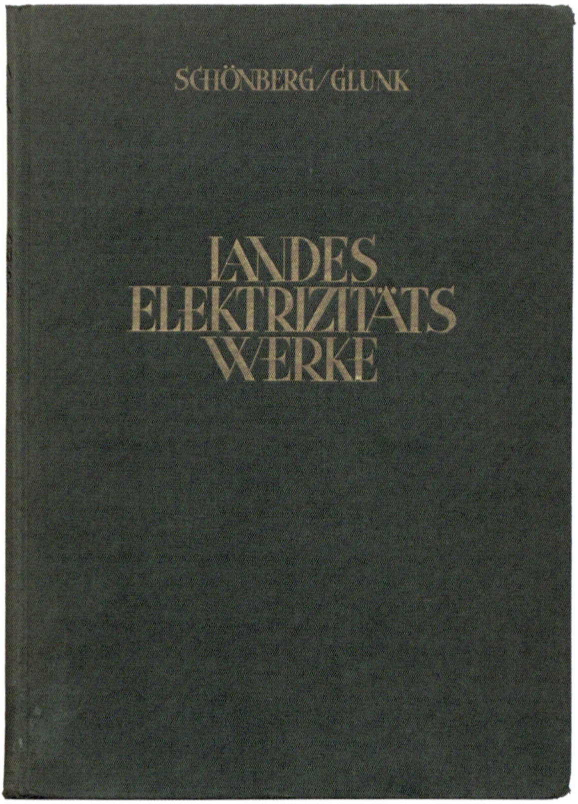

Abb. 23 Cover des Buchs *Landes-Elektrizitätswerke* von Schönberg und Glunk, 1926.[71]

Eine markante Ausnahme bildet das Buch *Landes-Elektrizitätswerke*.[72] Es erschien 1926 im Münchner Verlag R. Oldenbourg und hat mit 398 Seiten, 144 Abbildungen, 41 Tafeln und 56 Listen einen beträchtlichen Umfang. Geplant war ursprünglich, es zum 70. Geburtstag Oskars von Millers am 7. Mai 1925 erscheinen zu lassen, doch verhinderten die vielfältigen Arbeiten Schönbergs für das Bayernwerk bzw. für die Eröffnung des neuen Ausstellungsgebäudes des Deutschen Museums und für die damit verbundenen Feierlichkeiten den rechtzeitigen Druck.

Schönberg publizierte dieses Werk gemeinsam mit seinem Kollegen im Ingenieurbüro Ernst Glunk. Ein Widmungsexemplar der beiden Verfasser befindet sich in der Bibliothek des Deutschen Museums,[73] der „Lieblingsschöpfung unseres verehrten Meisters" Oskar von Miller, wie es im Text heißt (Abb. 24).

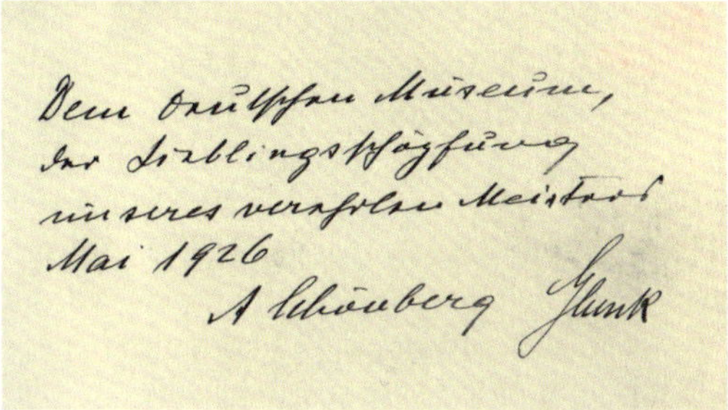

Abb. 24 Widmung der Autoren Schönberg und Glunk in ihrem Buch *Landes-Elektrizitätswerke*, 1926.

Über Schönbergs Co-Autor Ernst Glunk (1879–1956) ist wenig bekannt. Die verlässlichsten Daten sind in seinem Offizierspersonalakt im Kriegsarchiv des Bayerischen Hauptstaatsarchivs überliefert.[74] Er stammte aus Württemberg,[75] hatte in Stuttgart die Friedrich-Eugen-Realschule besucht und dort 1897 die Reifeprüfung abgelegt. Anschließend arbeitete er ein Jahr bei der G. Kuhn Maschinen- und Kesselfabrik, Eisen- und Gelbgießerei in Stuttgart-Berg, um praktische Erfahrungen zu sammeln. Ab 1898 studierte er an der Technischen Hochschule Stuttgart das Fach Maschinenbau. Nach dem vierten Semester setzte er mit dem Studium aus, um als Einjährig-Freiwilliger Wehrdienst in einem Infanterieregiment abzuleisten. Anschließend war er laut Angaben der Personalverzeichnisse der Hochschule für mehrere Semester nicht eingeschrieben. Glunks eigenen Aussagen zufolge beschäftigte er sich damals mit praktischen Versuchen zu einem Patent. Dieses reichte er bemerkenswerterweise nicht in Deutschland, sondern am 24. September 1904 unter dem Titel *Agitateur applicable aux maschines à cribler et autres* beim französischen Patentamt ein. Am 1. Januar 1905 wurde es veröffentlicht.[76] Das Patent beschreibt ein Rührwerk in Siebmaschinen und anderen Maschinen, bei denen Teile ständig gerührt oder geschüttelt werden mussten. Großen Erfolg scheint die Erfindung nicht gehabt zu haben, da es nicht für das Deutsche Reich geltend gemacht wurde. Im Sommersemester 1903 findet sich Glunk wieder an der Technischen Hochschule Stuttgart, wo er sein Studium im Frühjahr 1904 mit der Ersten Staatsprüfung beendete. Im April 1906 trat er als Ingenieur beim Dampfkesselrevisionsverein im Oberamt Maulbronn ein. Am 1. April 1910 wechselte er zum Technischen Büro Oskar von Miller. Dort war er in den folgenden Jahren hauptsächlich mit der Erweiterung des Elektrizitätswerks in Riga beschäftigt, wo er die Verhandlungen mit den städtischen Behörden führte und die Abnahme überwachte.[77]

Im Ersten Weltkrieg kämpfte Glunk im Königlich Bayerischen 16. Reserve-Infanterie-Regiment an der Westfront in Flandern. Das Regiment ist heute besonders durch die Tatsache bekannt, dass in diesem auch Adolf Hitler als Kriegsfreiwilliger diente. Zu Kriegsbeginn nahm Glunk an der Ersten Flandernschlacht vor Ypern teil, über die er später Erinnerungen niederschrieb.[78] 1917 wurde er bei Arras verwundet und kam ins Lazarett nach München. Auf Antrag Millers wurde er nach seiner Genesung für drei Monate zu Arbeiten im Technischen Bureau Oskar von Miller beurlaubt. Im Dezember 1917 sowie erneut im März und im Juni 1918 wurde sein Urlaub verlängert, nachdem sich Miller für Glunk eingesetzt hatte. Als Begründung führte Miller an, Glunk sei vor dem Krieg an den Arbeiten für das Walchenseewerk und mit den Berechnungen für die Pfalzwerke usw. beschäftigt gewesen; er habe sich in die „sehr umfangreichen und schwierigen Berechnungen für das Bayernwerk gut eingearbeitet" und sei für die Anfang Februar beginnenden Vertragsverhandlungen von besonderem Wert.[79] Allerdings lässt sich im Arbeitsbuch des Technischen Bureaus Oskar von Miller eine spezifische Mitarbeit Glunks für das Walchenseekraftwerk vor Kriegsbeginn nicht nachweisen. Millers Begründung war also die übliche Antragsrhetorik für die Befreiung von Angestellten vom Kriegsdienst. Erst nach seiner Entlassung aus dem Militärdienst sind Beteiligungen Glunks am Walchenseeprojekt belegt, im Jahr 1917 insgesamt 48 Arbeitstage, im Jahr darauf 119,5 und für 1919 schließlich 210 Arbeitstage.[80]

Mit Schönberg und dem Diplomkaufmann Ewald Jacobs wurde Glunk nach der Umwandlung der Firma in eine GmbH im Jahr 1921 Gesellschafter und dort auch Geschäftsführer. Er gehörte der Firma bis kurz vor seinem Tod 1956, mindestens aber bis 1953, an. Er war Fachmann für Turbinen und gab 1922 bzw. 1927 die dritte und vierte überarbeitete Auflage des von Paul Holl begründeten Buchs *Berechnen und Entwerfen von Turbinen- und Wasserkraftanlagen. Mit einer Anleitung zur Anwendung des Turbinenrechenschiebers* heraus. Glunk hatte Holl während seines Studiums kennengelernt und zeitgleich mit ihm im Frühjahr 1904 die Erste Staatsprüfung an der TH Stuttgart absolviert.[81]

Erstaunlich ist, dass Glunk – im Gegensatz zu Schönberg oder Jacobs – im Zusammenhang mit dem Deutschen Museum vor 1945 nicht in den Quellen genannt ist. Weder gehörte er zu Lebzeiten Millers einem Museumsgremium an noch war er einfaches Mitglied. Erst nach dem Zweiten Weltkrieg wurde er als Vertreter des Ingenieurbüros Oskar von Miller in den Jahren 1948, 1951 und 1954 in den Ausschuss des Deutschen Museums gewählt.

Aus Glunks Kurzbiografie geht hervor, dass er auf die technische Ausrüstung von Kraftanlagen und auf Turbinen spezialisiert war. Zudem war er in der Firma für die Abnahme von technischen Einrichtungen zuständig. Man geht vermutlich nicht fehl in der Annahme, wenn man in der Veröffentlichung *Landes-Elektrizitätswerke* die entsprechenden Abschnitte „Einzelheiten der Kraftwerke" und „Turbinen und Generatoren" ihm zuschreibt, [82] während Schönberg für die konzeptionellen und vertraglichen Teile zuständig gewesen sein dürfte. Allerdings sind die jeweiligen Passagen der beiden Autoren nicht genau zu trennen.

Ihr Buch ist die direkte Fortsetzung der beiden Bände Oskar von Millers über *Die Versorgung der Städte mit Elektricität* aus den Jahren 1896 und 1903.[83] Schönberg hatte, wie erwähnt, 1902 während eines Kuraufenthalts Millers in Wiesbaden mehrere Wochen am zweiten Teil mitgearbeitet, war also in die Thematik auch theoretisch eingearbeitet. Während sich die Elektrifizierung von den 1880er bis 1910er Jahren noch primär auf Städte und teilweise auf kleinere Kreiswerke konzentriert hatte, waren seitdem deutlich größere Flächennetze entstanden. Die bereits angesprochene große Erfahrung des Miller'schen Ingenieurbüros beim Bau von Landeselektrizitätswerken, an denen besonders Schönberg und – in eingeschränktem Maße – Glunk beteiligt gewesen waren, floss direkt in ihre Publikation ein. Dies belegen die zahlreichen Beispiele im Buch. Dass Miller nicht selbst als Bearbeiter fungierte, deutet auf die gewachsene Bedeutung und Kompetenz Schönbergs im Ingenieurbüro hin, wie sie schon bei der Planung des Bayernwerks und des Thüringenwerks offensichtlich geworden war. Möglicherweise hatte aber der inzwischen über 70 Jahre alte Miller schlichtweg keine Lust mehr, sich erneut der mühevollen Kleinarbeit eines Fachbuchs zu unterziehen, nachdem er bereits 1902 beim Verfassen des Manuskripts zum zweiten Band über den großen Aufwand und unnötige Kosten geklagt hatte.[84]

Das Werk *Landes-Elektrizitätswerke* ist gut lesbar geschrieben, schon aus der Intention der Verfasser heraus, mit dem Buch nicht nur Fachleute anzusprechen, sondern auch Nichttechniker und Bürgermeister von Gemeinwesen sowie Juristen, die in unterschiedlicher Form mit der Errichtung und Verwaltung von Landeswerken befasst sind.[85] Dementsprechend werden alle wichtigen Begriffe genau definiert, bevor sie im weiteren Verlauf verwendet werden. Ihren zentralen Terminus erklären die beiden Autoren so: „Wir verstehen demnach unter einer Landeselektrizitätsversorgung die nach einem einheitlichen Plan durchgeführte Elektrizitätsversorgung eines ganzen Landes, die in der Regel aus den Ortswerken, den Kreiswerken und dem Landeswerk besteht."[86] Sie sei abhängig vom technischen Potenzial, von der Größe der nutzbaren Kräfte, der Stromspannung, den wirtschaftlichen Voraussetzungen (Dichte des Konsums, Art und Verteilung der verfügbaren Kraftquellen) und den rechtlichen Bedingungen (Bergrecht, Wasserrecht, Enteignungsrecht, Wegerecht, mögliche Monopolbildung). Der „einheitliche Plan" für die Entwicklung einer Landesversorgung war demnach das zentrale Kriterium. Das Buch gliedert sich in neun Kapitel:

1. Die Entwicklung der öffentlichen Elektrizitätsversorgung;
2. Vorerhebungen;
3. Ermittlung des Strombedarfs;
4. Feststellung der zu verwendenden Kräfte;
5. Einzelheiten der Kraftwerke;
6. Disposition und Berechnung der Leitungsnetze;
7. Einzelheiten der Landesnetze;
8. Kostenberechnungen;
9. Organisation.

Die einzelnen Kapitel sind unterschiedlich lang, wobei die Schwerpunkte auf der Beschreibung von Kraftwerksanlagen und auf den Kostenberechnungen liegen. Gerade der zweite Punkt wird auf über 90 Seiten detailliert behandelt, um den Aspekt der

Wirtschaftlichkeit von Landeswerken allen Beteiligten – Politikern, Leitern von lokalen und regionalen Elektrizitätswerken, Verwaltungsbeamten etc. – klar ersichtlich zu machen. Daher sind technische Feinheiten und ausführliche mathematische Berechnungen, nicht zuletzt aus innerbetrieblichen Geheimhaltungsgründen, im Buch sehr reduziert gehalten und im Wesentlichen auf die Leitungsberechnung beschränkt.

Grundlage aller Planungen waren für Schönberg und Glunk umfassende Vorerhebungen. Diese werden in der Publikation am Beispiel der Fragebögen für die Planung der Pfalzwerke, des Bayernwerks und des Thüringenwerks beschrieben. Interessant ist, dass die Autoren in ihrem Werk erstmals den dabei verwendeten Umfragekatalog teilweise abdruckten und so einen tiefen Einblick in die Abläufe im Ingenieurbüro boten.[87]

Die Methodik des Fragebogens war im Ingenieurbüro Standard, allerdings von Schönberg für die Planung des Bayernwerks verfeinert worden. Wie detailliert die Umfragen waren, zeigt die Auflistung der einzelnen Themenblöcke:

- Ermittlung des vorhandenen und künftigen Strombedarfs;
- Dokumentation der für die Deckung des Strombedarfs vorhandenen Kräfte und Sammlung von Unterlagen für neu zu erbauende Großkraftwerke;
- Erhebung der vorhandenen Stromverteilungsanlagen mit ihrer technischen, wirtschaftlichen und rechtlichen Ausgestaltung sowie Sammlung von Unterlagen für neu zu errichtende Leitungsnetze;
- Festlegung der im Land vorhandenen Baustoffe und deren Kosten, Erhebung der örtlichen Löhne für Bauarbeiter, Monteure etc. sowie Prüfung der Transportverhältnisse, der Frachten, Zölle, Zollerleichterungen etc.;
- Sammlung aller relevanten gesetzlichen Bestimmungen betr. Enteignungsrechte, Straßenbenutzung etc.;
- Recherche nach geeigneten Unternehmern für die Herstellung von Hoch- und Tiefbauten, maschinellen und elektrischen Einrichtungen, Leitungsanlagen etc.

Jeder dieser Gliederungspunkte wurde im Buch in eigenen Abschnitten weiter vertieft. Man kann erahnen, welchen Aufwand die Ausarbeitung der Fragebögen und ihre Auswertung erforderten. Die Vorerhebungen dienten nicht nur dazu, den Strombedarf für eine erste Ausbaustufe zu ermitteln, sondern sie sollten auch Datenmaterial für spätere Erweiterungen der Werke liefern. Für den Fall, dass Rückmeldungen unklar waren, wurde das Material bei wichtigen Anlagen durch Begehungen von Ingenieuren des Miller'schen Büros und durch persönliche Rücksprachen ergänzt und vertieft.

Bemerkenswert ist, dass im Buch erstmals die Wärmekraft für Haushalte als Faktor thematisiert wurde. Bei dessen Erscheinen war elektrisches Kochen und Heizen bei Privatpersonen aus der Perspektive der Stromversorger noch kein Thema. Vermutlich veranlassten die Erfahrungen in den skandinavischen Staaten und in den USA die beiden Verfasser, den Haushaltsstrom als relevante Kennzahl in die Planungen aufzunehmen. Möglicherweise führten die im Jahr 1926 noch vagen Vorstellungen zu Art und Umfang des Stromverbrauchs in Haushalten zu dem innovativen Modellversuch in den Städten Schweinfurt und Schwandorf, über die Schönberg später (1927 bis 1929) in verschiedenen Aufsätzen berichtet hat (vgl. den Abschnitt Schönberg als Pionier des elektrischen Kochens).

Da die Verbrauchsangaben je nach Kraftwerkstyp (Wasserkraft, Diesel, Kohle, Öl, Gas, Dampf) unterschiedlich waren, mussten die Leistungen in Äquivalente umgerechnet werden, um sie vergleichbar zu machen. Dabei spielte für jede Betriebsart die Betriebsdauer eine große Rolle. Je nach Kraftwerkstyp musste berechnet werden, an welchen Tagen und für wie viele Stunden die Kraft einsetzbar war. In der schwäbischen Gemeinde Mertingen[88] gab es beispielsweise beim öffentlichen Elektrizitätswerk drei unterschiedliche Betriebskräfte: Der Strom wurde zum einen Teil mit Dampf erzeugt, wobei die durchschnittliche Betriebsdauer bei 290–300 Tagen pro Jahr lag und von einem ein- bis zwölfstündigen Betrieb ausgegangen wurde. Die Wasserkraft wiederum erzeugte an 320 Tagen Strom bei 20-stündiger Betriebsdauer. Eine Dieselkraft stand zusätzlich 300 Tage mit jeweils zehn Stunden zur Verfügung. Hinzu kamen für Mertingen drei private Stromerzeuger: eine Spielwarenfabrik, eine Möbelfabrik und die Kunststeinwerke. Sie produzierten ihren eigenen Strom mit Dampf, Diesel und Wasserkraft, wobei die Betriebsdauer einheitlich bei 300 Tagen im Jahr lag, die Nutzung jedoch von Betrieb zu Betrieb zwischen acht und zwölf Stunden schwankte.

Das Beispiel Mertingen verdeutlicht, wie komplex die Erfassung der Daten für den aktuellen Konsum war. Noch schwieriger gestaltete sich die Ermittlung der für die Bedarfsdeckung notwendigen Leistung, da die Konsumenten den Strom zu unterschiedlichen Zeiten, Tagen und Jahresverläufen benötigten. Die Planung einer landesweiten Stromversorgung musste demnach so angelegt sein, dass sie jederzeit den Höchstbedarf decken konnte. Daher musste die Leistung entsprechend groß sein. Bei den Kalkulationen spielten zudem örtliche Besonderheiten hinein. Nun war Mertingen bei der Projektierung der bayerischen Landesversorgung nur eine von vielen Kommunen, sodass sich im Münchner Ingenieurbüro der Aufwand für die Berechnung der erforderlichen Leistung vervielfachte. Die Anforderung an ein Landeselektrizitätswerk war, alle – öffentliche, private und industrielle – Konsumenten zu jeder Zeit mit der gewünschten Strommenge zu versorgen, wobei die Bedarfe in Stadt und Land ganz unterschiedlich ausfallen konnten. Damit nicht genug: Die Aufstellung eines Landeselektrizitätswerks musste zudem so konzipiert sein, dass sie künftige Erfordernisse berücksichtigte.

Ein zweiter wichtiger Punkt der Planungen war die Erfassung der Kräfte, welche die notwendigen Leistungen erbringen sollten. Dabei wurden in die Berechnung eines Landeselektrizitätswerks nur die größten Kräfte einbezogen, da diese durch Transformatoren direkt auf das Landesnetz geschaltet wurden. Die kleinen und mittleren Stromerzeuger ließ man in Orts- oder Kreisnetzen weiterarbeiten, wodurch das Landesnetz selbst eine erhebliche Entlastung erfuhr.[89] Aus Rentabilitätsgründen durften – so die Aussagen der Verfasser – die Großkräfte nicht zu stark ausgebaut werden, da die Kosten bei einem sofortigen Ausbau zu hoch seien und das betriebswirtschaftliche Ergebnis dementsprechend ungünstig ausfallen würde. Die sukzessive Erweiterung der großen Kraftwerke musste bei der Entwicklung von Landeselektrizitätswerken berücksichtigt werden. Beide Aspekte, die langfristig angelegte Planung und das Konzept, neue Kraftwerke so zu bauen, dass sie später ohne großen zusätzlichen Planungsaufwand erweiterbar waren, sind typisch für die Arbeit im Ingenieurbüro.

Das mit 113 Seiten umfangreichste Kapitel des Buchs widmet sich der Planung, Verortung, Ausstattung und dem Bau von Kraftwerken.[90] Es spricht einiges dafür, dass es hauptsächlich von Ernst Glunk verfasst wurde, da diese Abschnitte den von ihm bearbeiteten Neuauflagen von Paul Holls Werk *Berechnen und Entwerfen von Turbinen- und Wasserkraftanlagen* ähneln. Die Teile, die sich auf die Konzeption von Zulaufsystemen für eine Hochdruckkraftanlage, den Bau von Wasserschlössern, die Berechnung der Rohre und die Disposition von Krafthäusern beziehen, stammen dagegen sicherlich von Schönberg.[91] Diese Kapitel rekurrieren inhaltlich auf die Projektierung des Walchenseekraftwerks, an der er seit 1916 maßgeblich gearbeitet hatte und das im Buch an unterschiedlichen Stellen als Musterbeispiel für ausgeführte Wasserkraftanlagen behandelt wird.[92]

Obwohl der Schwerpunkt auf Wasserkraftwerken liegt, geht die Veröffentlichung auch auf Wärmekraftanlagen ein, die mit Kohle, Öl oder Gas betrieben und deren Energien in Dampf-, Diesel- oder Gaskraftwerken genutzt wurden.[93] Die Beschreibung der mit Kohle betriebenen Dampfkraftwerke erinnert stark an das von Oskar von Miller 1895 in Schwandorf in der Oberpfalz geplante und ausgeführte Werk, für das seine Firma jahrzehntelang die Betriebsführung hatte. Für Diesel- und Gaskraftwerke gibt es in den Quellen keine Belege dafür, dass Millers Ingenieurbüro zu dieser Zeit bereits solche Versorgungssysteme entworfen hatte. Die GmbH wandte sich dem Geschäftsfeld „Gas" erst um 1930 zu, so mit Gutachten für eine Gasversorgung in Passau, Kaiserslautern, Schweinfurt (1930), Selb (1931/32) und für die Pfälzische Gas-AG (1932).[94] Sie alle hat – zumindest teilweise – Arthur Schönberg verfasst.

Ein zentrales Kapitel im Buch *Landes-Elektrizitätswerke* stellt der Teil „Disposition und Berechnung der Leitungsnetze" dar. Die erforderliche Spannung orientierte sich in der Darstellung an dem Vollausbau des geplanten Leitungsnetzes, um zeitaufwendige und kostenintensive Nachrüstungen zu vermeiden. Die Berechnung der Höchstspannung war davon beeinflusst, ob ein Land bereits über eine gute Leitungsinfrastruktur verfügte oder nicht. Auch von der Größe des Territoriums war die Spannung abhängig. Aufgrund dieser unterschiedlichen Bedingungen schlugen Schönberg und Glunk für ein Landesnetz eine Spannung zwischen 60 000 und 100 000 Volt vor.[95]

Ein Leitungsnetz konnte grundsätzlich eine Radial- (mit von einer Zentralstation ausgehenden Ästen) oder eine Kreisform haben. Aufgrund der Erfahrungen des Ingenieurbüros präferierten die Autoren ein Ringnetz, da so mehrere Kraftwerke leichter integrierbar waren und alle Punkte der Leitung von zwei Seiten mit Strom versorgt werden konnten. Aufgrund der hohen Spannungen waren für Schönberg und Glunk umfassende Berechnungen über die Spannungsverteilung, die Phasenverschiebung sowie die verschiedenen Belastungsverhältnisse grundlegend, da daraus die erforderlichen Leitungsquerschnitte resultierten. Die beiden Autoren betonten dabei die besondere Komplexität der Kalkulationen, sofern verschiedene Speisepunkte und mehrere Abnahmestellen in einem Landesnetz vorhanden seien. Dabei bezogen sie sich in ihrem Beispiel auf das neu errichtete Thüringenwerk, ohne es namentlich zu nennen. Aus der Kalkulation des Leitungsnetzes leiteten sich dann die Anforderungen an die Wahl des Mastmaterials, der Isolatoren, der Kabel sowie der Transformator- und Schaltstationen ab. Auch die bauliche und technische Einrichtung der Kraftwerkstationen basierte auf den Erfordernissen der Spannungsverhältnisse.

Der für Nichtingenieure wichtigste Teil des Buchs beschäftigt sich mit den Kostenberechnungen für ein Landeselektrizitätswerk. Auf 91 Seiten beleuchteten Schönberg und Glunk die Anlage- und Betriebskosten.[96] Auf diesen basierte die gesamte Wirtschaftlichkeitsberechnung und letztlich der Stromtarif für die Kunden.

Für Landesnetze bildete die Höhe der Anlagekosten den wichtigsten Posten der jährlichen Ausgaben, da der Kapitaldienst mit Verzinsung, Tilgung und Abschreibung von Bauten und Leitungen den größten Teil der jährlichen Geldsumme verschlang. Bei den Anlagekosten spielten die Mittel für Baumaterialien, die örtlichen Löhne, die Art der Infrastruktur für die Frachtanlieferung, aber auch Zölle und Zollerleichterungen eine nicht unwesentliche Rolle. Zudem kam die projektierende Firma nicht umhin, die Pläne, Leistungsverzeichnisse und Lieferbedingungen möglichst genau auszuarbeiten, um zuverlässige Angebote von Firmen zu erhalten und um teure Kostenüberschreitungen zu vermeiden. Schon zu einem frühen Zeitpunkt musste bei der Planung entschieden sein, mit welcher Betriebskraft (Wasserkraft, Wärmekraft) der Strom primär erzeugt werden sollte. Schönberg und Glunk gingen dabei auf die verschiedenen Arten der Wasserkraft ein, da z. B. bei einem Speicherkraftwerk andere Kosten relevant waren als bei Laufwasseranlagen. Als Referenz für alle Kosten hatten die Autoren das Frühjahr 1925 gewählt, da in diesem Jahr ursprünglich das Buch Landes-Elektrizitätswerke erscheinen sollte und eine Aktualisierung aufgrund der Komplexität der Datensammlung nicht realistisch war. Auf die ungemein detaillierten Kostenberechnungen, welche die Verfasser abdruckten, muss hier nicht näher eingegangen werden. Als Beispiel sei auf die Zusammenstellung der Kosten für vier Francis-Turbinen mit zwei Laufrädern und einer Leistung von 24 000 PS bei 500 Umdrehungen in der Minute verwiesen (Abb. 25).

— 290 —

Liste 21.

Zusammensetzung der Kosten großer Turbinen-Einheiten.

Beispiel: 4 Francis-Spiral-Turbinen mit je 2 Laufrädern — Leistung 24000 PS bei 500 Umdr./Min.

Preisverhältnisse vom Frühjahr 1925.

	Zahl der Arbeitsstunden bzw. Materialmengen	Stundenlöhne bzw. Einheitspreise	Berechnete Kostenbeträge	Gesamtkosten	Bemerkungen
		Pfg.	Mk.	Mk.	
A. Lieferung ab Werk.					Zu 1. Als Stundenlöhne sind die durchschnittlichen Stundenverdienste aller volljährigen Facharbeiter der betreffenden Werksabteilung gerechnet.
1. Arbeitskosten.	Std.				
Löhne für Former	20 000	75	15 000		
Löhne für Maschinenarbeiter	48 000	65	31 200		
				46 200	
2. Baustoffkosten.	kg				Zu 2. Die für Materialien eingesetzten Preise enthalten keine Zuschläge für Einkauf-, Fracht- und Lagerspesen u. dgl. Die Kosten für Guß-, Stahlguß-, Schmiedeteile u. dgl. sind als Durchschnittskosten aller Stücke der betreffenden Klasse eingesetzt.
Gußeisen, unbearbeitet	104 000	45	46 800		
Stahlguß, „	126 000	80	100 800		
S. M. Stahlwellen, „	26 000	60	15 600		
S. M. Stahlteile, „	11 000	60	6 600		
Schmiedeeisenteile, „	13 000	55	7 150		
Bleche, „	19 000	22.5	4 280		
Bronze, „	8 600	250	21 500		
Weißmetall, „	1 000	500	5 000		
Blei	200	130	260		
Kleinmaterial	9 000	120	10 800		
Anstrichfarbe	400	115	460		
Regler- u. Lageröl, Fett usw.	9 000	55	4 950		
Versch. Armaturen und Instrumente	2 800	350	9 800		
	330 000 kg			234 000	
3. Unkosten, Risiko u. Nutzen					Zu 3. In den Zuschlägen für Unkosten usw. sind die Materialeinkaufspesen, Zwischenfrachten, Lagerspesen, die Kosten der technischen und kaufmännischen Vorarbeiten, Abrechnungen u. dgl. enthalten.
Zuschlag auf Arbeitskosten	250 %	v. 46 200 Mk.	115 500		
Zuschlag auf Baustoffkosten	25 %	v. 234 000 Mk.	58 500		
				174 000	
Kosten ab Werk				454 200	
d. i. je Turbine	82 500 kg			113 550	
B. Montage.					Zu B. In den Arbeitslöhnen an der Baustelle ist die Auslösung eingeschlossen. Der Unkostenzuschlag berücksichtigt die Kosten der Montage- und Prüfingenieure, die Beistellung der Geräte, Werkzeuge u. dgl. sowie den Anteil an allgemeinen Unkosten und ähnliches.
1. Arbeitslöhne a. d. Baustelle	Std.	Pfg.			
Monteure	4 200	160	6 720		
Hilfsmonteure	4 200	150	6 300		
Hilfsarbeiter	12 000	130	15 600		
3. Unkosten, Risiko u. Nutzen	50 %	v. 28 620 Mk.	14 310		
Kosten der Montage				42 930	
d. i. je Turbine				10 740	
Gesamtkosten einschl. Montage				497 130	
d. i. je Turbine				rund 124 000	(Ohne Verpackung, Fracht und Anfuhr.)

Abb. 25 Kosten für vier Francis-Turbinen, 1925.97 Eine der detaillierten Kostenberechnungen im Buch *Landes-Elektrizitätswerke*.

Es ist beeindruckend zu lesen, wie detailliert die beiden Autoren die Kostenermittlung betrieben und Faktoren wie die Kosten des Grunderwerbs und die Ablösung von Nutzungsrechten ebenso berücksichtigten wie die Gelder für den Bau von Wehranlagen, Talsperren, Kanälen, Stollen, Druckrohrleitungen, Turbinen, Generatoren etc. Ebenso gründlich gingen sie bei der Berechnung der Wärmekraftanlagen vor.[98]

Um die Anlagekosten eines Landesnetzes zu decken und dieses betriebswirtschaftlich effizient zu betreiben, mussten die Betriebskosten ähnlich genau aufgeschlüsselt sein, wobei die langjährigen Veränderungen bei Zins und Tilgung sowie die kontinuierlichen Abschreibungen und die Bildung von Rücklagen zu berücksichtigen waren. Hinzu kamen Kosten für die Unterhaltung der Werke und für notwendige Reparaturen bzw. für den regelmäßigen Austausch technischer Komponenten aufgrund von Verschleiß. Weiterhin musste die Finanzierung des erforderlichen Personals berechnet werden.

Für die Tarifbildung war die genaue Kenntnis der anfallenden Kosten ausschlaggebend. Allerdings hing der Stromtarif nicht allein vom Betreiber des Landeselektrizitätswerks ab, da dieser in der Regel den Strom nur verteilte, ihn aber von verschiedenen Stromproduzenten ankaufen musste, sofern er nicht Kraftwerke in Eigenregie betrieb. Zudem wiesen Schönberg und Glunk darauf hin, dass es keinen landesweit einheitlichen Tarif geben könne, da Großabnehmer andere Konditionen erwarteten als Bezieher geringerer Strommengen.

Im letzten Kapitel ihres Buchs widmeten sich die Autoren der juristischen Organisation von Landeswerken, die sowohl in staatlicher Hand als auch privatwirtschaftlich betrieben werden konnten. Die häufigste Form sei ein gemischtwirtschaftliches Unternehmen bestehend aus Staat, Kommunen und Industrieunternehmen in Form einer Gesellschaft mit beschränkter Haftung. In diesem Zusammenhang druckten sie den entsprechenden Vertrag des Bayernwerks als Muster ab.[99]

Das Buch *Landes-Elektrizitätswerk* wurde in der Elektrotechnik zu einem Standardwerk für die Planung von Landesnetzen. Alle Fach- und einschlägigen Unternehmensbibliotheken kauften das Werk an. Die internationale Aufmerksamkeit war so groß, dass Schönbergs Frau Eva später angesichts der vielfältigen Unterdrückungsmaßnahmen gegen Juden in der NS-Zeit mit dem Argument für eine Auswanderung in die Sowjetunion plädierte, die Publikation sei dort in zahlreichen Bibliotheken vorhanden und ihr Mann genieße im Land einen hervorragenden Ruf.[100]

National wie international wurde die Veröffentlichung in den Fachzeitschriften und auch in Tageszeitungen wie der *Neuen Freien Presse* und im *Neuen Wiener Tagblatt* positiv besprochen.[101] Einig waren sich die Rezensenten darin, dass das Werk einen erstklassigen Überblick über das umfangreiche und komplexe Feld von Landesnetzen liefere. Die *Siemens-Zeitschrift* bezeichnete das Buch als „ein Richtwerk von bleibender Bedeutung".[102] Das Fachblatt *Wasserwirtschaft* nannte es „geradezu vorbildlich" und wies ihm einen „Ehrenplatz" in der Fachliteratur zu.[103] Die Zeitschrift *Wasserkraft und Wasserwirtschaft* zählte es ebenfalls zu den „wertvollsten neueren Erscheinungen der engeren Fachliteratur".[104] Das österreichische Organ *Elektrotechnik und Maschinenbau* hob hervor, „daß es den Verfassern in vollem Maße gelungen ist, ihre reichen Erfahrungen zum bleibenden Nutzen ihrer Fachgenossen niederzulegen.“ [105] Auch das *Journal of American Institute of Electrical Engineers* nannte das Buch in einer kurzen Ankündigung „a thourough, important discussion of the problem of centralized production and distribution of electricity.“[106] In der *Elektrotechnischen Zeitschrift (ETZ)* wiederum bezeichnete das Vorstandsmitglied der Arbeitsgemeinschaft Sächsische Werke Dresden, Alfred Rachel, das Werk als „eins der wertvollsten Dokumente über die Entwicklung der öffentlichen Elektrizitätsversorgung“; in Deutschland seien noch nie „in so umfassender und so gründlicher Weise alle wirtschaftlichen und technischen Gesichtspunkte und ein so überaus reichliches Zahlenmaterial über das Problem der Landeselektrizitätswerke zusammengetragen und veröffentlicht worden.“[107] Für Rachel war wichtig, dass das Buch auf den vielfältigen praktischen Erfahrungen des Ingenieurbüros Oskar von Miller beruhe und kein fremdes, da nicht überprüfbares Material verwende. Natürlich blieb von einem Spezialisten wie Rachel Kritik nicht aus. So bemängelte er die schematische Einteilung in Orts-, Kreis-, Landes- und Reichswerke, die in der Praxis so kaum vorkommen würde. Auch die Tatsache, dass die Autoren die Frage der Monopole von Stromproduzenten ausgeklammert hätten, wurde von ihm kritisiert.[108] In einer Besprechung in der Zeitschrift *Elektrotechnik und Maschinenbau* verwies der Rezensent auf die Schlussbemerkung der Autoren, in der das Thema einer Reichselektrizitätsversorgung angesprochen worden war, welche eine „in absehbarer Zeit in zwingender Weise eintretende Entwicklungsstufe“ bedeute.[109] Man kann dem Satz entnehmen, dass ein reichsweites Stromnetz von vielen Seiten erwartet und gewünscht wurde. Dass die Autoren diesen Punkt in ihrer Veröffentlichung so prominent hervorgehoben haben, deutet darauf hin, dass eine Reichselektrizitätsversorgung im Ingenieurbüro Oskar von Miller längst diskutiert wurde, wenngleich ein offizieller Auftrag der Reichsregierung erst nach Erscheinen der Publikation erfolgte (vgl. S. 111–117).

Blättert man das Buch mit Blick auf die Person Arthur Schönbergs durch, so wird deutlich, dass hier viele seiner Erfahrungen bei der Projektierung von Landeselektrizitätsnetzen eingeflossen sind. Wenngleich nicht exakt zu trennen ist, welcher der beiden Autoren für welche Kapitel zuständig war, so lassen sich diese aufgrund der bekannten Biografien doch grob in zwei Komplexe trennen. Schönberg war in seiner beruflichen Tätigkeit im Ingenieurbüro primär für die theoretische Konzeption und die Kostenberechnungen von großen Vorhaben sowie für die Ausarbeitung wichtiger Verträge eingesetzt, während Glunk für lokale Detailverhandlungen und die praktische Umsetzung der Pläne verantwortlich war. Schönberg verstand sich als der „projektierende Ingenieur“, ein Begriff, der an verschiedenen Stellen im Buch erscheint.[110] Als solcher hatte er in der Firma eine besondere Stellung inne, da sich Oskar von Miller selbst als Mensch begriff, der Ideen lieferte, sie kommunizierte und letztlich durchsetzte. Insofern bildete das Gespann Miller, Schönberg und Glunk eine ideale Einheit, die durch den kaufmännischen Leiter Ewald Jacobs noch ergänzt wurde.

Die im Buch *Landes-Elektrizitätswerke* aufgezeigte Komplexität der Projektierung großer Netze musste jedem Fachmann und Laien verdeutlichen, dass nur wenige Firmen in Deutschland und Europa in der Lage waren, entsprechende Gesamtplanungen vorzulegen. Insofern war die Veröffentlichung von Schönberg und Glunk auch eine Werbung für das Münchner Ingenieurbüro.

Schönberg als Pionier des elektrischen Kochens

Heute ist allgemein anerkannt, dass die Elektrifizierung in Deutschland in verschiedenen Phasen ablief.[111] Nach der Pionierzeit, in der die ersten Elektrizitätswerke gebaut wurden, folgte eine Zeit zunehmender Elektrifizierung von Städten und Gemeinden sowie der Aufbau erster kleiner Stromverbünde. In den 1920er Jahren existierten erste überregionale Stromversorger, die weite Teile des Deutschen Reichs mit Strom versorgten. Bevorteilt waren Städte und Regionen, in denen leistungsfähige und stromintensive Industrien angesiedelt waren, die den Elektrizitätswerken einen kontinuierlich hohen und einträglichen Absatz sicherten. Haushaltsstrom spielte hingegen noch keine Rolle.

Schon an der Wende zum 20. Jahrhundert wurde der Einsatz von Elektrowärme zum Heizen und Kochen diskutiert. Allerdings waren die Herstellung entsprechender Geräte noch aufwendig und die Stromtarife für die Verbraucher hoch. In der Literatur finden sich einige Artikel, die sich mit dem Komplex befassten, so *Elektrisches Kochen* von Max Anthes und *Elektrisches Kochen und Heizen* von Karl Trott, die beide 1922 erschienen sind. Erhebliches Aufsehen erregten dann drei von Arthur Schönberg in den *VDI-Nachrichten* bzw. in der *Elektrotechnischen Zeitschrift* publizierte Aufsätze. Sie wurden im Oktober 1927, im März 1928 und November 1929 mit dem identischen Titel *Die elektrische Küche* gedruckt.[112] Die Tatsache, dass alle Artikel unter Schönbergs Namen veröffentlicht wurden und nicht unter dem des Firmenchefs Oskar von Miller, deutet darauf hin, wer die entsprechenden Studien geplant und durchgeführt hatte. In dem späteren Gutachten über die Reichselektrizitätsversorgung sprach Miller allerdings davon, dass er die Vorstudien „veranlaßt" habe.[113] Es ist jedoch müßig darüber zu diskutieren, in wessen Kopf die Idee für die Einführung des elektrischen Kochens letztlich entstanden war. Wichtiger scheint zu sein, wer die Erhebungen nach welchen Methoden durchgeführt hat. Und wie die Publikationen Schönbergs zu diesem Thema zeigen, war er Lenker und Leiter des Projekts. Begonnen hatten die Versuche 1926. Erstmals berichtete Schönberg im Oktober 1927 darüber,[114] nachdem die Zeitschrift *VDI-Nachrichten* schon im Februar 1927 eine kurze Notiz darüber veröffentlicht hatte.[115] Für das Pilotprojekt waren die beiden vom Ingenieurbüro Oskar von Miller geleiteten kommunalen Elektrizitätswerke in Schweinfurt und Schwandorf ausgewählt worden.

Dass die Einführung von Strom für elektrisches Kochen im Haushalt zeitlich ziemlich genau mit den Vorerhebungen für das vom Ingenieurbüro 1926 bis 1929 erarbeitete und dann 1930 publizierte *Gutachten über die Reichselektrizitätsversorgung* zusammenfiel,[116] ist kein Zufall. Durch die Ergebnisse der mehrjährigen Versuche in Schwandorf und Schweinfurt konnte das große Potenzial privater Haushalte für den Stromabsatz im gesamten Deutschen Reich bewiesen und die dafür erforderlichen Strommengen ganz erheblich nach oben korrigiert werden.

Im Pilotprojekt untersuchte man in einem ersten Schritt die verschiedenen Arten des Kochens und der Warmwasserzubereitung durch unmittelbare Stromzufuhr, durch Speicherheizung, mit Heizplatten oder unmittelbar beheizten Gefäßen. Parallel dazu wurden bereits im Handel käufliche Produkte hinsichtlich ihrer Kochzeit, ihres Wirkungsgrads und ihrer Betriebssicherheit getestet sowie mit einschlägigen Firmen mehrere neue Herde entwickelt. In einem nächsten Schritt schloss das vom Ingenieurbüro Oskar von Miller betriebene Elektrizitätswerk in Schweinfurt alle ihre dortigen Werkswohnungen an. Während der Dauer eines Jahres kochten die Familien ausschließlich mit elektrischen Geräten, um die in den Vorversuchen ermittelten Ergebnisse im Dauerbetrieb zu erhärten. Die Resultate stellte man dann dem Stadtrat in Schweinfurt und den Gesellschaftern des Elektrizitätswerks Schwandorf vor. Aufgrund eines neu entwickelten Tarifsystems konnte daraufhin der regelmäßige Betrieb in den beiden Städten aufgenommen werden.

Wie Schönberg schrieb,[117] wurden in Schweinfurt von den unterschiedlichen zur Verfügung stehenden Geräten zwei Arten untersucht. Der erste Typ bestand aus einem elektrischen Herd mit zwei oder drei Kochstellen, einem eingebauten bzw. gesondert aufgestellten Brat- bzw. Backrohr und einem Schnellkocher mit Topf, Deckel und Überdruckventil. Er ähnelte den gebräuchlichen Kochmethoden mit Kohle- oder Gasherden am meisten, weswegen man hier bei den Hausfrauen mit der größten Akzeptanz rechnen konnte. Als zweite Ofenform wurde der sogenannte „Elektro-Ökonom“ (Abb. 26, rechts) ausgewählt.[118] Er bestand aus den gleichen Komponenten, besaß aber eine wärmeisolierende Haube und eine selbstständige Ausschaltung, sobald eine gewünschte Siedetemperatur erreicht war. Zum Einsatz kamen auch Heißwasserspeicher, die nachts aufgeheizt wurden und tagsüber eine Temperatur von 70 bis 80 Grad hielten. Alle Geräte wurden vom Elektrizitätswerk Schweinfurt in großer Stückzahl eingekauft und deutlich unter dem Selbstkostenpreis an die Haushalte abgegeben. Sie konnten bar oder ratenweise bezahlt werden. Das Ingenieurbüro zielte darauf ab, billige, elektrisch ausgestattete Küchen in Arbeiterkreisen und im Kleinbürgertum einzuführen. So waren von den ersten 100 Küchen 30 in Wohnungen von Arbeitern und Handwerksgehilfen, 42 bei Kleingewerbetreibenden und 28 bei bessergestellten Geschäftsleuten, Fabrikbeamten etc. installiert.

Der Stromtarif für die Haushalte war sehr übersichtlich gestaltet. Neben einer monatlichen Grundgebühr wurde der im Haushalt verbrauchte Strom sowohl für Beleuchtung als auch für Kraftstrom und elektrisches Kochen einheitlich berechnet. Der Preis für eine Kilowattstunde war mit acht Pfennig sehr niedrig angesetzt. Dies bedeutete einen erheblichen Unterschied zu den 50 Pf./kWh, die bisher bezahlt werden mussten. Um die Differenz für die Stromlieferanten etwas auszugleichen, wurde eine Grundgebühr von 12 Mark eingeführt.

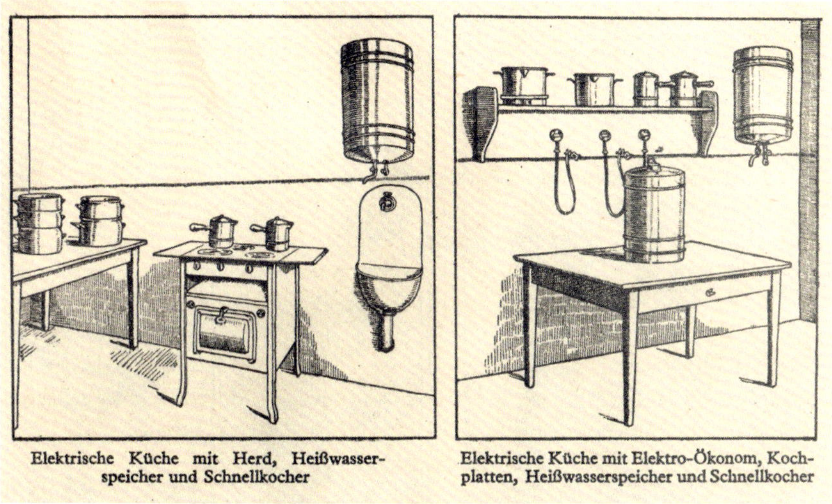

Abb. 26 Prototypen für elektrische Küchen in Schweinfurt und Schwandorf, 1927.[119]

Hintergrund der Maßnahmen war, die einmal angeschlossenen Haushalte durch die günstige Preisgestaltung auf Dauer an die Abnahme zu binden. Pro Haushalt ergaben sich im Probelauf durchschnittliche Stromkosten von 20 Reichsmark pro Monat bzw. 14 RM bei einem Elektro-Ökonomen. In seinem ersten Resümee wies Schönberg darauf hin, dass auch die Elektrizitätsversorger trotz der niedrigen Preisgestaltung auf ihre Kosten kommen würden, weswegen er sich zuversichtlich äußerte, dass sich bald „möglichst viele Elektrizitätswerke der so wichtigen Frage des elektrischen Kochens zuwenden würden."[120] Für die Haushalte – eben auch für Arbeiter und Kleinbürger – würde das elektrische Kochen billiger, einfacher, sauberer und regelbarer werden.

Die im selben Beitrag angesprochene Aufforderung Schönbergs, die Herstellerfirmen von elektrischen Kochherden sollten ihre Entwicklungen vor allem an den in den Vereinigten Staaten schon weit fortgeschrittenen selbstständigen Ein- und Ausschaltvorrichtungen orientieren und auf der für das Jahr 1928 in München geplanten Ausstellung *Heim und Technik* zeigen,[121] wurde jedoch nur ansatzweise erfüllt. Das Projekt war ursprünglich von Oskar von Miller angeregt worden. Nachdem es aber zwischen ihm und der Architektenschaft Münchens zu Auseinandersetzungen um das Konzept gekommen war, hatte er sich von der Leitung zurückgezogen. Die von Schönberg erhoffte breite Präsentation des elektrischen Kochens spielte letztendlich in der Schau *Heim und Technik* kaum eine Rolle. In Halle II gab es lediglich einen kleinen Raum, in dem sieben Firmen ihre Produkte vorstellten.[122]

Die von Schönberg beschriebenen Versuche der vom Ingenieurbüro Oskar von Miller in Schweinfurt und Schwandorf betriebenen Elektrizitätswerke gelten in der Geschichte des elektrischen Kochens als Pioniertat. Erstmals wurden in Deutschland Haushalte gleichermaßen vollständig mit Licht-, Wärme- und Kraftstrom versorgt, ohne dass sie tageszeitliche Einschränkungen hinnehmen mussten. Zu diesen Vorteilen kam noch ein einheitlicher, ausgesprochen günstiger Stromtarif, der die Akzeptanz weiter förderte. Umgekehrt lieferte der Modellversuch den Stromlieferanten erstmals konkrete Aussagen über Art und Häufigkeit des elektrischen Kochens in Haushalten des Mittelstands und des Kleinbürgertums, aber auch bei Arbeiterfamilien.

Der Artikel, der in den renommierten und auflagenstarken *VDI-Nachrichten* erschienen war, erregte in der Fachwelt großes Aufsehen, weswegen Schönberg 1928 einen ähnlichen Beitrag in der *Elektrotechnischen Zeitschrift* nachschob.[123] In diesem erläuterte er der Kollegenschaft aus der Elektrotechnik die in Schweinfurt und Schwandorf durchgeführten Versuche ausführlicher. Wie im vorausgehenden Aufsatz ging er auf die Tests aller auf dem Markt verfügbaren Systeme an Heizplatten und Schnellkochern, auf die Schnelligkeit des Ankochens sowie die Wirkungsgrade der jeweiligen Geräte ein. Interessant ist, dass Schönberg hier die Methodik des Praxistests näher schilderte. Dabei wurden an die angeschlossenen Haushalte in Schweinfurt und Schwandorf Listen ausgegeben, in die sie die Zeiten des Einschaltens, des Kleinstellens der Platten und Öfen sowie des Ausschaltens der Wärmequelle eintragen mussten. Auf diese Art und Weise sollte die von vielen Elektrizitätswerken bislang geäußerte Befürchtung, durch das elektrische Kochen würden mittags und abends problematische Stromspitzen erzeugt, welche die Leitungsnetze überlasten würden, entkräftet werden. Das von Schönberg beschriebene Zwischenergebnis zeigte, dass der Verbrauch bei weniger als einem Kilowatt pro angeschlossener Küche lag. Dies bedeutete sowohl, dass die Stromspitzen deutlich geringer waren als befürchtet, als auch, dass der Konsum für die Elektrizitätswerke im akzeptablen wirtschaftlichen Rahmen lag. Beide Argumente zusammen führten zu einer Ausweitung der Versuche auf die Dienstwohnungen der E-Werke in Schweinfurt und Schwandorf. Nach zehn Monaten ergab zum Jahresende 1928 eine erste Zwischenbilanz, dass die Haushalte durchschnittlich 110 kWh Strom pro Monat bezogen hatten, was eine sechzehn Mal so große Abnahme bedeutete wie beim bisherigen Lichtstrom. Als Kosten für die einzelnen Haushalte hatte Schönberg für rein elektrisch kochende Familien einen finanziellen Aufwand von 14 bis 20 Mark errechnet. Auch diese Summe war im Vergleich zum herkömmlichen Kochen günstig, da ein Haushalt im Schnitt ohnehin 14 bis 17 Mark für Kohle, Holz und normale Beleuchtung ausgeben musste.

Nach Ablauf des zweijährigen Pilotprojekts zeigte sich, dass eine fünfköpfige Familie einen monatlichen Stromverbrauch von 150 kWh bei Herden bzw. 120 kWh bei den Elektro-Ökonom-Typen hatte. In die Zahlen waren Spülwasserbereitung, Beleuchtung und Bügeln eingeschlossen. Aufgrund dieses Ergebnisses entschieden sich die Elektrizitätswerke in Schweinfurt und Schwandorf, den regulären Betrieb mit dem elektrischen Kochen aufzunehmen.

Eine andere Maßnahme der beiden Elektrizitätswerke war, aus finanziellen Überschüssen vergangener Jahre den Kunden Bargeld zum Kauf von Elektroherden zu offerieren, um den Haushalten das elektrische Kochen schmackhaft zu machen. Pro

Haushalt wurden so zwischen 50 und 150 Mark zur Verfügung gestellt. Die Kochapparate selbst hatten die Stadtwerke – wie bereits erwähnt – durch eine große Order billig erworben, weswegen sie den Interessenten günstige, weit unter dem üblichen Marktwert liegende Preise anbieten konnten. Von März bis Dezember 1927 gewannen sie in Schweinfurt 154 und in Schwandorf 46 Abnehmer. Schon zwei Monate später stiegen die Zahlen auf 210 bzw. 65 Haushalte.[124] Zum 30. September 1929 waren in der unterfränkischen Stadt 290 und in dem Oberpfälzer Ort 160 Elektroküchen in Betrieb.[125] Die von Arthur Schönberg im angeblichen Protokoll der 1000. Wochenbesprechung der Ingenieurbüros Oskar von Miller GmbH verkündete Meldung, am 1. April 1935 sei die 2000. Küche in Schwandorf aufgestellt worden,[126] darf man allerdings nicht erst nehmen – das Datum spricht für sich!

Um an weitere Verbrauchsdaten zu kommen, waren in geschlossenen Konsumgebieten beider Städte – darunter auch in einer Arbeitersiedlung in Schweinfurt – Registrierinstrumente in der versorgenden Transformatorstation aufgestellt worden. Aus den Messergebnissen konnte man die zwei neuen Stromspitzen deutlich ablesen, die auf das elektrische Kochen zu den beiden Hauptmahlzeiten am Mittag und Abend zurückzuführen waren. Da die Kochspitzen nicht mit der hauseigenen Beleuchtung am Abend (und teilweise morgens) zusammenfielen, ergab sich für die Elektrizitätswerke beider Kommunen durch die Kombination von Licht-, Kraft- und Wärmestromabgabe ein bemerkenswerter Zuwachs beim Absatz und damit verbunden eine gesteigerte Wirtschaftlichkeit. Diese Fakten – der erhöhte Absatz, die verbesserte Auslastung und das Ausbleiben der von den Kritikern befürchteten Überlastung der Kraftwerke und Stromnetze – trugen maßgeblich dazu bei, dass die vom Ingenieurbüro durchgeführten Pilotprojekte deutschlandweit schnell große Aufmerksamkeit erfuhren. Zudem demonstrierte die Einführung des elektrischen Kochens in den beiden Städten, dass es nicht nur ein Hilfsmittel für begüterte Haushalte war, sondern dass selbst Arbeitersiedlungen zu tolerablen Kosten mit Wärmestrom versorgt werden konnten. Und: Die Haushalte nahmen diese Innovation sehr positiv auf.

Die Veröffentlichungen Schönbergs blieben nicht ohne Wirkung. Schien die Einführung der elektrischen Küche bislang „mehr als gewagt",[127] gingen bereits kurz nach dem ersten Artikel kleinere und mittlere Elektrizitätswerke dazu über, mit ähnlichen Tarifen und vergleichbaren Unterstützungshilfen Strom für elektrisches Kochen anzubieten. In Frankfurt am Main wurde die von dem Architekten Ernst May 1925 bis 1929 konzipierte Mustersiedlung „Römerstadt" und die dafür von Margarete Schütte-Lihotzky entworfene „Frankfurter Küche" ebenfalls mit elektrischen Herden ausgestattet.[128] Die dortigen Betriebsergebnisse belegten die von Schönberg für Schweinfurt und Schwandorf beschriebenen Vorteile für die Haushalte ebenso wie für das kommunale Elektrizitätswerk.[129] Auch die Vereinigung der Elektrizitätswerke (VDEW) zeigte sich an den Schönberg'schen Versuchen höchst interessiert. Schon ein Jahr nach seiner grundlegenden Publikation aus dem Jahr 1928 organisierte sie am 15./16. Oktober 1929 in Berlin eine Sondertagung zu *Elektrischem Kochen.*[130] An dieser Tagung nahm Schönberg auf Wunsch des Vorstands der VDEW teil, um dort erneut über die Schweinfurter und Schwandorfer Versuche zu berichten. In einem Diskussionsbeitrag verwarf er die von einem Teilnehmer geäußerte These, dass durch spezielle Sparherde die Haushalte für das elektrische Kochen gewonnen werden könnten.[131] Vielmehr komme es darauf an, das elektrische Kochen den Hausfrauen über den Aspekt der Bequemlichkeit nahezubringen. In seinem Kurzreferat betonte Schönberg, dass für die Versuche in Schweinfurt und Schwandorf zuerst das Leitungsnetz für die Wärmestromverteilung ausgebaut worden sei. In einem zweiten Schritt hätten die dortigen E-Werke in großem Stil elektrische Herde angekauft und den Haushalten unter dem Einkaufspreis zur Verfügung gestellt, wobei er darauf hinwies, dass man lediglich auf deutsche Hersteller zurückgegriffen habe. Schließlich habe man über einen einheitlichen Stromtarif die Haushalte für das elektrische Kochen gewonnen. Während in dem ärmlichen Schwandorf binnen zweieinhalb Jahren zwölf Prozent der Haushalte mit Wärmestrom versorgt wurden (220 Haushalte), lag die Quote im größeren und stärker industriell geprägten Schweinfurt bei acht Prozent (600 Haushalte).

Die Versorgung der Haushalte mit elektrischem Strom für Kochzwecke blieb auch nach der Sondertagung der VDEW ein Thema. Im November 1929 besuchten die Direktoren der bayerischen Elektrizitätswerke im Rahmen ihrer Verbandstagung Schwandorf, um sich über die Ergebnisse des Pilotprojekts zu informieren. Wie die lokale Presse zu berichten wusste, waren sie „in höchstem Maße erstaunt und befriedigt über das ausgezeichnete Funktionieren der elektrischen Küchen“.[132] Ein Jahr später wurde auf der Jahrestagung der VDEW dem elektrischen Kochen erneut eine eigene Sektion gewidmet.[133] In mehreren Beiträgen gingen dabei die Referenten auf die Untersuchungen Schönbergs in Schweinfurt und Schwandorf ein. Der Berliner Elektrotechniker Friedrich Mörtzsch beispielsweise griff die von Schönberg beschriebenen Konsumzahlen auf, um sie dann dahingehend zu hinterfragen, ob der Verbrauch bei den beiden Hauptmahlzeiten von den süddeutschen Orten auf Großstädte wie Berlin und Hamburg übertragbar sei.[134]

Schließlich zeigte sich bei der zweiten Tagung der VDEW, dass in der Zwischenzeit quer durch das Deutsche Reich – von der Neckarwerke AG über die Rheinisch-Westfälische Elektrizitätswerke AG bis zur Ostpreußenwerke AG – mehr und mehr Elektrizitätsversorger ähnliche Küchen bei vergleichbaren Bedingungen und Stromtarifen eingerichtet hatten, so wie es zuvor das Ingenieurbüro Oskar von Miller unter der Leitung von Arthur Schönberg in Schwandorf und Schweinfurt praktiziert hatte. Dank der praxisorientierten und konkreten Versuche des Münchner Unternehmens setzte sich in der Elektrizitätswirtschaft die Erkenntnis durch, dass mit dem Einsatz von Elektrizität im Haushalt über den reinen Beleuchtungszweck hinaus ein Absatzmarkt geschaffen werden konnte, der die infolge wirtschaftlicher Krisen nachlassende Abnahme von Industriestrom wenigstens in Teilen ausgleichen konnte. Zumindest versprach die Versorgung der Haushalte mit Wärmestrom eine bessere Auslastung der Elektrizitätswerke.

Wenngleich nach den Schweinfurter und Schwandorfer Pilotprojekten der Wärmestrom für Haushalte in der Folge intensiver diskutiert wurde, dauerte es in Deutschland bis weit in die Nachkriegszeit, bis sich der Haushaltsstrom flächendeckend durchsetzen konnte. Ende der 1950er Jahre stieg der Verbrauch infolge gesunkener Strompreise erheblich. Trotzdem blieb die Elektrifizierungsquote deutscher Haushalte im internationalen Vergleich gering. Erst zwischen 1960 und 1970 verdoppelte sich der Privatstrom aufgrund der verstärkten beruflichen Tätigkeit von Frauen, des wachsenden Angebots von Elektrogeräten und deren markante Verbilligung sowie des nach den Zerstörungen im Zweiten Weltkrieg wieder stark gestiegenen Wohnraums. Der von Schönberg erwartete Zuwachs privaten Stromkonsums war also seiner Zeit weit voraus. Immerhin schlug sich der Faktor „Haushaltsstrom" als relevante Berechnungsgröße in den übergreifenden Vorhaben des Landeselektrizitätsnetzes in Thüringen und in dem ebenfalls vom Ingenieurbüro Oskar von Miller unter starker Beteiligung Schönbergs erstellten *Gutachten über die Reichselektrizitätsversorgung* deutlich nieder.

Während der Berufsverband der Elektrizitätswerke das elektrische Kochen hauptsächlich unter betriebswirtschaftlichen Kriterien betrachtete, fällt bei dem Projekt der elektrischen Küche ein Aspekt auf, der sich bereits in den 1890er Jahren bei Miller in dessen Konzept des „sozialen Stroms" findet. Nach Millers Ansicht sollte eine allgemeine Stromversorgung auch dazu führen, dass sozial schwächer gestellte Berufsgruppen davon profitierten. Miller dachte dabei an den Einsatz der Elektrizität in der Landwirtschaft, im Handwerk und im Gewerbe, die durch die elektrisch-motorische Kraft gegenüber der dominanten Industrie gestärkt werden sollten.[135] Damals hatte Miller bei der elektrotechnischen Industrie die Produktion von erschwinglichen Kleinmotoren angeregt. Diese wiederum hatte er den Betrieben in denjenigen Kommunen, in denen er Elektrizitätswerke baute, zu günstigen, teilweise unter dem Kaufpreis liegenden Preisen zur Verfügung gestellt. Auch setzte er dort günstige Stromtarife durch. In dem Schönberg'schen Projekt der elektrischen Küche in den Orten Schwandorf und Schweinfurt tauchen genau diese Elemente – geringer Tarif, Entwicklung günstiger Geräte und deren Weitergabe an Privathaushalte – ebenfalls auf. Während allerdings Miller dem elektrischen Kochen bis in die 1910er Jahre keine Beachtung schenkte, griff Schönberg genau diesen Aspekt auf und führte damit Millers Gedanken des „sozialen Stroms" weiter. In einem Brief an den Stadtrat von Schwandorf schrieb Schönberg daher im Dezember 1927: „Wir hoffen, dass hierdurch namentlich auch die minderbemittelte Bevölkerung Gelegenheit zum ausgiebigeren Wärmestromverbrauch erhalten wird [...]".[136] Insofern ergänzen sich die Konzepte Millers und Schönbergs in idealer Weise.

Gutachten zur Reichselektrizitätsversorgung

Mit Oskar von Miller sind in der Geschichte der Elektrifizierung die Entwicklung der ersten kleinen Blockstationen hin zu kommunalen Elektrizitätswerken, dann die ersten Überlandwerke und schließlich die frühen regionalen Stromversorgungsysteme verbunden. Kontinuierlich vergrößerte Miller in seiner beruflichen Laufbahn die räumlichen Dimensionen der Stromnetze. Mit dem Bayernwerk entstand erstmals ein großer Stromverbund. Es liegt in der Logik seines Denkens, dass Miller schon um 1911 eine reichsweite Elektrizitätsversorgung im Auge hatte.

Es ist historisch richtig, seine Person mit diesen beiden Vorhaben zu verbinden. Miller war der Ideengeber, er propagierte sie bisweilen zäh über Jahrzehnte hinweg und setzte sie letztlich auch politisch durch. Allerdings zeigte sich spätestens seit der Schaffung des Überlandwerks für die Pfalz Anfang der 1910er Jahre, dass die Erfolge Millers immer stärker auf der hervorragenden Umsetzung dieser Ideen durch seine Beschäftigten im Technischen Bureau Oskar von Miller beruhten. Sie arbeiteten im Hintergrund die Vorgaben des Firmenchefs aus, erstellten detaillierte Pläne und erledigten die Kleinarbeit. Bei den Großprojekten „Walchenseekraftwerk" und „Bayernwerk" war zudem deutlich geworden, dass Miller sich hier vom Initiator zur Repräsentationsfigur der Vorhaben wandelte, der überraschend deren Leitung niederlegte, als ihn die bayerische Staatsregierung stärker zu gängeln versuchte.

In der Zeit nach dem Ersten Weltkrieg wurde Arthur Schönberg für seinen Firmenchef immer wichtiger. Er stieg nicht nur zum Gesellschafter der Firma auf, sondern fungierte dort als Büroleiter. Wie beschrieben soll Schönberg alle Pläne für das Walchenseekraftwerk und das Bayernwerk eigenhändig gezeichnet haben.[137] Auch beim Thüringenwerk publizierte erstaunlicherweise nicht Miller über das Projekt, sondern Schönberg. Dies unterstreicht seine gestiegene Bedeutung für das Münchner Unternehmen. Ähnlich verhält es sich mit den in Schweinfurt und Schwandorf realisierten Pilotprojekten zum elektrischen Kochen. Hier war Schönberg ebenfalls federführend.

Nachdem das Ingenieurbüro Oskar von Miller mit dem Bayernwerk eine landesweite Stromversorgung aufgebaut hatte, geriet bereits Mitte der 1920er Jahre Millers Idee eines reichsweiten Stromnetzes in den Fokus von Staat und Elektrizitätswirtschaft. Erneut war es Miller, der die Initialzündung für eine Neudiskussion gab.[138] Bei einer Sitzung des Reichselektrizitätsbeirats am 1./2. Juli 1926 in Berlin und einem gemeinsamen Frühstück mit dem neuen Reichswirtschaftsminister Julius Curtius trug Miller diesem im lockeren Gespräch seine Ansichten über eine Elektrizitätsversorgung für das Deutsche Reich vor. Der Gedankenaustausch wurde im selben Monat (am 31. Juli) bei Miller in München fortgesetzt. Hier war auch Schönberg anwesend. Bei dieser Gelegenheit präsentierte Miller dem Reichswirtschaftsminister die vom Ingenieurbüro ausgearbeiteten Pläne für die Pfalzwerke, das Bayernwerk und das Thüringenwerk. Damit konnte er dem Minister die hohe Kompetenz seiner Firma bei der Planung großer Stromnetze eindrucksvoll vermitteln. In einem Schreiben Millers an Curtius vom 6. September 1926, das von Schönberg entworfen worden war, wie seine Paraphe „Sch" zeigt,[139] erörterte er das geplante Vorgehen für das Gutachten. Wie im Ingenieurbüro üblich, wies er auf die notwendigen Konsumerhebungen in Deutschland als Basis für die weiteren Entwicklungen hin. Bemerkenswert ist, dass Miller für diese Denkschrift auch Daten zu den Kraftwerken in Österreich heranziehen wollte.[140] Die Einbeziehung von Nachbarländern deutet darauf hin, dass er ein deutsches Elektrizitätsnetz bei Netzproblemen durch einen Strombezug aus angrenzenden Ländern absichern wollte.

Als Ergebnis der Münchner Besprechung erfolgte im Herbst 1926 die Beauftragung des Ingenieurbüros für eine Stellungnahme zur Reichselektrizitätsversorgung. Dass Miller diesen großen Auftrag übernommen hat, überrascht etwas, da er sich mit 71 Jahren bereits weitgehend aus der Projektierung großer Elektrizitätswerke zurückgezogen hatte. Andererseits war der Auftrag mit 100.000 Mark honoriert[141] – eine hohe Summe in wirtschaftlich unsicheren Zeiten. Und schließlich konnte Miller auf seinen Mitgesellschafter und Geschäftsführer Arthur Schönberg vertrauen, der beim Thüringenwerk und in seinem Buch *Landes-Elektrizitätswerke* sein herausragendes Wissen bei der Konzeption großer Elektrizitätswerke und sein besonderes Organisationstalent unter Beweis gestellt hatte.

Es ist unstrittig, dass Oskar von Miller bei dem Generalplan für eine Reichselektrizitätsversorgung der große Ideengeber war und – wie Bernhard Stier treffend bemerkt hat – die „Elektrizitätswirtschaft erneut revolutioniert" hat.[142] Wenn Stier weiter davon spricht, dieser bedeutete „die gründlichste und am sorgfältigsten differenzierende Bestandsaufnahme der deutschen Stromversorgung, [...] die bis zu diesem Zeitpunkt jemals vorgenommen worden war",[143] gilt dies uneingeschränkt. Allerdings erfolgte die Bestandsaufnahme nicht durch Miller – er dürfte dafür nur allgemeine Vorgaben gemacht haben –, sondern durch die Ingenieure der GmbH. Mittlerweile kann als gesichert gelten, dass sämtliche Vorerhebungen für das große *Gutachten über die Reichselektrizitätsversorgung* von Schönberg stammen, vermutlich ebenso wie umfangreiche Teile der Denkschrift selbst. Einige wenige Materialien stellte das Reichswirtschaftsministerium zur Verfügung, das eine erste Umfrage bei den großen Stromversorgern durchgeführt hatte. Schönberg war es jedoch letztlich, der die eigentlichen Vorarbeiten leistete, detaillierte Fragebögen entwickelte, sie an Hunderte von Firmen und Stromversorgern verschickte, die Rückmeldungen auswertete und systematisierte sowie schließlich die komprimierten Ergebnisse in das *Gutachten über die Reichselektrizitätsversorgung* einfließen ließ. Um beispielsweise den Strombedarf der Industrie zu ermitteln, hatte man – genauer gesagt: Schönberg – eine große Zahl an Fabriken angeschrieben und den Verbrauch je Arbeitskraft angefordert.[144] Dabei wurde zwischen der Gruppe der besonders stromintensiven Unternehmen im Berg- und Hüttenwesen, in der Papierfabrikation und Druckindustrie, einer zweiten Gruppe mit Firmen des Stein-, Keramik-, Glas- und Zementgewerbes, dem Maschinenbau und der Elektrotechnik sowie drittens zwischen Betrieben mit deutlich geringerem Stromkonsum wie im Ernährungs- und Bekleidungssektor differenziert. Indem der gesamte Stromkonsum einer Firma auf jede einzelne Arbeitskraft umgerechnet wurde, konnten geschickterweise die regionalen Unterschiede zwischen stärker industrialisierten Gegenden und mehr gewerblich geprägten Städten und Gegenden ausgeglichen werden. Der Zeitaufwand für die Erhebungen war immens – insgesamt dauerten die Arbeiten von Herbst 1926 bis Mai 1929.

Schönbergs Leistungen bei der Erhebung der Daten waren der Fachwelt bekannt. Ein Brief von Arnold Theodor Groß, einem Mitarbeiter im Verein Deutscher Ingenieure, belegt dies:

„Nun habe ich heute mit Herrn Dr. Pfeiffer über die Sache gesprochen, der den guten Einfall hatte, dass sehr wahrscheinlich Herr Landesbaurat Schönberg vom Technischen Büro O. v. Miller sehr eingehend über die Entwicklung der letzten beiden Jahrzehnte unterrichtet ist, da er doch die Erhebungen für das Gutachten von Miller zur Reichselektrizitätsversorgung durchgeführt hat. Eine andere Frage ist natürlich, ob er mühsam zusammengetragene Daten, die sonst unbekannt sind, ohne weiteres preisgeben will […]".[145]

Hier ist die besondere Rolle Schönbergs schriftlich dokumentiert. Im *Gutachten über die Reichselektrizitätsversorgung*[146] selbst fällt sein Name nicht. Darin wird lediglich von der „Mitwirkung des Ingenieurbüros" gesprochen.[147]

Das Gutachten gliedert sich in einen „Technischen Bericht" und in einen „Wirtschaftsbericht", die beide durch Anhänge und Pläne ergänzt sind. Im ersten Teil ging es um die grundlegende Frage des damals aktuellen und des künftigen Stromkonsums pro Jahr, da daraus die erforderliche Leistung sowie die zwangsläufigen Erweiterungen bzw. Neubauten von Wasser- und Wärmekraftwerken sowie die notwendigen Verteilungsnetze und neue Transformatorenstationen resultierten. Aufgrund der technischen Dispositionen konnten im Gutachten anschließend die Anlage- und Betriebskosten und damit letztlich die Wirtschaftlichkeit untersucht werden.

Insgesamt holte das Münchner Ingenieurbüro Informationen aus 13 großen Erhebungsbezirken ein: Bayern, Märkisches Gebiet, Sachsen-Thüringen, Berlin, Wesergebiet, Nordwestdeutsches Gebiet, Pommern, Ostpreußen, Schlesien, Rheinland-Westfalen, Baden und Rheinpfalz, Württemberg sowie Hamburg mit Schleswig-Holstein. Dabei wurden offizielle Daten zur Bevölkerungszahl der einzelnen Gebiete und die von den öffentlichen Elektrizitätsversorgern für das Jahr 1925 veröffentlichten Konsumzahlen mit dem von den jeweiligen Bezirkssachverständigen für das Jahr 1935 geschätzten Jahresverbrauch und eigenen Umfrageergebnissen kombiniert. In diese Zahl floss der Stromverbrauch der Städte, der Landbezirke, der Großindustrie und der Reichsbahn ein. Als Gesamtkonsum ergab sich – inklusive von rund 10 Prozent Leitungsverlusten – eine Summe von 34 Milliarden kWh, die in späteren Jahren auf ca. 60 Milliarden kWh ansteigen sollte. Im Gutachten war allerdings kein Referenzjahr genannt, in dem diese Zahlen erreicht werden sollten. Vermutlich plante man rund 15 Jahre voraus. Als Basis diente das Jahr 1925, für das bei Beginn der Arbeit im Ingenieurbüro bereits publizierte Zahlen vorlagen. Die Hochrechnungen beziehen sich demnach auf den prognostizierten Stromverbrauch und die Kraftwerksleistungen der Jahre 1939 bzw. 1940.

Während der Zweck des Stromkonsums in der Großindustrie und bei der Reichsbahn eindeutig war, bedurfte es bei der Untersuchung des Verbrauchs in Stadt und Land einer genaueren Aufschlüsselung nach den Kategorien Beleuchtung, Haushalt (Kraft und Wärme), Kleingewerbe, Straßen- und Stadtbahnen sowie städtische bzw. landwirtschaftliche Betriebe. Während das Gutachten hinsichtlich der Beleuchtung kaum einen größeren Zuwachs erwartete, sah es bei der Abnahme von Strom für

Kraft und Wärme im privaten Haushalt ein enormes Potenzial, das im Gegensatz zu den USA, der Schweiz und Skandinavien in Deutschland noch kaum genutzt sei.[148] Beim Haushaltsstrom verwies Miller im Generalplan darauf, dass er in den von seinem Ingenieurbüro geleiteten Elektrizitätswerken in Schweinfurt und Schwandorf sorgfältige Voruntersuchungen „veranlaßt" habe.[149] Der Name Schönbergs und dessen detaillierte Veröffentlichungen zur Einführung von Wärmestrom in den beiden Kommunen wurden von Miller in diesem Zusammenhang erneut nicht erwähnt, obwohl die Zahlen und teilweise die Argumentation eindeutig diesen Publikationen entnommen waren (vgl. S. 105).

Während im Gutachten von einer Vervierfachung des aktuellen Stromkonsums ausgegangen wurde, betrug die berechnete Steigerung der notwendigen Leistung lediglich 200 Prozent. Man erklärte diese Diskrepanz sowohl damit, dass der Strombezug durch Industrie, private Haushalte und Landwirtschaft zu verschiedenen Tageszeiten erfolge, als auch mit regionalen Differenzierungen, wie sie sich in Städten bzw. ländlich geprägten Gegenden zeigten.[150] Für die Stromproduktion konnte im Deutschen Reich auf Laufwasser- bzw. Speicherwasserkraftwerke, Braun- und Steinkohlen- sowie Ölkraftwerke zurückgegriffen werden.

Zur Verteilung einer geregelten Leistung im Gesamtnetz sah der Generalplan zur Reichselektrizitätsversorgung eine ringförmige Sammelschiene mit einer Länge von 21 000 Kilometern und einer Übertragungsspannung von 220 kV vor (Abb. 27). Der Ring lief von Nürnberg über Stuttgart, Frankfurt am Main und Köln über das Ruhrgebiet nach Hannover und Leipzig und dann zurück nach Nürnberg. Er sollte in der Lage sein, den im Gutachten angenommenen Jahresstromverbrauch abzudecken und dabei die regionalen, saisonalen und täglichen Konsummaxima zu berücksichtigen. Als Höchstleistung waren 8,5 Millionen Kilowatt angesetzt. Da bei bestehenden Kraftwerken – basierend auf den Zahlen von 1925 – nur knapp mehr als die Hälfte zur Verfügung stand, mussten zahlreiche Werke aus- oder neugebaut werden. Wenngleich das Netz auch Stränge zu ausländischen Versorgern vorsah, ging der Generalplan prinzipiell von einer Binnenversorgung im Deutschen Reich aus, da man sich nicht von einer eventuellen Stromsperrung durch das Ausland abhängig machen wollte – eine Grundprämisse der Weimarer Politik in Reaktion auf den Versailler Vertrag und die Abschottung des Reichs durch die Alliierten im Ersten Weltkrieg – auch ein sehr aktueller Gedanke im Hinblick auf die seit vielen Jahren bestehende Abhängigkeit der Bundesrepublik Deutschland von russischem Öl und Gas. Von der Sammelschiene des Primärnetzes sollten an verschiedenen Punkten Stränge zu regionalen Netzen abgehen, die für eine Spannung von 110 kV ausgelegt waren. Durch Transformatoren wurde die Spannung schließlich in regionalen Endnetzen auf 40 bis 60 kV reduziert und so verteilt.

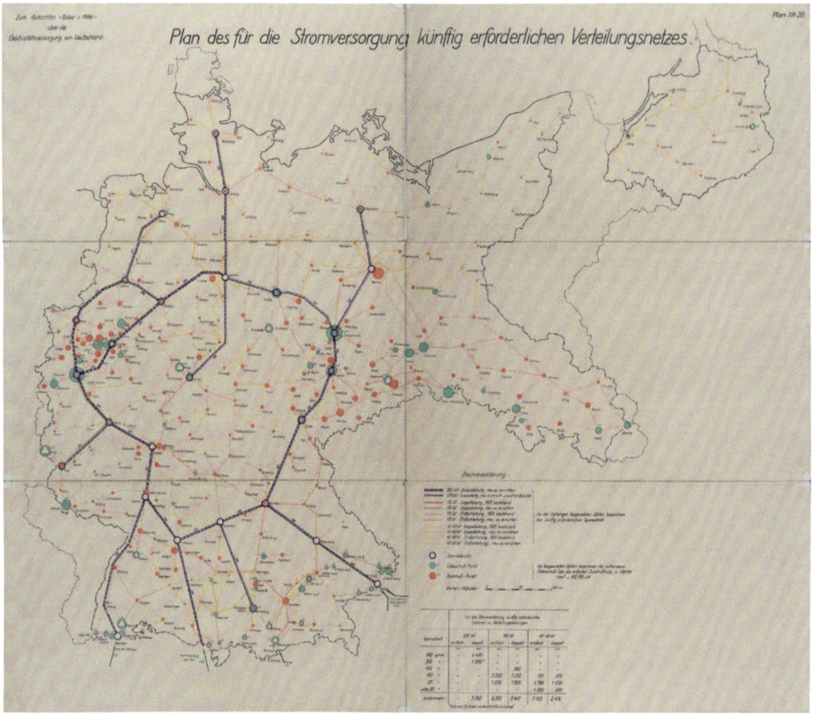

Abb. 27 Verteilungsnetz für das Deutsche Reich, 1930. Deutlich erkennbar ist die ringförmige Zentralschiene.[151]

Die Aus- und Neubauten von Werken wollten aber auch finanziert sein. Das Gutachten bezifferte den Gesamtbedarf auf 3,663 Milliarden Reichsmark für Kraftwerke, Leitungen und Transformatorenstationen.[152] Dazu kamen die Betriebskosten für diese Baulichkeiten in Höhe von 365 Millionen RM. Unter Berücksichtigung der Betriebskosten sowie von Zins und Tilgung für das benötigte Kapital errechnete man einen ausgesprochen niedrigen Abgabepreis von drei Pfennig pro Kilowattstunde.[153] Auf dieser Kostenkalkulation fußte die Finanzierung der gesamten Reichselektrizitätsversorgung. Trotz des niedrigen Abgabepreises sollte auch ein regelmäßiger Gewinn erwirtschaftet werden.

In seiner Konzeption erinnert das *Gutachten über die Reichselektrizitätsversorgung* stark an das ebenfalls im Ingenieurbüro Miller entwickelte Projekt zum Bayernwerk. Die Parallelen in der Argumentation, Konzeption und Datenerfassung sind unübersehbar. Markant ist der Ringgedanke für das Leitungsnetz, der 1929/30 für das Deutsche Reich übernommen wurde. Ein zweiter zentraler Punkt ist die ausgesprochen sorgfältige und detailliert erhobene Datensammlung, die bei beiden Projekten ähnlich erfolgte. Das fundierte Zahlenmaterial machte es der Kritik schwer, den Generalplan anzugreifen. Ein dritter ins Auge stechender Befund ist die von Oskar von Miller schon in 1890er Jahren bei den Versorgungsunternehmen in Fürstenfeldbruck und Hermannstadt verfolgte Konzeption des „sozialen Stroms".[154] Einen ähnlichen Ansatz vertrat, wie gezeigt, Arthur Schönberg bei der Einführung von Wärmestrom in den bayerischen Kommunen Schweinfurt und Schwandorf. Auch dort wurden die Haushalte durch die kostengünstige Abgabe von Elektroherden und einen ungewöhnlich niedrigen Stromtarif für einen erstaunlich raschen und beständig wachsenden Anschluss an das Stromnetz gewonnen. Die Haushalte sollten – so die vierte markante Aussage des Gutachtens von 1929/30 – zu den Trägern einer neuen Elektrifizierungswelle werden. Folgt man den Aussagen von Schönbergs Tochter Else, ihr Vater sei von Oskar von Miller als der eigentliche Urheber der Walchenseekraftwerks und des Bayernwerks bezeichnet worden, sowie der zitierten Feststellung von Arnold Theodor Groß, Schönberg habe die Daten zum Gutachten erhoben (vgl. S. 114), so dürfte dieser bei beiden Vorhaben der Hauptakteur im Hintergrund gewesen sein.

Versucht man das Verhältnis von Miller und Schönberg bei den beiden Projekten „Bayernwerk" und „Reichselektrizitätsversorgung" adäquat zu charakterisieren, wäre dieses wohl mit der Formulierung „kongeniales Zusammenspiel" am besten beschrieben. Miller hatte die Ideen, die Schönberg als Ingenieur präzise umsetzte. Dass dieser dabei höchst loyal hinter seinem Chef und Mitgesellschafter stand und es vermied, seine eigene Person in den Vordergrund zu spielen, dürfte dem selbstbewussten Miller besonders gefallen haben. Es ist schon bemerkenswert, dass Schönbergs Name in den Gutachten nicht genannt ist. Er selbst scheint sich daran nicht gestört zu haben. Der deutschen Fachwelt dürfte allerdings bekannt gewesen sein, welch herausragende Rolle Schönberg im Ingenieurbüro und bei der Planung von Großprojekten spielte.

Weitere Arbeiten im Ingenieurbüro

Aufgrund der vollständigen Vernichtung aller Unterlagen des Ingenieurbüros Oskar von Miller im Zweiten Weltkrieg bleiben viele Aktivitäten Schönbergs im Dunkeln. Er selbst gibt in einem Brief an, u. a. bei der Planung der Pfalzwerke und des Karpatenwerks beteiligt gewesen zu sein.[155] Genauere Quellen gibt es dazu aber nicht mehr. Allerdings fällt auf, dass er an nahezu allen größeren Landeselektrizitätswerken, soweit sie durch das Münchner Unternehmen geplant oder ausgeführt wurden, mitgearbeitet hat. Schönberg war in der Firma der „projektierende Ingenieur", eine Bezeichnung, die er selbst in seinem Buch Landes-Elektrizitätswerke vielfach verwendet hat.[156] Er war es, der für die großen Werke die Vorplanungen durchführte, die notwendigen Daten erhob und die Pläne ausarbeitete. Gleichzeitig füllte Schönberg die Funktion des Bürochefs aus, war also für die Organisation der Büroarbeit im Ingenieurbüro und für das Aktenarchiv zuständig. Darauf verweisen mehrere Notizen Millers auf verschiedenen Briefwechseln, in denen er Schönberg Anweisungen zur Aktenablage gab: „Sch. Wichtige Akten" oder „Sch. zu den Separatakten".[157]

Dessen durchdachte Organisation der Aktenablage hatte sich bereits bei der Archivierung der Daten zum Bayernwerk, zum Walchenseekraftwerk und zum Thüringenwerk bewährt.

Wie genau die Aufgabenverteilung zwischen Miller und den führenden Ingenieuren Schönberg und Glunk verlief, lässt sich nicht nachvollziehen. Mit der Überführung des Technischen Bureaus in eine GmbH im Jahr 1921 dürfte sich diese nochmals verschoben haben. Während Miller bis zu diesem Zeitpunkt die Geschäfte straff in seiner Hand gehalten hatte, räumte er nun seinen drei Prokuristen und Mitgesellschaftern Schönberg, Glunk und Jacobs mehr Eigenverantwortung ein. Bei der Person Schönbergs lässt sich dies anhand der Akten im Stadtarchiv Schwandorf deutlich nachvollziehen. Miller hatte dort das Elektrizitätswerk projektiert und die Bauleitung innegehabt. Im Jahr der Eröffnung 1895 wurde die Electricitätswerk Schwandorf GmbH mit den Gesellschaftern Miller, der Bayerischen Vereinsbank und der Allgemeinen Elektricitätsgesellschaft gegründet. Als Geschäftsführer wurde Miller bestimmt, ihm wurde auch die Betriebsführung übertragen. Während bis 1922 ausschließlich Miller den Schriftverkehr mit dem Bürgermeister und dem Stadtrat von Schwandorf führte, erscheint er ab Herbst dieses Jahres nur noch punktuell, in der Regel bei weitreichenden Vertragsangelegenheiten. Ab 1922 war alleine Arthur Schönberg für das Elektrizitätswerk zuständig. Dies zeigen die zahlreichen, von ihm abgezeichneten Briefe.[158] Dabei legte er größten Wert darauf, seine Unterschrift mit dem Zusatz „ppa“, „per procura auctoritate“, zu versehen. Damit wurde dem Korrespondenzpartner verdeutlicht, dass Schönberg eine umfangreiche geschäftliche Vertretungsvollmacht besaß, die ihn zu allen gerichtlichen und außergerichtlichen Geschäften und Rechtshandlungen ermächtigte. Im Jahr 1922 leitete er den Anschluss des Schwandorfer Elektrizitätswerks an das Kreisüberlandwerk Oberpfalz ein und plante 1924 die dafür notwendige Umstellung des bisherigen Einphasennetzes zu einem Drehstrom-Hochspannungsnetz von 6000 Volt sowie die vollständige Erneuerung des ortsinternen Netzes. Dieser Umbau konnte 1928, teilweise erst 1931 abgeschlossen werden. Schönberg war es auch, der von 1924 bis 1926 den auslaufenden Konzessionsvertrag zwischen der Kommunalverwaltung von Schwandorf und dem Münchner Ingenieurbüro neu verhandelte.[159]

Die Akten belegen, dass Schönberg trotz der einseitigen Kündigung des Vertrags durch die Stadt und deren Forderung nach einer Übernahme in städtischen Besitz die Gespräche immer sehr diplomatisch und auf konsensualen Ausgleich zielend betrieb. Er rechnete der Kommune vor, dass die Übernahme durch den Ankauf und die damit verbundene Kreditaufnahme letztlich zu einem Verlustgeschäft für die Kommune führen würde, eine Bewertung, der sich ein eigens eingesetztes Schiedsgericht anschloss. Vor allem hatte Schönberg während der Inflationsjahre 1922 bis 1924 die nicht immer leichten Verhandlungen mit der Stadt Schwandorf um die ständig steigenden Stromkosten und deren Bezahlung zu führen. Auf diese Kontroversen entfallen die meisten Korrespondenzen dieser Zeit.[160] Und schließlich führte er 1927 die elektrische Küche in der Oberpfälzer Kleinstadt ein (vgl. S. 105–111).

Am 15. Juni 1931 legte Schönberg sein Amt als Prokurist der Electricitätswerk Schwandorf GmbH nieder. Die Begründung im Buch *150 Jahre Technikgeschichte Schwandorf und Umgebung. 100 Jahre Elektrizitätswerk Schwandorf GmbH*, er habe dies „aus Altersgründen“ getan,[161] erscheint wenig schlüssig, da er zu diesem Zeitpunkt gerade einmal 57 Jahre alt war. Vielmehr dürfte der Grund darin zu suchen sein, dass Oskar von Miller seinem 31-jährigen Sohn Rudolf die Geschäftsführung des Werks übertragen wollte, um ihm sukzessive den Einstieg in die Leitung des Münchner Ingenieurbüros zu erleichtern. Darauf deutet hin, dass Schönberg mehrfach mit Rudolf von Miller nach Schwandorf fuhr, um ihn in die dortigen Verhältnisse einzuführen.

Auch in der Zeit nach seinem von den Nazis erzwungenen Ausscheiden aus dem Ingenieurbüro (1937) war Schönberg noch an der Ausarbeitung von Projekten beteiligt. So finden sich im Archiv des Holocaust Museums Los Angeles zwei Skizzen für die Planung zu einer Elektrizitätsversorgung des Staats Jugoslawien (Abb. 28).[162] Obwohl sie nicht signiert sind, sind die Blätter aufgrund eines Schriftvergleichs eindeutig Arthur Schönberg zuzurechnen. Auch die Methode der Planung ähnelt exakt anderer, von ihm mitgeplanter Landeselektrizitätswerke. In einem Schema sind die Stromdiagramme für die benötigte Leistung, differenziert nach Winter- und Sommertagen, aufgezeichnet. Ähnlich wie beim Bayernwerk sah Schönbergs Ausarbeitung für das Jugoslawien-Projekt das Prinzip einer Ringleitung vor, wobei es sich prinzipiell um zwei miteinander verknüpfte Ringleitungen handelte. Der östliche Ring umschloss mit einer 100 000 Volt-Sammelschiene die Knotenpunkte Belgrad, Kragujevac, Nis, Novi Pazar, die Stauseen und Wasserkraftwerke der mittleren Drina und lief dann zurück nach Belgrad. Der westliche Ring führte von Belgrad über Osijek, Jaice und Sarajewo über die Drina-Wasserkräfte zurück nach Belgrad. Die außerhalb des Rings gelegenen Städte Zagreb, Ljubljana, Maribor, Split und Skopolje sollten durch ebenfalls hochgespannte Leitungen mit den beiden Ringen verbunden werden.

Wann die Entwürfe Schönbergs exakt entstanden sind, lässt sich nicht sagen. Vermutlich stammen sie aus den Jahren zwischen 1937 und 1941, dem Jahr der Zerschlagung des Staats Jugoslawien durch Nazi-Deutschland und Italien. Die Konzepte verblieben bei Schönberg und haben sich erstaunlicherweise erhalten, während das gesamte Archiv des Ingenieurbüros in Flammen aufging. Einer der Geschäftsführer der GmbH, Rudolf von Miller, der jüngste Sohn des Firmengründers, wusste von den Unterlagen und erbat sie 1955 von Else Schönberg, der überlebenden Tochter Arthurs, für kurze Zeit zurück.[163] Zu dieser Zeit erarbeitete das Ingenieurbüro im Auftrag der Vereinten Nationen ein Konzept für den Aufbau einer Elektrizitätsversorgung Jugoslawiens. Rudolf von Miller wollte offensichtlich von der früheren Planung profitieren. Letztlich hatten sich aber die Grundparameter wie die Leistung der Wasserkräfte in der Zwischenzeit entscheidend verändert, weswegen sich das Konzept Schönbergs als untauglich erwies.

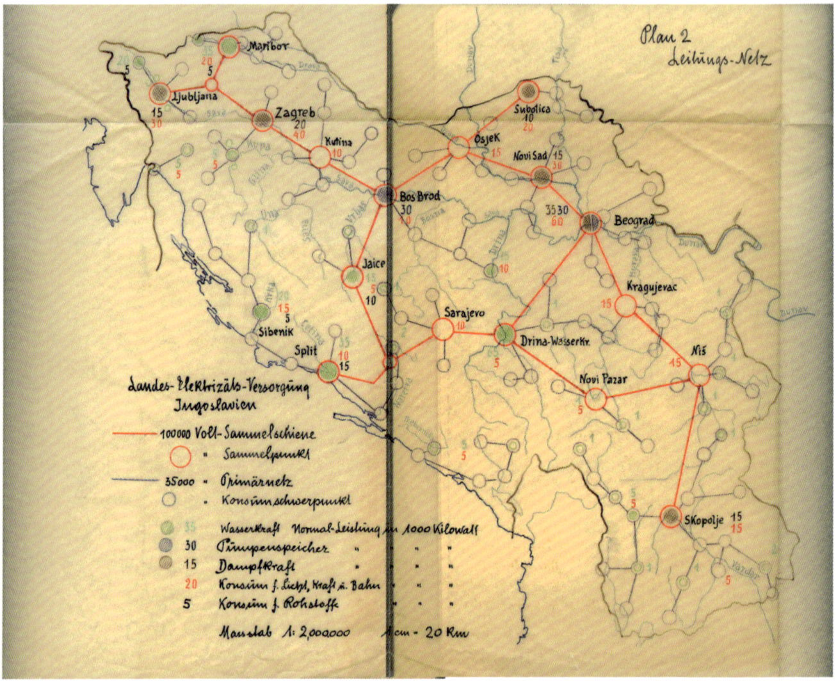

Abb. 28 Arthur Schönbergs Plan für ein Elektrizitätsnetz in Jugoslawien, o. D.[164]

Einige andere Dokumente deuten darauf hin, dass sich Schönberg im Ingenieurbüro ab circa 1930 auch mit großflächigen Gasversorgungsnetzen beschäftigte, die strukturell ähnlich wie Stromnetze aufgebaut waren. Bis zu diesem Zeitpunkt hatte sich die Firma nicht in dieser Sparte engagiert. Erst ab ca. 1928 sind die ersten Gutachten über die Gasversorgung einzelner Städte wie Schweinfurt (1930) und Selb (1931/32) überliefert. Gerade für Selb engagierte sich Schönberg in besonderer Weise, indem er dort die Besprechungen mit der Aktiengesellschaft für Licht- und Kraftversorgung wegen der Neugestaltung eines Gasvertrags führte, bei denen er Verhandlungsgeschick und auch Durchsetzungsvermögen bewies, um für die Stadt ein günstiges Ergebnis zu erzielen.[165] Aus den Jahren 1932 und 1933 sind mehrere Expertisen des Ingenieurbüros für die Pfälzische Gas-Aktiengesellschaft in Ludwigshafen dokumentiert, eine über eine Ferngasversorgung der Pfalz, die andere zu einer gemeinsamen Gruppenversorgung der Vorder- bzw. der Westpfalz.[166] In einem Schreiben an den Stadtrat der Landeshauptstadt München vom 10. November 1933 wies Schönberg darauf hin, dass er sich in den letzten Jahren besonders der Ferngasversorgung in der Rheinpfalz gewidmet habe.[167] Das im Nachlass Oskar von Millers überlieferte Gutachten dürfte also weitestgehend auf Schönberg zurückgehen, obwohl es von ihm und seinem Kollegen Ernst Glunk gemeinsam unterzeichnet ist. Die darin angewandte Methodik zur Konzeption einer umfassenden Gasversorgung erinnert stark an die von Schönberg (mit-)bearbeiteten Elektrizitätsgutachten. Bemerkenswert ist, dass er gegen Ende seiner beruflichen Laufbahn erneut mit dem Problem der Gasversorgung konfrontiert wurde, genau dem Thema, zu dem ihm Miller vor seiner Einstellung in das Ingenieurbüro eine Prüfungsaufgabe gestellt hatte.[168]

Schönberg als Ghostwriter Millers

Es ist ein typisches Merkmal von „Personen der zweiten Reihe", dass sie kaum eigene Veröffentlichungen verfasst haben, dafür umso mehr Texte für ihre Referenzpersonen. Bei Schönberg ist dies nicht anders. Archivalisch belegt ist, dass er am zweiten Band des Miller'schen Werks *Die Versorgung der Städte mit Elektricität* mitgearbeitet hat. Wahrscheinlich war er auch an anderen Publikationen Millers beteiligt, vor allem in der Zeit zwischen 1930 und 1934, als Miller an einem schweren Augenleiden laborierte und kaum mehr lesen und schreiben konnte. Ebenso hat Schönberg wohl auch weitere Vorträge und Reden Millers mitformuliert, wobei hier der exakte Nachweis meist schwierig ist.

Bei der Durchsicht des Miller'schen Nachlasses im Archiv des Deutschen Museums finden sich allerdings mehrere Manuskripte bzw. Typoskripte, deren Entwürfe bzw. Textergänzungen aufgrund eines Handschriftenvergleichs Arthur Schönberg zuzuordnen sind. Sie sind aber nur ein kleiner Ausschnitt aus seinen umfangreichen Zuarbeiten.

Bei dem ersten Text handelt sich um den Entwurf für eine Rede Millers in der bayerischen Kammer der Reichsräte am 20. August 1912.[169] Darin sprach Miller über die Notwendigkeit eines einheitlichen Generalplans für die Wasserkraftausnutzung in Bayern. Großen Wert legte er dabei auf die Sicherung der großen Wasserkräfte für den Staat (Walchensee, Alz, Lech). Damit verbunden sei die Notwendigkeit einer durchgängigen staatlichen Lenkung bei deren Ausnützung sowie dem Aufbau einer gesamtbayerischen Elektrizitätsversorgung. Miller kritisierte in seinem Redebeitrag den disparaten Kurs der bayerischen Regierung, da diese durch eine verteilte Zuständigkeit auf mehrere Ministerien zum Teil konträre Prioritäten setze. Die handschriftlichen Anmerkungen Schönbergs im Redetext haben einen unterschiedlichen Duktus. Einige Ergänzungen verweisen auf neuere Berichte in der elektrotechnischen Literatur, bleiben also sachlich. Andere Anfügungen sind eher pointiert. Dazu zählen Bemerkungen wie „Ich wünsche gewiss nicht, dass jeder Bürger für die Bestellung einer Lampe oder eines Motors eine bezirksamtliche Genehmigung bedarf" oder „Von einer Übertreibung kann bei der Ausführung des Walchenseeprojektes doch wirklich nicht die Rede sein".[170] Hier ist die impulsive Ausdrucksweise Oskar von Millers deutlich herauszuhören. Diese Einfügungen Schönbergs dürften daher auf Anweisung Millers erfolgt sein und keine eigenständigen Ergänzungen beinhalten.

Anders dagegen verhält es sich mit dem Entwurf für eine Rede Millers im Reichstag in Berlin aus dem Jahr 1917.[171] Von dieser Ansprache existiert das handschriftliche Konzept Schönbergs sowie die maschinenschriftliche Ausformulierung. Nach einer späteren Notiz Rudolf von Millers wollte sein Vater die Rede im August 1917 anlässlich des dreijährigen Beginns des Ersten Weltkriegs halten. Nachdem der Text dem kurzzeitigen Reichskanzler Georg Michaelis vorgelegt worden war, wurde Oskar von Miller bedeutet, dass ein derartiger Vortrag nicht erwünscht sei.[172] Hintergrund war wohl die zu diesem Zeitpunkt diskutierte „Friedensresolution" von Vertretern der Sozialdemokratischen Partei, der Fortschrittlichen Volkspartei, des Zentrums und teilweise der Nationalliberalen Partei, die auf einen Verständigungsfrieden mit den Alliierten abzielte. Sie wurde von Michaelis insgeheim abgelehnt.

In seiner Rede stellte sich Miller hinter die Friedensresolution. Das Angebot der deutschen Parteien interpretierte er dabei nicht als Ausdruck einer Schwäche der militärischen Position Deutschlands. Vielmehr hätten deutsche Ingenieure und die deutsche Industrie mit ihren Erfindungen und der Entwicklung von Ersatzstoffen bewiesen, dass sie durch neue Methoden die Kampfkraft des Deutschen Reiches weiterhin aufrechterhalten könnten. Der hier scheinbar aufschimmernde Militarismus wird jedoch überlagert durch die Kernaussage des Texts, dass alle Nationen von einem ehrenvollen Frieden profitieren würden. Die Kosten für die Weiterführung des Krieges wären für jede Seite höher als eventuell zu erwartende Entschädigungen oder erhoffte territoriale Annexionen. Der Friede sei wichtiger als ein Sieg, da dann die Völker statt Mordwaffen zu schmieden endlich wieder Kulturwerte schaffen könnten.[173]

Ähnlich wie bei seinen anderen Reden, Vorträgen und Veröffentlichungen ist der Text zur Friedensresolution auf Anregung Oskar von Millers entstanden. Auch die wesentlichen Grundlinien wurden in Absprache zwischen Miller und Schönberg festgelegt. Schönbergs Aufgabe war es dann, einen überzeugenden Entwurf zu liefern. Miller scheint dessen Rohfassung weitgehend akzeptiert zu haben. In das Konzept hat Miller nur an wenigen Stellen handschriftlich kleinere Ergänzungen eingefügt, die schließlich in das Typoskript übernommen wurden.

Bei einem dritten Text handelt es sich um einen Vortrag Oskar von Millers, den dieser während einer Reise nach Wien im Jahr 1930 hielt. Das Typoskript dafür hat sich ebenfalls im Archiv des Deutschen Museums erhalten.[174] Es trägt auf dem Deckblatt die eindeutige Zuordnung „Herrn Landesbaurat Schönberg", was darauf schließen lässt, dass dieser der Verfasser des Texts war. Der Vortrag existiert in zwei Versionen, wobei die zweite, etwas umfangreichere Fassung durch die Paraphe „Schö" auf dem ersten Blatt links oben eindeutig auf seine Urheberschaft hinweist.

Im Text ging Schönberg auf den Gedanken Millers ein, technische Großensembles als Ganzes zu schützen. Während Oskar von Miller bis zur Eröffnung des Museumsgebäudes auf der Insel eifersüchtig alle Bestrebungen, in Deutschland andere Technikmuseen zu gründen, heftig bekämpft hatte, vollzog er nach 1925 einen Kurswechsel.[175] Schon seit einer Skandinavienreise 1914, bei der er auch das Freilichtmuseum Skansen in Stockholm besucht hatte, ging sein Interesse ab 1926 dahin,

„technische Kulturdenkmale", wie er sie nannte, also historische Ensembles und technische Großobjekte, die nicht in ein Museum transferiert werden konnten, an Ort und Stelle zu bewahren. In diesem Sinne ist Miller einer der Pioniere der Industriearchäologie. In seinem Textentwurf schilderte Schönberg, das Deutsche Museum sei nach der Eröffnung des neuen Gebäudes auf der Insel 1925 dazu übergegangen, Windmühlen, Kräne, Signalanlagen etc. im Garten des Museums (an der Südseite der Insel) aufzustellen. Allerdings sei dies aufgrund des vorhandenen Platzes nur eingeschränkt möglich gewesen. Effektiver sei es dagegen, historisch interessante Anlagen in Freilichtmuseen zu erhalten. Die „wertvollste Konservierung technischer Denkmale" bestehe darin, diese an Ort und Stelle zu belassen und – sofern die maschinelle Einrichtung noch verfügbar sei – betriebsfähig zu halten. Dazu seien gesetzliche Vorschriften, aber ebenso freiwilliges Engagement von Heimatschutz-Organisationen notwendig. Die Idee, technische Kulturdenkmale an ihrem angestammten Platz zu schützen, ist Teil des von Miller und dem Deutschen Bund Heimatschutz betriebenen Konzepts einer modernen Industriearchäologie.

Miller wie Schönberg sahen dabei das Deutsche Museum als zentrale Anlaufstelle für die Dokumentation technischer Kulturdenkmale. In einem ersten Schritt sollte die Inventarisierung der Objekte erfolgen. Anschließend sollten die Ergebnisse in einem „Baedeker für technische Kulturdenkmäler"[176] für die breite Öffentlichkeit zugänglich gemacht werden. Die Grundlage bildete ein Erhebungsbogen, der den Standort, den Besitzer, den Zustand, den Status der Gefährdung, die gegenwärtige Nutzung, mögliche Mittel und Wege zur Erhaltung sowie Interessenten der Erhaltung dokumentierte. Die Methodik des Fragebogens erinnert stark an die Umfrage Schönbergs zur Werbung neuer Mitglieder für das Deutsche Museum bzw. an die Umfragen zur Erhebung des Energiebedarfs in Deutschland im Zusammenhang mit dem Bayernwerk und der Denkschrift zur Reichselektrizitätsversorgung (vgl. S. 79, 81, 113–114). Man kann daher vermuten, dass Schönberg die Umfrage entwickelt hat.[177] Der Entwurf dazu findet sich in den Museumsakten.[178]

Die Rückmeldungen auf den Fragebogen für technische Kulturdenkmale sind im Archiv des Deutschen Museums nicht überliefert. Um für die grundsätzliche Idee weiter zu werben, veröffentlichten 1932 der Technikhistoriker Conrad Matschoß und der Geschäftsführer des Deutschen Bunds Heimatschutz Werner Lindner das Buch *Technische Kulturdenkmale*. Aus verschiedenen Briefwechseln im Archiv des Deutschen Museums wird deutlich, dass Schönberg auch für diese Publikation einen Teil der Korrespondenz erledigt hat.[179]

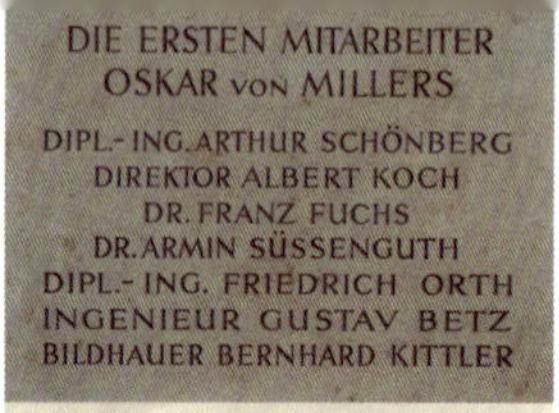

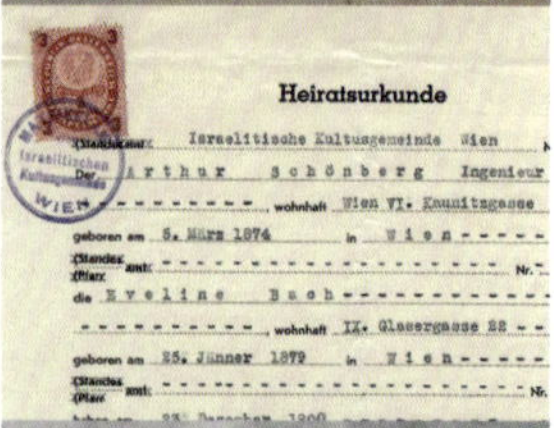
Heiratsurkunde

(Standesamt) Israelitische Kultusgemeinde Wien

Der Arthur Schönberg Ingenieur

wohnhaft Wien VI. Kaunitzgasse

geboren am 5. März 1874 in Wien

die Eveline Bach

wohnhaft IX. Glasergasse 22

geboren am 25. Jänner 1879 in Wien

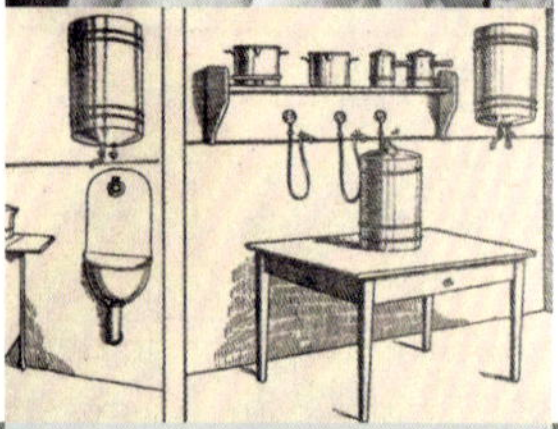

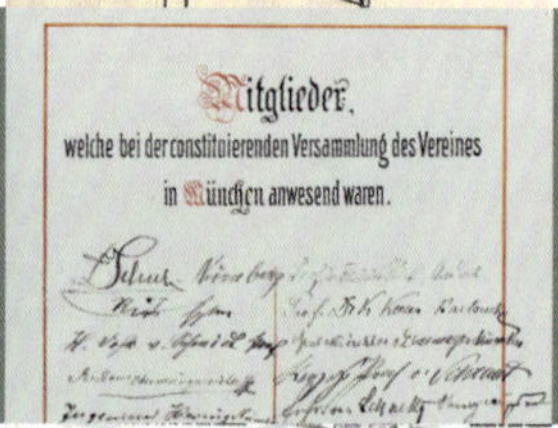
Mitglieder,

welche bei der constituierenden Versammlung des Vereines

in München anwesend waren.

-Werner, Henriette: Kunst und Volk. David Josef Bach 1874–1

Mateo; u. a.: Rudolf Steiner – Die Alchemie des Alltags (Auss
2010.

, Christiane: Finanzverwaltung und Judenverfolgung. Die Ent
igens in Bayern während der NS-Zeit. München 2008.

okratie und Verbrechen. Antisemitische Finanzpolitik und Ver
alsozialistischen Deutschland. München 2013.

, Hans (Hrsg.): Von Juden in München. Ein Gedenkbuch. Mü

gangene Tage. Jüdische Kultur in München. München, Wien 1

, Boris Venediktovič: Die sowjetisch-deutsche Gesellschaft „K
Jahren 1923 bis 1933. In: Sanke, Heinz (Hrsg.): Deutschland,
nf Jahrzehnten kultureller Zusammenarbeit. Berlin 1966, S. 1

Kapitel 4

Engagement für das Deutsche Museum

Ziemlich exakt drei Jahre nach Schönbergs Eintritt in das Technische Bureau Oscar von Miller zog der Firmenchef seinen Mitarbeiter für ein völlig abseits der Elektrotechnik liegendes Projekt heran: die Gründung eines technischen Museums in München, des Deutschen Museums.

Für dessen Geschichte ist Oskar von Miller von besonderer Bedeutung. Die erste Idee stammt aus der Zeit der Elektrotechnischen Ausstellung in Frankfurt und ist in einem Brief Millers an seine Frau Marie vom 30. Oktober 1891 belegt.[1] In Millers Person fokussiert sich die Gründungsgeschichte, um ihn gruppiert sich die Entwicklung des Hauses im ersten Drittel des 20. Jahrhunderts. Miller steht dabei für einen Typus von Museumsgründer, der besonders in der zweiten Hälfte des 19. und in der ersten Hälfte des 20. Jahrhunderts die Entstehungsgeschichte verschiedener Museen prägte. Beispiele für diesen Typus des charismatischen Individualisten, der als Netzwerker und „system builder" personelle und materielle Ressourcen zu bündeln verstand, sind neben Miller auch Hans Freiherr von und zu Aufseß (Germanisches Nationalmuseum Nürnberg), Karl August Lingner (Deutsches Hygiene-Museum Dresden) bzw. im internationalen Raum Wilhelm Exner (Technisches Museum Wien) und Artur Hazelius (Freilichtmuseum Skansen in Stockholm).

Die Fokussierung auf die jeweilige Gründerpersönlichkeit überdeckt jedoch die Arbeit und den Anteil der vielen Mitwirkenden an solchen Projekten. Insofern ist es eine ungewöhnliche Würdigung, dass vor dem Ehrensaal des Deutschen Museums eine Tafel an die frühesten Mitarbeiter des Hauses erinnert.[2] Sie wurde in der Einleitung bereits angesprochen. Dass Arthur Schönberg dort an erster Stelle steht, erklärt sich aus seinem herausragenden Anteil an der Gründung und am Aufbau des Museums. Leider lässt sich dieser nicht immer in allen Einzelheiten exakt nachvollziehen, da, wie erwähnt, im Zweiten Weltkrieg nahezu alle Unterlagen des Ingenieurbüros Oskar von Miller durch Bomben vernichtet wurden. Darunter befand sich auch ein Großteil der Museumskorrespondenz aus der Vorgründungszeit. Die Überlieferung der Museumsakten wird erst nach dem ersten Aufruf zur Gründung eines technischen Museums in München am 1. Mai 1903 dichter.

Anhand des Aktenbestands lässt sich Schönbergs Engagement für das Deutsche Museum grob in drei Phasen einteilen:

1. Gründungsjahre 1903 bis 1908,
2. die Jahre bis 1925 mit der Eröffnung des Museumsgebäudes auf der Kohleninsel, und schließlich
3. die Zeit bis 1934, dem Jahr seines erzwungenen Ausscheidens aus dem Ausschuss des Deutschen Museums.

Die Gründungsjahre

Unklar ist, wann Miller mit Schönberg die Pläne für ein technisches Museum in München erstmals besprochen hat. Erst nach dem formellen Gründungsaufruf vom 1. Mai 1903 liefern die Quellen mehr Hinweise. Die Realisierung eines solchen Museums war dabei mit unvorstellbaren Schwierigkeiten verbunden. Es existierte kein Objektfundus, auf den man zurückgreifen konnte, man besaß keinerlei finanzielle Mittel, hatte keine Angestellte und kein Ausstellungsgebäude. Betrachtet man die Monate nach dem Rundschreiben im Mai, in denen das Museumsprojekt eine ungeheure Dynamik entwickelte, dann müssen Miller und Schönberg schon Monate zuvor ihre Planungen begonnen und wichtige Vorgespräche geführt haben.

Als offizieller Termin für die Bekanntgabe der Gründung war die Tagung des Vereins Deutscher Ingenieure (VDI) in München Ende Juni 1903 vorgesehen. Als damaliger Vorsitzender des Bayerischen Bezirksvereins war Miller für die Durchführung des Treffens verantwortlich. Im Vorfeld versammelten er und Schönberg einen Kreis von 37 Personen. Diese Persönlichkeiten waren geschickt ausgewählt. Sie repräsentierten die Spitzen der Münchner Wissenschaft (Walther von Dyck, Wilhelm Conrad Röntgen), Industrie (Carl von Linde, Hugo von Maffei, Georg von Krauß) und Technik (Rudolf Diesel); alle waren reichsweit bekannt und international geachtet. Mit einigen war Miller seit seiner Schulzeit persönlich befreundet (Dyck, Diesel). Der Kontakt zum bayerischen Herrscherhaus lief über Millers Bruder Ferdinand, durch den Prinz Ludwig von Bayern, der spätere König Ludwig III., als Schirmherr oder „Protektor" gewonnen werden konnte. Die bayerische Regierung erklärte sich noch vor der Tagung des Vereins Deutscher Ingenieure zu einer Unterstützung des Miller'schen Vorhabens bereit, ebenso der Münchner Magistrat mit Bürgermeister Wilhelm von Borscht an der Spitze. Schließlich bedeutete ein großer Erfolg Millers einen erheblichen Prestigegewinn für Bayern und München.

Bei der Gründungsversammlung am 28. Juni 1903 war Arthur Schönberg anwesend. Seine Unterschrift findet sich auf der in Abbildung 29 gezeigten Anwesenheitsliste in der linken Spalte in der dritten Zeile von unten. Mit der Gründungsversammlung ging ein Spendenaufruf einher, welcher der Öffentlichkeit eine breite Unterstützung des Museums durch Unternehmen, wissenschaftliche Gesellschaften und Privatpersonen suggerieren sollte. In einem eigens gestalteten Stifterbuch[3] hielt man die einzelnen Geldspenden sorgfältig fest. Ab 1907 wurde der von dem Kunstmaler und Ledertechniker Franz Xaver Weinzierl gestaltete Prachtband im Ehrensaal des Museums ausgestellt. Auch bei der Gestaltung des Stifterbuchs hatte Schönberg für Oskar von Miller den notwendigen schriftlichen Austausch mit dem gehörlosen Künstler geführt.[4]

Die Reihe der Privatspenden eröffnete eine Stiftung des Mitbegründers des Deutschen Museums, des Ingenieurs und Kältetechnikers Carl von Linde, der aus seinem Privatvermögen 35.000 Mark beisteuerte.

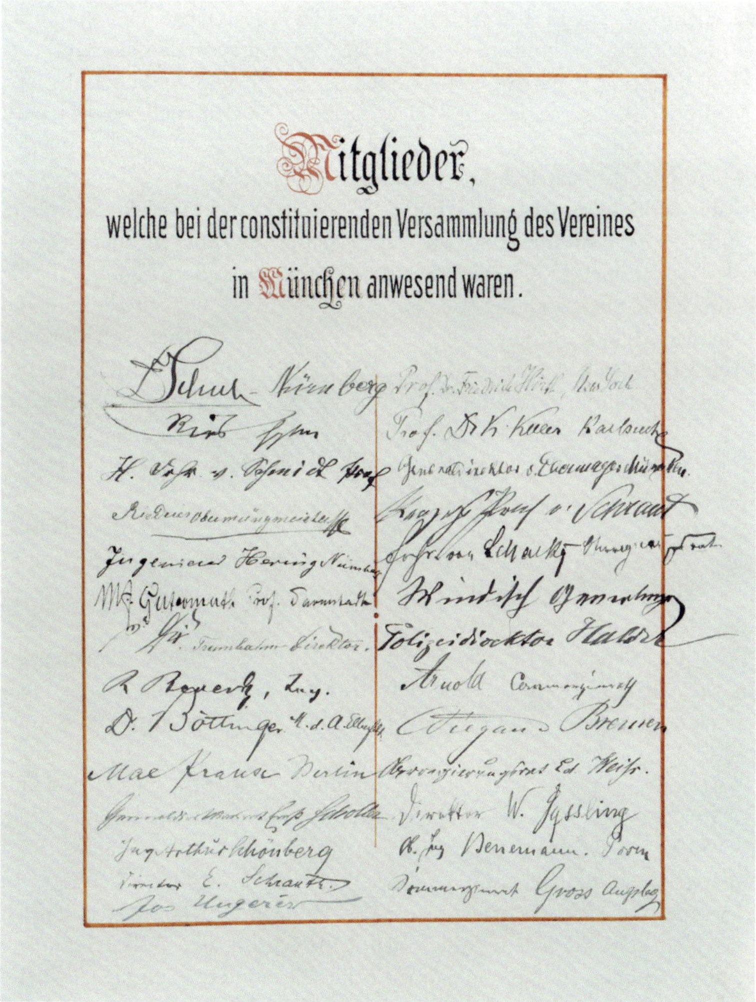
Mitglieder,
welche bei der constituierenden Versammlung des Vereines
in München anwesend waren.

Abb. 29 Mitglieder der konstituierenden Sitzung zur Gründung eines technischen Museums in München, 28. Juni 1903.

Die im Gründungsjahr 1903 höchste Summe stiftete der Münchner Lokomotivfabrikant Georg von Krauß in Höhe von 100.000 Mark, was dem 125-fachen jährlichen Durchschnittseinkommen im Deutschen Reich entsprach. Weitere berühmte Stifter in der Gründungsphase waren der Ingenieur Rudolf Diesel und der Lokomotivfabrikant Hugo von Maffei, damals einer der reichsten Männer Bayerns. Arthur Schönberg fehlt im Stifterbuch, was angesichts seines Alters von 29 Jahren und seines damals noch geringen Vermögens verständlich erscheint. Miller selbst stellte 10.000 Mark zur

Verfügung, ebenso der seit 1891 in seinem Technischen Bureau tätige Kaufmann Josef Heinrich.[5] In der Familie Schönberg wurden hohe Spenden besonders gefeiert. Seine Tochter Else erinnert sich: „Wenn größere Spenden eingingen, wurde bei uns eine Flasche Wein entkorkt so daß ich eines Tages sagte, so mussen [sic!] wir sehr reich sein.“[6]

Zwei Mitarbeiter aus dem Technischen Bureau Oskar von Miller werden im ersten Verwaltungsbericht des Deutschen Museums 1903/04 direkt angesprochen: Schönberg in seiner Funktion als „Bureauleiter für die wissenschaftlichen Arbeiten“ und Heinrich als Leiter der Verwaltung.[7] In der Praxis zeigte sich aber, dass Heinrich primär für die Finanzen des Museums zuständig war, während Schönberg nahezu alle anderen Arbeiten erledigte. Sein Aufgabenfeld als Leiter der wissenschaftlichen Abteilung war breit gestreut. Dazu gehörten erstens die „Ausarbeitung und Durchführung der Methoden zur Ermittlung, Beschaffung, Anordnung und Erläuterung der Museumsgegenstände“[8] und zweitens die Organisation der Mitgliederwerbung, der Reisestiftung und der Stiftungen für den Museumsneubau. Insbesondere agierte Schönberg bei allen Geschäftsvorgängen als der Vertraute Millers.

In den ersten Jahren war das Büro des Deutschen Museums im Privathaus Oskar von Millers am Ferdinand-Miller-Platz 3 angesiedelt, in dem sich auch sein Ingenieurbüro befand. Hier wurde die komplette Korrespondenz des Museums abgewickelt. Blättert man durch die frühesten Akten, fällt auf, dass sich nahezu auf jedem ausgehenden Brief das Namenskürzel Schönbergs („Sch“) findet. Auf die Eingangspost wiederum, die zuerst Miller durchsah, vermerkte dieser regelmäßig „Schbg“, ein Hinweis darauf, dass dieser Brief seinem Mitarbeiter Schönberg vorgelegt werden musste.

Um Geld und Objekte für das geplante Museum einzuwerben, musste eine Flut an Briefen bewältigt werden. Es galt, ein breit gestreutes Netz von Kontakten in Politik, Industrie, Verbänden, Vereinen und wissenschaftlichen Institutionen aufzubauen und vor allem die ständig wachsende Zahl der Förderer regelmäßig zu betreuen. In der Regel wurden die offenen Fragen zwischen Miller und Schönberg mündlich besprochen; über diese Gespräche finden sich keine schriftlichen Aufzeichnungen. Daher bleibt Schönbergs Einfluss unklar. Da Miller bekanntermaßen die Geschäfte im Ingenieurbüro und im Deutschen Museum sehr autokratisch führte, über alles genau informiert sein wollte und sich die meisten Entscheidungen, auch bei Kleinigkeiten, vorbehielt, dürfte in diesen Besprechungen einiges an diplomatischem Geschick Schönbergs erforderlich gewesen sein, um Miller von überzogenen Wünschen und Forderungen, so z. B. hinsichtlich der finanziellen Unterstützung durch den bayerischen Staat, abzubringen. Miller gab bei allen Themen die relevanten Stichworte vor, die Schönberg dann ausformulierte; seine handschriftlichen Konzepte wurden anschließend von Schreibkräften abgetippt und von Miller unterschrieben. War Miller auf Reisen, informierte ihn Schönberg ausführlich über die laufende Korrespondenz, schickte ihm die eingehende Post zur Kenntnisnahme sowie seine eigenen Antworten in Abschrift zu. Gut dokumentiert ist dieses Prozedere in seinem

Briefwechsel mit Miller, der aus verschiedenen Jahren überliefert ist, so 1904, als Miller nach Russland reiste, wo er für Riga ein Elektrizitätswerk projektierte,[9] dann ein Jahr später, als Miller bei der Eröffnung des von seinem Technischen Bureau geplanten Elektrizitätswerks in Bad Kissingen bzw. im siebenbürgischen Hermannstadt (heute Sibiu) weilte, wo Miller die Elektrizitätsversorgung aufgebaut hatte, und schließlich im Jahr 1908 bei Millers Reise nach Ägypten.[10] In seinen Sendungen an Miller berichtete Schönberg über den Fortgang der Museumsarbeiten, fasste die beigelegte Museumskorrespondenz kurz zusammen, machte Vorschläge zum weiteren Vorgehen und plante Termine für Miller. Dieser wiederum kommentierte einzelne Absätze von Schönbergs Briefen mit einem zustimmenden „ja“ oder „einverstanden“, lobte dessen Vorschläge mit „gut“ oder lehnte sie mit einem knappen „nein“ ab.

Im ersten Jahr nach der Gründung des Deutschen Museums ging es darum, ein möglichst umfassendes Netzwerk an Unterstützern der Museumsidee zu schaffen. Besonders die Hochschulen mit ihren umfangreichen Institutssammlungen waren dabei interessant. Daher sollten einflussreiche Persönlichkeiten an möglichst allen deutschen Hochschulen für das Museum werben. Schönberg sprach dabei 1903/04 im Namen Millers einzelne Professoren an und bat sie um die Nennung geeigneter Personen.[11] Die Aktion war erfolgreich, nur für die Hochschulen in Bonn, Gießen, Greifswald, Rostock und Straßburg fehlten Kontakte. Schönberg schlug deshalb vor, der damalige Rektor der Technischen Hochschule München, Walther von Dyck, der mit Miller und Carl von Linde den Museumsvorstand bildete, solle in dieser Angelegenheit ihm bekannte Professoren kontaktieren und als Förderer gewinnen. Um auch in der Bibliothekswelt Unterstützung zu finden, hatte Schönberg zur selben Zeit ein Werbeschreiben an den damaligen Oberbibliothekar an der Universitätsbibliothek München, Hans Schnorr von Carolsfeld, formuliert, der dieses an Kollegen versenden sollte. Um weitere potenzielle Stifter zu erreichen, organisierte Schönberg, dass den wichtigsten Fachzeitschriften ein Aufruf zur Unterstützung des geplanten Museums beigelegt wurde. So wurde die *Zeitschrift des Vereins Deutscher Ingenieure* mit 21 000 gedruckten Aufrufen versorgt, die *Deutsche Bauzeitung* mit 11 500, die *Elektrotechnische Zeitschrift* mit 8400, das *Zentralblatt der Bauverwaltung* mit 5350, *Dinglers Polytechnisches Journal* mit 1600, die *Zeitschrift des Polytechnischen Vereins in Bayern* mit 1600 und *Glasers Annalen* mit 1400 Exemplaren. Auf diese Weise gelang es, die primäre Zielgruppe – Ingenieure, Techniker, Industrielle – zu interessieren.

Um neu gewonnene Persönlichkeiten möglichst eng an das Haus zu binden, wurden sie in den „Ausschuss“ des Museums aufgenommen, sofern ihre Geld- oder Sachspende die Summe von 5000 Mark überschritt; eine andere Möglichkeit, in dieses Gremium gewählt zu werden, war, sich als Referent für eines des 45 Fachgebiete zur Verfügung zu stellen. Aufgrund solch lockerer Aufnahmebedingungen verwundert es nicht, dass der Ausschuss schon bald mehrere Hundert Mitglieder zählte – bis 1921 im Übrigen nur Männer. Darüber hinaus galt es, in den verschiedensten Einrichtungen Kontaktpersonen zu ermitteln, welche die Museumsinteressen befördern konnten. Welch immenser Aufwand für die Korrespondenz betrieben werden musste, lässt sich daran ermessen, dass im Jahr 1905, dem Jahr vor Eröffnung der ersten Ausstellungen, rund 100 000 Briefe im Museum bearbeitet wurden.

Betrachtet man den Schriftwechsel zwischen Miller und Schönberg, wird deutlich, dass Miller sich nicht nur auf Zustimmung oder Ablehnung von Vorschlägen beschränkte, sondern teilweise ausführliche Erläuterungen annotierte, so in einer Passage, in der es um die Aufstellung von Drehautomaten für Getränke in den provisorischen Ausstellungen im ehemaligen Nationalmuseum ging.[12] Miller forderte dabei zwei Drehkästen, einen für kalte und einen für warme Getränke. Man sieht an diesem Beispiel, dass Miller in viele Details persönlich eingriff. Andererseits verhandelte Schönberg selbstständig mit Vertretern der bayerischen Staatsregierung. Dokumentiert ist ein Vorgang vom Februar 1908, in dem es um die Beschlussvorlage im Bayerischen Landtag ging. Darin sollte der Zuschuss für den Neubau des Deutschen Museums auf der Museumsinsel festgelegt werden.[13] Bei den Vorbesprechungen mit dem zuständigen Ministerialrat Gustav von Kahr, dem späteren Ministerpräsidenten, wies Schönberg darauf hin, dass sich die Industrie stark an dem Vorhaben beteiligen werde. Bis Anfang 1908 seien für die Jahre 1909 und 1910 rund 800.000 Reichsmark eingegangen, eine ziemliche Untertreibung, da – wie er selbst an Miller schreibt – „in Wirklichkeit bereits 1.350.000 Mk einbezahlt" seien.[14] Vermutlich wollte er mit seiner niedrigen Zahl bei Kahr einen höheren staatlichen Zuschuss erreichen.

Andere Ingenieure aus Millers Firma wurden nur eingeschränkt für das Museumsprojekt herangezogen. In einer Aufstellung, mit der Miller gegenüber dem Deutschen Museum die Personalkosten seines Technischen Bureaus für das Jahr 1903 in Höhe von 2592,34 Mark geltend machte, ist an erster Stelle der Name Schönbergs genannt. Allein auf ihn entfielen 1451,45 Mark, also rund 56 Prozent.[15] Dies entsprach etwa einem Drittel seines Jahreseinkommens. Da im Unternehmen Millers über die für einzelne Projekte aufgewendeten Stunden genau Buch geführt wurde, kann man aus den Zahlen folgern, dass Schönberg im Jahr 1903 rund vier Arbeitsmonate ausschließlich mit Museumsangelegenheiten befasst war. Für den kaufmännischen Leiter des Technischen Bureaus, Josef Heinrich, der für das Museum die Buchführung erledigte, kamen nochmals 553,50 Mark hinzu, während sich der Rest auf kleinere Posten verteilte.

Noch im Gründungsjahr des Deutschen Museums fuhren Miller und Schönberg im November mit der Eisenbahn nach Paris, um dort das traditionsreiche technische Museum Musée des Arts et Métiers zu besichtigen – Schönberg in der günstigeren 2. Klasse, während sich Miller die 1. Klasse gönnte, wie aus den unterschiedlichen Abrechnungen hervorgeht.[16] Schönbergs Reise dauerte vom 8. bis 17. November; für diese Tage erhielt er eine tägliche Zulage von 12,50 Mark. Zweck seiner Fahrt war, nicht nur den gegenwärtigen Stand der Pariser Ausstellungen zu besichtigen, sondern auch die historischen Akten des dortigen Museums zu studieren.

Von der Reise hat sich ein neunseitiger Bericht erhalten.[17] Darin sind die Gründungsgeschichte des Pariser Museums zwischen 1775 und 1819 und die zentralen Aufgaben in diesem Zeitraum ausführlich dokumentiert: die Abhaltung populärer

Vorträge, die Organisation von Kontakten zwischen Erfindern und Handelshäusern sowie die Prüfung von in- und ausländischen Versuchen. Die Leitung hatte ein Dreiergremium. Auch ein Ausschuss („Conseil de Perfectionnement") mit permanenten bzw. zeitlich befristeten Mitgliedern war schon um 1819 angedacht. Durch eine zunehmende Akademisierung des Conseil in den folgenden drei Jahrzehnten sei – so der Bericht weiter – allerdings die ursprüngliche Zielsetzung in Vergessenheit geraten. Erst eine Reform im Jahr 1850 habe den Rat wieder mit Gelehrten, Beamten und Industriellen sowie gewählten Mitgliedern auf eine breitere Basis gestellt. Eine der Leitlinien war seit der ersten Hälfte des 19. Jahrhunderts, im Museum verschiedene Ausstellungsobjekte in Betrieb vorzuführen. Dafür richtete man eine große Maschinenhalle mit mehreren Arbeitsmaschinen ein, die zu Vorführungszwecken, aber auch zur Prüfung neuerer Entwicklungen eingesetzt werden konnten. Der Bericht sparte aber auch nicht mit Kritik an der französischen Einrichtung. Ein großes Manko sahen Miller und Schönberg darin, dass das Musée des Arts et Métiers in den folgenden Jahrzehnten auf die Sammlung von Maschinen mit neuartigen Antriebstechniken verzichtet habe, weswegen das Museum veraltet sei.

Unverkennbar ist, dass infolge der Pariser Erfahrungen die Gremien des Münchner Museums in ähnlicher Weise organisiert wurden wie im Musée des Arts et Métiers. Zusätzlich orientierte man sich in einzelnen Aspekten an der Satzung des Germanischen Nationalmuseums in Nürnberg, insbesondere hinsichtlich des nationalstaatlichen Charakters der Einrichtung und des breiten Aufgabenspektrums mit Ausstellungen, wissenschaftlichen Sammlungen, Archiv, Bibliothek, Forschung und Vorträgen. Die Gremienstruktur des Conservatoire floss in die erste Satzung des Hauses vom 28. Dezember 1903 ein.[18] An der Spitze des Deutschen Museums stand seither ein dreiköpfiger Museumsvorstand, der die Geschäftsleitung innehatte. Ihm gehörten neben Oskar von Miller auch Walther von Dyck als Vertreter der Wissenschaft und Carl von Linde als Repräsentant der Industrie an. Darunter stand der sogenannte Vorstandsrat, der sich aus besonderen Förderern und reichsweit bekannten Persönlichkeiten zusammensetzte. Die Zahl der Mitglieder schwankte zwischen 25 und 50. Ein ziemlich großes Gremium bildete der „Ausschuss", der aus gewählten Vertretern von Hochschulen, Akademien, Verbänden und Vereinen sowie Mitgliedern bestand, die sich aufgrund einer hohen Geld- oder Sachspende eine lebenslängliche Mitgliedschaft erworben hatten.

Zu den Aufgaben Schönbergs in der Gründungszeit gehörte, fördernde Mitglieder für das Museum anzuwerben.[19] Dafür entwickelte er – offensichtlich ohne Absprache mit Miller – ein ausgeklügeltes System. Dabei wurden die Gründungsmitglieder und zahlreiche prominente Personen mit der Frage angeschrieben, ob sie mit der Nennung ihrer Person als Förderer des Museums in einer kleinen Broschüre einverstanden seien. Gleichzeitig erhielten sie ein von Schönberg ausgearbeitetes Formular, in das sie Namen und Adressen Dritter eintragen konnten, denen dann wiederum ein Aufruf zur Unterstützung des Museums zugesandt werden sollte. Die ausgefüllten Listen haben sich im Archiv des Deutschen Museums erhalten.[20] Sie sind eine hervorragende

Quelle zur Erforschung der Netzwerke von Wissenschaftlern, Technikern und Ingenieuren zu Beginn des 20. Jahrhunderts. Die in den Listen genannten Persönlichkeiten wurden anschließend systematisch angeschrieben und um Unterstützung des Museumsprojekts gebeten. So gelang es in kurzer Zeit, eine enorm große Zahl an Förderern zu werben. Die historische Mitgliederkartei, die sich im Museumsarchiv erhalten hat, zeigt, dass sich bereits 1904, im ersten Jahr nach der Gründung, Hunderte von Personen dem Museumsverein anschlossen und Mitgliedsbeiträge in unterschiedlicher Höhe entrichteten. Schönberg selbst trat dem Museum formell am 23. Januar 1904 als eines der ersten Mitglieder bei.

Eine der zentralen Aufgaben Schönbergs als Leiter der wissenschaftlichen Abteilung bestand darin, die systematische Sammlung von Museumsobjekten zu betreiben. Die Grundlage dafür bildeten Vorgaben, die der nur kurzfristig existierende „Wissenschaftliche Ausschuss" am 11. Mai 1903 formuliert hatte. Hier heißt es:

> „Die verschiedenen Zweige der Technik, welche mit der Wissenschaft in enger Beziehung stehen, sollen in ihrer Entwicklung durch historische Apparate, durch Modelle, sonstige typische und hervorragende Meisterstücke, sowie durch Zeichnungen und Urkunden zur Darstellung gebracht werden, dabei sollen sowohl Industriezweige Berücksichtigung finden, die ihren Anfang durch wissenschaftliche Forschungen nahmen, als auch solche, welche durch die wissenschaftlichen Bestrebungen in ihrer späteren Entwickelung hervorragend beeinflusst wurden [...]. In erster Linie sollen deutsche Museums-Gegenstände gesammelt werden, doch seien zur Vervollständigung einer historischen Darstellung der Industriezweige auch hervorragende ausländische Meisterstücke zuzulassen."[21]

Ursprünglich hatte man die Übernahme von Objekten an die Zustimmung des Vorstandsrats geknüpft, doch zeigte sich dieses Vorgehen angesichts der Flut von eingehenden Objekten als nicht praktikabel. Viele Firmen schickten, teilweise unaufgefordert, ihre neuesten Produkte an das Museum. 1904 beklagte sich Oskar von Miller, dass ein großer Schienenhersteller dem Museum eine riesige Sammlung von Schienenprofilen übersandt habe, die zwar als „Zierde jeder industriellen Ausstellung" gelten könne, für ein „wissenschaftliches Museum" aber völlig unbrauchbar sei.[22] Dennoch wurde diese Schenkung nicht abgelehnt. Dem Museum ging es 1903 bis 1906 in erster Linie schlicht darum, die breite Unterstützung von Industrie und Politik, von Verwaltungen und Einzelpersonen zu gewinnen; dafür nahm man anfänglich das Anschwellen der Depots in Kauf.

Konfrontiert mit dem massiven Zustrom an Artefakten zeichnete sich schnell ab, dass die Einwerbung von Objekten genauer geplant werden musste. Auf der Basis der Fachdisziplinen der damaligen technischen Hochschulen, deren Ausbildung sowohl Miller als auch Schönberg durchlaufen hatten, wurde im Technischen Bureau Millers eine grobe Einteilung des Museums ausgearbeitet. Vieles deutet darauf hin, dass die Fachgebietseinteilung von Schönberg stammt. Der seit 1935 amtierende Geschäftsführende Vorstand im Deutschen Museum, der Physiker Jonathan Zenneck, formulierte es später so, dass Miller seinen Mitarbeiter Schönberg „mit der Ausarbeitung und

Durchführung der Methoden der Ermittlung, Beschaffung, Anordnung und Erläuterung des Museumsgegenstände" betraut habe.[23] Miller selbst zeigte sich in verschiedenen Fällen höchst uninformiert über die neue Systematik. So musste er sich einmal bei Schönberg erkundigen, ob der Bereich „Bergbau" in das Gruppenverzeichnis der Ausstellungen aufgenommen worden sei.[24] Ein anderes Mal wollte er von ihm wissen, ob auch außerhalb Deutschlands Mitglieder angesprochen werden sollten.[25] In einer weiteren Notiz fragte Miller bei seinem Mitarbeiter kritisch nach: „Wer hat dieses Circular aufgesetzt"[26] – gemeint war das erwähnte Rundschreiben zur Werbung von Mitgliedern. Die organisatorischen Fäden liefen also eindeutig bei Schönberg zusammen. Er war es, der Miller mit Informationen und Detailangaben versorgte. Umgekehrt führte er Aufträge Millers aus, so in dem Fall, als er eine Adressenliste derjenigen Personen zusammenstellte, die eine Aufforderung zum Beitritt erhalten sollten.[27]

Anfangs plante man bei der Fachgebietseinteilung 29 Bereiche;[28] bis 1905 erweiterte man die Zahl auf 45.[29] Hauptgruppen waren:

1. Mathematik
2. Physikalische und technische Mechanik
3. Magnetismus und Elektrizitätslehre
4. Chemie, Elektrochemie
5. Heizung und Lüftung
6. Baumaterialien
7. Geologie
8. Kinematik und Maschinenelemente
9. Landtransportmittel
10. Textilindustrie

Für das Deutsche Museum hatten die von Miller und Schönberg eingeführten Fachgruppen weitreichende Konsequenzen. Bis heute ist der Objektfundus in diese Fachgebiete eingeteilt, wenngleich im Laufe der Zeit neue Bereiche hinzukamen bzw. andere zusammengelegt wurden. Auch in den Ausstellungen blieb die Fachsystematik bis zum Jahr 2022 erhalten. Erst seit diesem Jahr gruppieren sich die Ausstellungen um „Cluster", also fachlich verwandte Bereiche, und nicht mehr um Fachdisziplinen.

Für die Ausgestaltung des provisorischen Museums wurde ab 1904 ein Netz von Referenten geknüpft. 1905 gab es 56 Referenten[30] sowie zusätzlich 134 externe Mitarbeiter, die ihre Unterstützung zugesagt hatten.[31] Schönberg selbst taucht nicht in einer solchen Funktion auf, da er die Koordination über alle Fachgebiete innehatte. Die Referenten und Externen hatten die Aufgabe, für jeweils ein Fachgebiet gemäß dem Museumsprogramm Listen zu erstellen, in denen alle wünschenswerten Originale, Nachbildungen, Modelle, Demonstrationsobjekte, Zeichnungen, Fotos etc. erfasst werden sollten. Diese Verzeichnisse wurden als „Wunschlisten" bezeichnet.[32] Die früheste Wunschliste stammt aus dem Jahr 1904 und behandelt das Fachgebiet Dampfmaschinen (Abb. 30/31). Bis Ende 1905 lagen für alle 45 Gruppen Wunschlisten vor.[33]

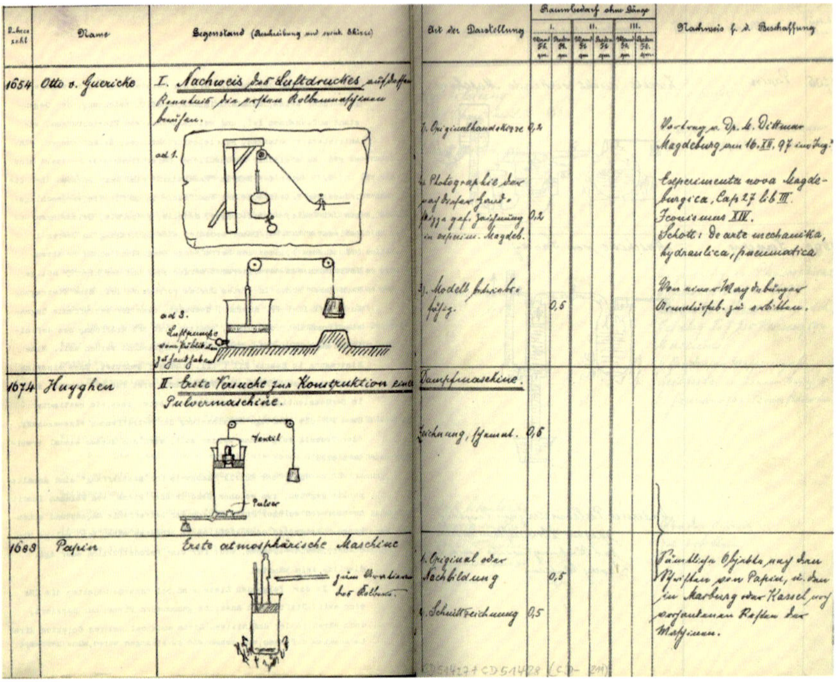

Abb. 30/31 Für die Fachgebiete wurden jeweils „Wunschlisten" der wünschenswerten Originale, Nachbildungen, Modelle, Demonstrationsobjekte, Zeichnungen, Fotos etc. angelegt. Abgebildet ist eine Doppelseite aus dem Fachgebiet „Dampfmaschinen", 1904.[34]

Die „Wunschlisten" sind eine instruktive Quelle für die Geschichte von Sammlungen insgesamt und reichen weit über das konkrete Sammeln des Deutschen Museums hinaus. Vergleichbare Fälle einer ähnlich umfassenden Sammlungskonzeption sind zumindest für Deutschland nicht bekannt. Mit dem Stichjahr 1905 wurde eine Bestandsaufnahme der technisch-wissenschaftlichen Entwicklung vorgenommen und dafür geeignete Einzelobjekte gesucht. Dass dieses Vorgehen in eine konkrete Handlungsanweisung für die Einwerbung von Objekten mündete, verleiht den Wunschlisten zusätzliche Bedeutung. Durch die Festlegung, welches Objekt „museumswürdig" war und welches nicht, wurde ein Kanon materieller technischer Kultur fixiert und tradiert, der über Jahrzehnte die Richtschnur vieler nationaler wie internationaler technisch-wissenschaftlicher Museen bildete.

Während die Wunschlisten diejenigen Objekte definierten, die nach Ansicht der externen Mitarbeiter für die künftigen Ausstellungen wünschenswert waren, mussten diese Vorschläge durch die Museumsleitung konkret umgesetzt werden. Hier war Miller zwar nach außen hin der Repräsentant und ungemein erfolgreich Werbende für das Museumsprojekt, die konkrete Ausführung oblag aber dem wissenschaftlichen Leiter

Schönberg. Bei der Beurteilung der Aktivitäten zwischen 1903 und 1907 muss berücksichtigt werden, dass es zu diesem Zeitpunkt keine erfahrenen oder sogar ausgebildeten Ausstellungsmacher für ein technisches Museum gab. Auch Schönberg konnte keinerlei Fachkenntnisse vorweisen. Insofern musste er sich in die Technik- und Wissenschaftsgeschichte vieler Disziplinen einarbeiten, um die Relevanz der vorgeschlagenen Objekte beurteilen zu können.

Neben seiner Funktion als übergeordneter Leiter aller wissenschaftlichen Abteilungen betreute Arthur Schönberg von 1904 bis 1907 auch persönlich das Fachgebiet „Reproduktionstechnik".[35] Dieses umfasste 1906 bei der Eröffnung der ersten Ausstellung im ehemaligen Nationalmuseum in der Maximilianstraße (heutiges Museum Fünf Kontinente) die Gruppen „Maltechnik" (Saal 29), „Schreiben, Buchdruck" (Saal 30) sowie „Zeichnen, Illustrationsdruck, Photographie" (Saal 31). Ein Grundriss der drei Räume findet sich im ersten Museumsführer aus dem Jahr 1907 (Abb. 32).[36] Unterstützt wurde Schönberg dabei von mehreren Referenten, dem Kunstmaler Ernst Berger (Maltechnik), dem Verlagsbuchhändler Rudolf August von Oldenbourg (Buchdruck) und dem Direktor einer Versuchsanstalt für Farbenfotografie in Berlin, Hans Schmidt (Fotografie). Schönberg fiel dabei die Aufgabe zu, deren Vorschläge zu prüfen und möglichst in Abstimmung mit ihnen die passenden Objekte einzuwerben. Dass dies nicht immer einvernehmlich funktionierte, zeigen insbesondere die Briefwechsel mit Oldenbourg, der sich mehrfach unzufrieden zeigte mit der zu kleinen Ausstellung, in der das Buchbindewesen oder eine Darstellung der Albertotypie fehle.[37]

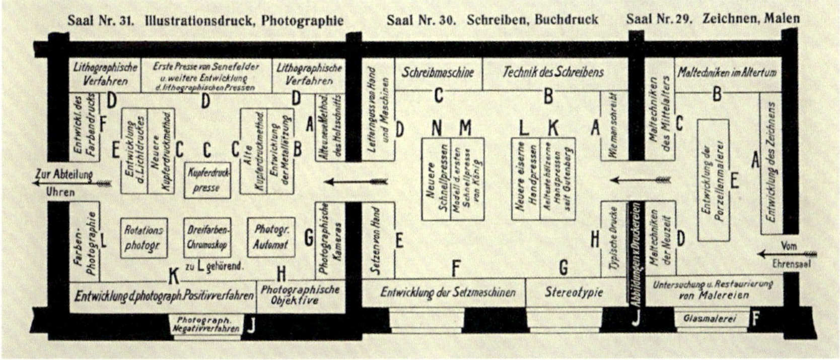

Abb. 32 Die von Schönberg eingerichteten Räume 29 bis 31 in den provisorischen Ausstellungen des Deutschen Museums im ehemaligen Nationalmuseum, 1907.[38]

Um für das Fachgebiet geeignete Ausstellungsobjekte zu finden, unternahm Schönberg deutschlandweit zahlreiche Besichtigungen. Er besuchte verschiedene Unternehmen und stöberte in Antiquariaten nach Fotos, Grafiken und Büchern. Auch nach der Eröffnung der ersten provisorischen Ausstellungen blieb er für das Fachgebiet noch einige Zeit aktiv.

Im Raum „Maltechnik“ wurden 1906 sowohl die Entwicklung des Malens als auch die Hilfsmittel der Malerei bis in die Zeit um 1900 präsentiert.[39] Im Sinne einer historischen „Entwicklungsreihe“ lagen die Schwerpunkte auf der Porzellan- und der Glasmalerei. Interessanterweise zeigte der Saal auch einige Beispiele zur Analyse der Echtheit von Kunstwerken mittels mikroskopischer und mikrochemischer Untersuchungen von Grundierungen und verwendeter Bindemittel, was einen höchst modernen und innovativen Ansatz bildete. Im Saal 30 waren die Schreibtechniken von der Keilschrift hin zu modernen Schreibmaschinen sowie die Genese des Buchdrucks vom Letternguss bis zu aktuellen Schnellpressen dargestellt. In einem Pultschrank präsentierte man typische Drucke seit dem 15. Jahrhundert, darunter ein Originalblatt aus der 42-zeiligen Bibel von Gutenberg.

Betrachtet man die Räume 29 bis 31, so finden sich dort die für die frühesten Ausstellungen typischen Medien. Neben wertvollen Originalen standen Nachbildungen oder Modelle historisch wichtiger Stücke. Sofern die Artefakte nicht für das Museum angeschafft werden konnten, griff man auf Fotografien zurück. Auch scheute man nicht vor einer konservatorisch problematischen Ausstellung einzigartiger Originaldokumente zurück. Im Ausstellungsführer sind beispielsweise die Handzeichnung eines Bergwerks aus der Zeit um 1700 und die frühesten deutschen Fotografien aus dem Jahr 1837 erwähnt.[40]

Abb. 33 Die von Schönberg eingeworbene Stangenpresse von Alois Senefelder aus dem Jahr 1797.[41]

Bei der Einwerbung historisch bedeutender und seltener Objekte war Schönberg in Abstimmung mit den drei Referenten sehr erfolgreich. Eine Attraktion war sicherlich das Original der Stangenpresse von Alois Senefelder aus dem Jahr 1797, mit der man kostengünstiger und schneller Buchseiten vervielfältigen konnte (Inv.-Nr. 4340/1; Abb. 33). Für den Bereich der Fotografie gelang es Schönberg, die einzige bis heute in Deutschland nachweisbare Originalkamera von Daguerre aus dem Jahr 1839 einzuwerben (Inv.-Nr. 4287).[42] Der Fotograf und Hochschullehrer Hermann Krone wiederum stiftete gleich zwei Kisten mit Aufnahmen aus verschiedenen Bereichen seiner Produktion – eine Sammlung, die heute neben derjenigen in Dresden zu den bedeutendsten weltweit gehört. Ebenso konnte Schönberg die ältesten deutschen Papierfotografien von Franz von Kobell akquirieren. Sie stammen aus den Jahren 1837 bis 1839 und sind heute Ikonen der Fotogeschichte. Auch eine der ersten Panoramakameras von Thomas Sutton, die Paul Eduard Liesegang modifiziert hatte, kam früh ins Haus (Inv.-Nr. 24794). Trotz des Blicks auf historische Originale wurde die aktuelle Technikentwicklung nicht vergessen. So konnte das in Frankreich 1907 auf dem Markt platzierte Autochromverfahren schon in den ersten Ausstellungen gezeigt werden, desgleichen über ein 100 Meter langer Bewegtfilm, der die Festlichkeiten anlässlich der Grundsteinlegung für das Museumsgebäude auf der Kohleninsel dokumentierte.[43] Dieser Film bildet ein sehr frühes Zeugnis der Kinematografie in Deutschland.

Neben der Einwerbung und der Realisierung der ersten Ausstellungen gehörte es zu den Aufgaben Schönbergs, die Tagespresse permanent mit Nachrichten zu versorgen – selbstverständlich ausschließlich Erfolgsmeldungen über Spenden, Objektstiftungen und glanzvolle Gremiensitzungen. Während Oskar von Miller als europaweit bekannte Frontfigur die zentralen Kontakte pflegte, koordinierte sein Mitarbeiter im Hintergrund die Aktivitäten. Er leitete relevante Informationen an Zeitungen und Zeitschriften weiter und hielt Kontakt zu den Redaktionen. Die meisten in den Gründungsjahren eingegangenen Zeitungsausschnitte sind von ihm abgezeichnet. Noch dreißig Jahre später (1933) galt Schönberg aufgrund seiner vielfältigen Kontakte als „Pressesprecher" des Deutschen Museums, eine seiner zahlreichen inoffiziellen Funktionen im Museum.[44]

Vereinzelt haben sich von Schönberg selbst verfasste Zeitungsartikel erhalten. Ein bemerkenswerter Beitrag ist in den Verwaltungsakten des Deutschen Museums überliefert[45] und wurde 1907 in der *Augsburger Abendzeitung* abgedruckt. Unter dem Titel Was bietet das *Deutsche Museum dem Laien?* griff er die grundsätzliche Frage auf, ob das Deutsche Museum nur eine Einrichtung für Spezialisten darstelle oder es auch für die breite Bevölkerung ansprechend sei. Die selbstverständliche Antwort: Natürlich sei das Museum für alle Schichten interessant, da die Menschheit nach Wissen und Erkenntnis dürste, vor allem, da Naturwissenschaften und Technik zunehmend viele Bereiche der Arbeitswelt durchdringen würden. Die ein Jahr zuvor eröffneten Ausstellungen würden durch die Art ihrer Aufstellung und die angebrachten, leicht verständlichen Erläuterungen auch dem Laien erschöpfend Auskunft geben. Interessant ist der Begleitbrief Schönbergs an den Redakteur der *Augsburger Abendzeitung*.[46] Darin entschuldigt er sich für die verspätete Abgabe seines Artikels mit der Begründung, Oskar von Miller habe verschiedene Änderungswünsche vorgebracht, deren Bearbeitung ihn zusätzliche Zeit gekostet habe. Auch habe Miller vorgeschlagen, in diesem Beitrag lediglich die technischen Disziplinen des Museums zu behandeln und die wissenschaftlichen Abteilungen in einem eigenen Artikel zu beschreiben. Man sieht: Miller mischte sich auch in die Veröffentlichungen seiner Mitarbeiter ein!

Ein anderer Zeitungsartikel Schönbergs beschäftigte sich ausschließlich mit der von ihm 1906 gestalteten Ausstellung *Reproduktionstechnik im Deutschen Museum*. Dieser erschien Mitte des Jahres 1908 ebenfalls in der *Augsburger Abendzeitung* in zwei Teilen.[47] Im ersten Aufsatz ging er auf die technische Entwicklung des Schreibens ein, „wobei dem Charakter des Museums entsprechend nicht nur die Erzeugnisse, sondern vor allem auch die Werkzeuge zum Schreiben in ihrer allmählichen Vervollkommnung gezeigt werden." Dabei schlug er mit seinen Beispielen den Bogen von den Keilinschriften über die Papyri der Ägypter, die Wachstafeln der Griechen, die Pergamenthandschriften des Mittelalters bis hin zu auf Papier fixierten Dokumenten. Bei der Drucktechnik hob Schönberg die Erfindung Gutenbergs zum Buchdruck mit beweglichen Metalllettern hervor. Ausführlich behandelte er die Herstellung der Lettern, den schwierigen Weg von der ersten Setzmaschine Ottomar Mergenthalers, der „Linotype" von 1886, bis zu den Rotationsmaschinen und der damals neuesten Entwicklung, dem sogenannten „Elektrotypographen" aus dem Jahr 1905. Dabei legte Schönberg größeren Wert auf die Darstellung der Druckgeschichte als auf die Beschreibung der eigentlichen Ausstellung selbst, sodass häufig unklar bleibt, ob die von ihm angesprochenen Entwicklungsstufen im Museum mit Originalapparaten vertreten waren oder lediglich durch Nachbildungen, Modelle oder Fotografien. Dies ist insofern verständlich, als es in der Kürze der Zeit zwischen der Museumsgründung 1903 und der Eröffnung der ersten Ausstellungen im November 1906 oft schlichtweg unmöglich war, wichtige Objekte im Original einzuwerben, so bei der Linotype und dem Elektrotypographen. Diese wurden daher anfangs nur durch Abbildungen präsentiert.

Im zweiten Aufsatz beschrieb Schönberg die technische Übertragung eines Originalbilds durch verschiedene Nachbildungsmethoden. Auch hier ging er auf die wichtigsten Entwicklungsstufen ein, beginnend von Holzschnitten, Kupferstichen, Lithografien bis hin zu den ersten Autotypien von Georg Meisenbach und den unterschiedlichen Formen des Flach-, Hoch- und Tiefdrucks. Auch in diesem Teil referierte er ausführlich die Technik der verschiedenen Verfahren, um Druckfarben auf einen Bedruckstoff zu übertragen. Besonders detailliert schilderte er die von Alois Senefelder erfundene Lithografie, nicht zuletzt, da das Deutsche Museum schon 1905 dessen erste Stangenpresse (Abb. 33), zudem eine lithografische Handpresse mit einem originalen Lithografie-Stein und zahlreiche Werkzeuge des Erfinders eingeworben hatte. Auch seine Totenmaske war in einem Pultschrank ausgelegt.

Während im Zusammenhang mit den beschriebenen Artefakten aus der Drucktechnik das Wort „Original" eher selten fällt, findet es sich in der Gruppe Fotografie auffällig häufig. Schönberg erläuterte in dem Aufsatz die von Daguerre, Talbot, Steinheil und Kobell entwickelten Verfahrenstechniken zur Herstellung fotografischer Reproduktionen, wobei die deutschen Beiträge in der Museumsausstellung im Original gezeigt seien. Neben den Verfahren führte Schönberg auch knapp die einzelnen Aufnahmeapparate und Objektive wichtiger Hersteller (C. A. Steinheil, Carl Zeiss, C. P. Goerz) an. Dass er bereits im Eröffnungsjahr 1906 die damals noch junge Farbfotografie behandelte, ist ein Beleg dafür, dass das Deutsche Museum nicht nur historische Stücke zeigen wollte, sondern eben auch die neuesten Entwicklungen. Im Fall der Farbfotografie war dies eine Referenz an den Berater Hans Schmidt, der in dieser Zeit bei der Neuen Photographischen Gesellschaft ein erstes „Special-Atelier für Farbenphotographie" leitete. Um dem Museumspublikum die Qualität der Farbwiedergabe anschaulich vor Augen zu führen, wurde ein von der Hofwachsfabrik Mertz in München hergestelltes Körbchen mit Wachsfrüchten an verschiedene Firmen und Persönlichkeiten gesandt. Diese fotografierten es mit Filmen mehrerer Hersteller. Die Reproduktionen kamen gerade noch rechtzeitig zur Eröffnung des Museums im November 1906 in München an.[48]

Auf eine weitere Facette in Schönbergs Aufgabengebiet am Deutschen Museum hat wiederum Jonathan Zenneck hingewiesen:

> „Schönbergs spezielle Aufgabe war: nicht allgemeine Überwachung – sondern Anleitung und Schulung jüngerer Kräfte auf einem Gebiet, auf dem damals keine Vorbilder bestanden. […] Das Deutsche Museum ist ihm zu grossem Dank verpflichtet dafür, dass er einen Stab von Mitarbeitern herangebildet hat, die zum grössten Teil jetzt noch im Museum tätig sind".[49]

Die Tatsache, dass bei der Gründung des Museums keine spezifischen Fachleute vorhanden waren, ist in der bisherigen Literatur wenig beachtet worden. Es war für das Haus von essenzieller Bedeutung, geeignete Personen für die einzelnen Fachgebiete zu finden, die über ein breites Wissen, gute Kontakte und Durchsetzungsfähigkeit verfügten. Sicher ist, dass Miller in den meisten Fällen die Personalauswahl getroffen hat. Schönberg fiel dann die Rolle zu, die neuen Angestellten auf die Grundstrukturen des Museums, dessen Aufgaben und Ziele einzuschwören, ihnen die Konzeption der Sammlung von Objekten und die Methoden der Ausstellungstechniken zu vermitteln und sie zu technisch-wissenschaftlichen Kuratoren auszubilden. Da er selbst als Maschinenbauingenieur über keine praktische Erfahrung verfügte, musste er sich in eine umfangreiche Literatur einarbeiten und vergleichbare Museen besuchen. Dass er diese Herausforderung hervorragend gelöst hat, unterstreicht der letzte Satz des Zitats von Zenneck.

Die Jahre zwischen 1903 und 1907 waren für Arthur Schönberg ausgefüllt mit Arbeiten für das Deutsche Museum, sodass kaum Zeit blieb, umfangreichere Projektarbeiten im Technischen Bureau Oscar von Miller zu übernehmen. Gerade die Vorbereitung für die Eröffnung der Ausstellungen in der Maximilianstraße am 13. November 1906 bedeuteten einen ungeheuren Zeitaufwand. Trotz des Drängens von Miller und Schönberg trafen zahlreiche Objekte erst in den letzten Tagen vor der Eröffnungsfeier in München ein. Dies hatte zur Folge, dass sie nur provisorisch platziert und ebenso ungenügend mit Ausstellungstexten versehen werden konnten. Insofern hat es durchaus seine Berechtigung, wenn man beim ersten Museum von „provisorischen" Ausstellungen spricht. In den Jahren 1907 und 1908 musste permanent nachgebessert werden. Die grundsätzliche Problematik bestand darin, dass für die in den Sälen 29 bis 31 untergebrachten Ausstellungsgruppen zu wenig Platz vorhanden war, weswegen manche Stifter ihre Objektzusagen zurückzogen. In einigen Fällen wurden Gruppen später völlig umgestaltet, so der relativ kleine Bereich, der sich mit Formen und Techniken des Schreibens beschäftigte;[50] einzelne Stücke wurden vollständig entfernt, weitere in die jeweilige Entwicklungsgeschichte anderer Fachdisziplin eingefügt.

Es muss Miller und Schönberg ein Dorn im Auge gewesen sein, dass bei der Eröffnung des provisorischen Museums keine Ausstellung zur Elektrotechnik und Energieversorgung gezeigt werden konnte, also genau der Bereich, in dem das Ingenieurbüro sein Geschäftsfeld hatte. Zudem galt Miller weltweit als Experte für die Übertragung von Strom über weite Strecken. Die ursprünglich für das alte Nationalmuseum geplante Gruppe „Elektrotechnik" konnte nicht eingerichtet werden, da dort im Erdgeschoss nur 100 Quadratmeter zur Verfügung standen und im ersten Stock die Bodenbelastung für die schweren Maschinen nicht ausreichte.[51] Dies war umso ärgerlicher, als allein die Firmen Siemens & Halske und Siemens-Schuckertwerke bis zum Jahr 1906 zahlreiche bedeutende Originalobjekte, Fotografien und Modelle gestiftet hatten.[52] Aus diesem Grund musste die Gruppe bis zum Jahr 1909, der Eröffnung der Zweigstelle in der Schwere-Reiter-Kaserne an der Zweibrückenstraße gegenüber der Museumsinsel (heute Deutsches Patent- und Markenamt), warten.[53] Dort standen im Erdgeschoss für die „Elektrotechnik" 400 Quadratmeter und für die Gruppe „Beleuchtungswesen" nochmals die gleiche Grundfläche zur Verfügung.[54]

Schönberg selbst – das geht aus den Akten hervorvor – engagierte sich für die Einrichtung der dortigen Ausstellung zur Elektrotechnik allerdings nur eingeschränkt. Briefe mit seinem Namenskürzel „Sch" finden sich in den Fachgebietsakten zwischen 1905 und 1909 insgesamt eher selten.[55] Auffällig ist dabei, dass für ihn der Briefwechsel mit prominenten Persönlichkeiten reserviert blieb, während verschiedene Museumsangestellte die übrige Korrespondenz abwickelten. So sind Schreiben Schönbergs unter anderem an den Gründer der AEG, Emil Rathenau, an den Altvater der Elektrifizierung, Thomas Alva Edison, den britischen Elektrizitätspionier Sebastian Ziani de Ferranti und den deutsch-ungarischen Ingenieur und Unternehmer Andreas Mechwart von Belecska, den langjährigen Generaldirektor der Firma Ganz & Co. in Budapest, überliefert. Auf die konkrete Ausstellungsgestaltung der Abteilung scheint Schönberg – anders als er das für den Bereich der Reproduktionstechnik in der Maximilianstraße getan hatte – keinen Einfluss genommen zu haben. Ähnlich verhält es sich mit der späteren Gestaltung der Abteilung „Elektrotechnik" im Neubau auf der Museumsinsel in den Jahren 1927/28, bei der er zwar als Berater genannt ist, aber kaum eingegriffen hat. Schönberg sah lediglich die Wunschliste für dieses Fachgebiet durch und ergänzte die Planungen für den Raum „Zentralstationen" um eine heute nicht erhaltene Skizze.

Gleichzeitig schlug er vor, die Modelle der anvisierten Zentralstationen in einem einheitlichen Maßstab in Auftrag zu geben.[56]

Nach diesem Blick voraus zurück in die Jahre kurz nach der Eröffnung des Museums in der Maximilianstraße. Auch wenn die Einrichtung noch provisorisch war, hatten die Ausstellungen im Jahr 1907 eine Form erreicht, dass man einen ersten Ausstellungsführer herausgeben konnte.[57] Erneut wurde Schönberg mit dieser Aufgabe betraut. Im Einzelnen lässt sich nicht nachvollziehen, wer welche Texte für die einzelnen Abteilungen geschrieben hat. Für die Säle 29 bis 31 „Malen", „Schreiben, Buchdruck" sowie „Illustrationsdruck und Photographie" stammen die Formulierungen mit Sicherheit von Arthur Schönberg, wie aus den Briefen des Museums (mit der Paraphe „Sch.") an die Referenten Ernst Berger und Rudolf von Oldenbourg vom 5. November 1907 hervorgeht.[58] Ihnen übersandte Schönberg das von ihm verfasste Manuskript. Während von Berger keine wesentlichen Änderungswünsche kamen, formulierte Oldenbourg einige kritische Kommentare.[59] So sei im geplanten Ausstellungsführer die angekündigte, umfangreiche Schenkung des Chemikers und Erfinders Eugen Albert, eines Sohns des bekannten Fotografen Joseph Albert, nicht erwähnt. Ebenso sei es schade, dass in die Ausstellung und damit auch in den Führer das Buchbindergewerbe nicht aufgenommen sei. Die letzte Anmerkung kommentierte Oskar von Miller handschriftlich lapidar mit „später". Schönberg formulierte es in dem Antwortbrief an Oldenbourg diplomatischer: Man hoffe, dieses Gebiet im Neubau entsprechend berücksichtigen zu können.[60]

Auch wenn der Ausstellungsführer in vielen Bibliothekskatalogen mit einem Erscheinungsjahr „1907" geführt wird, wurde er etwas später, im Frühjahr 1908, gedruckt. Darauf deutet schon die späte Versendung der Teilmanuskripte an die Referenten hin. Und erst im Mai 1908 übersandte der Museumsvorstand die gedruckte Broschüre an Schönberg. Sie enthielt die „liebenswürdige und ehrende Widmung", der Band möge „eine angenehme Erinnerung an Ihre hervorragende Tätigkeit im Bureau des Deutschen Museums und insbesondere auch an Ihre Mitwirkung bei Abfassung dieses wichtigen Buches" sein.[61] Schönberg bedankte sich bei der Museumsleitung mit diesen Worten: „Ich werde das Buch als bleibende Erinnerung an die schönen Jahre bewahren, in denen es mir vergönnt ist an einer so großen und wichtigen Aufgabe mit meinen ganz bescheidenen Kräften mit zu wirken."[62]

Diese Formulierung klingt wie ein Abschied. Und in der Tat: Ab Mitte des Jahres 1907 lassen sich immer weniger Briefe mit dem Namenskürzel Schönbergs feststellen; 1908 sind im Fachgebiet „Reproduktionstechnik" sogar nur drei Schreiben nachgewiesen, wobei zwei in eine Reisezeit Millers fallen. Der Grund findet sich in einem Brief Schönbergs an seinen Onkel Ernst Magnus (1850–1910),[63] der eine Schwester seiner Mutter Charlotte geheiratet hatte. Magnus war der Sohn eines Bankiers und Seidenfabrikanten und saß nach einer Tätigkeit in der preußischen Eisenbahnverwaltung ab 1890 im Vorstand der Nationalbank für Deutschland und ab 1903 in deren Aufsichtsrat. Er hatte eine bedeutende Privatbibliothek deutscher Literatur mit Schwerpunkt auf Goethe, Schiller und Heine aufgebaut; sie wurde 1923 in Frankfurt versteigert.[64] Aus der Abschrift des Briefs von Schönberg geht hervor, dass er sich um den Jahreswechsel 1906/07 erfolgreich auf eine Position bei der Bank „Berliner Handels-Gesellschaft" beworben hatte, eine der vielen Unternehmungen des Industriellen und späteren Außenministers Walther Rathenau, der dort von 1902 bis 1907 Geschäftsinhaber war. Magnus hatte die Bewerbung Schönbergs unterstützt.

Hintergrund des geplanten Stellenwechsels war, dass sich Schönberg seit Längerem Gedanken über seine berufliche Karriere gemacht hatte. Schon im Jahr 1904 hatte er in einem Brief an Oskar von Miller seine Situation dahingehend beschrieben,[65] dass er seit einem Jahr fast durchgängig mit Museumsaufgaben beschäftigt und auch für das Jahr 1905 keine Änderung abzusehen sei. Dadurch hätten seine eigentlichen Aufgaben im Technischen Bureau, wie die Bearbeitung von Projekten, die Mitwirkung an der Verwaltung der vom Ingenieurbüro betriebenen Werke und deren Ausbau, eine „gänzliche Unterbrechung erfahren". Und weiter:

> „Die Frage, ob ich zu Gunsten einer dauernden Verwendung im Dienste des Museums auf die mir bisher vorgezeichnete Laufbahn verzichten möchte, würde ich bei den ungleich idealeren Aufgaben des Museums gleichwohl bejahen."[66]

Ganz offensichtlich sympathisierte Schönberg mit einer Festanstellung im Museum, ein Wunsch, der aber von Miller nicht geteilt wurde. Dessen Rückantwort ist unbekannt. Da er weiterhin im Technischen Bureau Oscar von Miller blieb und noch bis 1907 fast ausschließlich für das Museum arbeitete, kann man sie aber leicht erraten.

In seinem Brief an Ernst Magnus vom 14. Februar 1907 (Abb. 34) berichtete Schönberg von einem Schreiben Rathenaus, in dem sowohl der noch ungeklärte Arbeitsbeginn als auch der dezidierte Wunsch Millers angesprochen sei, seinen Mitarbeiter in München zu halten.[67] Offensichtlich hatten sich Rathenau und Miller, die sich persönlich sehr gut kannten, über den Wechselwunsch Schönbergs ausgetauscht. Auch deutete Rathenau in seiner Korrespondenz an, dass interne Schwierigkeiten und die Beziehung zwischen Schönberg und ihm für dessen Bewerbung bei der Berliner Handels-Gesellschaft nachteilig sein könnten. Was Schönberg nicht wusste: Rathenau plante zu diesem Zeitpunkt bereits seinen Rückzug aus der Berliner Handels-Gesellschaft, den er am 1. Juli 1907 vollzog.[68] Rathenaus Rat war letztlich, Schönberg solle auf die Stelle in Berlin verzichten. Parallel zu seiner Bewerbung verhandelte Schönberg mit Miller. Wichtig war für ihn, dass ihm Miller im Ingenieurbüro Prokura zugestand, ihm also Handlungsvollmacht für die Firma in allen gerichtlichen und außergerichtlichen Geschäften erteilte. Mit diesem Schritt glaubte er seine berufliche Karriere sichern zu können. Miller stimmte dem zu. Auch finanziell kam er seinem Mitarbeiter weit entgegen, indem er ihm ein Jahreseinkommen von 7000 Mark (inklusive der Beiträge zu einem Sparfonds) versprach. Falls ein Wechsel zum Deutschen Museum nicht erfolgen könne, wolle Miller – so Schönberg an seinen Onkel – Vorsorge treffen, dass das Einkommen seines Mitarbeiters im Ingenieurbüro in der Zukunft gesteigert und gesichert würde.[69]

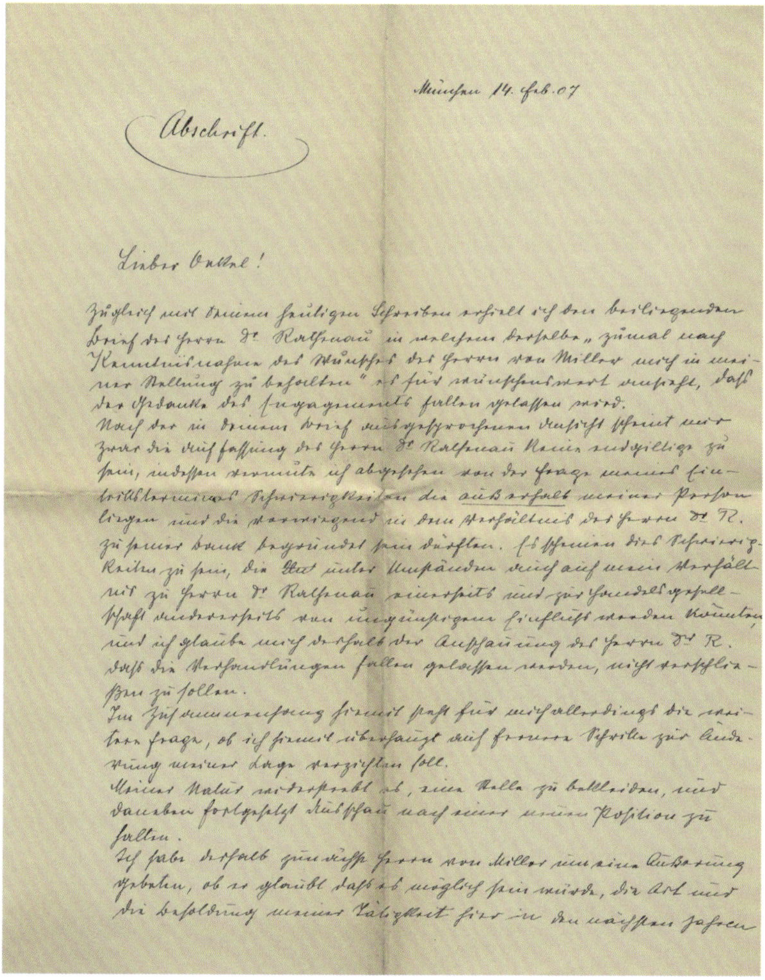
München 14. Feb. 07

Abschrift.

Lieber Onkel!

Zugleich mit deinem heutigen Schreiben erhielt ich den beiliegenden Brief des Herrn Dr Rathenau in welchem derselbe „zumal nach Kenntnisnahme des Wunsches des Herrn von Miller mich in meiner Stellung zu behalten" es für wünschenswert erachtet, daß der Gedanke des Engagements fallen gelassen wird.
Nach der in deinem Brief ausgesprochenen Ansicht scheint mir zwar die Auffassung des Herrn Dr Rathenau keine endgiltige zu sein, indessen vermute ich abgesehen von der Frage meines [illegible] Schwierigkeiten die außerhalb meiner Person liegen und die vorwiegend in dem Verhältnis des Herrn Dr R. zu seiner Bank begründet sein dürften. Es scheinen diese Schwierigkeiten zu sein, die [illegible] unter Umständen auch auf mein Verhältnis zu Herrn Dr Rathenau einerseits und zur Handelsgesellschaft andererseits von ungünstigem Einfluß werden könnten, und ich glaube mich deshalb der Auffassung des Herrn Dr R. daß die Verhandlungen fallen gelassen werden, nicht verschließen zu sollen.
Im Zusammenhang hiermit steht für mich allerdings die weitere Frage, ob ich hiermit überhaupt auf fernere Schritte zur Änderung meiner Lage verzichten soll.
Meiner Natur widerstrebt es, eine Stelle zu bekleiden, und daneben fortgesetzt Ausschau nach einer neuen Position zu halten.
Ich habe deshalb [illegible] Herrn von Miller um eine Äußerung gebeten, ob er glaubt daß es möglich sein würde, die Art und die Besoldung meiner Tätigkeit hier in den nächsten Jahren

Abb. 34 Brief Schönbergs an seinen Onkel Ernst Magnus mit seiner Entscheidung für München, 1907.[70]

Möglicherweise gab es aber für Schönberg noch andere Gründe für einen Weggang aus München. Seine Tochter Else berichtet in einem Brief, 1907 sei es zu einer Klage gegen Miller und Schönberg gekommen, nachdem sich die beiden abfällig über den deutschen Kaiser Wilhelm II. geäußert hätten. Dabei seien sie von Mitarbeitern belauscht und dann angezeigt worden.[71] Ihr Vater habe die Sache so ernst genommen, dass er Frau und Kinder vorsichtshalber nach Wien geschickt habe, da er eine Verurteilung befürchtete. Letztlich sei das Verfahren aber eingestellt worden, vermutlich aus Rücksicht auf die prominente Person Oskar von Millers.[72]

Dieser Prozess lässt sich in den Akten nicht nachweisen, wohl aber andere zeitgleiche Beschwerden gegen Schönberg sowie eine Klage gegen ihn wegen Betrugs. Eingereicht wurde sie von zwei Ingenieuren – Johann Hertel und Werner Heym. Beide waren kurzzeitig beim Deutschen Museum beschäftigt.

Hertel, Sohn eines Rechnungskommissars beim Bayerischen Obersten Rechnungshof, hatte sich 1898 an der Technischen Hochschule München als „Kandidat des Bergwesens" eingeschrieben und legte im Dezember 1903 die Erste Staatsprüfung ab.[73] Studiert hatte er u. a. bei Konrad Oebbeke, der als Referent am Deutschen Museum die Gruppe „Geologie" betreute. Anschließend verbrachte Hertel einige Zeit an der Bergakademie Freiberg. Mit Hinweis auf seinen Lehrer Oebbeke bewarb er sich beim Museum und wurde Anfang März 1905 als Wissenschaftlicher Hilfsarbeiter für Geologie und Bergwesen eingestellt. Allerdings erfolgte bereits nach drei Monaten die Kündigung.[74] Dagegen klagte Hertel vor dem Gewerbegericht. Als Vorstand des Deutschen Museums argumentierte Miller im Prozess, die Kündigung sei erfolgt, da Hertel seine Arbeitszeit nicht eingehalten, seine Aufgaben vernachlässigt und seinen Vorgesetzten Schönberg beleidigt habe. An seinen mit ihm befreundeten Rechtsanwalt Dr. Karl Dürck schrieb Miller während des Prozesses, Hertel habe Oebbeke aufgesucht und bei ihm „eine derartige Aufgeregtheit über die schwebende Klagesache an den Tag gelegt, dass es ihm [Oebbeke] zweifelhaft geworden sei ob Hertel zur Zeit überhaupt als geistig vollkommen normal zu betrachten wäre."[75] Oebbeke sah sich in der Folge veranlasst, gegen Johann Hertel eine Klage wegen Beamtenbeleidigung einzureichen.

In erster Instanz verlor Hertel am 14. März 1906 den Prozess gegen das Deutsche Museum; auch hinsichtlich einer Forderung auf Herausgabe umfangreicher Literaturexzerpte durch Hertel bekam das Museum Recht. Zudem musste er die Prozesskosten zahlen. In einem Berufungsverfahren einigten sich beide Parteien im Juni 1906 auf einen Vergleich; Hertel erhielt ein neues, nur wenige Zeilen umfassendes Zeugnis ausgestellt, das über einen reinen Tätigkeitsnachweis nicht hinausging.

Es erstaunt sehr, dass sich Hertel bei dieser Vorgeschichte im November 1906 erneut um eine Stellung am Deutschen Museum bewarb – allerdings erfolglos.[76] Er ließ aber nicht locker. Ein Jahr später, am 5. Oktober 1907, schrieb er persönlich an Miller. Der „polnische Jude und Bureauchef, ‚Ingenieur' Schönberg, Ihre rechte Hand" habe ihn entlassen.[77] Gleichzeitig äußerte er sich kritisch zur geplanten Abteilung „Bergbau", ein „technische[s] Panoptikum im Jahrmarktstil, der ohne tieferen Gehalt sich des Trödels bemächtigt".[78] Diese Äußerungen Hertels erinnern stark an diejenigen des NS-nahen Physiknobelpreisträgers Philipp Lenard, der 1924 das Museum als „Jahrmarkt für den grossen Haufen, zusammengeramscht von allerlei gutmütigen Entdeckern" bezeichnete.[79]

Da sein Brief unbeantwortet blieb, wandte sich Hertel kurz darauf, am 3. Dezember 1907, an das Reichsamt des Innern in Berlin, wo er seine Vorwürfe gegen Schönberg wiederholte: „Die Direktion besorgt ein polnischer Jude namens ‚Ingenieur A. Schönberg' mit geradezu wahnwitzigen Formen und ohne jede Schulung, aber grosser Gefällig- und Gefügigkeit gegenüber dem etwas sehr rauen Herrn O. v. Miller.“[80] Mit der Eingabe an das Reichsamt des Innern bekam der Streitfall Hertel plötzlich eine politische Dimension, da über das Berliner Amt der Finanzierungsanteil des Deutschen Reichs an das Deutsche Museum abgewickelt wurde. In Berlin war zu diesem Zeitpunkt sowohl in der Politik als auch in der Öffentlichkeit das Interesse am Museum groß, da erst wenige Tage zuvor Vorstandsrat und Ausschuss des Museums in der Reichshauptstadt getagt hatten. Daher verwundert es nicht, dass sich das Reichsamt des Innern prompt an das Bayerische Staatsministerium des Königlichen Hauses und des Äußeren wandte und um Aufklärung bat. Dieses wiederum leitete die Beschwerde Hertels an das zuständige Innenministerium weiter, von hier ging das Schreiben an das Deutsche Museum.

Wieder war es Miller, der als Museumsvorstand auf die Vorwürfe Hertels antwortete. In seiner Stellungnahme erklärte er dessen Entlassung damit, dieser habe im Jahr 1905 seine Arbeitszeiten nicht eingehalten und dem „mit der Leitung des Bureaus betrauten Ingenieur Herrn Schönberg die Ausführung von Arbeiten in beleidigender Weise“ verweigert.[81] Vermutlich sei Hertel krank, da er seinen ehemaligen Hochschullehrer Oebbeke beleidigt habe. Auch Hermann Undeutsch, Professor an der Bergakademie Freiberg, habe sich sehr kritisch zu Hertel geäußert: „Bei mir – ich nahm mich des unbemittelten Mannes an, aber ohne Dank – lagen die Verhältnisse ähnlich. [...] Dem Mann muss sein Treiben gelegt werden.“[82]

Die Anschuldigungen Hertels gegen Schönberg verpufften wirkungslos. In einer Randnotiz des Staatsministeriums des Königlichen Hauses und des Äußeren vom 31. Januar 1908 ist festgehalten, dass die Strafkammer II des Landgerichts München I im von Oebbeke gegen Hertel geführten Prozess wegen Beamtenbeleidigung eine Untersuchung von dessen Geisteszustand beschlossen habe.[83] Damit scheint sich die weitere Verfolgung der Vorwürfe gegen Miller und Schönberg erledigt zu haben.[84]

Nicht zufällig erfolgte im selben Jahr 1908 die Beschwerde eines anderen ehemaligen Museumsmitarbeiters, Werner Heym, beim Bayerischen Staatsministerium des Innern gegen Oskar von Miller und Arthur Schönberg.

Über Heym ist wenig bekannt. Er war Ingenieur und kurzzeitig im Deutschen Museum beschäftigt, bald aber wieder entlassen worden. Heym warf Schönberg vor, dieser habe ihm gekündigt, weil er sich „nicht seinem Joche beugen wollte“.[85] Dieser stelle seine eigene Arbeit immer lobend heraus; es regne Kündigungen, weil dieser beweisen wolle, dass nur er befähigt sei, den ihm übertragenen Posten am Deutschen Museum auszufüllen. Dabei zeige er eine erstaunliche Unkenntnis. Auch führe er den Ingenieurtitel zu Unrecht. Die Kündigung Heyms sei auf Betreiben Schönbergs erfolgt, der auch das entsprechende Schreiben aufgesetzt habe. Die Anschuldigungen Heyms gipfelten in dem Vorwurf, Schönberg habe einen Revisionsbericht des Deutschen Museums gefälscht und den Aufwand von Mitarbeitern des Technischen Bureaus Oskar von Miller für das Museum überhöht angesetzt.[86] Fast zeitgleich mit seiner Beschwerde beim Ministerium reichte Heym eine Strafanzeige bei der Strafkammer des Landgerichts München ein. Diese richtete sich dezidiert gegen Schönberg.

Heym warf ihm Betrug zum Schaden des Deutschen Museums vor.[87] Da sich die Prozessakten nicht erhalten haben, ist der Klageverlauf nur aus den Ministerialakten und aus dem Personalakt Schönbergs im Archiv des Deutschen Museums nachvollziehbar.

In einem Schreiben an das Innenministerium antwortete erneut Miller auf die Vorwürfe gegen Schönberg und nicht dieser selbst. Miller fühlte sich durch die Beschwerden Hertels und Heyms sowie durch die Klage des Letzteren in seiner Position als Museumsvorstand angegriffen und sah das Vertrauen der Öffentlichkeit in die Museumsleitung beschädigt. Indem Miller deren Vorwürfe zu seiner eigenen Sache machte, wurde die Person Schönbergs indirekt aus der Schusslinie genommen. Es wird deutlich, dass es Miller darum ging, seinen Vertrauten vor den Angriffen zu schützen. Miller und Schönberg nahmen die Angriffe ausgesprochen ernst. Ihre Strategie war, durch die auch im politischen Raum prominente und geschätzte Persönlichkeit Millers weitere Strafverfahren und die Verfolgung der Beschwerden zu verhindern. Interessant ist aber, dass alle ausgehenden Schreiben zwischen Miller und Schönberg abgestimmt waren, da auf ihnen durchgängig Schönbergs Kürzel „Sch" erscheint. Ganz offensichtlich formulierte dieser die Korrespondenzen mit dem Ministerium bzw. im Falle Hertels auch die Briefe mit dem beauftragten Rechtsanwalt Karl Dürck.

Auf die Beschwerde Heyms beim Staatsministerium des Innern reagierte Miller am 24. November 1908 mit einem 15-seitigen Schreiben, in dem er zu den Vorwürfen gegen Schönberg Stellung nahm.[88] „In erster Reihe angegriffen und in der niedrigsten Weise verdächtigt wurde mein Ingenieur Herr Schönberg. Für die Gehässigkeit der Angriffe spricht das Pamphlet selbst, dessen Verfasser sich nicht scheut, sogar konfessionelle Zwiste heraufzubeschwören."[89] Mit dem letzten Nebensatz bezog sich Miller auf die Verleumdung Schönbergs als „polnischen Juden". Eingangs gab Miller zwar zu, dass er sich bei mangelndem Eifer, bei Gleichgültigkeit oder Nachlässigkeiten seinen Mitarbeitern gegenüber „mitunter in sehr schroffer Weise äußere".[90] Unrichtig sei allerdings, dass er diese schlecht behandle. In seinem eigenen Ingenieurbüro seien die meisten Mitarbeitenden schon viele Jahre angestellt, teilweise bis zu 17 Jahre, was daran liege, dass er dort – im Gegensatz zum Deutschen Museum – hohe Löhne zahlen könne, da er die finanziellen Mittel selbst erwirtschafte. In einer detaillierten Aufstellung listete Miller dann die Gehälter mehrerer Angestellter auf, darunter das Gehalt des kaufmännischen Bürovorstands und Prokuristen Ewald Jacobs und das Einkommen von Arthur Schönberg. Während sich Jacobs von einem Eintrittsgehalt von 1920 Mark im Jahr 1892 auf inzwischen 7286 Mark verbesserte hatte, steht bei Schönbergs Arbeitsbeginn im Jahr 1900 schon ein Gehalt von 3960 Mark; bis 1908 war sein Gehalt auf 7560 Mark plus 605,74 Mark als jährliche Einzahlung in den Sparfonds angestiegen. An dieser Verdoppelung des Gehalts in nur acht Jahren zeigt sich erneut die besondere Wertschätzung durch Miller. Schönberg lag mit seinem Einkommen über dem des Mitprokuristen Jacobs, der immerhin acht Jahre länger in der Firma Millers angestellt war.

Auch den Punkt der angeblichen Unfähigkeit Schönbergs widerlegte Miller mit dem Hinweis auf dessen sehr guten Studienabschluss an der Technischen Hochschule Wien. Zum Nachweis für dessen Fähigkeiten fügte Miller eine Abschrift der Zweiten Staatsprüfung Schönbergs bei, in der dieser viermal die Bestnote „Vorzüglich" und zehnmal ein „Sehr gut" erhalten habe.[91] Zudem habe er bei Millers Buch *Versorgung der Städte mit Elektrizität* mitgewirkt. Er sei immer an den wichtigsten „Korrespondenzen, Berichten, Gesuchen, Verträgen und dergleichen" des Museums beteiligt, da „kein anderer Beamter es auch nur annähernd so gut wie Herr Schönberg verstand, meine Anregungen ganz im gewünschten Sinne und so selbständig auszuführen, daß ich durch seine bewährte Mithilfe wirklich entlastet wurde".[92] Auch sei er 1907 bei der Redaktion des Museumsführers herausragend engagiert gewesen, habe bei den Verwaltungsberichten einschließlich Bilanzaufstellungen die nötigen Vorarbeiten erledigt, sämtliche Sitzungen vorbereitet und die Protokolle dafür abgefasst.[93]

Mit Nachricht vom 28. Januar 1909 stellte die Staatsanwaltschaft am Landgericht München I das Verfahren gegen Schönberg ein.[94] Exakt an diesem Tag meldete sich Heym laut Polizeimeldebogen von München nach Berlin ab.[95] Es ist anzunehmen, dass Schönberg in dem Verfahren ähnliche Argumente gegen Heyms Anschuldigungen vorbrachte wie sie Miller in seinem Brief an das Ministerium formuliert hatte. Den Hauptvorwurf Heyms, ein Bericht der Bayerischen Revisions- und Vermögens-A.G. sei auf unrechtmäßige Weise durch Schönberg beeinflusst worden, war laut Feststellung der Staatsanwaltschaft durch die Aussage zweier Mitarbeiter der Prüfstelle entkräftet. Der Revisionsanstalt seien alle Bücher und Belege vorgelegt worden; der beauftragte Prüfer habe nie ein Wort mit Schönberg gewechselt. Dem Deutschen Museum sei durch den Einsatz von Arbeitskräften aus dem Ingenieurbüro Millers – speziell durch Schönberg – kein Schaden entstanden. Vielmehr sei durch die Revisionsanstalt festgestellt worden, dass Millers Firma zwischen 1903 und 1907 insgesamt 133.521 Mark für das Museum aufgewendet habe, sich aber nur knapp die Hälfte – 66.129 Mark – habe erstatten lassen. Für die diversen Arbeiten Schönbergs sei im selben Zeitraum ein Betrag von 25.000 Mark inklusive mehrerer Gratifikationen bezahlt worden. Die Rechnungsstellung habe aber nicht Schönberg veranlasst, sondern das Technische Bureau Oskar von Miller.

Mit einem geharnischten Brief wandte sich Miller nach der Einstellung des Verfahrens gegen Schönberg an das Bayerische Staatsministerium des Innern und warf diesem vor, ihn selbst, Schönberg und das Deutsche Museum nicht rechtzeitig über die Beschwerde Heyms informiert zu haben.[96] Dem Ministerium habe nicht entgehen können, „dass die Anschuldigung gegen Herrn Schönberg und die Art ihrer Behandlung indirekt auch eine Beschuldigung gegen mich in sich schloss". Es würde „durch die schonungslose Verbreitung einer nicht nur unerwiesenen, sondern leicht als falsch erkennbaren Betrugsanschuldigung die Ehre eines der ersten und eifrigsten Mitarbeiter des Deutschen Museums auf das Empfindlichste angegriffen und das Vertrauen zur Leitung des Deutschen Museums auf das schwerste geschädigt". Er sehe sich daher im Interesse Schönbergs und seiner eigenen Person genötigt, diese Erklärung abzugeben.

Um die Sache aus der Welt zu schaffen, gab das angegriffene Ministerium eine Art „Ehrenerklärung" für Schönberg und Miller ab.[97] Die von Heym offen oder verdeckt geäußerten Beschuldigungen seien unbegründet, insbesondere die Behauptungen, dass Anstellung, Besoldung und Behandlung des Beamtenpersonals am Deutschen Museum gänzlich unter dem Einfluss Schönbergs stehe und dass durch die Überlassung von Beamten des Ingenieurbüros dem Deutschen Museum Nachteile entstanden seien. Falsch seien auch die Vorwürfe, dieser habe gegen Beamte des Museums gehetzt. Die Behauptung, Schönberg habe keine höhere technische Bildung genossen, seien „vollständig unbegründet". Auch die Vorwürfe, er habe Einfluss auf den Revisionsbericht genommen, seien „durchaus unzutreffend". „Sehr zu bedauern" sei schließlich, dass Miller selbst, der so viele persönliche Opfer für das Museum gebracht habe, „so unbegründeten Angriffen" ausgesetzt worden sei.

An den Stellungnahmen zu den Beschwerden und Klagen Johann Hertels und Werner Heyms lassen sich verschiedene Aspekte ablesen. Deutlich wird einmal mehr, welch hohe Meinung Oskar von Miller von seinem Mitarbeiter Schönberg hatte. Auch wenn man einbezieht, dass die meisten Formulierungen zu dessen Verteidigung aus Schönbergs eigener Feder stammen, so stellte sich Miller doch sehr deutlich vor und hinter Schönberg und verteidigte ihn gegen alle Anwürfe in ungewohnt scharfer Form. Sicherlich spielte bei Millers Haltung mit, Schönberg von einem Wechsel zu einem anderen Unternehmen abzuhalten, den dieser mit seiner Bewerbung zur Handelsbank signalisiert hatte.

Mit seinem Engagement für das Deutsche Museum – so das Zwischenfazit – geriet Schönberg unversehens in das Blickfeld einer breiten Öffentlichkeit und das mit nicht einmal 30 Jahren. Schnell sprach sich herum, dass er als rechte Hand Oskar von Millers agierte, der ihm neben vielen anderen Arbeiten die Leitung der wissenschaftlichen Abteilung übertrug. Auch die aufwendige Ausarbeitung der Wunschlisten für die im Museum benötigten Objekte, die Erstellung der Verwaltungsberichte und die Redaktion des ersten Ausstellungsführers lagen in Schönbergs Hand. Sein Name selbst ist bei diesen Projekten praktisch nie erwähnt; nur versteckt lässt sich aus den Quellen seine enorme Arbeitsleistung zwischen 1903 und 1907 herauslesen.

Schönbergs offenkundiger Einfluss führte allerdings auch dazu, dass er in den Fokus antisemitischer Kreise in München geriet, die in seiner Person den unsäglichen Topos der jüdischen Weltherrschaft auch im Mikrokosmos des Deutschen Museums gegeben sahen. Einige Zeit scheint er unsicher gewesen zu sein, wie er mit solchen Anschuldigungen umgehen sollte. Seiner anfänglichen Reaktion, die Stellung in München bei Miller und im Deutschen Museum aufzugeben und sich in Berlin eine neue Aufgabe zu suchen, setzte Miller klare Vertrauensbeweise entgegen: die Erteilung der Prokura in seiner Firma im Jahr 1908 und die vehemente Verteidigung Schönbergs beim Bayerischen Innenministerium. Die gemeinsamen Anstrengungen bei der Gründung des Deutschen Museums sowie beim Aufbau der ersten Sammlungen und der Ausstellungen im ehemaligen Nationalmuseum hatten Miller gezeigt, dass er in Schönberg einen hochkompetenten, zuverlässigen, strukturiert denkenden und tatkräftigen Mitarbeiter hatte, dem er bedingungslos vertrauen konnte. Als dieser 1906/07 indirekt die Frage stellte, ob er auf Dauer im Museum arbeiten könne, traf

Miller die Entscheidung, ihn in seinem Technischen Bureau zu halten. Der ausschlaggebende Grund dafür dürfte gewesene sein, dass mit den Jahren 1906/07 der von Miller betriebene Bau des Walchenseekraftwerks und des Bayernwerks in eine entscheidende Phase eintrat. Damit kam auf seine Firma eine neue, gewaltige Aufgabe zu, für die Miller seinen Mitarbeiter Schönberg dringend benötigte. Schönbergs Engagement im Deutschen Museum ging entsprechend ab 1908/09 etwas zurück. Das von ihm bis dahin betreute Aufgabengebiet wurde ab diesem Jahr auf die inzwischen im Museum neu eingestellten Mitarbeiter Gustav Betz (Eintritt: 1905), Franz Fuchs (1905), Friedrich Orth (1906), Armin Süssenguth (1906) und Kurt Trautwein (1907) aufgeteilt. Süssenguth übernahm u. a. die von Schönberg betreute Ausstellung *Reproduktionstechnik*.

Die Jahre bis 1925

Mit den Eckdaten 1903 (Museumsgründung), 1906 (Eröffnung der ersten Ausstellungen; Grundsteinlegung für das Museumsgebäude auf der Kohleninsel), 1909 (Eröffnung der Abteilung II in der Schwere-Reiter-Kaserne), 1925 (Eröffnung des Neubaus auf der Kohleninsel) sowie 1932 (Eröffnung des Bibliotheksgebäudes) sind diejenigen Jahre der Museumgeschichte beschrieben, in denen Arthur Schönberg die Museumsgeschäfte mitgestaltete. Inwieweit er an der Planung und Ausgestaltung der Zweigstelle in der Schwere-Reiter-Kaserne beteiligt war, ist unklar, da sich dazu kaum Quellen finden. Da die spätere Verleihung des Preußischen Kronenordens, 4. Klasse, an Schönberg auf seine Arbeit für die Abteilung II explizit Bezug nimmt,[98] kann angenommen werden, dass er auch hier maßgeblich mitwirkte.

Schönberg bereitete alle entscheidenden Sitzungen im Museum vor, darunter die regelmäßigen Beratungen des Vorstands und des Vorstandsrats. Generell lässt sich feststellen, dass er zwischen 1905 und 1918 bei diesen praktisch immer anwesend war.[99] Obwohl er dem Vorstandsrat nicht angehörte, wurde er als „Vertreter des Museumsbureaus“ eingeladen, wobei seine Funktion als „Protokollführer“ oder „Berichterstatter“ vermerkt ist. Auch bei den auswärtigen Sitzungen des Vorstandsrats war er anwesend. Seit 1909 war er regelmäßig an den Sitzungen zur Vorbereitung der alljährlichen Empfangsabende des Museums sowie im Bauausschuss und teilweise in der Baukommission vertreten, in denen die Pläne für den Neubau des Museums auf der Kohleninsel verhandelt wurden.[100] Auffällig ist, dass er in keinem der Protokolle mit einem Wortbeitrag erwähnt ist, obwohl er im Vorstandsrat laufend über den Stand der Finanzen und über den jährlichen Museumsbericht referierte. Der Protokollant Schönberg hielt seinen Namen also bewusst aus den amtlichen Dokumenten heraus. Dafür betonte er die führende Rolle Millers, indem er dessen Reden, Vorschläge und Entschlüsse durch Nennung seines Namens hervorhob, während er kontroverse Diskussionen mit Floskeln wie „Beschlossen wurde“ oder „Einigkeit herrschte über“ zusammenfasste. Die permanente Präsenz in den wichtigen Museumsgremien ist ein klarer Hinweis darauf, dass Schönberg die Vertrauensperson Millers schlechthin war. Mit der Formulierung der Protokolle steuerten beide auch die Beschlusslage im Museum.

Ein wichtiges Aufgabengebiet Schönbergs war die Redaktion der jährlichen Verwaltungsberichte des Museums. Offensichtlich stammen alle Entwürfe aus den Jahren 1904 bis 1932 von ihm. Darauf weisen verschiedene museumsinterne Protokolle hin.[101] Zudem formulierte er – natürlich in Absprache mit Miller – verschiedene Denkschriften.[102] Miller setzte ganz auf die präzise und geschliffene Ausdrucksweise seines Mitarbeiters. Nach wie vor erledigte dieser einen Teil des Briefwechsels, sofern Miller nicht im Museum war.

Schönbergs Arbeit für das Deutsche Museum lässt sich ab 1909 nur punktuell nachvollziehen. In erheblichem Maße war er an der Vorbereitung der USA-Reise einer Museumskommission im Frühjahr 1912 beteiligt.[103] Sie sollte das dortige Bibliothekswesen studieren und interessante Bibliotheksbauten besichtigen. Hintergrund war, die geplante Bücherei des Deutschen Museums an die Maßstäbe amerikanischer Einrichtungen anzupassen. Da Schönberg während der Abwesenheit Millers als dessen Vertreter vorgesehen war, kam er selbst für die Fahrt über den Atlantik nicht in Frage.

Im Vorfeld kontaktierte Schönberg verschiedene Persönlichkeiten aus dem Umfeld des Deutschen Museums und bat um Namen und Adressen geeigneter Personen in den USA sowie um Empfehlungsschreiben.[104] Geschickt verquickte Schönberg dabei Bibliotheks- und Museumstermine mit Treffen potenzieller Sponsoren sowie mit Besichtigungen wichtiger Hütten- und Stahlwerke, Maschinenfabriken und Werftanlagen. Ein besonderes Augenmerk galt öffentlichkeitswirksamen Zusammenkünften, so dem Besuch der Studienkommission beim Altmeister der Elektrizität, Thomas Alva Edison, oder einem Empfang durch die einflussreiche American Society of Mechanical Engineers. Erfolgreich verlief das Treffen mit dem deutschstämmigen Kaufmann, Kunstsammler und Mäzen Hugo Reisinger, der das Deutsche Museum daraufhin in seinem Testament bedachte.[105]

In München besorgte Schönberg in gewohnter Weise die Museumsgeschäfte, schickte wichtige Unterlagen in die USA und versorgte die Familien der Reiseteilnehmer mit Informationen. Die Familienangehörigen waren beispielsweise alarmiert, als während des Amerikaaufenthalts der Studienkommission die *Titanic* am 14. April 1912 mit einem Eisberg kollidierte und sank, wobei rund 1500 Menschen ums Leben kamen. Schönberg schrieb dazu als Anmerkung in einem Brief an Miller: „Die Katastrophe, welche die ‚Titanic' betroffen, wurde hier erst gestern in vollem Umfang bekannt, und hat viel Beunruhigung hervorgerufen. Wir übersenden der Studienkommission unsere besten Wünsche für eine glückliche Heimkehr."[106]

Durch den Ausbruch des Ersten Weltkriegs musste die für 1915 geplante Eröffnung des Museumsgebäudes auf der Kohleninsel verschoben werden. In den Kriegsjahren gingen die Arbeiten an den Ausstellungen weiter. Die Gremien des Museums – Vorstand, Vorstandsrat und Ausschuss – tagten in den Kriegsjahren nicht mehr in München, sondern an unterschiedlichen Orten, so 1915 in Essen, 1916 in

Berlin und 1917 in Wien. Schönberg bereitete die auswärtigen Gremiensitzungen auch in dieser Zeit vor und war bei den Besprechungen anwesend. Selbstverständlich reiste er 1917 in seine Geburtsstadt Wien mit und nahm an der anschließenden Exkursion zu der Österreichischen Waffenfabriks-Gesellschaft in Steyr teil.

Obwohl der Weltkrieg und der damit verbundene Materialmangel die Vollendung des Ausstellungsgebäudes behinderten, nahm Oskar von Miller schon das nächste Projekt in Angriff: die Errichtung eines Bibliotheks- und Studiengebäudes. 1917 veröffentlichte das Museum eine *Denkschrift über den Bibliotheksbau des Deutschen Museums.*[107] Der bauliche Entwurf stammte von dem Architekten Emanuel von Seidl und sah eine Grundfläche von 8000 Quadratmetern für die Bibliothek, ein Archiv und einen Kongress-Saal vor. Mit der Beschaffung der Geldmittel wurde Arthur Schönberg betraut, wie aus internen Vermerken auf der ein- und ausgehenden Post hervorgeht.[108] Ähnlich wie bei der Einwerbung von Museumsobjekten in der Zeit der Museumsgründung entwarf er ein Rundschreiben, in dem um die Nennung potenzieller Spender gebeten wurde. Unterzeichnet wurde es von Miller selbst. Dem Brief war ein formalisierter Vordruck beigefügt, in den Namen und Adressen von Kontakten eingetragen werden konnten, die um Zeichnung von Geldspenden für den Neubau gebeten werden sollten. Dabei wurden nicht nur eventuelle Stifter erfasst, sondern die Kontaktpersonen auch gefragt, ob sie sich selbst – entweder mündlich oder schriftlich – an die potenziellen Geldgeber wenden wollten. In einem zweiten Schritt wurden dann die vorgeschlagenen Vereine, Gesellschaften, Firmen und Einzelpersönlichkeiten angeschrieben. Diesen Briefen waren „Zeichnungsscheine" beigefügt, in die man die Summe eintragen konnte. Durch Unterschrift und Firmenstempel sollte die Zeichnung bekräftigt werden.

Den Rundbrief und die Denkschrift verschickte man an alle Vorstandsrats- und Ausschussmitglieder. Trotz der widrigen Zeitumstände war die Aktion sehr erfolgreich. Binnen zweier Jahre kamen mehrere Millionen Mark zusammen. Darunter waren zum Teil erhebliche Einzelspenden, so von den Farbenfabriken vorm. Friedr. Bayer & Co., die über 200.000 Mark Kriegsanleihen zur Verfügung stellten.

Während bis 1907 die von Schönberg aufgewendeten Arbeitsstunden dem Deutschen Museum über das Ingenieurbüro in Rechnung gestellt wurden und er vom Museum lediglich eine jährliche Prämie zwischen 400 und 600 Mark erhielt, änderte man das Verfahren nach den Klagen von Heym und Hertel. Schönberg erhielt von 1908 bis 1917 unabhängig von seinem tatsächlichen, ungleich höheren Aufwand eine jährliche Gratifikation von 1000 Mark. Ende des Jahres 1917 setzte Miller durch, dass diese auf 3000 Mark erhöht wurde, auszahlbar in monatlichen Raten von 250 Mark. Schönberg, so die Argumentation Millers, erledige seine Museumsaufgaben bei einer niedrigen Entlohnung von 30 Mark pro Tag, er sei aber darüber hinaus an Sonn- und Feiertagen und während seines Urlaubs für das Museum aktiv; auch würden ihm seine Auslagen bei Reisen nicht voll ersetzt.

Die Regelung hatte nur ein Jahr Bestand. Da Miller nach Kriegsende 1918 und der Revolution von der bayerischen Räteregierung als „Staatskommissar für das Walchenseewerk und das Bayernwerk" installiert wurde und die Arbeiten am Walchensee nach seinen Plänen sofort begonnen wurden, fehlte Miller und auch Schönberg schlichtweg die Zeit für Museumsaufgaben. Wie aus den Tabellen des Ingenieurbüros hervorgeht, hatte sich der Arbeitsaufwand Millers für das Walchenseeprojekt von 1914 bis 1918 fast versiebenfacht. Auch Schönberg wurde in den Kriegsjahren immer stärker in das Vorhaben involviert. Konsequenterweise plante Miller daher für das Deutsche Museum eine Veränderung der Organisationsstruktur. Ab 1919 sollten zwei hauptamtliche Generalsekretäre die laufenden Aufgaben übernehmen.[109] Schönberg wollte die Gelegenheit nutzen, um seine Arbeiten für das Museum vollständig einzustellen, wurde aber von Miller dazu überredet, begonnene Projekte – Entwurf des Verwaltungsberichts, Erhebungen über eine möglichst gerechte Regelung der Bezüge, Pensionen und Unterstützungen der Angestellten, die Sammlung von Geldern für den Neubau des Bibliotheksgebäudes – zum Abschluss zu bringen und dem neuen Generalsekretär mit den nötigen Erläuterungen zu übergeben.[110] Die erst ein Jahr zuvor zugesagte Gratifikation von 3000 Mark wurde mit dem Teilrückzug Schönbergs aufgehoben und durch eine jährliche Zuwendung von erneut 1000 Mark ersetzt.

Wenngleich die Neustrukturierung des Museums erst ab 1920 wirklich griff, erscheint Schönbergs Name zwischen 1919 und 1924 nicht mehr in den Sitzungsprotokollen. Seine Aufgaben übernahm der neue Generalsekretär, der im Ruhestand lebende Generalmajor a. D. Julius Fehl.[111] Dieser hatte eine militärische Karriere durchlaufen, zuerst an der Bayerischen Kriegsakademie von 1896 bis 1899, dann als Direktor der Königlich Bayerischen Artillerie- und Ingenieurschule in den Jahren 1913 und 1914 bis hin zum Kommandeur des 2. Bayerischen Fußartillerie-Regiments. Nach Ende des Ersten Weltkriegs war er verabschiedet worden. Auf welche Weise ihn sein Weg ins Deutsche Museum führte, ist nicht nachvollziehbar.

Aus der Zeit der Revolution und Gegenrevolution in Bayern 1918/19 sind zu Schönberg nur wenige Quellen bekannt. Miller hatte schon am 12. November 1918 gemeinsam mit 17 Künstlern, Schriftstellern, Schauspielern, Architekten, Universitätsprofessoren und Juristen, darunter Lujo Brentano, Max Halbe, Bruno Walter und Ricarda Huch, in dem Aufruf *An die Allgemeinheit der „Geistigen Arbeiter"* die bayerischen Intellektuellen aufgefordert, an der Hebung der Volksbildung mitzuwirken und sich hinter die Revolution gestellt.[112] Gedacht war an eine Fürsorge für Soldaten und Arbeiterschaft, die Sicherung der Teilnahme aller Schichten an der deutschen Kultur, die Verbilligung von Verkehrsmitteln und individuelle Entfaltungsmöglichkeiten. Bei der Gruppe handelte es sich um den Münchner Ortsausschuss des Bunds deutscher Gelehrter und Künstler, der in Berlin unter dem Vorsitz von Peter Behrens, Gerhart Hauptmann und Ernst Troeltsch gegründet worden war. In München bestand er schon vor der Novemberrevolution, trat aber erst danach mit seinem Aufruf an die Öffentlichkeit. Miller und Schönberg nahmen wenige Tage später, am 17. November 1918, an der großen Revolutionsfeier im Nationaltheater teil. Hier formulierte der Anführer der bayerischen Novemberrevolution und erste republikanische Ministerpräsident Kurt Eisner in der Festansprache seine Ideen für das neue demokratische

Staatswesen in Bayern.[113] Ob die beiden in Eisners Hymne *Gesang der Völker* einstimmten, die zum Abschluss der Veranstaltung stehend gesungen wurde, darf bezweifelt werden. Beide waren von einem eher konservativen Weltbild bestimmt. Dennoch wollten Miller und Schönberg nach der Revolution in Bayern und dem politischen Systemwechsel den wenige Monate zuvor (am 21. Juni 1918) von den parlamentarischen Gremien bewilligten Bau des Walchenseekraftwerks auch mit der Räteregierung realisieren.

In den folgenden Monaten und Jahren wurden alle bei der Revolutionsfeier Anwesenden von konservativen, monarchischen und rechtsradikalen Kreisen wüst diffamiert. Juden, Revolutionäre und Intellektuelle wurden mit der Dolchstoßlegende („Im Felde unbesiegt") pauschal vermengt und die vermeintlichen Protagonisten heftig angegriffen. Miller und Schönberg – so der Vorwurf an sie – seien „die ersten Jünger Kurt Eisners und dokumentierten das dem deutschen Volke öffentlich durch ihre Teilnahme an der Revolutionsfeier im rotdekorierten Nationaltheater".[114] Diese und ähnliche Vorwürfe finden sich in den kommenden Jahren immer wieder. Miller galt seit den Tagen der Räteregierung bei den nationalkonservativen Kreisen als der „rote Oskar", der durch „Lobhudeleien über die Person des Staatsverbrechers Eisner" seine Nähe zu den Revolutionären kundgetan habe.[115]

Es blieb aber nicht bei allgemeinen Beschimpfungen. Im Zusammenhang mit Revolution und Gegenrevolution in Bayern soll eine – archivalisch nur durch eine kurze Telefonnotiz Schönbergs belegte – Episode nicht unerwähnt bleiben. Seit März 1918 hatte sich ein Teil des Museumspersonals im Zentralverband christlicher Staats- und Gemeindearbeiter Deutschlands gewerkschaftlich organisiert, um gemeinsam höhere Löhne durchsetzen zu können. Der Streit darum zog sich über zwei Jahre hin, da sich die Museumsleitung weigerte, einem Tarifvertrag zuzustimmen. Miller selbst verhielt sich distanziert, zog aber Schönberg zu den Verhandlungen hinzu.[116] Im November 1918 – kurz nach der Revolution – eskalierte die Auseinandersetzung, nachdem ein gewerkschaftlicher Vorschlag von Miller nur teilweise akzeptiert und nicht unterschrieben wurde. Daraufhin rief am 13. November der Gewerkschaftssekretär Franz Xaver Weixler[117] im Deutschen Museum an und bestand auf der unverzüglichen Unterzeichnung des weitgehend verhandelten Vertrags. Schönberg, der den Anruf entgegennahm, wies darauf hin, dass das Abkommen nicht unmittelbar unterzeichnet werden könne, da Miller einen Termin im Ministerium wahrnehme. Weixler forderte daraufhin, dass Schönberg die Vereinbarung unterschreiben solle. Er bezeichnete das zögerliche Vorgehen des Museums als „unverschämte Gemeinheit", „Schwindel" und „Lumperei" und drohte Schönberg: „Da passens auf, Sie und der v. Miller, Sie haben jetzt im Deutschen Museum gar nichts mehr zu sagen, da gehts jetzt wie mit den Offizieren."[118] Diese Aussage war eine deutliche Anspielung auf den Kieler Matrosenaufstand nur wenige Tage zuvor, als sich dort die Schiffsbesatzungen mehrerer Kriegsschiffe weigerten, einem Einsatzbefehl zu folgen. Daraufhin etablierten sich Soldatenräte gegen die Offiziere als direkte Machtorgane und lösten so die Novemberrevolution 1918 aus. Weixler drohte also unverhohlen mit der Absetzung Millers und seines Vertrauten Schönberg.

Für die Angriffe auf die „beiden ersten Jünger Eisners“ gibt es in den Akten zahlreiche Belege. Dabei wurde von rechtsradikaler Seite der Internationalismus in den Ausstellungen des Deutschen Museums als „undeutsch“ und als „Verhimmelung des Auslands“ bezeichnet.[119] Gleichzeitig wurde Miller von vielen Nationalsozialisten diffamierend einer ominösen „Judenschule“ zugeordnet; im Museum herrsche der „Judengeist“. Die Verunglimpfung Millers und Schönbergs sowie des Deutschen Museums fand nicht nur in München statt. Ein bekanntes Beispiel für die Beleidigungen der beiden Ingenieure durch NS-nahe Kreise ist der Physiker und Nobelpreisträger Philipp Lenard, der in Heidelberg lehrte. Einerseits war dieser ein brillanter und innovativer Wissenschaftler, andererseits ein nationalsozialistisch gesinnter und antisemitisch agierender Anhänger Hitlers. Das Werben des Deutschen Museums um seine Originalapparaturen hatte er mit dem Hinweis abgelehnt: „Lebende gehören nicht ins Museum“. Im Mai 1924 besuchte Lenard das Deutsche Museum, um die provisorischen Ausstellungen in der Maximilianstraße zu besichtigen, obwohl diese wegen des geplanten Umzugs auf die Kohleninsel schon seit 1923 für die Öffentlichkeit geschlossen waren. Ein Treffen mit Miller kam nicht zustande, da dieser auf Reisen war. Vertreten ließ sich Miller, wie Lenard boshaft anmerkte – durch einen „jüdischen Assistenten [...] was natürlich nichts besserte“.[120] Gemeint war damit sicherlich Arthur Schönberg, der bei derart heiklen Besuchen die Gästebetreuung übernahm. Durch die Physik-Abteilung führte der zuständige Kurator Franz Fuchs. Die Person Millers hat Lenard später so charakterisiert: „Aus gediegener Familie kommend und beim dicksten Judengeist gelandet“,[121] wobei er auf Millers Tätigkeit bei der Deutschen Edison-Gesellschaft unter Emil Rathenau anspielte. An anderer Stelle schrieb Lenard: „Dr. Miller ist aus der elenden AEG-Judenschule“.[122] Dementsprechend war seine Quintessenz des Besuchs in München vernichtend:

> „Der Eindruck vom Museum war wieder: Es ist gar keine Stelle, wo man wirklich historische Stücke zu würdigen wüsste, sondern ein Jahrmarkt für den grossen Haufen, zusammengeramscht von allerlei gutmütigen Entdeckern (auch ein Stark'sches Rohr war da) und Patentleutchen, sowie von eitlen Böcken und bereitwilligen Geschichte-Moglern“.[123]

Schönbergs Einfluss auf Oskar von Miller wurde auch im *Völkischen Beobachter*, dem Parteiorgan der NSDAP, thematisiert. Schon früh, am 3. Dezember 1926, nutzte die Zeitung eine Reise Millers, um sich bei Baudirektor Albert Koch zu beklagen. Der Redaktion sei „vielfach, zum größten Teil aus Leserkreisen Gerüchte zu Ohren gekommen, daß ein ausländischer Jude namens Schönberg mit führenden Geschäften des Deutschen Museums betraut sein soll, ohne dort selbst angestellt zu sein.“[124] Ein solches Benehmen sei merkwürdig und man bitte um Aufklärung, bevor die Öffentlichkeit davon Kenntnis erhalte. In seiner Antwort[125] entgegnete Koch, er sei während der Indienreise Oskar von Millers mit der Führung der Museumsgeschäfte betraut. Da er allerdings wegen der bevorstehenden Jahresversammlung den größten Teil seiner Zeit mit Arbeiten im Museumsgebäude beschäftigt sei, habe Miller bestimmt, dass Schönberg einen Teil der laufenden Arbeiten erledigen solle. Dieser sei seit 25 Jahren Beamter im Ingenieurbüro Millers und „habe nach der Gründung des Deutschen Museums mehrere Jahre in leitender Stellung die Geschäfte desselben besorgt und ist bei besonderen Anlässen von Miller oftmals für das Museum herangezogen worden.“[126] Da Schönberg mit den Angelegenheiten des Hauses in besonderer Weise vertraut sei, sei seine Mitarbeit von großer Wichtigkeit. Kochs Brief blieb ohne Wirkung. Der *Völkische Beobachter* veröffentlichte am 10. Dezember 1926 einen polemischen Artikel gegen das Museum.

Von der Museumseröffnung bis zum Tod Millers

Nachdem Julius Fehl Mitte des Jahres 1920 erst die Leitung der Bibliothek und dann das Generalsekretariat im Deutschen Museum übernommen hatte, schied Arthur Schönberg 1921 weitgehend aus dem Dienst des Museums aus. Dieser Zeitpunkt fiel exakt mit der Umwandlung des Ingenieurbüros Oskar von Miller in eine GmbH zusammen. Die schwierigen Zeiten der Inflation und der Bau des Walchenseekraftwerks erforderten seine volle Arbeitskraft im Ingenieurbüro. Im Verwaltungsbericht des Deutschen Museums wurde sein Ausscheiden gleich zweimal erwähnt, da er „von den ersten Anfängen des Museums an in hingebungsvoller Arbeit sich große Verdienste um unser Unternehmen erwarb.“[127]

Ganz vom Deutschen Museum konnte sich Arthur Schönberg in den Folgejahren dennoch nicht lösen. Viel zu sehr vertraute Oskar von Miller auf seine Person, sein Wissen und seine Kompetenz. Immer wieder zog er ihn für wichtige Museumprojekte heran. 1925 – das neue Gebäude auf der Museumsinsel war gerade eröffnet – griff Miller seinen früheren Plan zum Bau eines Bibliotheksgebäudes wieder auf. Und erneut beauftragte er Schönberg, eine entsprechende Vorlage für die nächste Vorstandssitzung auszuarbeiten, in der das Vorhaben vorgestellt werden sollte.[128] Die Vorlage sollte die Raumplanung, einen Entwurf für die Beschaffung der Finanzmittel und die dafür notwendigen Werbemaßnahmen umfassen. Im selben Jahr verantwortete Schönberg auch den neu gestalteten Museumsführer.[129]

Ebenfalls beteiligt war er an der Publikation *Chronik des Deutschen Museums von Meisterwerken der Naturwissenschaft und Technik*, erschienen im Jahr 1927. Hier ist er in einer Liste von Persönlichkeiten genannt, die an dem Buch mitgearbeitet hatten.[130] Dass „Mitarbeit“ stark untertrieben war, beweist ein internes Protokoll, aus dem hervorgeht, dass der gesamte Text mit den Kapiteln „Gründung“, „Von der Gründung bis zur Eröffnung der provisorischen Sammlungen am 12. November 1906“, „Eröffnung der provisorischen Sammlungen am 12. November 1906“, „Von der Grundsteinlegung bis zur Vollendung des Museums-Neubaues“ und „Eröffnung des Museums-Neubaues am 7. Mai 1925“ allein von Schönberg stammte.[131]

Die Beschreibung der chronologischen Ereignisse in einem Umfang von knapp 100 Seiten stellte Schönberg binnen sieben Monaten fertig. In einer Sitzung vom 9. August 1926 wurde sein Manuskript angenommen.[132]

Abb. 35 Die Eröffnung des Bibliotheksgebäudes 1932. Schönberg steht ganz unten auf der rechten Seite.[133]

Bei der Zusammenstellung seines Texts schöpfte er aus den Verwaltungsberichten des Museums (die er im Übrigen weitgehend selbst erstellt hatte). Ihnen entnahm er wichtige Ansprachen prominenter Persönlichkeiten und versah sie mit verbindenden Passagen. Akribisch beschrieb er die frühen Eckpunkte der Museumsgeschichte mit der Gründung, der Grundsteinlegung und der Eröffnung des Ausstellungsgebäudes auf der Insel. Die jährlichen Ausschusssitzungen fasste Schönberg knapp zusammen, wobei er auch auf das jeweilige Begleitprogramm und die Festvorträge kurz einging. Da die *Chronik* als eine Nachbetrachtung der glanzvollen Museumseröffnung 1925 intendiert war, spielen in der Schrift die Reden beim Festakt, die Beschreibung der Feierlichkeiten und des großen Festzugs, das Reichsfrühstück und der Begrüßungsabend eine hervorgehobene Rolle. Für das Vorwort hatte man Adolf von Harnack, den damaligen Präsidenten der Kaiser-Wilhelm-Gesellschaft, gewonnen. Auch für ihn formulierte Schönberg den Text. Darin wurde die Aufbauleistung Millers gewürdigt. Dieser habe es verstanden, das Museum trotz ungeheurer Schwierigkeiten zu einem „Werk des Vaterlandes" auszuweiten.[134] Schließlich lagen die Verhandlungen mit den Graphischen Kunstanstalten F. Bruckmann ebenfalls in den Händen Schönbergs, da in der *Chronik* aufwendige Farbtafeln vom Festzug zur Eröffnung des Museums abgedruckt werden sollten. Sie wurden im Verlag Bruckmann hergestellt, während das Buch selbst im Eigenverlag des Deutschen Museums erschien.

Wenngleich die *Chronik* aufgrund der zahlreichen Redetexte etwas spröde wirkt, ist sie doch eine kurze und prägnante Zusammenfassung der Museumsgeschichte zwischen 1903 und 1925, auf die viele spätere Autorinnen und Autoren gerne zurückgegriffen haben. Erzählt wird eine Erfolgsgeschichte des Museums und seines Gründers Oskar von Miller, in der die aus dem Ersten Weltkrieg und der Inflationszeit resultierenden Probleme kaum thematisiert sind. Insofern hat Schönberg mit dieser Darstellung die positive Geschichtsschreibung über das Deutsche Museum für Jahrzehnte beeinflusst.

Für den im Jahr 1930 inzwischen 75-jährigen Miller wurde in seinen letzten Lebensjahren Arthur Schönberg immer wichtiger, da er selbst mit verschiedenen gesundheitlichen Problemen zu kämpfen hatte.[135] In diesem Jahr hatte er einen Bluterguss im Auge, sodass er danach nur noch mit einem starken Vergrößerungsglas Buchstaben entziffern konnte. Die Chefsekretärin Millers im Deutschen Museum, Margarethe Conzelmann, wies in einem Brief an den im Deutschen Bund Heimatschutz beteiligten Friedrich Haßler darauf hin, dass Miller, seit er nicht mehr selbstständig lesen und schreiben könne, auch Vorträge weitgehend ablehne.[136] In der Folgezeit wurde Millers Sehkraft immer schwächer, hinzu kamen Schwerhörigkeit und eine Herzerkrankung. Man kann daher mit Sicherheit davon ausgehen, dass die meisten der zwischen 1930 und 1934 gehaltenen Vorträge Millers und seine Veröffentlichungen in diesen Jahren überwiegend von Schönberg verfasst wurden.

Die Museumskorrespondenz erledigte nach ihrer Einstellung 1926 meist Margarethe Conzelmann. Heikle Aufträge übertrug Miller aber nach wie vor Schönberg. Ein Beispiel dafür ist das Angebot des ehemaligen Fabrikanten August Ludowici im Jahr 1930, dem Deutschen Museum 200.000 Mark zu stiften.[137] Diese Summe sollte 100 Jahre lang nicht angegriffen werden, bis sie durch Zins und Zinseszins zu einem großen Kapital angewachsen sei. Erst dann sollten die Jahreserträge – vergleichbar mit dem Nobelpreis – jährlich an fünf Preisträger ausgeschüttet werden. An seine Stiftung knüpfte Ludowici mehrere Bedingungen. Erstens sollte der Name des Stifters anonym bleiben und zweitens wollte er nur junge aufstrebende Talente gefördert wissen –

ganz im Gegensatz zum Nobelpreis, mit dem hervorragende wissenschaftliche Leistungen zum Nutzen der Menschheit ausgezeichnet werden. In einem späteren Brief verwies Ludowici als Beispiel für die von ihm angestrebte Unterstützung auf Richard Wagner, der in jungen Jahren von König Ludwig II. gefördert worden sei. Sein dritter Vorbehalt – mit der Stiftung dürften keine Juden geehrt werden – verdeutlicht die nationalsozialistisch geprägte Grundeinstellung von August Ludowici. Sie ist in seinen philosophisch verbrämten Büchern *Die Denkfibel. Die Lehre vom organischen Gegensatz* (erstmals erschienen 1927) und *Zugleich. Versuch einer Ordnungslehre* (1933) sowie – besonders ausgeprägt – in seiner Autobiografie *Eine Lebensernte aus bewegter Zeit. 1866–1940* dokumentiert.[138] Dort finden sich sowohl Spitzen gegen die Relativitätstheorie als auch eindeutig nationalistische und antisemitische Äußerungen sowie NS-nahe Rassenvorstellungen.[139] Das Buch *Die Denkfibel* endet mit dem Appell: „Deutsche Jugend! Laß dich nicht betören durch das Wirrsal der Zeit."[140]

Die Beantwortung des Schreibens von Ludowici verzögerte sich, da Miller auf Reisen war. Nach seiner Rückkehr beauftragte dieser Schönberg mit einer Erwiderung. Sie trägt wie üblich das Namenskürzel „Schö", obwohl der Brief von Miller abgezeichnet ist. Schönberg vermied es, auf den antisemitischen Hintergrund der vorgeschlagenen Stiftung einzugehen. Seine diplomatische Antwort schlug die Tür für eine Stiftung nicht von vorneherein zu, sondern zielte darauf ab, Ludowici zu einer anderen Art der Förderung von jungen Talenten zu bewegen. Wörtlich heißt es in dem Antwortschreiben: „Die Art, in der diese Absicht verwirklicht werden soll, halte ich nicht für zweckmäßig, ich bin vielmehr überzeugt, dass andere Wege möglich sind, um den Nachwuchs an jungen Gelehrten und Ingenieuren zu begeistern und zu fördern."[141] Die Antwort des Deutschen Museums überschnitt sich mit einem fast zeitgleich eintreffenden zweiten Brief Ludowicis vom 8. Oktober 1930, in dem er seine grundsätzliche Bereitschaft zu einer Stiftung unter den von ihm formulierten Bedingungen wiederholte.[142] Das zweite Schreiben wurde vom Deutschen Museum nicht mehr beantwortet.

August Ludowici stammte aus einer alten Fabrikantenfamilie, die Dachziegel herstellte. Ursprünglich war er mit seinen drei Brüdern seit 1881 Inhaber der Falzziegelwerke Ludowici in Jockgrim, bevor diese von dem Bruder Wilhelm Ludowici allein übernommen wurden. Die Geschwister wurden ausbezahlt. August nutzte sein Geld unter anderem dafür, anonym die Jugendstilhalle in Landau in der Pfalz zu stiften. Wie sein Neffe Johann Wilhelm Ludowici, der seit 1923 als Gesellschafter der Firma agierte, war August überzeugter Nationalsozialist. Er gilt als einer der wichtigsten Förderer des antisemitischen Ideologen Houston Stewart Chamberlain, dem Ludowici seine autobiografische Schrift *Lebenswege meines Denkens* widmete. Kurz vor Kriegsende beging August Ludowici Selbstmord.

Vor diesem Hintergrund stellt sich die Frage, ob das Stiftungsangebot wirklich ernst gemeint oder nur ein taktisches Vorgehen war. Möglicherweise wollten nationalsozialistische Kreise das Deutsche Museum in den Einfluss des „Kampfbunds für deutsche Kultur"[143] ziehen bzw. den von ihnen gebetsmühlenartig konstatierten jüdischen Einfluss im Museum zurückdrängen. Der „Kampfbund" war 1928, knapp vor dem Stiftungsangebot August Ludowicis, vom NS-Ideologen Alfred Rosenberg gegründet worden; der Neffe von August, also Johann Wilhelm Ludowici, war dessen Stellvertreter. Dieser war schon 1923 der NSDAP beigetreten und hatte bis 1945 mehrere parteinahe Ämter inne. Ziel des antisemitischen Kampfbunds war, „deutsche" Kulturwerte zu fördern und umgekehrt – im NS-Jargon – nicht-völkisches Gedankengut aus Kunst, Musik, Literatur, Theater, Architektur, Publizistik und Wissenschaft zu verdrängen. Zu dieser Denkweise passt die Bedingung der Stiftung, Juden von der Preisvergabe auszuschließen. Gesetzt den Fall, das Deutsche Museum hätte diese Stiftung akzeptiert, wäre es als nationale Institution auch für politische Propaganda der NSDAP instrumentalisiert worden. Es ist anzunehmen, dass Schönberg und Miller bei ihrer Antwort dieses Beziehungsgeflecht vor Augen hatten, vor allem, da der Verein in München ansässig war und ihnen die politische Einstellung von Onkel und Neffe bekannt gewesen sein dürfte.

Ebenfalls 1930 fand vom 16. bis 25. Juni in Berlin die 2. Weltkraftkonferenz statt. Es war eine besondere Anerkennung und Ehrung der Person und Leistungen Oskar von Millers, dass ihn die internationale Organisationsleitung zum Ehrenpräsidenten wählte.144 Für ausgewählte Gäste schlug Miller eine Exkursion nach Bayern vor. Ob Schönberg selbst an der Konferenz in Berlin teilgenommen hat, lässt sich aus den Akten im Archiv des Deutschen Museums nicht ablesen. Allerdings dürften die entsprechenden Protokolle, soweit sie sich mit der Exkursion nach Bayern beschäftigten, wie üblich von Schönberg verfasst worden sein. Er korrespondierte im Vorfeld mit wichtigen Persönlichkeiten, wie Richard Buz, Otto Kirschmer und Carl Köttgen, um sie zur Teilnahme oder zur Unterstützung zu bewegen. Wahrscheinlich stammen auch Teile von Millers Eröffnungsrede in Berlin aus Schönbergs Feder, nachdem er bereits bei verschiedenen Gelegenheiten (Friedensverhandlungen in Versailles, Vortrag über Kulturdenkmale etc.) als Redenschreiber seines Chefs fungiert hatte. Möglicherweise vertraute Miller wegen seiner angesprochenen gesundheitlichen Probleme auch in diesem Fall auf die Unterstützung Schönbergs. Im Zentrum von Millers Ansprache stand ein großer Zukunftsoptimismus:

> „Wenn die Ingenieure aus aller Welt nicht nur gemeinsam beraten, sondern auch gemeinsam arbeiten und schaffen, wird es ihnen gelingen, die Energiequellen der Welt von den höchsten Spitzen der Berge bis zu den tiefsten Schächten zu gewinnen und der Nahrung, Kleidung und Wohnung des Menschen dienstbar zu machen. Der Ingenieur wird genug Kraft und Energie erzeugen können, um Nahrung, Kleidung und Wohnung für alle Menschen zu schaffen."[145]

Die Berliner Konferenz wurde inmitten der Weltwirtschaftskrise abgehalten, die in Deutschland zu Firmenzusammenbrüchen, Massenarbeitslosigkeit, Verelendung, Armut, Obdachlosigkeit und gestiegener Kriminalität geführt hatte. Das dabei veranstaltete Festbankett mit 3700 Gästen und erlesenen Speisen erscheint vor diesem Hintergrund anachronistisch.

Die Organisation der Exkursion nach Süddeutschland erfolgte zum Großteil im Deutschen Museum. Erneut war es Schönberg, der gemeinsam mit Margarethe Conzelmann die Reise vorbereitete.[146] Deren Höhepunkt bildete die Besichtigung des Walchenseekraftwerks, welches das Ingenieurbüro Oskar von Miller geplant hatte und das bei seiner Eröffnung 1924 eines der größten Wasserkraftwerke der Welt war. Am Abend lud Miller die Gäste in seine Privatvilla nach Niederpöcking am Starnberger See ein. Auch Schönberg und seine Frau waren anwesend.[147]

Bis zum Rücktritt Oskar von Millers als Vorsitzender des Vorstands am 7. Mai 1933 engagierte sich Schönberg in gewohnter Weise im Deutschen Museum. Er verfasste weiterhin die Verwaltungsberichte, bereitete die wichtigen Vorstands- und Ausschusssitzungen vor, führte dabei regelmäßig Protokoll und übernahm einen Teil der Korrespondenz, sofern Miller auf Reisen war. Während der Weltreise Millers, die Ende 1929 begann und ihn über die Sowjetunion, Japan und Hawaii in die USA führte, lagen die Museumsgeschäfte erneut in den Händen von Schönberg und Margarethe Conzelmann. Dabei wurde dezidiert festgehalten, dass Schönberg „auf Grund seiner langjährigen Zusammenarbeit mit Herrn von Miller“ entscheiden solle, welche wichtigen Fragen diesem während der Reise vorgelegt werden sollten.[148] In diesen Monaten bemühten sich Schönberg und Conzelmann um die Werbung neuer Mitglieder und organisierten die Jahresversammlung 1930. Die dominante Rolle Schönbergs zeigt sich dabei darin, dass er bei allen Vorgängen das Gegenzeichnungsrecht hatte.[149]

Belegt ist, dass Schönberg seinen Firmenchef vielfach auf Geschäftsreisen begleitet hat. Ein interessantes Beispiel ist die Teilnahme Millers und einiger Mitarbeiter des Ingenieurbüros an der *Woche der deutschen Technik*, die vom 8. bis 15. Januar 1929 in Moskau stattfand. Die Hinreise nach Moskau nutzten Miller, dessen Sohn Rudolf und Schönberg zu einem Abstecher nach Riga (Abb. 36), wo das Ingenieurbüro zwischen 1907 und 1914 das Elektrizitätswerk geplant, gebaut, später erweitert und in Eigenregie betrieben hatte. Möglicherweise wollte die Firma dort ihre alten Geschäftsbeziehungen reaktivieren.

Abb. 36 Fahrt nach Riga, 1929: Von links: Rudolf von Miller, Oskar von Miller, N.N., Arthur Schönberg.[150]

Anschließend fuhren Miller und Schönberg weiter nach Moskau. Der offiziellen Delegation aus Deutschland gehörten neben den beiden u. a. der Kohlenforscher Franz Fischer, der Chemiker Kurt Hess, der Architekt Bruno Taut und der Technikhistoriker Conrad Matschoß an. Letzterer verfasste für die *VDI-Nachrichten* einen zweiseitigen Artikel mit ausführlichen Berichten zu den offiziellen Veranstaltungen und Vorträgen während der *Woche der deutschen Technik* sowie über die zahlreichen Besichtigungen moderner sowjetischer Fabriken, Forschungsinstitute und Kraftwerke in Moskau, seinem Umland und in Leningrad.[151] Wenngleich Schönberg in dem Zeitungsartikel nicht genannt ist, ist seine Anwesenheit mehrfach belegt, so durch eine Fotografie, die ihn gemeinsam mit Miller während eines Fachgesprächs zeigt (Abb. 37). Schönberg sitzt am Tischende und scheint aufmerksam Protokoll zu führen.

Abb. 37 Arbeitsbesprechung deutscher Ingenieure in Moskau, 1929. Mit Oskar von Miller und Arthur Schönberg sitzen mit am Tisch (4. bzw. 8. Person in der linken Tischreihe).[152]

Schönberg hat seine Teilnahme an der Woche der deutschen Technik und die beeindruckenden Exkursionen in seinem Artikel *Russische Elektrizitätswirtschaft* erwähnt.[153] Darin äußerte er sich sehr positiv über die besuchten „Musteranlagen“ der Wasser- und Elektrizitätswerke, kritisierte aber auch die noch schwach ausgebildete Energieverteilung in dem riesigen Flächenstaat.

Der Besuch der beiden Münchner Ingenieure in die Sowjetunion führte in der Folge zu einem verstärkten Austausch zwischen dem Deutschen Museum und verschiedenen russischen Museen. Hier war Miller als internationaler Fachmann gefragt. Nach seinem Tod brachen die Kontakte allerdings ab, auch deshalb, weil von Seiten der nationalsozialistisch geführten Reichsregierung kulturelle Beziehungen mit sowjetischen Institutionen unerwünscht waren.

Die Reise in die UdSSR bildete auch den Anlass dafür, dass in NS-Kreisen die Schmähungen gegen Miller und Schönberg, wie sie bereits in den 1920er Jahren üblich waren, wieder auflebten. Besonders ihre positive Darstellung der russischen Erfolge in der Elektrizitäts- und Wasserwirtschaft wurde kritisiert.[154]

Die Angriffe gingen auch nach der sogenannten Machtergreifung der NSDAP im Januar 1933 weiter. Die Anfeindungen seitens der Nationalsozialisten wollte Miller mit seinem Rücktritt am 7. Mai 1933 – vorgeblich aus gesundheitlichen Gründen – abfangen und so das Deutsche Museum vor weiteren NS-Attacken schützen. Die Geschäftsführung übernahm erst Hugo Bruckmann und ab 1935 der Physiker Jonathan Zenneck, den Miller schon 1930 für das Museum gewonnen hatte und der seine Funktion im Vorstand des Hauses ausfüllen sollte. Im Archiv des Deutschen Museums findet sich ein aufschlussreicher „Ergänzender Bericht über die Zustände am Deutschen Museum" vom 6. Oktober 1933, also rund fünf Monate nach dem Rücktritt Millers, der die pauschalen Vorwürfe gegen Miller und Schönberg zusammenfasst:

> „Der angebliche Rücktritt v. Miller's ist ein Schwindel [...] Die Einflüsse des Juden Schönberg sind völlig ungebrochen. Der Jude Schönberg und Oskar von Miller waren die ersten Jünger Kurt Eisners und dokumentierten das dem deutschen Volke öffentlich durch ihre Teilnahme an der Revolutionsfeier im rotdekorierten Nationaltheater [...] Der Jude Arthur Schönberg und Oskar v. Miller sind heute noch Compagnons der im Handelsregister eingetragenen und dort zu kontrollierenden Firma Oskar von Miller G.m.b.H. Ingenieurbüro, Ferdinand v. Millerplatz 3. Der Jude Arthur Schönberg und Oskar v. Miller waren auch als geistige Brüder bei dem Feste des Deutschen Museums am 18. März 1933 im Studentenhaus, an welchem Angestellte des Deutschen Museums mit 25 jähriger Tätigkeit gefeiert werden sollten."[155]

In dem Schmähschreiben ging es also auch darum, dass bei dieser Museumsfeier keine NS-Symbole, Fahnen, Abzeichen etc. aufgestellt waren, was als bewusste Missachtung der neuen nationalsozialistischen Regierung interpretiert wurde. Der Rundumschlag des anonymen Pamphlets bezog sowohl den damaligen Verwaltungsdirektor Karl Bäßler als auch Margarethe Hoffmann (nach ihrer Heirat: Conzelmann), Millers Generalsekretärin seit April 1926, mit ein. Bäßler, so die Verleumdungen, würde sich schützend vor die Juden stellen und Maßnahmen der Reichsregierung gegen sie für verfehlt halten.[156] Conzelmann sei „ebenfalls ein williges Werkzeug v. Millers und auch sie wird nur zu dem Zweck gehalten um die Befehle und den Willen des Juden Schönberg und v. Millers zur Durchführung zu bringen."[157] Da Miller zugebe, dass er körperlich den Anforderungen der Museumsarbeit nicht mehr gewachsen sei und „politisch mit dem nationalsozialistischen Staat nicht einig gehe", müsse er gezwungen werden, „nationalgesinnten Männern des dritten reiches [sic!] Platz zu machen".[158] Mit Blick auf Arthur Schönberg, von dem sich Miller unter keinen Umständen trennen wolle, heißt es in dem anonymen Bericht, es müsse verhindert werden, dass Millers „undeutscher Geist mit Hilfe seiner Creaturen im Museum dauernd Zweifel über den Bestand des nationalsozialistischen Staates unter den nationalgesinnten

Angestellten sät."[159] So abstoßend der Duktus dieses anonymen Pamphlets ist, so lässt sich daraus doch ablesen, wie distanziert einerseits die Nationalsozialisten dem Deutschen Museum gegenüberstanden und wie hartnäckig andererseits Miller an seinem Mitgesellschafter im Ingenieurbüro und Vertrauten in Museumsangelegenheiten auch nach der „Machtergreifung" festhielt.

Auch nach dem Tod Millers am 9. April 1934, ein knappes Jahr nach seinem Rücktritt, gingen die Angriffe auf Schönberg weiter. In einem Fall wandte sich die Frau eines ehemaligen Mitarbeiters im Deutschen Museum, Rosa Stierhof-Schultes, an den NS-Gauleiter Adolf Wagner mit der Beschuldigung, ihr Mann Hans Stierhof sei 1931 entlassen worden, da ihre eigenen politischen Aktivitäten in der NSDAP im Museum bekannt geworden seien; auch der „damals im Büro von O. v. Miller beschäftigte Jude Ingenieur Schönberg habe bei Herrn v.Miller gegen Stierhof gehetzt."[160] Über Wagner und das Ministerium des Innern wurde das Deutsche Museum zu einer Stellungnahme aufgefordert. Hugo Bruckmann in seiner Eigenschaft als Vorstand des Deutschen Museums antwortete, er habe mit Hans Stierhof persönlich gesprochen, wobei dieser seine Vorwürfe wiederholt habe. Bekannt sei aber, dass „Schönberg sich grundsätzlich enthalten habe, in Personalbesetzungen mitzureden, schon deswegen, weil Herr von Miller solche Beeinflussung scharf zurückgewiesen hätte."[161] Die vorläufige Ruhestandsversetzung Stierhofs im Jahr 1931 sei durch die Tatsache bedingt gewesen, dass die Reichsregierung aufgrund der wirtschaftlichen Lage ihre Zuschüsse an das Museum gekürzt habe, weswegen insgesamt 30 Angestellte entlassen werden mussten.

Auch Johannes Stark, wie der erwähnte Philipp Lenard Physiker, Nobelpreisträger und einflussreicher Protagonist der antisemitischen und antirelativistischen sogenannten „Deutschen Physik", schlug in einem späteren Brief an Adolf Hitler vom Mai 1934 in dieselbe Kerbe:

> „Mein Führer! Als deutscher Naturforscher und Nationalsozialist danke ich Ihnen zugleich im Namen Gleichgesinnter dafür, dass Sie dem Deutschen Museum nicht die Ehre Ihres Erscheinens am letzten Montag erwiesen haben. Dieser jüdische liberalistische Theater- und Reklamebetrieb, in dem früher Marxisten, Juden und Kapitalisten unter der Regie des roten Miller die grosse Rolle spielten, ist weder der deutschen Naturforschung noch des deutschen Volkes würdig."[162]

Stark spielte darauf an, dass Hitler 1934 eine Einladung ins Deutsche Museum zur Jahresversammlung ausgeschlagen hatte. Er formulierte in seinem Schreiben, was viele Nationalsozialisten vom Deutschen Museum dachten. Und immer steht hinter dem angeblichen jüdischen Einfluss auf Miller und das Museum dessen Vertrauter Arthur Schönberg. Es verwundert nicht, dass die Nationalsozialisten das Deutsche Museum nach 1933 weiterhin geringschätzten und demonstrativ gegenüber der Museumsinsel auf dem Gelände des heutigen Deutschen Patent- und Markenamts bzw. des Europäischen Patentamts ein „Haus der Deutschen Technik" bauen wollten, welches das Museumsgebäude an Größe bei weitem überragen sollte – ein Projekt, das letztlich nicht realisiert wurde.[163]

Ehrungen

Aufgrund seines Engagements für das Deutsche Museum wurde Arthur Schönberg vielfach geehrt. Schon bei der Gründungsversammlung am 28. Juni 1903 war er in den Ausschuss des Hauses gewählt worden.[164] Im Jahr 1912 erhielt er über die Wahl nachträglich eine Schmuckurkunde,[165] die wie viele andere biografische Dokumente verloren gegangen ist. Dem Ausschuss gehörte er als „Lebenslängliches Mitglied“ bis 1934 an. Noch im Jahr der Eröffnung 1906 schlug die Museumsleitung Schönberg für die Königlich Bayerische Ludwigs-Medaille für Wissenschaft, Kunst und Industrie vor, da er, wie es in der Begründung heißt, „die literarischen Arbeiten für das Deutsche Museum besorgte und hierbei grosse Geschicklichkeit und ausserordentlichen Fleiss entwickelte“.[166] Dem Antrag des Museums wurde stattgegeben. Auch auf Reichsebene blieben seine Aktivitäten nicht unbemerkt. So beantragte am 7. Februar 1910 das Reichsamt des Innern bei Kaiser Wilhelm II. die Verleihung des Kronenordens 4. Klasse mit der Feststellung, Schönberg habe sich um die Fertigstellung der beiden Abteilungen des Deutschen Museums verdient gemacht.[167]

Die für Schönberg selbst vielleicht wichtigste Anerkennung seiner Arbeit war bis zum Jahr 2022, dem Beginn der zweiten Umbauphase des Deutschen Museums, in dessen Haupttreppenhaus zu sehen (Abb. 2).[168] Hier hing seit 1925 das fast sieben Meter breite und drei Meter hohe Triptychon des Malers Georg Waltenberger mit der Darstellung der Grundsteinlegung zum Neubau des Deutschen Museums am 13. November 1906.[169] Das Gemälde wurde bereits in der Einleitung angesprochen.

Abb. 38 Arthur Schönberg hinter Prinz Ludwig von Bayern auf dem Waltenberger-Gemälde, 1916 (Ausschnitt von Abb. 2).

Arthur Schönberg ist darauf hinter dem Leitungsgremium bestehend aus Oskar von Miller, Walther von Dyck und Carl von Linde abgebildet. Mit der Platzierung Schönbergs hat der Künstler Waltenberger auch dessen hohe Bedeutung für die Museumsgeschäfte symbolisiert. Schönberg steht den drei Vorständen zur Seite, ist aber als die Person, die im Hintergrund wirkt, leicht nach hinten versetzt gemalt. Deutlicher als in diesem Gemälde könnte man die Funktion Schönbergs nicht beschreiben. Für die Museumsgeschichte war er so wichtig, dass er in das offizielle Gemälde zur Grundsteinlegung des Museums aufgenommen wurde. Die Entscheidung dafür traf Oskar von Miller. Schönbergs Einreihung in die zweite Reihe hinter den Museumsvorständen Miller, Dyck und Linde verdeutlicht seine Stellung innerhalb des Museumsgefüges. Für Schönberg war die Aufnahme in das Gemälde eine öffentliche Anerkennung seines Engagements für das Haus. Über Jahrzehnte hinweg war er im Museum für Millionen von Besucherinnen und Besuchern sichtbar.

Die ursprüngliche Idee Waltenbergers, dass ihm alle dargestellten Personen für das Monumentalbild in seinem Atelier Modell sitzen sollten, ließ sich selbstverständlich nicht verwirklichen. Kaiser Wilhelm II. konnte für eine derartige Sitzung nicht gewonnen werden, Röntgen wiederum lehnte Waltenbergers Ansinnen strikt ab, da er auch keinem anderen Künstler eine Porträtsitzung gewährt habe. Erst eine Intervention Millers führte dazu, „den großen Röntgen [zu] bewegen, für eine kurze Sitzung in mein Atelier, gegenüber dem Schwantaler-Museum [sic!], zu kommen“[170] schrieb der Künstler später. Auch aus politischer Rücksichtnahme waren solche Sitzungen vor Ort schwer durchzusetzen. So war ein Termin mit Prinzessin Marie Therese nicht leicht zu finden. Daher schrieb Miller an Waltenberger: „Herr Ingenieur Schönberg hat uns mitgeteilt dass es Ihnen erwünscht wäre, wenn Ihre Kgl. Hoheit die Frau Prinzessin Ludwig Ihnen anlässlich ihres demnächstigen Aufenthalts in Berchtesgaden eine Sitzung für das Gemälde der Grundsteinlegung gewähren würde.“ [171] Schönberg selbst saß Waltenberger im Mai/Juni 1913 in dessen Atelier für das Gemälde Modell. Von der Skizze wurde eine Fotografie angefertigt, welche die Museumsleitung Schönberg zu Weihnachten 1913 als Geschenk zusandte mit dem Hinweis, das Bild sei als Dank für eine zehnjährige Tätigkeit für das Deutsche Museum gedacht.[172]

Eine von Schönberg ebenso geschätzte Ehrung seitens des Deutschen Museums erfolgte anlässlich der Eröffnung des neuen Museumsgebäudes auf der Kohleninsel am 7. Mai 1925. Gerhart Hauptmann hatte dafür eigens einen *Festaktus* gedichtet.[173] Die gesamten Feierlichkeiten trugen einen barocken Charakter. Sie teilten sich in einen offiziellen Festakt und einen Festzug durch die Innenstadt, den Münchner Künstler gestaltet hatten. Zur Eröffnung wurde der in diesem Jahr erstmals verliehene „Goldene Ehrenring der Bayerischen Staatsregierung“ für besondere Förderer des Deutschen Museums gestiftet.[174] Der Ring war nach der Ehrenmitgliedschaft die höchste Auszeichnung, die das Museum vergeben konnte. Schönberg zählte zu den ersten Ringträgern. Unter den Geehrten der Jahre 1925 bis 1927 war bezeichnenderweise keine Frau. Im selben Jahr wie er erhielten auch Persönlichkeiten wie Max Planck,

Walther von Dyck, Carl von Linde, Gustav Krupp von Bohlen und Halbach, Carl Duisberg, Georg Kerschensteiner und Conrad Matschoß den Goldenen Ehrenring. Schönberg scheint den Ring gerne und oft getragen zu haben, da er Ende der 1930er Jahre, als er den Ring zwangsweise abliefern musste (vgl. S. 197), als abgenutzt bezeichnet wurde.

Eine weitere Ehrung für Schönberg durch das Deutsche Museum war die Verleihung der Oskar-von-Miller-Plakette in Bronze im Jahr 1930.[175] Sie war im Jahr 1925 anlässlich des 70. Geburtstags Millers von dessen Freund, dem Chemiker und Vorstandsvorsitzenden der Farbenfabriken vorm. Friedr. Bayer & Co., Carl Duisberg, gestiftet worden. Sie zeigt im Auvers den Museumsgründer im Relief. Auf der Rückseite ist das neueröffnete Museumsgebäude zu sehen mit dem Text: „Den Mitarbeitern am Deutschen Museum". In der Regel wurde diese Plakette an langjährige Angestellte verliehen. Schönberg erhielt sie aufgrund seines fast drei Jahrzehnte währenden Engagements für das Deutsche Museum, obwohl er nie Angestellter des Hauses war.

Auch unabhängig vom Deutschen Museum erfuhr Arthur Schönberg eine Reihe von Ehrungen. So wurde ihm durch König Ludwig III. im Jahr 1916 das König-Ludwig-Kreuz für Heimatverdienste während der Kriegszeit verliehen. Die Auszeichnung würdigte seine Arbeiten bei der Planung des Walchenseekraftwerks, die Miller mit seinem Technischen Bureau während des Ersten Weltkriegs energisch – aber für den bayerischen Staat unentgeltlich – vorantrieb. Am 22. Dezember 1926, also nach Abschluss der Arbeiten am Walchenseekraftwerk und am Bayernwerk, wurde ihm vom bayerischen Staat der Ehrentitel „Landesbaurat" verliehen.[176]

Der Ausschluss Schönbergs

Mit dem Rücktritt Oskar von Millers vom Museumsvorstand (1933) und dessen Tod am 7. April 1934 hatte Arthur Schönberg seinen Chef und Mentor im Deutschen Museum verloren. Die Trauerfeier und Beerdigung Millers im Neuhauser Friedhof fanden unter großer öffentlicher Beteiligung statt. In den *Münchner Neuesten Nachrichten* vom 13. April 1934 sind Schönberg und Josef Heinrich als die ältesten Mitarbeiter Millers im Ingenieurbüro eigens genannt.[177]

Im Herbst 1933 war Schönberg zwar noch einmal für die Vorbereitung der Gremiensitzungen im Mai 1934 aktiv gewesen. Es scheint jedoch, dass ihm die neue Museumsleitung, angeführt von dem Verleger und seit 1933 amtierenden Ersten Vorstand Hugo Bruckmann, rasch alle Aufgaben im Deutschen Museum entzog. Mit dem Ableben Millers war die aktive Mitarbeit Schönbergs im Museum dann endgültig beendet. Die Sitzungen des Vorstandsrats und des Ausschusses im Mai 1934 standen bereits ganz im Zeichen der Anpassung an das NS-Regime und der „Gleichschaltung" der Museumsgremien. Dies zeigt sich sehr deutlich darin, dass jüdische Gremienmitglieder und auch einfache jüdische Mitglieder aus dem Museum gedrängt wurden. Die Museumsleitung nutzte die Neuwahlen, um politisch unliebsame und – nach der

Definition der NS-Rassengesetze – „jüdische" Mitglieder systematisch auszuschließen und dafür zahlreiche NS-Funktionäre in die Gremien zu berufen. Auf den Mitgliederkarten der Personen wurde angegeben, ob eine Neuwahl erfolgt war: „1934 wiedergewählt" lautet der entsprechende Stempelaufdruck. Heute kann man diesen Vermerk dahingehend deuten, dass dieses Mitglied damals als systemkonform galt. Bei ausgeschlossenen Gremienmitgliedern wurde zwischen der Jahreszahl „1934" und „wiedergewählt" handschriftlich das Wort „nicht" eingeschoben. Damit wurden eine oft jahrelange Zugehörigkeit zum Deutschen Museum, herausragendes Mäzenatentum und ideelle Unterstützung des Hauses schonungslos und bürokratisch beendet.

Insgesamt waren 16 „jüdische" Männer im Ausschuss von dieser Maßnahme betroffen. Ihre Namen sind in der „Liste der jüdischen Mitglieder, denen keine Mitgliederkarten mehr zugesandt wurden und damit auch keine Aufforderung zur Zahlung von Beiträgen" festgehalten. [178]

Zu den ausgeschlossenen Personen gehörte auch Arthur Schönberg, der Mann, der sich drei Jahrzehnte lang in herausragender Weise für das Museum engagiert hatte. Andere ausgegrenzte prominente Mitglieder waren u. a. der Münchner Bankier Siegfried Aufhäuser, der Kunstsammler und Antiquitätenhändler Otto Bernheimer, der Stuttgarter Fabrikant Moritz Horkheimer (Vater des Philosophen und führenden Vertreters der Frankfurter Schule, Max Horkheimer) und der deutsch-amerikanische Mäzen Felix Warburg. Im Fall von Albert Einstein, der seit 1920 ebenfalls dem Ausschuss angehörte, umging man den formellen Ausschluss, da er – laut einer handschriftlichen Eintragung auf seiner Mitgliedskarte in der Kartei des Museums – „unbekannt verzogen" sei.[179] Man muss wohl polemisch konstatieren, dass der Schreiber dieser Anmerkung einer der wenigen Menschen gewesen sein muss, dem die Emigration des berühmten Physikers und Nobelpreisträgers unbekannt geblieben war! Am 29. August 1934 wurde Einsteins Mitgliedschaft im Deutschen Museum endgültig gelöscht. Auf derselben Liste finden sich Namen von Personen mit einfacher Mitgliedschaft, denen zur gleichen Zeit keine Ausweise mehr zugesandt wurden, darunter der Münchner Fabrikbesitzer Adolf Einstein mit seinen beiden Söhnen Oskar und Robert sowie der Antiquar Jacques Rosenthal, in dessen Antiquariat das Museum jahrzehntelang eingekauft hatte. Unerbittlich drängte man jüdische Mitglieder aus dem Museum. Auf ihren Karteikarten finden sich oft abwertende Bemerkungen wie „Nichtarier" oder „Jude", so auch auf der Karte von Arthur Schönberg (Abb. 39). Wie viele jüdische Mitglieder insgesamt das Deutsche Museum ausgeschlossen wurden, lässt sich nicht feststellen. In der zitierten „Liste der jüdischen Mitglieder" sind unter dem Punkt „einfache Mitglieder" lediglich elf Namen genannt. Die tatsächliche Zahl „jüdischer" Mitglieder dürfte aber deutlich höher gelegen haben. Der Museumsmitarbeiter Karl Bäßler spricht in einer internen Mitteilung davon, dass 140 Mitglieder „ausgeschaltet" worden seien.[180] Eine endgültige Bestandsaufnahme steht aus, da eine systematische Auswertung der umfangreichen Mitgliederkartei noch nicht erfolgt ist. Heute ist sie ein erschütternder Beleg für den Antisemitismus im Deutschen Museum.

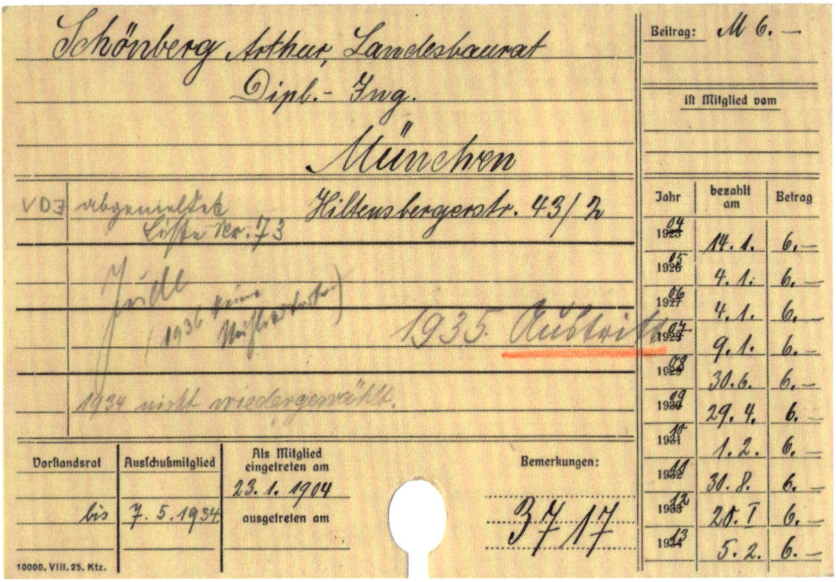
Schönberg Arthur, Landesbaurat
Dipl.-Ing.
München
VDI Hiltensbergerstr. 43/2
1935 Austritt
1934 nicht wiedergewählt.

Beitrag: M 6.–

ist Mitglied vom

Jahr	bezahlt am	Betrag
1924	14.1.	6.–
1925	4.1.	6.–
1926	4.1.	6.–
1927	9.1.	6.–
1928	30.6.	6.–
1929	29.4.	6.–
1930	1.2.	6.–
1931	30.8.	6.–
1932	20.7	6.–
1933	5.2.	6.–

Vorstandsrat	Ausschußmitglied	Als Mitglied eingetreten am	Bemerkungen:
bis	7.5.1934	23.1.1904	3717
		ausgetreten am	

10000. VIII. 25. Ktz.

Abb. 39 Mitgliedskarte im Deutschen Museum von Arthur Schönberg, ca. 1935.[181]

Schönberg muss dieser Ausschluss aus dem Ausschuss des Deutschen Museums hart getroffen haben. Er erfolgte als rein formaler Akt; den betroffenen Personen wurde nicht einmal für ihr oft jahrzehntelanges Engagement gedankt. Von einem Tag auf den anderen endete bei ihm wie bei vielen anderen die Verbindung zum Museum. Dabei war Schönberg in einigen Phasen seines Berufslebens fast tagtäglich im Haus ein- und ausgegangen.

Im selben Jahr 1934, wahrscheinlich in der ersten Juliwoche,[182] wurden im Zuge einer größeren Aktion Bücher „jüdischer“ Autoren aus dem Freihandbestand der Museumsbibliothek entfernt, darunter Schönbergs Veröffentlichung *Landes-Elektrizitätswerke*. Insgesamt wurden 200 Titel „der jüdisch. Literatur in die Schliessfächer“, also in einen für die Öffentlichkeit nicht zugänglichen Bereich, umgestellt.[183] Alle weggesperrten Publikationen sind in der undatierten Liste „Verzeichnis von Büchern der wissenschaftlichen Handbibliothek, deren Verfasser jüdischen Blutes sind oder es zu sein scheinen“ erfasst.[184] Schönberg und sein Co-Autor Ernst Glunk hatten – wie erwähnt – das Buch nach seinem Erscheinen 1926 mit einer Widmung der Bibliothek gestiftet.

Ob Schönberg von der Entfernung seines Werks aus dem Freihandbestand überhaupt erfahren hat, ist unklar. Unter Millers Nachfolger als Geschäftsführender Vorstand, Jonathan Zenneck, finden sich für die Zeit ab 1934 sowohl in den Museumsakten als auch in dessen Nachlass[185] keine Briefe zwischen beiden. Es ist auffällig, dass Schönberg nach dem von ihm sicherlich als beschämend empfundenen

„Rausschmiss“ aus dem Ausschuss des Deutschen Museums, keinen Kontakt zu Zenneck suchte. Auch als seine Deportation drohte (vgl. S. 190–191), wandte er sich mit der Bitte um Unterstützung nicht an Zenneck, sondern an die Familie von Miller.

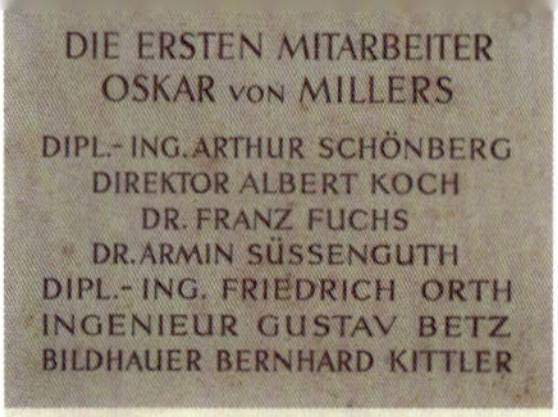

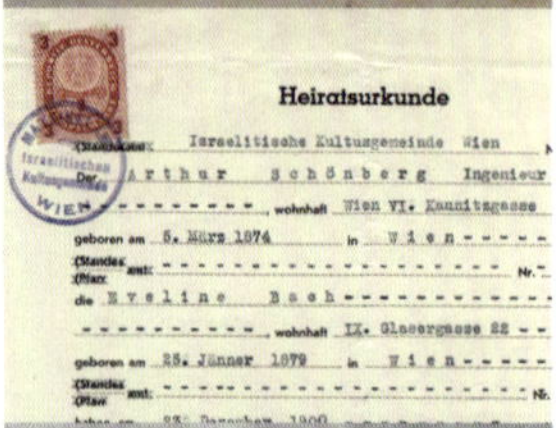
Heiratsurkunde

Israelitische Kultusgemeinde Wien

Arthur Schönberg Ingenieur

wohnhaft Wien VI. Kaunitzgasse

geboren am 5. März 1874 in Wien

die Eveline Bach

wohnhaft IX. Glasergasse 22

geboren am 25. Jänner 1879 in Wien

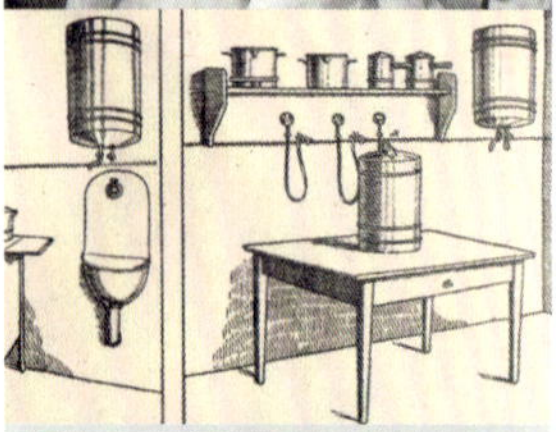

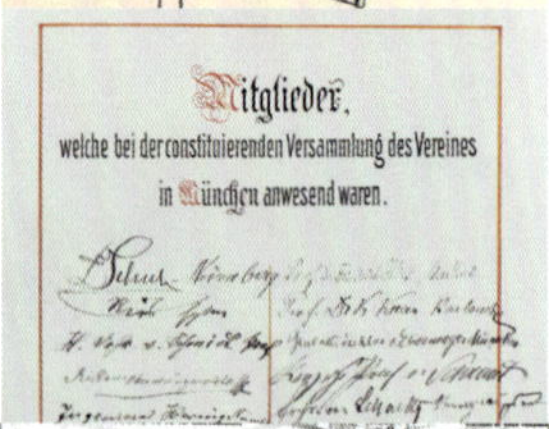
Mitglieder,
welche bei der constituierenden Versammlung des Vereines
in München anwesend waren.

-Werner, Henriette: Kunst und Volk. David Josef Bach 1874–1

Mateo; u. a.: Rudolf Steiner – Die Alchemie des Alltags (Auss
2010.

, Christiane: Finanzverwaltung und Judenverfolgung. Die Entz
ögens in Bayern während der NS-Zeit. München 2008.

okratie und Verbrechen. Antisemitische Finanzpolitik und Ver
alsozialistischen Deutschland. München 2013.

, Hans (Hrsg.): Von Juden in München. Ein Gedenkbuch. Mü

gangene Tage. Jüdische Kultur in München. München, Wien 1

, Boris Venediktovič: Die sowjetisch-deutsche Gesellschaft „Ku
Jahren 1923 bis 1933. In: Sanke, Heinz (Hrsg.): Deutschland,

Kapitel 5

Leben und Tod im Nationalsozialismus

Das Ingenieurbüro Oskar von Miller scheint relativ unbeschadet durch die Weltwirtschaftskrise gekommen zu sein, da es aus der Betriebsführung mehrerer Stadtwerke regelmäßige Einnahmen erzielte. Zudem durchlebten die Kommunen in dieser Zeit eine Phase der Erneuerung ihrer in die Jahre gekommenen Stadtwerke, zu deren Neukonzeption das international bekannte Ingenieurbüro häufig herangezogen wurde. Schönberg als Gesellschafter der Firma mit einem Anteil von zehn Prozent profitierte von dieser Entwicklung, sodass man vermuten kann, dass er sich zu Beginn der 1930er Jahre in seinem beruflichen und familiären Umfeld nicht oder kaum einschränken musste. Sein Vermögen betrug nach einer Aufstellung zum 1. Januar 1931 rund 21.000 Reichsmark, was heute in etwa einer Kaufkraft von 80.000 Euro entspricht. Vier Jahre später war dieses auf rund 80.000 RM angewachsen.[1] Schon 1925 hatte Schönberg in der Gemeinde Seehausen am Staffelsee ein großes Grundstück mit rund 5300 Quadratmetern für 5000 RM angekauft,[2] eine damals unbebaute Fläche, die wechselweise als Wiese bzw. Feld genutzt wurde.[3] Denkbar ist, dass er an eine spätere Bebauung dieses Grundstücks dachte. Es lag direkt hinter dem Bahnhof von Seehausen und wurde 1932 mit einem Zaun von einem Verbindungsweg (heute Seeblickweg) abgetrennt, wobei das Bezirksamt Weilheim vorschrieb, dass dieser aus „Rücksicht auf den Fernblick" maximal 1,30 Meter hoch sein dürfe.[4] Vom Grundstück aus hatte man also einen wunderbaren Blick auf den Staffelsee und die Insel Wörth.

Beruflich war das Jahr 1931 für Arthur Schönberg geprägt von Erfolgen der Ingenieurbüros Oskar von Miller GmbH. Es entbehrt nicht einer gewissen Pikanterie, dass dieses erst jetzt – nachdem es fast dreißig Jahre die Regierung permanent beraten hatte – im April 1931 als „Beratungsstelle" des Bayerischen Staatsministeriums des Innern offiziell anerkannt wurde.[5] Kurz darauf feierte das Ingenieurbüro sein 40-jähriges Jubiläum, das im Juli mit einem Ausflug der gesamten Belegschaft zu den von Miller 1898/99 erbauten Brennerwerken begangen wurde. Dieses Jubiläum fiel mit der zehn Jahre zuvor erfolgten Umwandlung des Büros in eine Gesellschaft mit beschränkter Haftung zusammen. Selbstverständlich waren bei der Feier neben Miller und seiner Frau auch die Gesellschafter Jacobs, Glunk und Schönberg, der zu dieser Zeit bereits über 30 Jahre in der Firma gearbeitet hatte, anwesend.

Beim Festabend ergriff Schönberg das Wort. Er dankte dabei den Organisatoren aus der Firma für die Festgestaltung, die ein Zeichen der Liebe und des Vertrauens zu Miller und für die „Harmonie der Angestellten" sei.[6] Gleichzeitig erinnerte er an die von Miller geschaffenen Sozialeinrichtungen wie den Fonds für Studienreisen, die Gewinnbeteiligung und den Sparfonds zugunsten der Mitarbeiterinnen und Mitarbeiter. Letzterer war während der Inflationszeit und der Weltwirtschaftskrise zum Erliegen gekommen. Mit dem Firmenjubiläum wurde er wiedereingeführt und mit einer bedeutenden Geldsumme ausgestattet. Schönberg übergab dabei während der Feier in Innsbruck den Angestellten die jeweiligen Beteiligungsscheine.[7] Mit von der Partie war der mit Miller befreundete Journalist und Schriftsteller Hermann Roth, der für die jährlichen Begrüßungsabende des Deutschen Museums seit 1909/10 Gedichte und Theaterstücke verfasst hatte und bei dieser Gelegenheit ein Gedicht vortrug. Auch ein Artikel über das Firmenjubiläum in den *Münchner Neuesten Nachrichten* stammt von ihm.

Entrechtlichung

Hatten schon die 1920er und die beginnenden 1930er Jahre zunehmend den gesteigerten Antisemitismus und die wachsende Bedrohung der jüdischen Bevölkerung in Deutschland insgesamt und speziell in München, der „Hauptstadt der Bewegung", gezeigt, verschärfte sich die Lage mit der Ernennung von Adolf Hitler zum Reichskanzler am 30. Januar 1933. Für die Familie Schönberg bedeutete dieser Tag einen enormen Einschnitt. Else fühlte sich nach der sogenannten „Machtergreifung" der Nationalsozialisten und der Verabschiedung des „Gesetzes zur Behebung der Not von Volk und Reich" („Ermächtigungsgesetz") vom 24. März aufgrund ihrer Aktivitäten in der Münchner Frauenbewegung persönlich bedroht. Als Frauenrechtlerin und Sozialdemokratin stand sie vermutlich auf einer schwarzen Liste der Nationalsozialisten. Schon vor dem Hitlerputsch 1923 hatten Nazis immer wieder Frauenversammlungen gestürmt und gesprengt.[8] Nur drei Monate nach dem „Ermächtigungsgesetz" reiste Else nach Frankreich aus. Der Vater dagegen sah zu diesem Zeitpunkt – wie die meisten etablierten Jüdinnen und Juden in Deutschland – keinerlei Gefahr für seine Person. Als deutschlandweit anerkannter Fachmann für Energiefragen, als besonderer Vertrauter Oskar von Millers und bayerischer Landesbaurat war er davon überzeugt, vor eventuellen antisemitischen Übergriffen sicher zu sein. Seine Tochter Else äußerte sich dazu in einem Interview so:

> „Mein Vater war wahnsinnig optimistisch. Er sagte, alles was mir passieren kann, ist, daß ich nicht mehr arbeiten kann und daß ich von meinen Ersparnissen leben muß."[9]

Seine Frau Eva war da deutlich skeptischer. Sie plädierte für eine Auswanderung,[10] konnte sich aber nicht durchsetzen.

Als Ingenieur, Gesellschafter und Prokurist in der Ingenieurbüro Oskar von Miller GmbH hatte Schönberg erst drei Jahre zuvor (1930) gemeinsam mit Miller den Plan für eine Reichselektrizitätsversorgung erarbeitet. Im März 1933 erschien das Gutachten des Ingenieurbüros zur Ferngasversorgung der Rheinpfalz, das im Auftrag der Pfälzischen Gas-AG bearbeitet worden war und hauptsächlich von Schönberg und Glunk verfasst worden war. Da Schönberg zudem nicht im öffentlichen Dienst tätig war, unterlag er nicht den Bestimmungen des Gesetzes zur Wiederherstellung des Berufsbeamtentums, durch die Anfang April 1933 jüdische und den Nationalsozialisten politisch missliebige Beamte aus dem Dienst entfernt wurden. Im Ingenieurbüro konnte er bis 1935 relativ ungestört weiterarbeiten, wenngleich mit dem Tod des Firmengründers Oskar von Miller (1934) sein wichtigster Förderer verstorben war.

Wie gering Schönberg die Bedrohung von Leben und Besitz für sich und seine Familie einschätzte, zeigt sich auch darin, dass er am 10. November 1933 eine geräumige, sechs Zimmer große Wohnung in der Hiltensperger Straße, Hausnummer 43, anmietete, für die er die erhebliche Jahresmiete von 1824 Reichsmark bezahlen musste. Mit in die Wohnung zogen seine Tochter Lotte und ihr Mann Rudolf, die am 18. Januar 1932 geheiratet hatten und danach mit den Eltern in der Heßstraße wohnten, wo zu diesem Zeitpunkt auch noch die zweite Tochter Else lebte. Vermutlich war der Umzug dadurch bedingt, dass das Ehepaar Ernst für sich selbst mehr Raum beanspruchte, als er in der Heßstraße vorhanden war. Ein weiterer Grund für die gemeinsame Wohnung mit den Eltern dürfte darin gelegen haben, dass das Ehepaar Ernst in ihren künstlerischen Berufen kaum ein geregeltes Einkommen erzielte.

Finanziell konnte sich Schönberg die Miete, die immerhin rund drei Viertel des Jahreseinkommens eines Lehrers bedeutete, durchaus leisten. Aus späteren Einkommensnachweisen lässt sich ablesen, dass er im Jahr 1932 über ein zu versteuerndes Einkommen in Höhe von rund 21.700 RM verfügte, ein Jahr später über 19.300 RM und 1934 über 26.200 RM.[11] Zu diesen Summen kamen noch jährliche Einzahlungen des Ingenieurbüros in einen Alterssparfonds hinzu, die nicht versteuert werden mussten. Die erheblichen Schwankungen der jährlichen Einnahmen Schönbergs lassen sich aus den jeweils unterschiedlichen Dividenden erklären, welche die GmbH an ihre Gesellschafter ausschüttete. Auch hier bietet sich ein Vergleich des Einkommens von Arthur Schönberg mit dem durchschnittlichen Gehalt einer Lehrkraft an, das in etwa dem Verhältnis 10 zu 1 entsprach.

Mit dem Jahr 1933 setzten die ersten konkreten Repressalien gegen jüdische Mitbürgerinnen und Mitbürger in München ein. Sie steigerten sich in den nächsten Jahren zunehmend. Laut Stadtchronik durften bereits am 16. August 1933 „Personen nicht arischer Abstammung“ städtische Badeanstalten nicht mehr besuchen.[12] Dass auch Schönberg entgegen seiner eigenen Einschätzung im Fokus von Antisemiten und NS-nahen Museumsangestellten stand, belegt der auf Seite 162 bereits ausführlich dargestellte „Ergänzende Bericht über die Zustände am Deutschen Museum“ vom 6. Oktober 1933. Darin heißt es: „Die Einflüsse des Juden Schönberg sind völlig ungebrochen. Der Jude Schönberg und Oskar von Miller waren die ersten Jünger Kurt Eisners [...]“.[13] Hier wird die alte Behauptung, Miller und Schönberg seien Anhänger der Revolution 1918 gewesen, aufgegriffen. Man merkt, dass Schönberg nicht nur museumsintern im Visier der Nationalsozialisten stand. Trotzdem: In Gefahr scheint sich Schönberg nicht gesehen zu haben. Ebenso war eine Auswanderung für ihn kein Thema – ganz im Gegensatz zu seiner Tochter Else.

Es muss für Arthur Schönberg ein Schock gewesen sein, als er am 7. November 1934 über die Stadt München die Mitteilung erhielt, dass seine Einbürgerung aufgehoben und ihm die deutsche Staatsangehörigkeit aberkannt worden sei. Grundlage dafür bildete das „Gesetz über den Widerruf von Einbürgerungen und der Aberkennung der deutschen Staatsangehörigkeit" vom 14. Juli 1933.[14] Es sah vor, dass Menschen, die nach der Novemberrevolution 1918 eingebürgert worden waren, die Staatsangehörigkeit entzogen werden konnte, sofern es sich um jetzt „nicht erwünschte" Einbürgerungen handelte.

Schönberg hatte einen Antrag auf Verleihung der bayerischen Staatsbürgerschaft zum ersten Mal im August 1914, zwei Wochen nach Beginn des Ersten Weltkriegs, bei der Stadt München gestellt.[15] Vermutlich hatte er zu dieser Zeit befürchtet, in seinem Heimatland Ungarn zum Kriegsdienst eingezogen zu werden, obwohl er zu diesem Zeitpunkt bereits 40 Jahre alt war. Sein damaliges Gesuch hatte das Städtische Taxamt befürwortet: Schönberg verdiene rund 9400 Mark pro Jahr, im Sparfonds des Technischen Bureaus Oskar von Miller seien von ihm ca. 11.000 Mark einbezahlt. Weiter habe er eine Lebensversicherung zugunsten seiner Frau in Höhe von 4000 Mark und für seine beiden Töchter Policen über jeweils 2000 Mark abgeschlossen. Hinzu komme eine Feuerversicherung für seine Mobilien in Höhe von 10.000 Mark. Die hohe Summe lässt darauf schließen, dass sich Schönberg und seine Frau mit teuren Möbeln eingerichtet hatten.

Nach Kriegsende wiederholte Schönberg am 21. Februar 1919 sein Gesuch um Einbürgerung. Da die österreichisch-ungarische Doppelmonarchie nach dem Ersten Weltkrieg aufgelöst war, glaubte er die deutsche Staatsbürgerschaft rascher zu erhalten. In seiner Eingabe schrieb er, dass seine Heimatgemeinde Preßburg „ein heftig umkämpftes Gebiet [sei], um das sich die Ungarn, die Tschecho-Slowaken und die Deutschösterreicher streiten" würden.[16] Auch sei in absehbarer Zeit keine Möglichkeit gegeben, bei welchem Staat auch immer eine Entlassung auf dem Staatsverband zu erreichen. Mit seinem Gesuch stieß Schönberg eine erneute Prüfung seiner Wohn-, Einkommens- und Vermögensverhältnisse an, die vom Bezirksinspektor des 23. Münchner Stadtbezirks sehr positiv beurteilt wurden. Schönberg habe eine „standesgemäß ausgestatte Wohnung" mit einer Miete von 1400 Mark pro Jahr, ein inzwischen erhöhtes Einkommen von 12.000 Mark, eine ebenfalls gesteigerte Einlage im Sparfonds des Ingenieurbüros sowie ein Depot von 25.000 Mark bei der Bayerischen Hypotheken- und Wechselbank. Trotz dieser hohen Bonität verweigerte die Regierung von Oberbayern die Einbürgerung, da eine solche erst nach der formellen Entlassung Schönbergs aus seinem bisherigen Staatsverband erfolgen könne. Nach einer weiteren Eingabe Schönbergs an das übergeordnete Bayerische Staatsministerium des Innern und einer Befürwortung durch den Staatskommissar für das Walchenseekraftwerk, also Oskar von Miller, wurde Schönberg und seiner Familie am 17. August 1920 die bayerische und damit die deutsche Staatsbürgerschaft verliehen.

Und dann, 14 Jahre später, erfolgte durch die nationalsozialistisch geführte Stadtregierung die Ausbürgerung Schönbergs und seiner Frau. Warum sie mit der Maßnahme bis Ende 1934 gewartet hat, geht nicht aus den Akten hervor, doch ist zu vermuten, dass man zu Lebzeiten Oskar von Millers einen solchen Schritt nicht tun wollte. Mit dessen Tod im April des Jahres fiel diese Rücksichtnahme weg. Am 10. November 1934 wandte sich Schönberg an den Münchner Stadtrat, um die Entscheidung rückgängig zu machen.[17] In seinem Schreiben wies er darauf hin, dass er bis zu seinem 24. Lebensjahr in Wien beheimatet gewesen sei und dort studiert habe. Nach einer fast zweijährigen Tätigkeit bei der AEG in Berlin sei er im Juli 1900 in das Ingenieurbüro Millers eingetreten und habe 1920 die deutsche Staatsbürgerschaft erworben. Mit Recht – und ein wenig Stolz – führte er seine Verdienste beim Aufbau des Deutschen Museums und bei den Projekten des Walchenseekraftwerks und des Bayernwerks sowie bei der Elektrifizierung der Haushalte an. Seine Arbeit sei durch verschiedene Orden und Auszeichnungen gewürdigt worden. Interessanterweise fügte Schönberg hinzu, dass er sich persönlich niemals politisch oder in politischen Parteien betätigt habe.

Der Stadtrat wandte sich daraufhin an das Deutsche Museum mit der Bitte um eine Stellungnahme zu der von Schönberg angeführten beruflichen Tätigkeit und zu dessen Verdiensten um Technik und Wissenschaft. In seiner Antwort bekräftigte der Geschäftsführende Vorstand Jonathan Zenneck, dass Schönberg in „engster Mitarbeit mit Herrn von Miller“ zahlreiche Projekte für elektrische Kraftwerke und Stromversorgungsanlagen bearbeitet habe: „Schönberg gilt auf diesem Gebiet als ausgezeichneter Fachmann von seltener Erfahrung“.[18] Bei der Gründung des Deutschen Museums habe Miller „Schönberg als ganz besonders befähigten Mitarbeiter des Büros als ersten für die Projektierung des Museums eingesetzt und ihn mit der Ausarbeitung und Durchführung der Methoden der Ermittlung, Beschaffung, Anordnung und Erläuterung der Museumsgegenstände betraut.“[19] Diese Zusammenfassung verdeutlicht noch einmal Schönbergs enormes Aufgabengebiet im Deutschen Museum. Seinen Brief schloss Zenneck mit der Bemerkung, dass sich Schönberg „die grössten Verdienste um die Allgemeinheit“ erworben habe.[20]

Die Intervention Schönbergs und die positive Darstellung Zennecks blieben ohne Wirkung. Im „Gesetz über den Widerruf von Einbürgerungen“ waren keine Sonderregelungen und kein Einspruchsrecht der Betroffenen vorgesehen. Mit der Aberkennung der deutschen Staatsbürgerschaft galt Schönberg ab diesem Zeitpunkt als „staatenlos“, was sich besonders auf seine späteren Emigrationsversuche nachteilig auswirkte. Auch seine Tochter Else verlor mit Schreiben der Regierung von Oberbayern vom selben Tag ihre deutsche Staatsangehörigkeit (vgl. Abb. 40).[21] Mit der Aushändigung der Verfügung wurden Arthur und Eva Schönberg ihre deutschen Pässe abgenommen. Dies hatte zur Folge, dass sie sich ab diesem Zeitpunkt jede Auslandsreise von der Polizei bewilligen lassen mussten. Auch die Einbürgerungsurkunde von 1920 musste das Ehepaar abgeben.[22] Ob eine Reise Schönbergs im April 1936 nach Preßburg, der ursprünglichen Heimatstadt seines Vaters Ignaz, im Zusammenhang mit der Ausbürgerung steht, ist aus den Akten nicht ersichtlich. Gegenüber der Passstelle der Polizeidirektion München hatte er als Grund lediglich „Familienangelegenheiten“ angegeben.[23]

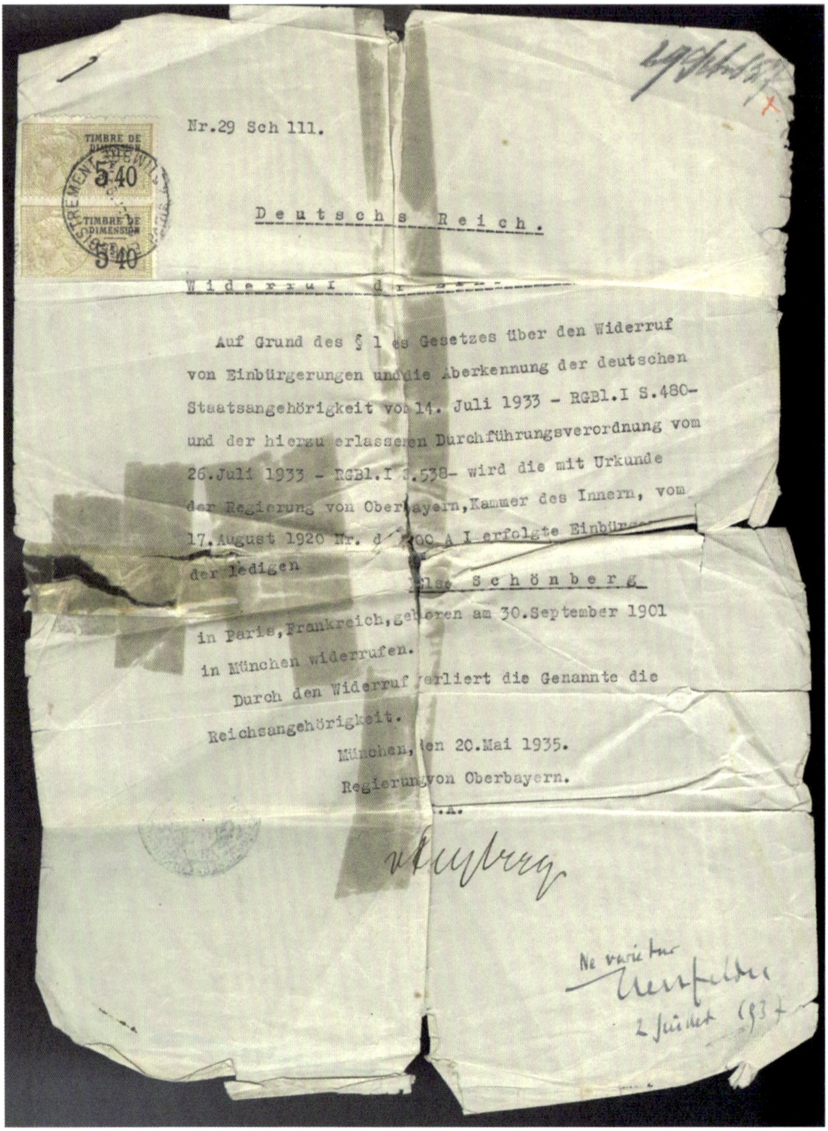
Nr.29 Sch 111.

Deutsches Reich.

Widerruf d[illegible]

Auf Grund des § 1 des Gesetzes über den Widerruf von Einbürgerungen und die Aberkennung der deutschen Staatsangehörigkeit vom 14. Juli 1933 - RGBl.I S.480- und der hierzu erlassenen Durchführungsverordnung vom 26.Juli 1933 - RGBl.I S.538- wird die mit Urkunde der Regierung von Oberbayern,Kammer des Innern, vom 17.August 1920 Nr. d [illegible]00 A I erfolgte Einbürgerung der ledigen

Else Schönberg

in Paris,Frankreich,geboren am 30.September 1901 in München widerrufen.

Durch den Widerruf verliert die Genannte die Reichsangehörigkeit.

München, den 20.Mai 1935.

Regierung von Oberbayern.

I.A.

Abb. 40 Aberkennung der deutschen Staatsbürgerschaft von Else Schönberg, 20. Mai 1935.[24]

Insgesamt verstärkte sich noch vor Beginn des Zweiten Weltkriegs der Auswanderungsdruck auf die Münchner jüdische Bevölkerung. Einen tiefen Einblick in die Schikanen vermitteln die Tagebücher des Literaturwissenschaftlers und Romanisten Victor Klemperer, der an vielen Stellen die Repressalien in Dresden beschrieben hat: Verbot von Radio, Telefon, Konzert, Friseur, Bus-, Straßenbahn- und Taxibenutzung, des Betretens von Theatern, Kinos, Museen, Bibliotheken, Bahnhöfen, Restaurants, Markthallen, Parks und Schwimmbädern, des Kaufs von Zeitschriften, Zigarren, Rauchwaren, Blumen, Milch, Mangelwaren, des Lagerns von Esswaren im Privathaushalt. Dafür: Zwangsablieferung von Schreibmaschinen, Fahrrädern, Liegestühlen, Hunden, Katzen und Vögeln, Entzug von Kleider- und Fischkarten, keine Sonderzuteilung von Kaffee, Schokolade, Obst, Kondensmilch, Einschränkung der Einkaufsmöglichkeiten, Sondersteuern, permanent herabgesetzte Freibeträge.[25] Die bei Klemperer aufgeführte Liste lässt sich noch fortsetzen bis zu absurd scheinenden Zwangsmaßnahmen wie der Abgabe von Spielkarten und Gesellschaftsspielen.[26] Selbst die Ablieferung von Ohrenschützern, Sonnenbrillen oder Tabakpfeifen war geregelt.[27] Auch der Schriftsteller Hans Günther Adler hat in seinem voluminösen Band *Der verwaltete Mensch* die gegen die Juden gerichteten Maßnahmen detailliert festgehalten. Seit September 1941 war zudem das Tragen des auf die Kleidung genähten sogenannten Judensterns verpflichtend. Auf die Beschränkungen der Wohnverhältnisse wird noch einzugehen sein. Jedenfalls gehörten im NS-Staat die Verdrängung der Juden aus dem öffentlichen Leben, ihre Vertreibung, schließlich ihre Deportation und Vernichtung direkt zusammen.

Die von Klemperer angesprochenen rechtlichen Beschränkungen der Juden im öffentlichen Leben Dresdens griffen in gleicher Weise in München. Ihre Ernährung lag seit 1939 in den Händen der Stadtverwaltung, die für sie eigens gekennzeichnete Lebensmittel- und Kleiderkarten aushändigte (Abb. 41). Im Vergleich zur „arischen“ Bevölkerung waren die Bezugsmengen gekürzt, die Einkaufsmöglichkeiten beschränkt. So mussten Juden, die im Süden der Stadt wohnten, ihre Einkäufe im Norden tätigen und umgekehrt. Da gleichzeitig die Benutzung von Straßenbahnen für sie verboten war, mussten sie vielstündige Einkaufsmärsche in Kauf nehmen.[28] Ab Januar 1940 durften sie keine Kleidung mehr beziehen. Man erkennt exemplarisch, dass es gezielt um Maßnahmen ging, die das Leben der jüdischen Bevölkerung einschränkten und denen sie nichts entgegensetzen konnte. Während die Ausgrenzung und Entrechtlichung der Juden voranschritt, erhöhten sich noch vor Kriegsbeginn die Hürden für eine Auswanderung. Auf welche Weise Schönberg alle diese Maßnahmen wahrgenommen und unter ihnen gelitten hat, ist unbekannt, da mit Ausnahme seiner Briefe an seinen Cousin Arnold Schönberg keine privaten Unterlagen erhalten sind.

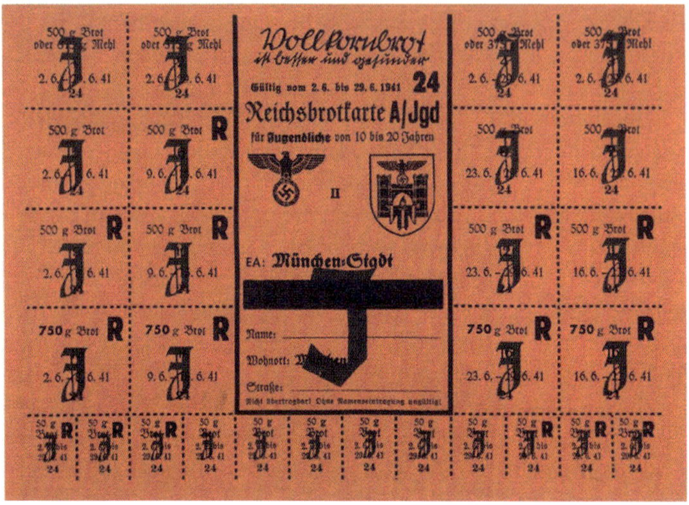

Abb. 41 Lebensmittelkarte der Stadt München (hier für Jugendliche) mit aufgedrucktem „J" für „Jude", Juni 1941.

Ausscheiden aus dem Ingenieurbüro

Der Druck der NS-Regimes auf Wirtschaftsunternehmen nahm ab 1935 stark zu. Ein Hebel war, dass Firmen, an denen Juden beteiligt waren oder dort in führenden Positionen tätig waren, künftig keine staatlichen oder kommunalen Aufträge mehr erhalten sollten. München hatte schon sehr früh, am 19. Dezember 1933, im Stadtrat eine entsprechende Richtlinie verabschiedet. Für die Ingenieurbüro Oskar von Miller GmbH als offizielles Beratungsbüro des Bayerischen Staatsministeriums des Innern bedeutete diese Festlegung eine wirtschaftlich bedrohliche Situation. Ernsthaft betroffen war das Unternehmen aber erst 1937, als man sich um einen städtischen Auftrag bemühte. Das Gewerbeamt der Stadt forderte im Mai die Industrie- und Handelskammer München zum Nachweis darüber auf, ob die Firma den Richtlinien zur Vergabe gemeindlicher Arbeiten und Lieferungen an arische Betriebe entspreche. Am 11. Mai 1937 erging von der Industrie- und Handelskammer (IHK) München an das Ingenieurbüro die Anordnung, seine Beteiligungsverhältnisse offenzulegen.[29] In ihrer Antwort listete die Firma ihre Anteilseigner auf, jeweils mit der Höhe der Beteiligungen und der Angabe der Staatsangehörigkeit („deutsch") bzw. der Angabe „arisch", wobei für die Person Schönbergs die Höhe seiner Beteiligung – 3000 Reichsmark – und bei Abstammung „nichtarisch" eingetragen war; die Spalte seiner „Staatsangehörigkeit" blieb unausgefüllt, obwohl der Firma klar gewesen sein muss, dass diesem 1935 seine deutsche Staatsangehörigkeit zwangsweise aberkannt worden war. Das Ingenieurbüro wurde angewiesen, dessen Ausscheiden aus der Firma zu betreiben. In der Folge versuchte es, über den

Mitgesellschafter und Rechtsanwalt Walther von Miller, einen Sohn Oskar von Millers, beim bayerischen Wirtschaftsministerium die Übernahme von Schönbergs Geschäftsanteilen auf staatlicher Seite abzusichern. Der Plan der GmbH sei, so die Argumentation, ihm „für seinen Geschäftsanteil eine Abfindung in der Weise [zu] geben, daß sie den Anteil zum Steuerwert übernimmt und Schönberg außerdem, da seine künftigen Bezüge naturgemäß erheblich hinter seinen bisherigen Bezügen zurückbleiben und er besonderes Vermögen nicht hat, eine Leibrente kauft."[30] Der Vorschlag des Ingenieurbüros, nicht nur Schönbergs Anteile zum Steuerwert zu übernehmen, sondern ihm zusätzlich eine Leibrente, deren Höhe nicht genannt wurde, zukommen zu lassen, entsprach nicht der üblichen Vorgehensweise bei der Arisierung jüdischer Unternehmen, bei denen die bisherigen Geschäftsinhaber für einen Bruchteil des wirklichen Werts auf ihr Geschäft verzichten mussten. Ganz offensichtlich wollte das Ingenieurbüro seinem langgedienten Mitarbeiter nicht auf dessen Kosten aus der Firma drängen – ein in diesen Jahren eher ungewöhnlicher Vorschlag.

Der Brief Walther von Millers fand die Zustimmung des Ministeriums: „Daß der Nichtarier Schönberg ausscheidet, ist nur zu begrüßen. Ein Hindernis, ihm seinen Geschäftsanteil abzukaufen, besteht nicht. In welcher Form dies geschieht, ist zunächst Sache der Beteiligten. Wesentlich ist nur, daß Schönberg in Zukunft in keiner Weise mehr mit der Firma in Zusammenhang steht."[31] Im Übrigen solle sich das Ingenieurbüro in dieser Frage mit der IHK abstimmen. Ein halbes Jahr später übersandte das Unternehmen eine notarielle Urkunde vom 23. Oktober 1937, in der festgehalten war, dass Schönberg seine Geschäftsanteile an die GmbH abgetreten habe. Für seine Anteile erhielt er 29.142 Reichsmark sowie die angesprochene Leibrente. Als Berechnungsgrundlage für den Verkauf wurde der achtfache Betrag der Anteile in Höhe von 3000 RM zugrunde gelegt. Zusätzlich übernahm die Ingenieurbüro Oskar von Miller GmbH die Übertragungskosten und zahlte ihm für das Jahr 1937 eine Dividende von 3600 RM.[32] In der Meldung an die Industrie- und Handelskammer stand, dass mit dem Ausscheiden Schönbergs jetzt alle Gesellschafter, Geschäftsführer und Angestellten „deutschblütig" und arischer Abstammung seien. Schon zwei Tage später bestätigte die IHK dem Städtischen Gewerbeamt München, dass das Ingenieurbüro ein deutsches Unternehmen sei und bei Vergabe gemeindlicher Arbeiten und Lieferungen berücksichtigt werden könne. Zwei Jahre später, Ende Dezember 1939, wurde dem Städtischen Gewerbeamt erneut attestiert, dass es sich bei der Ingenieurbüro Oskar von Miller GmbH um keinen jüdischen Gewerbebetrieb im Sinne der Dritten Verordnung zum Reichsbürgergesetz vom 14. Juni 1938 handle. Schon kurz vorher, am 4. April, hatte das Städtische Gewerbeamt in einer Aktennotiz festgehalten, dass Schönberg aus dem Ingenieurbüro ausgeschieden und seitdem dort „angeblich" keinerlei Tätigkeit ausübe.[33] In den späteren Wiedergutmachungsakten, wie sie im Staatsarchiv München verwahrt werden, findet sich ein kurzer, etwas unklarer Hinweis der Ingenieurbüros Oskar von Miller GmbH, demzufolge sie Schönberg über die 29.142 Reichsmark für seine Firmenanteile hinaus zusätzlich 30.000 RM habe zukommen lassen.[34] Die Summe taucht aber in den Akten nicht weiter auf.

Für Schönberg bedeutete das Ausscheiden aus dem Ingenieurbüro die Pulverisierung seines bisherigen Lebenswerks. Nach der deutschen Staatsbürgerschaft hatte er nun seine Arbeitsstelle und seine Gesellschafteranteile bei der Firma verloren, der er mehr als 37 Jahre angehört hatte.

Auswanderungsversuch

Obwohl seine Tochter Else schon kurz nach der sogenannten Machtergreifung im Januar 1933 aus Deutschland nach Paris geflohen war, hatte sich Arthur Schönberg aufgrund seiner Leistungen im Ingenieurbüro Oskar von Miller und für die Energieversorgung in Bayern und im Deutschen Reich trotz der zunehmenden Unterdrückungsmaßnahmen gegen die jüdische Bevölkerung sicher gefühlt. „Was kann schon passieren" zitiert Else Schönberg ihren Vater.[35] Sein 60. Geburtstag am 5. März 1934 war noch mit einem großen Fest gefeiert worden, zu dem auch die Tochter aus Paris anreiste. Umgekehrt war Arthur Schönberg 1937 zu Else in die französische Hauptstadt gefahren, auch um die dortige „kleine Weltauszustellung" zu besichtigen.

Die Gefährdung seiner Person scheint ihm trotz der seit 1933 zunehmenden Einschränkungen der Rechte von Juden erst Ende 1938 bewusst geworden zu sein. Bis dahin hatte er mit seiner Frau und seiner Tochter Lotte die antijüdischen Repressionen weitgehend geduldig ertragen. Inwieweit er zwischen 1933 und 1938 überhaupt an eine Emigration dachte, ist unklar. Vermutlich waren es erst die Vorgänge rund um die fälschlich als „Reichskristallnacht" umschriebenen deutschlandweiten Aktionen gegen Juden, die ihn umstimmten. Sie trafen auch Arthur Schönberg. Das Novemberpogrom vom 7. bis 13. November 1938 mit der Ermordung von hunderten Juden, der Zerstörung von mehr als 1400 Synagogen und Betstuben, Tausenden von Geschäften und der Schändung von Friedhöfen markiert einen Einschnitt der jahrelangen Diskriminierung durch das NS-Regime hin zur systematischen Vertreibung. Als Anlass für das Pogrom diente den Nationalsozialisten das Attentat des erst 17 Jahre alten polnischen Juden Herschel Grynszpan auf den deutschen Legationsrat Ernst Eduard vom Rath in Paris am 7. November 1938. Hintergrund für dessen Anschlag war die massenhafte Ausweisung polnischer Juden aus Deutschland wenige Tage zuvor, von der auch die Familie Grynszpan betroffen war. Die NS-Propaganda stilisierte das Attentat auf Rath zu einem Beweis der jüdischen Weltverschwörung gegen Deutschland und nutzte es, um die Parteibasis zu Aktionen gegen die jüdische Bevölkerung aufzuhetzen. Parallel zu der Zerstörung jüdischer Geschäfte und zahlreicher Synagogen lief eine Welle von Verhaftungen männlicher, in der Regel bekannter und vermögender Juden quer durch Deutschland und Österreich. Die Verhaftungen begannen in den frühen Morgenstunden des 10. November gegen 3.00 Uhr. In München wurden in der Pogromnacht rund 1000 Männer inhaftiert. Schönberg wurde in seiner damaligen Wohnung in der Hiltensperger Straße 43 verhaftet. Gestapo-Leute brachten ihn wie die anderen Gefangenen – im SS-Sprachgebrauch als „Aktionshäftlinge" bezeichnet – zuerst zu einer der drei Sammelstellen, der Schutzpolizeileitstelle im Wittelsbacher Palais, der Polizeihauptwache in der Ettstraße bzw. in das Gefängnis Stadelheim.[36] Dort wurden ihre Personalien aufgenommen. Anschließend transportierte man sie in Bussen oder auf Lkws in das Konzentrationslager Dachau. Unter den Gefangenen befanden sich neben Arthur Schönberg viele weitere prominente Münchner Juden, so der Rabbiner Leo Baerwald, der Antiquitätenhändler Otto Bernheimer und der Soziologe Werner J. Cahnmann. Verschiedene in Dachau Mitinhaftierte, wie Jakob Abramowitz und Robert Fraenkel, sollte Schönberg 1939/40 in dem „Judenhaus" in der Richard-Wagner-Straße 11 wiedersehen.

Schönberg wurde in Dachau unter der Nummer 19 880 als „Schutzhäftling" registriert. Über Schönbergs Haftzeit ist nichts bekannt. Auch von ihm selbst gibt es zu seiner Haftzeit keine Quellen. Wie die Erinnerungen anderer Inhaftierter zeigen, mussten die Lagerinsassen bei starkem Frost auf dem Appellplatz stundenlang stehen. Otto Bernheimer berichtet:

> „Dort ließ man uns die halbe Nacht stehen, bis wir alle registriert waren und uns schließlich auf Strohsäcken niederlegen konnten. Am nächsten Morgen mussten wir in aller Herrgottsfrühe aufstehen zum Frühappell."[37]

Oskar Gröbel, ein Münchner Zahnarzt, der 1939 in die USA fliehen konnte, ergänzt diese Schilderung:

> „Wir standen. Es war November, es hatte geschneit, und wir waren in Reihen gestanden, draußen, im Schneefall, und wir haben uns nicht rühren dürfen [...] Da standen wir Stunden und Stunden und am nächsten Tag sind wir wieder gestanden, gestanden. Und dann, endlich, wurden wir in Baracken eingeteilt."[38]

Von jedem Gefangenen wurden vier Lichtbilder angefertigt, dann wurden ihnen die Haare und Bärte geschoren. Alle bekamen die typische KZ-Kleidung ausgehändigt, gekennzeichnet mit einem übereinandergelegten gelben und roten Dreieck.[39] Der dem Davidstern nachgebildete Aufnäher unterschied die inhaftierten Juden auch optisch von anderen Häftlingsgruppen wie den politischen Gefangenen.

Schönberg war vom 10. bis 29. November 1938 in Dachau inhaftiert. Entlassen wurde er erst, nachdem er – gezwungenermaßen – wie die anderen Gefangenen seine feste Auswanderungsabsicht bezeugt hatte.

Seine KZ-Haft führte Arthur Schönberg drastisch vor Augen, wie rigoros das NS-Regime gegen die Juden jedes Alters vorgingen. Selbst seine unbestrittenen Verdienste auf dem Gebiet der Elektrifizierung zählten nichts. Die Wochen in Dachau verdeutlichten ihm, dass sein Leben und das Leben seiner Frau nicht mehr sicher waren. Zudem nahm er die im KZ abgegebene Verpflichtung zur Auswanderung ernst. Direkt nach seiner Entlassung wandte er sich an das amerikanische Konsulat in Stuttgart, um sich dort am 11. Dezember 1938 für ein Visum in die Vereinigten Staaten von Amerika registrieren zu lassen. Dies war üblicherweise der erste Schritt für eine Einwanderung in die USA. Allerdings verdeutlicht die hohe Vormerknummer 43 517, dass sich Schönberg sehr spät um die Ausreise bemüht hatte, weswegen er mit einer langen Wartezeit rechnen musste. Die Schwierigkeiten der Einreise nach

England oder in die USA drehten sich dabei um drei Komplexe: Erstens musste die Genehmigung für die Ausreise aus Deutschland vorliegen. Dazu war ein gültiger deutscher Pass erforderlich. Nach der „Verordnung über Reisepässe von Juden" vom 5. Oktober 1938 wurden deren Papiere für ungültig erklärt und mussten abgeliefert werden. Die für das Ausland gültigen Dokumente waren laut dieser Verordnung mit einem Merkmal versehen, welche die Inhaber als Jüdinnen und Juden kennzeichneten. Aufgestempelt wurde daher ein großes rotes „J", der sogenannte Judenstempel. In der Praxis führte dieser Aufdruck dazu, dass viele Emigrationswillige schon an der Grenze zu anderen Ländern, wie beispielsweise der Schweiz, abgewiesen wurden. Zweitens war bei einer Emigration eine Einreisegenehmigung des Gastlands notwendig. Diese wiederum war abhängig von der Bürgschaft, dem „Affidavit" eines Einwohners oder einer Organisation dieses Landes, und beinhaltete eine beglaubigte Erklärung, für den Unterhalt der einwandernden Person finanziell aufzukommen. Im Laufe der Jahre verschärften England und die USA ihre Einwanderungsbestimmungen. Eine reine Absichtsbeurkundung genügte nicht mehr; vielmehr forderten die USA von den Bürgenden, eine in der Höhe schwankende Summe bei einer Bank zu deponieren, Verschuldungen und Kredite für Immobilien zu nennen und eine Einkommensteuererklärung vorzulegen. Idealerweise sollte die Bürgschaft von einem amerikanischen Staatsbürger stammen. Offensichtlich hatten Arthur Schönberg und seine Familie nur wenige direkte Kontakte in die Vereinigten Staaten, was eine zügige Emigration erschwerte. Drittens mussten die Ausreisewilligen über die notwendigen finanziellen Mittel verfügen, um die Schiffspassage in die Vereinigten Staaten bezahlen zu können.

Noch im November 1938 forcierte der NS-Staat seine antijüdischen Maßnahmen. Jüdinnen und Juden wurde die Teilnahme an kulturellen Veranstaltungen verboten, zusätzliche Aufenthaltsbeschränkungen wurden eingeführt, Wertpapiere und -gegenstände eingezogen und die Verfügung über die eigenen Bankkonten eingeschränkt. Wöchentlich durften nur noch 100 Mark abgehoben werden.[40] Die neuen Verordnungen hatten das Ziel, die Auswandung jüdischer Menschen zu beschleunigen. In München wurden zudem „arische" Vermieter dazu gedrängt, ihren jüdischen Mietern zu kündigen.

Eine Fotografie vom Februar 1939, auf der Arthur und Eva Schönberg sowie ihre jüngste Tochter Lotte mit dem Enkelkind Michael zu sehen sind, vermittelt eine trügerische Familienidylle (Abb. 42). Entstanden ist sie anlässlich eines Besuchs von Lotte in München. Sie war 1938 mit ihrem Mann aus München geflohen und hatte sich in Zagreb niedergelassen. Offiziell meldete sie sich erst am 10. November 1939 von München ab, wie die Polizeimeldebögen ausweisen. Entstanden ist die Aufnahme wohl vor dem Haus in der Hiltensperger Straße, wo die Familie Schönberg seit 1933 wohnte. Das Gebäude existiert heute nicht mehr. Die Judenverfolgungen scheinen bei den beiden Frauen Lotte und Eva deutliche Spuren hinterlassen zu haben. Beide schauen ernst in Richtung Kamera. Schönberg selbst konzentriert sich liebevoll auf seinen Enkel Michael, der auch „Muxi" genannt wurde. Er sitzt auf dem Arm seiner Mutter.

Im Gegensatz zu früheren Fotografien ist Schönberg mit kurzem Haar und Schnurrbart zu sehen, nachdem ihm während seiner Haftzeit im Konzentrationslager Dachau im November 1938 Haare und Bart zwangsweise abrasiert worden waren (Abb. 55).

Abb. 42 Arthur Schönberg mit seiner Frau Eva und der Tochter Lotte mit deren Kind Michael, Februar 1939.[41]

Um seine eigene Auswanderung zu betreiben, nahm Schönberg vermutlich über seine Frau Eva bzw. seine Tochter Else Kontakt zu der Münchner Schulärztin Dr. med. Mally Kachel auf. Sie war die behandelnde Ärztin der beiden bekannten Münchner Frauenrechtlerinnen Lida Gustava Heymann und Anita Augspurg, bevor diese aus Deutschland flüchteten.[42] Kachel vermittelte Schönberg an den Physiker Dr. Rudolf E. Cohen weiter, der wie dieser viele Jahre bei verschiedenen elektrotechnischen Firmen, zuletzt bis 1933 bei den Schuckertwerken in München, gearbeitet hatte.[43] Cohen war 1932 mit seiner zweiten Frau Dr. med. Annemarie, geb. Buch, der Glaubensgemeinschaft der Quäker – oder wie der offizielle Name der Organisation lautet: „Religiöse Gesellschaft der Freunde" – beigetreten. Über das Netzwerk der Quäker bzw. der katholischen und evangelischen Kirche engagierten sich die Cohens für die Auswanderung jüdischer Menschen aus München. Rudolf Cohen führte über seine Bemühungen genau Buch. Dazu existiert ein Manuskript, das heute im Stadtarchiv München verwahrt wird; eine Transkription wurde 2013 von Peter Zahn herausgegeben.[44] Cohen erfasste alle Hilfesuchenden nach einem einheitlichen Schema (Datum des Erstkontakts, persönliche Daten der Antragsteller und ihrer Familien, finanzielle Verhältnisse, Ausbildung und berufliche Stationen, bisher unternommene Schritte zur Auswanderung, ausländische Verwandte, Gesundheitszustand der betroffenen Personen). Insgesamt listet die Aufstellung 324 Personen auf, von denen einer späteren Anmerkung zufolge lediglich 44 die Auswanderung glückte.

Der erste Kontakt zwischen Schönberg und Cohen datiert – wie es in dem Aufnahmeblatt heißt – vom 26. Mai 1939.[45] Allein in diesem Monat wandten sich 29 Hilfesuchende an Cohen. Daraus wird ersichtlich, wie groß inzwischen der Verfolgungsdruck auf die in München verbliebenen Jüdinnen und Juden geworden und wie breit das Hilfsangebot Cohens angelegt war. Soweit aus dem Manuskript Cohens ersichtlich ist, hatte Schönberg den 1938 nach England emigrierten Münchner Bankier Siegfried Aufhäuser um Unterstützung gebeten, der wiederum in London den amerikanischen Zeitungsverleger Lord William Randolph Hearst für eine Bürgschaft für Schönbergs gewinnen wollte. Schönberg kannte Aufhäuser über dessen Verbindung zum Deutschen Museum, das eines seiner Konten bei dessen Bankhaus unterhielt. Der Firmeninhaber selbst hatte sich vor 1935 als großzügiger Stifter für das Museum erwiesen und war dafür – wie Schönberg – im Jahr 1925 mit dem Goldenen Ehrenring ausgezeichnet worden.[46] Zudem war Schönberg mit Leopold Weinberg befreundet, der lange Jahre Prokurist im Bankhaus Aufhäuser gewesen war. Die Bemühungen von Aufhäuser und Hearst brachten in der Folge aber keine konkreten Ergebnisse.

Rudolf Cohen schrieb schon einen Tag nach dem Besuch von Schönberg an die 1933 aus Deutschland geflohene und in Philadelphia lebende und lehrende Quäkerin Hertha Kraus sowie an die damals noch in den USA lebende Sozialpolitikerin und spätere Diplomatin Margarete Lenz und ihren Mann, den Nationalökonomen Friedrich (Fritz) Lenz, mit der Bitte um eine Bürgschaft. Da das Ehepaar Lenz allerdings schon 1940 wieder nach Deutschland zurückkehrte, fiel es als Bürge aus. Der Name von Hertha Kraus wiederum taucht im Zusammenhang mit drei weiteren Personen auf, was verdeutlicht, wie schwierig es für Cohen war, in den USA die Unterstützung von Bürgen für seine Klienten zu finden. Auf dem Blatt findet sich noch die Notiz Cohens, dass Schönberg verschiedene Personen in Belgien, Frankreich, England und auch in der Türkei wegen seiner Ausreise angesprochen habe. Später notierte Cohen, Schönberg habe ihm am 7. August 1939 geschrieben, dass er ein Affidavit für die USA habe, jedoch auch eine sehr hohe Antragsnummer für eine Ausreise; parallel bemühe er sich weiter um eine Stellung im Ausland.[47]

Beinahe zeitgleich wandte sich Schönberg an seinen inzwischen in den Vereinigten Staaten von Amerika lebenden Cousin, den berühmten Komponisten Arnold Schönberg. Eine hervorragende Quelle dazu ist deren Korrespondenz aus den Jahren 1939 bis 1941, die im Archiv des Arnold Schönberg Centers in Wien verwahrt wird.[48] Da hier Briefe und Antwortbriefe der Cousins überliefert sind, vermitteln diese einen direkten Einblick in die Anstrengungen des Ingenieurs, aus Deutschland zu fliehen. Wie Katharina Bergmann gezeigt hat,[49] liefen die Auswanderungsbemühungen vieler Münchner Jüdinnen und Juden über persönliche Netzwerke in den USA. Wichtige Voraussetzungen in den Staaten waren nahe Familienmitglieder, ein respektables bzw. regelmäßiges Einkommen, eine solide materielle Absicherung der Bürgen (Grund- und Hausbesitz) sowie die Bereitschaft zur Hinterlegung einer hohen Garantiesumme für die Einwanderungswilligen. Auf die Person Arnold Schönberg bezogen waren diese Kriterien wenig verheißungsvoll. Mit dem beruflichen Wechsel Arthurs nach Berlin und München scheint der Kontakt zwischen den Cousins zudem sehr lose geworden zu sein. Wie Arnold Schönberg in einem Brief vom 14. Februar 1941 andeutet, habe er 40 Jahre nichts von Arthur und Eva gehört.[50] Auch war die finanzielle Situation Arnolds nach seiner eigenen Emigration in die USA nicht besonders rosig. Jedenfalls verfügte er nicht über Geldmittel, die ihn als einen seriösen Bürgen erscheinen ließen.

Dass sich Arthur trotz dieser ihm bekannten Fakten an seinen Cousin in Amerika wandte, ist ein Hinweis darauf, dass er in den Vereinigten Staaten wenige Kontaktpersonen kannte, die ihm bei einer Emigration behilflich sein konnten. Am 21. Mai 1939 schrieb Arthur, dass er als staatenloser Jude binnen zweier Monate Deutschland verlassen müsse. Seine Hoffnung habe sich zuerst auf England gerichtet, wo sich sein Schwager David Josef Bach und eine – nicht namentlich genannte – einflussreiche Persönlichkeit (eventuell der oben erwähnte Lord Hearst) um eine Aufenthaltsgenehmigung bemühen würden. Der Erfolg hänge von einem Affidavit aus den USA ab. Dem Brief ist zu entnehmen, dass Schönberg an einen vorübergehenden Aufenthalt in England von ein, zwei Jahren dachte, um dann in die Vereinigten Staaten auszureisen. Um seinen Cousin vorbeugend zu beschwichtigen, fügte er hinzu: „In Wirklichkeit würde dieses Affidavit niemals in Anspruch genommen werden, da ich bestimmt in kurzer Frist eine Beschäftigung in England oder in den Colonien erhalten würde."[51] Arnold Schönberg antwortete umgehend, dass er kein Affidavit ausstellen könne, da dazu ein Bankkonto von bestimmter Höhe erforderlich sei, welches er nicht nachweisen könne. In seiner Rückantwort vom 29. Juni vermeldete Arthur die positive Nachricht, dass aufgrund seiner bisherigen Verdienste die Frist für seine Auswanderung bis Jahresende verlängert worden sei.[52]

Dennoch hatte sich der Druck auf ihn wie auf andere Münchner Juden beständig erhöht. So ermöglichte das Gesetz über Mietverhältnisse mit Juden vom 30. April 1939, deren Wohnungen in „arischen" Häusern rücksichtslos zu kündigen. In München waren davon bis Jahresende 1939 rund 900 Wohnungen betroffen. Schönberg selbst wurde schon kurz nach der Veröffentlichung des Gesetzes auf behördliche Anweisung hin gezwungen, binnen zweier Wochen seine bisherige Wohnung in der Hiltensperger Straße zum 15. Juni zu räumen und in die Richard-Wagner-Straße 11, zweiter Stock, zu ziehen. Das Gebäude war im NS-Jargon ein sogenanntes „Judenhaus", in das verschiedene, aus ihren bisherigen Wohnungen vertriebene jüdische Familien zwangsweise einquartiert wurden. Ähnliche „Judenhäuser" gab es in München u. a. in der Goethestraße, Ainmillerstraße, Galeriestraße, Hohenzollernstraße oder in der Maximilianstraße. Insgesamt sind 1939 etwa 20 solcher Gebäude bekannt.[53] Bis 1941 lebten in der Richard-Wagner-Straße 11 über 20 Personen. Schönberg und seine Frau bewohnten hier, wie er am 29. Juni 1939 nach Amerika schrieb, ein Einzelzimmer, das geräumig sei; nur die Küche sowie Bad und Toilette, die sich im Zwischengeschoss befänden, müsse er sich mit anderen Personen teilen.[54] Immerhin musste er für das Zimmer eine Jahresmiete von 480 Reichsmark bezahlen.[55] Zum Vergleich: Für seine

Sechszimmerwohnung in der Hiltenspergerstraße hatte er 1824 RM bezahlt. Daran lässt sich ermessen, dass Jüdinnen und Juden für Zimmer in den Zwangsunterkünften stark überhöhte Mieten entrichten mussten. Auch seine Tochter Lotte wurde am 17. Juli 1939 mit ihrem Sohn Michael in das Zimmer der Eltern eingewiesen, wie das *Biographische Gedenkbuch der Münchner Juden* 1933–1945 festhält. Allerdings war sie nach Angaben ihres Vaters schon 1938 nach Zagreb emigriert. Daher ist es fraglich, ob Lotte dort überhaupt gewohnt hat. Arthur schrieb am 7. August 1939 an Arnold: „Wir hatten dieser Tage Besuch von unserer Tochter Lotte"; gegenwärtig sei sie bei Else in Paris.[56] Das Wort „Besuch" spricht gegen einen dauerhaften Aufenthalt Lottes in der Richard-Wagner-Straße. Grund für Lottes Aufenthalt in München und für ihre Weiterreise nach Paris war, dass sich ihre Schwester Else am 29. Juli 1939 verheiraten wollte. Da aber – wie Else Schönberg später bemerkt hat – „irgendwas" an Papieren gefehlt habe, musste die Eheschließung verschoben werden. Zur Heirat kam es allerdings – wie erwähnt – nicht mehr.

Das Haus Richard-Wagner-Straße 11 war kurz nach der Jahrhundertwende von dem Architekten Leonhard Romeis gemeinsam mit den benachbarten Gebäuden Nummer 3, 5, 7, 9, 16 und 18 erbaut worden.[57] Ursprünglicher Besitzer war der jüdische Kommerzienrat Emil Zeckendorf, der 1933 verstorben war. Seinen Kindern gelang es zu emigrieren. Das Zimmer, in das Schönberg einquartiert wurde, war Teil einer geräumigen Wohnung mit sechs Zimmern, die das gesamte zweite Stockwerk einnahm. Hier hatte ursprünglich der Direktor der Bayerischen Landwirtschaftsbank, Alois Dollmann, gelebt. Welch gravierenden Einschnitt dieser erzwungene Wohnungswechsel für Schönberg und seine Frau bedeutet haben muss, lässt sich an der Tatsache ermessen, dass sie ihre große Wohnung, die sie 1934 angemietet hatten, verlassen und sich die neue Bleibe mit mehreren Personen teilen mussten. Natürlich konnte das Ehepaar sein umfangreiches Mobiliar aus der alten Sechs-Zimmer-Wohnung nicht in das Einzelzimmer des „Judenhauses" mitnehmen. Den Großteil der Einrichtung brachten sie bei der Münchner Lagerhaus- und Transport GmbH unter. Den Wert seiner Möbel hat Schönberg in einem Fragebogen auf 4000–5000 Reichsmark taxiert.[58] Sie konnten nach dem Krieg nicht wieder aufgefunden werden. Dies war kein Einzelfall. Auch bei ihren direkten Zimmernachbarn, dem Ehepaar Fanny und Jakob Berliner, fehlte nach deren Deportation nach Kaunas und ihrer anschließenden Ermordung das gesamte Schlafzimmer. Die Polizei verdächtigte die Hausbewohnerinnen Emma Weill und Eva Schönberg. Beide gaben aber in der polizeilichen Vernehmung an, den ihnen jeweils anvertrauten Schlüssel nicht aus der Hand gegeben zu haben.[59] Die Möbel der Eheleute Berliner fanden sich schließlich bei dem Besitzer einer Fabrik für chemische Produkte wieder, sie wurden kurz darauf versteigert.

Dank der Forschungen von Ingrid Reuther sind einige Namen derjenigen Personen bekannt, die sich zumindest zeitweise die ehemalige Wohnung Dollmanns mit Arthur und Eva Schönberg teilen mussten.[60] Dazu gehörten Albert und Bella Lemle, Franziska Frimel Heuberg, Elsa Groshut sowie Fanny und Jakob Berliner. Das Ehepaar

Lemle kam später wie die Schönbergs nach Theresienstadt. Groshut und das Ehepaar Berliner wurden mit dem ersten Massentransport am 20. November 1941 nach Kaunas deportiert und dort ermordet.

Die Umquartierung scheinen die Bemühungen Schönbergs um eine Emigration verstärkt zu haben. In seinem Brief an den Cousin Arnold vom 20. Juni 1939 berichtete er, dass er hoffe, über Rechtsanwalt Dr. Wilhelm Levinger in New York ein Affidavit für die USA zu erhalten. Dieser war in München lange Jahre Rechtsbeistand des Centralvereins deutscher Staatsbürger jüdischen Glaubens gewesen,[61] der Organisation, deren studentischem Ortsverein Schönbergs Tochter Else angehört hatte. 1937 war Levinger in die USA emigriert. Wahrscheinlich kam der Kontakt zu ihm auf diesem Weg zustande. Wie aus dem Brief Schönbergs an seinen Cousin hervorgeht, strebte er eine Ausreise über England in die USA an, einen Weg, den auch Levinger bei seiner Flucht 1937 genommen hatte. Auch Arnold Schönberg versuchte, in den USA Hilfe für seinen Cousin zu organisieren. Schon Mitte 1939 kontaktierte er den gemeinsamen Freund aus Wien Friedrich („Fritz") Eichberg, ebenfalls jüdischer Herkunft, dem 1938 die Emigration in die USA gelungen war. Er war ein Studienkollege Arthurs an der Technischen Hochschule in Wien gewesen und hatte wie dieser Maschinenbau studiert; zudem waren er, Arnold und Arthur seit der Schulzeit befreundet. Eichberg antwortete am 16. Mai 1939 an Arnold: „Wegen Arthur Schönberg stehe ich in Verbindung mit Chicago, wo sie einen Menschen mit seinen Erfahrungen gut brauchen können. Aber die Leute hier sind abgestumpft & selbstsüchtig."[62] Parallel zu seinem Briefwechsel mit Eichberg versuchte Arnold Schönberg, über Paul Sophus Epstein, Physikprofessor am California Institute of Technoloy in Pasadena, für seinen Cousin ein Affidavit zu erreichen, wobei er wenig Hoffnung hatte: „Die Hilfsbereitschaft ist hier nicht mehr so gross."[63]

Einige Wochen später schien sich die Emigration zu konkretisieren. Wie er an seinen Cousin schrieb, hatte Arthur Schönberg über einen ihm unbekannten Herrn aus New York, „einem begeisterten Bewunderer des Deutschen Museums", ein Affidavit erhalten.[64] Bei diesem scheint es sich um Ewald H. Schniewind gehandelt zu haben, einen in Wuppertal gebürtigen Unternehmer, der in den USA eine Seidenspinnerei betrieb. Schniewind selbst war seit seiner Jugend ein Anhänger der Luftfahrt. 1922 war er Mitglied des Deutschen Museums geworden und kannte so das Münchner Technikmuseum. Die Hoffnung über eine Emigration via England zerschlug sich jedoch mit Kriegsbeginn im September 1939. Eine Ausreise in das Land des deutschen Kriegsgegners war nun definitiv ausgeschlossen. Resigniert stellte Arthur Schönberg an Silvester 1939 fest: „Der Krieg hat ja vorerst meine Pläne zunichte gemacht".[65]

Welche weiteren Schritte Schönberg in den folgenden Monaten unternommen hat, ist unklar. Erst am 16. Dezember 1940 gibt ein Brief von Arnold Schönberg an seinen Cousin wieder Auskunft. In dem Schreiben schickte dieser das lange erwartete Affidavit, allerdings mit der Bemerkung, dass dafür 2000 Dollar – zu diesem Zeitpunkt rund 5000 Mark[66] – hinterlegt werden müssten, über die er nicht verfüge. Auch habe er inzwischen Eichberg kontaktiert; vielleicht könne dieser helfen. Mit dem Hinweis

„Und beeilt euch, denn es werden immer neue Erschwerungen geschaffen“, beendete Arnold seinen Brief.[67] Von Eichberg ist aus dieser Zeit ein Brief an Arnold Schönberg erhalten, in dem er schrieb, dass er von Arthur ebenfalls einen Hilferuf bekommen habe. Er selbst könne aber die notwendigen finanziellen Mittel für Arthur nicht aufbringen; er habe deshalb einen Neffen angeschrieben, der in verschiedenen Hilfsorganisationen tätig sei, und um Unterstützung gebeten.[68] Ob Eichberg seinem alten Freund Arthur Schönberg nicht helfen konnte oder wollte, ist nicht klar. Seine zurückhaltende Antwort erscheint etwas unglaubwürdig angesichts der Aussage ihres gemeinsamen Jugendfreunds Arnold Steiner, der in einem Brief kritisch bemerkte, Eichberg „ist zu reich geworden“.[69] Die von Eichberg erhoffte Hilfe blieb letztlich aus. Dieser verstarb wenige Monate, nachdem Arnold ihn angeschrieben hatte, am 29. Juli 1941. Ende Januar 1941 findet sich ein weiterer Brief von Arthur an Arnold,[70] in dem er sich für das Affidavit bedankt. Darin berichtete er auch, dass beim amerikanischen Konsulat in Stuttgart, über das Arthurs Auswanderungsgesuch lief, inzwischen die Nummern bis 30 000 aufgerufen würden. Bei seiner eigenen Vormerknummer 43 517 müsse er noch ein bis zwei Jahre warten.

Parallel zu einer Ausreise in die Vereinigten Staaten scheint Arthur Schönberg Ende 1939 eine Emigration nach Jugoslawien betrieben zu haben, wo seine Tochter Lotte lebte. Darauf deutet zumindest eine Unbedenklichkeitsbescheinigung des Finanzamts München-Nord hin, die im Zusammenhang mit der möglichen Auswanderung nach Jugoslawien erstellt wurde.[71] Nähere Informationen zu diesen Plänen finden sich allerdings in den Quellen nicht. Vermutlich hat Schönberg dieses Vorhaben nicht weiterverfolgt.

Inzwischen hatten sich in der Familie Schönberg zusätzliche Katastrophen ereignet. Lotte – so Schönberg in einem Brief an Arnold vom Dezember 1940 – sei von ihrem Mann Rudolf verlassen worden und bringe sich und ihr Kind mit schlecht bezahlter künstlerischer Arbeit in Zagreb durch.[72] Seine emigrierte Tochter Else wiederum sei im Mai 1940 nach der Teilbesetzung Frankreichs inhaftiert und in das berüchtigte Lager Gurs in Südfrankreich gebracht worden (vgl. S. 54-56). Wie Arthur an Arnold am 26. Januar 1941 berichtete, sei dort die Situation äußerst schlecht; sie habe erst nach neun Monaten ein Bett bekommen. Else komme nur frei, wenn jemand in den Vereinigten Staaten zu ihrem Lebensunterhalt 40 Dollar beitrage.[73] Seine Frage zielte darauf ab, ob nicht sein Cousin für ein Viertel der Summe garantieren könne. Er habe in dieser Angelegenheit auch an Friedrich Eichberg, Ewald H. Schniewind und eine befreundete Dame geschrieben. Arthur selbst könne nichts für seine Tochter tun, da er in Deutschland bereits mehrere Verwandte unterstütze und sein Vermögen eingefroren sei. Allein Schniewind habe eine finanzielle Unterstützung Elses von 40 Dollar pro Monat zugesagt, was ihr helfen würde, das Lager Gurs zu verlassen.[74] Eichberg wiederum berichtete Arnold Schönberg, dass er sich wegen einer finanziellen Unterstützung von Else an den Generalsekretär der Deutschen Gesellschaft für ethische Kultur in New York gewandt habe, die in ähnlichen Fällen geholfen habe.[75] Auch Arthurs Frau Eva schaltete sich mit Hilferufen um die finanzielle Unterstützung ihrer inhaftierten Tochter ein. So schrieb sie an Carrie Stern, eine Freundin von Lotte Schönberg aus der Münchner Zeit, die seit ihrer Emigration 1938 in Los Angeles lebte. Carrie Stern war wohl die „befreundete Dame", die Arthur angesprochen hatte. Da sie nicht in der Lage war, die gewünschten 40 Dollar für Else aufzubringen, wandte sie sich ebenfalls an Arnold Schönberg – leider vergebens.[76]

Im folgenden halben Jahr änderte sich an den prekären persönlichen Umständen Arthur Schönbergs und seiner Familie nichts. Else blieb weiterhin in Gurs inhaftiert, Lotte lebte nach wie vor in Zagreb, wobei nach dem deutschen Einmarsch ins bisher neutrale Jugoslawien Anfang April 1941 keine Nachrichten mehr von ihr nach München gelangten. Die eigene Auswanderung machte keine Fortschritte, da das amerikanische Konsulat auf Einkommensnachweisen von Arnold und auf einer Bürgschaft von 3000 Dollar bestand. Einem Brief seines Jugendfreunds Arnold Steiner vom 5. Januar 1941 kann man entnehmen, dass Arthur Schönberg an eine Emigration nach Argentinien dachte.[77] Steiner war nach Buenos Aires ausgewandert und verdiente sich dort als beratender Ingenieur seinen Lebensunterhalt. Ihn hatte Schönberg wegen einer Arbeitsstelle angeschrieben und sich als technischer Zeichner angeboten.

Wie viele andere Juden musste Schönberg seit März 1941 Zwangsarbeit leisten. Eine solche ist bis Mai 1942 belegt. In seinem Briefwechsel mit dem Cousin fand diese Tatsache aber keinen Niederschlag. Arthurs Brief an Arnold vom 22. April 1941[78] gibt einen seltenen Einblick in sein Gefühlsleben: „Im Übrigen geht es uns gar nicht gut", schreibt er, um dann anzufügen: „Über die eigenen Nöte muß man hinweg sehen."[79] Trotz großer eigener Finanznot unterstützte Arthur zu dieser Zeit seine Schwester Helene und deren Mann Wilhelm Grundmann, die verarmte Schwägerin Selma (Ehefrau von Martin Bach, dem Bruder seiner Frau), dann eine Jugendfreundin, eine bedürftige Freundin seiner Kinder sowie den Sohn von Arnold Schönberg aus erster Ehe, den Komponisten Georg Schönberg (1906–1974).[80] „Es ist einer der wenigen Lichtblicke, dass ich zu alldem imstande bin."[81] Insgesamt beliefen sich die Unterstützungsmaßnahmen auf beachtliche 3100 Mark im Jahr 1940.[82] Über sich selbst schrieb er im selben Brief, dass er in den letzten Monaten angefangen habe, Blumen und Porträts zu malen, wodurch er hoffe, sich in Amerika etwas dazuverdienen zu können.

Vom 14. Juni 1941 datiert der letzte, handschriftlich verfasste Brief von Arthur an Arnold. Hoffnungsfroh teilte er diesem mit, dass er jetzt die Zusage habe, mit seinen restlichen Ersparnissen zwei Schiffspassagen Zweiter Klasse in die USA kaufen zu dürfen. Die Frage der Bürgschaft sei allerdings nach wie vor unklar; zudem sei seit zwei Tagen die Erteilung von Visa in die Vereinigten Staaten gesperrt. Hintergrund war, dass nach den militärischen Erfolgen der deutschen Wehrmacht auf dem Balkan und in Nordafrika der amerikanische Präsident Roosevelt Ende Mai 1941 den nationalen Notstand erklärt, die deutschen und italienischen Guthaben in den USA eingefroren und deren Konsulate geschlossen hatte. Im Gegenzug entzog die deutsche Regierung den amerikanischen Konsulaten in Deutschland die Lizenz. Die amerikanischen Interessen wurden ab diesem Zeitpunkt von der Botschaft der Schweiz vertreten. Damit war die lange betriebene Ausreise Schönbergs in die USA vollständig auf Eis gelegt. Es wurden weder Visa erteilt noch Einwanderungen bewilligt.

Auch innerhalb des Deutschen Reichs schränkten die Behörden die Möglichkeit zur Auswanderung stark ein. Ab März 1941 entstand in München auf dem Grundstück Knorrstraße 148 ein Barackenlager auf einer Fläche von 15 000 Quadratmetern. Zum Bau ihres eigenen Ghettos wurden ca. 450 Juden gezwungen. Die von den NS-Behörden amtlich als „Judensiedlung Milbertshofen" bezeichneten 18 Holzbaracken boten unter beengten Verhältnissen 1100 Personen Platz. Ein zweites Lager wurde in der Klosteranlage St. Michael der Barmherzigen Schwestern in Berg am Laim eingerichtet; es trug den Namen „Heimanlage für Juden". Die beide verharmlosenden Bezeichnungen gaukeln einen Zustand vor, der in beiden Lagern nicht im Geringsten vorhanden war. Vielmehr herrschten hier unwürdige Zustände. Die Menschen wurden auf engstem Raum zusammengepfercht, ihre Unterbringung war sehr behelfsmäßig, die Standards waren niedrig. Zudem hatten die beiden Lager die Funktion von Sammelstellen für Jüdinnen und Juden aus München und dem Umland, um so deren spätere Deportation leichter realisieren zu können. Die Schaffung der beiden Lager muss also im Kontext der Ausgrenzung, Entrechtlichung und Vernichtung der dortigen Bewohnerinnen und Bewohner gesehen werden.

Die Situation für die noch in München lebenden Juden – im August 1941 belief sich deren Zahl nur noch auf 3249 Personen im Vergleich zu 9005 im Jahr 1933[83] – verschärfte sich weiter. Ab dem 19. September 1941 wurde für alle in Deutschland lebende jüdischen Personen ab sechs Jahren (von wenigen Ausnahmen abgesehen) durch die „Polizeiverordnung über die Kennzeichnung der Juden" das Tragen eines gelben „Judensterns" auf der linken Brustseite der Kleidung verpflichtend und damit ihre Stigmatisierung und Ausgrenzung in der Öffentlichkeit weiter verstärkt. Am 23. Oktober 1941 verfügte der NS-Staat ein generelles Ausreiseverbot für die jüdische Bevölkerung. Die entsprechende Verordnung wurde aber geheim gehalten, um mögliche Fluchtversuche zu verhindern und die beginnenden Massentransporte nicht zu gefährden.

Auch für München zeichnete sich Ende Oktober / Anfang November 1941 eine erste große Deportation ab. Arthur Schönberg war darüber informiert, da bereits mehrere Bewohnerinnen und Bewohner des „Judenhauses" in der Richard-Wagner-Straße von den Behörden aufgefordert worden waren, sich ab 11. November in ihren Wohnungen aufzuhalten, da sie für einen „Evakuierungs-Transport" vorgesehen seien.[84] Wahrscheinlich nahm er an, in Kürze ebenfalls von einer Verschickung betroffen zu sein. Daher wandte er sich Anfang November an Walther von Miller, Sohn seines früheren Chefs Oskar von Miller, Rechtsanwalt und Sozius in der Kanzlei von Walter Seuffert, der sich auf die Beratung jüdischer Emigrantinnen und Emigranten spezialisiert hatte. Ihm teilte Schönberg seine Befürchtung mit, dass er und seine Frau demnächst nach Polen deportiert werden könnten. Da eine Intervention über die bei den NS-Behörden missliebige Kanzlei Seuffert-Miller wenig Aussichten auf Erfolg gehabt hätte, schrieb Miller umgehend an Jonathan Zenneck, der zu diesem Zeitpunkt als Nachfolger Oskar von Millers faktisch die Geschäfte im Deutschen Museum leitete, und bat diesen um Hilfe. Zenneck verfasste prompt einen Brief an Albert Pietzsch, den Leiter der Wirtschaftskammer in München. Darin wies er darauf hin, dass Schönberg seit 40 Jahren in München lebe, im Ingenieurbüro Oskar von Millers dessen führender Mitarbeiter gewesen sei und am Aufbau des Deutschen Museums großen Anteil gehabt habe.[85] Für seine Verdienste sei er 1925 mit dem Goldenen Ehrenring der Bayerischen Staatsregierung und 1930 mit der Oskar-von Miller-Plakette ausgezeichnet worden. Seinen Brief schloss er mit der Bemerkung: „Ich würde es vom menschlichen Standpunkt aus außerordentlich hart empfinden, wenn dieser alte Mann nach all dem, was er für Deutschland geleistet hat, nun nach Polen verschickt würde".[86] Zenneck bat Pietzsch um Unterstützung; die Angelegenheit sei sehr dringlich, da die Deportation unmittelbar bevorstehe. Pietzsch antwortete schon zwei Tage später, am 8. November, dass er bereits mit dem Gauwirtschaftsberater Hans Buchner über Schönberg gesprochen habe und den Fall am 14. November neben Reichswirtschaftsminister Walther Funk auch Gauleiter Adolf Wagner vortragen werde; zudem habe er Staatssekretär Dr. Wilhelm Stuckart im Reichsministerium des Innern eingeschaltet, der letztlich zuständig sei.[87] Ob in diesem Gespräch Schönberg wirklich thematisiert wurde, ist unklar, da von Pietzsch keine weitere Rückmeldung an Zenneck erfolgte. Zudem ist fraglich, ob eine solche Intervention bei Adolf Wagner wirklich zielführend gewesen wäre, da dieser als radikaler Antisemit bekannt war. Walther von Miller ließ auf diese Antwort nicht locker, auch deshalb, weil sich Schönberg nochmals an die Familie Miller gewandt hatte. Erneut schrieb Miller an Zenneck und gab mit Recht zu bedenken, dass die „Gefahr nur aufgeschoben und nicht aufgehoben" sei.[88] Obwohl Zenneck diese Meinung nicht teilte, setzte er sich in einem weiteren Schreiben an Pietzsch erneut für Schönberg ein. Inzwischen war am 20. November der erste große Massentransport von 998 Juden von München nach Kaunas erfolgt. Die von Schönberg und Walther von Miller geäußerte Befürchtung einer Deportation war also nicht unbegründet. Von Pietzsch kam am 6. Dezember 1941 die Antwort, Staatssekretär Max Köglmaier habe ihm mitgeteilt: „Laut Feststellung des Beauftragten des Gauleiters für Arisierung war der in Ihrem Schreiben vom 19. November 1941 genannte Arthur Schönberg für die Evakuierung überhaupt nicht vorgesehen, sodaß seine Freistellung vom Transport nicht zu erfolgen brauchte."[89]

Finanztod

In seinem Buch *Der verwaltete Mensch* spricht der österreichische Schriftsteller und Dichter Hans Günther Adler, der wie Arthur Schönberg 1942 in das Ghetto Theresienstadt deportiert worden war und das dortige Leben genau dokumentiert hat,[90] davon, dass der massenhaften Ermordung der Juden der „Rechts- und Finanztod" vorausgegangen sei.[91] Gemeint sind damit die zunehmenden Beschränkungen durch neue Gesetze und Verordnungen sowie die systematische, seit 1934 betriebene Ausplünderung jüdischen Vermögens in Deutschland. Sie betrafen Gewerbe- und Berufsverbote, den Ausschluss aus Berufsverbänden und vieles, vieles mehr. Hinzu kamen Einschränkungen der individuellen Freiheiten. Deren Palette scheint endlos. Allerdings gibt es von Schönberg keine Äußerungen zu den wachsenden antijüdischen Maßnahmen.

Bewusst wurde in der bisherigen Schilderung des Lebens von Arthur Schönberg immer wieder dessen finanzielle Situation punktuell angerissen und damit sein Aufstieg in das gehobene Bürgertum Münchens verdeutlicht. Im Folgenden soll am Beispiel seiner Person gezeigt werden, wie die Rassengesetzgebung und das daraus abgeleitete Verordnungswesen nationalsozialistischer Behörden bis Juni 1942 – dem Zeitpunkt seiner Deportation – zur faktischen Verarmung Schönbergs führte.

Im Zuge der verschiedenen Wiedergutmachungsverfahren nach dem Ende des Zweiten Weltkriegs wird in einem Schreiben des Legal Aid Department davon gesprochen, es sei bekannt, dass Schönberg „sehr vermögend" gewesen sei.[92] Diese Aussage bezieht sich im Kern auf dessen finanzielle Situation vor der sogenannten Machtergreifung der Nationalsozialisten im Januar 1933.

Schönberg wurde, wie früher angesprochen, nach seinem Einstieg als Angestellter im Technischen Bureau Oscar von Miller im Juli 1900 rasch zum engsten Vertrauten des Firmengründers. Hier arbeitete er sich in zwei Jahrzehnten erst zum Prokuristen (1908) und dann zum Mitgesellschafter der Firma (1921) hoch. Bis zu seinem erzwungenen Ausscheiden 1937 war er dort mit zehn Prozent am Stammkapital beteiligt. Dank mehrerer Quellen lässt sich die Entwicklung seines Einkommens in den 37 Jahren seiner Firmenzugehörigkeit gut nachvollziehen.

Erstmals sind für das Jahr 1907 konkrete Zahlen zu seinem Gehalt überliefert. Nach einer von ihm selbst handschriftlich erstellten Tabelle[93] bezog er 1907 ein Jahreseinkommen von 7000 Mark, das sich beim Ingenieurbüro aus seinem Gehalt (4800 Mark), einer Gratifikation (500 Mark), einer Gewinnbeteiligung (400 Mark), dem anteiligen Verkaufserlös aus dem von Oskar von Miller herausgegebenen Werk *Die Versorgung der Städte mit Elektricität* (600 Mark) und dem Beitrag der Firma zu einem Sparfonds für die Beschäftigten (400 Mark) zusammensetzte; hinzu kam eine Prämie des Deutschen Museums in Höhe von 300 Mark. Zehn Jahre später, im Jahr 1917, waren Schönbergs Einnahmen auf 11.973 Mark angestiegen; in diesem Jahr zahlte ihm das Ingenieurbüro zusätzlich als „Ehrengeschenk" eine erstaunlich hohe Prämie von 10.000 Mark, sodass er insgesamt fast 22.000 Mark Einkommen hatte. 1918 verdoppelte sich sein Grundgehalt nahezu – von 6400 Mark auf 11.900 Mark,[94] wenngleich hier durchaus kriegsbedingte Inflationsabschläge herausgerechnet werden müssen. Zudem stiegen seine Gratifikationen, die Tantiemen und die Beteiligung am Sparfonds, der jetzt eine Kinderversicherung einschloss. Insgesamt lag sein Gesamteinkommen im Jahr 1919 bei 19.320 Mark. Aufgrund seines erweiterten Tätigkeitsfelds und des enorm erhöhten Arbeitsanfalls für das 1918 beschlossene Walchenseekraftwerk und Bayernwerk sah er sich gezwungen, seine Arbeiten für das Deutsche Museum stark einzuschränken, weswegen die vom Museum zwischen 1908 und 1917 gezahlte Jahresprämie in Höhe von 1000 Mark ab diesem Zeitpunkt wegfiel.[95]

Mit der zunehmenden Inflation nach dem Ersten Weltkrieg bis hin zur Hyperinflation im November 1923 sind die Einkommen Schönbergs nicht mehr realistisch zu beurteilen. Durch Kriegsanleihen und die bis 1924 zunehmend galoppierende Inflation dürfte er einen Großteil seines Geldvermögens verloren haben. Eine von ihm gezeichnete österreichische Kriegsanleihe über 1700 Kronen (umgerechnet 1700 Reichsmark), die mit 5½ Prozent verzinsbar sein sollte, war nach dem verlorenen Krieg wertlos. Der Verlust dürfte Schönberg allerdings wenig getroffen haben, da ihm sein Gesellschafteranteil am Ingenieurbüro und die dort in den 1920er Jahren realisierten Großprojekte (Bayernwerk, Thüringenwerk, Karpatenwerk) hohe Einnahmen sicherten. Zu Beginn der Dreißigerjahre versteuerte er rund 21.000 RM pro Jahr, was nach dem Kaufkraftäquivalent historischer Beträge umgerechnet etwa 84.000 Euro entspricht.[96]

Überliefert ist, dass Schönberg einen Teil seines Einkommens in verschiedenen Wertpapieren, Aktien und Staatsanleihen anlegte. So sind mit Stand 1938/39 Aktien der Rheinisch-Westfälischen Elektrizitätswerke, der Elektrischen Lieferungsgesellschaft, der Berliner Handelsgesellschaft, der IG Farben, der Klöckner-Werke, der AEG, der Hamburger Elektrizitätswerke und der Dachziegelwerke Ergoldsbach belegt. Zusätzlich waren auf ihn Reichsschätze und Obligationen eingetragen.[97] Insgesamt umfasste sein Vermögen an Wertpapieren, Obligationen und Reichsschätzen rund 67.000 RM. Seine Aktien hatte er vorwiegend auf die Elektrizitätsbranche und dort auf Unternehmen konzentriert, deren Solidität und Entwicklungspotenzial ihm die stabilsten Dividenden und Kurssteigerungen versprachen. Als Fachmann in diesem Bereich konnte er ihre Geschäftsentwicklung hervorragend einschätzen. Sein Aktienpaket bei der Berliner Handelsgesellschaft dürfte darauf zurückzuführen sein, dass diese eng mit der AEG verbunden war und Mitglieder der Familie Magnus, mit der Schönberg verwandt war, an der Bank beteiligt waren.

Einen kleineren Teil investierte Schönberg in Immobilien. Ebenfalls um 1938/39 sind drei Grundstücke belegt, zwei als „Wurz- und Baumgarten" ausgewiesene Parzellen in München-Obermenzing mit 0,154 Hektar im Wert von rund 5200 RM, der angesprochene Bauplatz in Seehausen am Staffelsee[98] sowie eine kleine Ackerparzelle mit etwa 460 Quadratmetern in Pfaffstätten bei Wien, die einen Wert von etwa 1000 RM besaß.[99] Letztere hatte er bzw. seine Frau vermutlich geerbt.

Durch den erzwungenen Verkauf seiner Gesellschafteranteile an der Ingenieurbüro Oskar von Miller GmbH erhielt Schönberg 1937 von der Firma 29.142 Reichsmark sowie eine Leibrente in nicht genannter Höhe. Insgesamt dürfte das Vermögen Schönbergs Ende 1937 bei circa 107.000 RM gelegen haben, umgerechnet grob 440.000 Euro. Einen beträchtlichen Teil, nämlich 14.000 RM, schenkte er seiner Tochter Lotte bei deren Emigration nach Jugoslawien im Juni 1938.[100]

Abb. 43 Passbild von Arthur Schönberg, Juni 1935.[101]

Die Maßnahmen gegen die jüdische Bevölkerung in Deutschland begannen in massivem Umfang mit den sogenannten „Nürnberger Gesetzen" vom September 1935, durch die Juden u. a. der Status als „Reichsbürger" entzogen und sie lediglich als „Staatsangehörige" eingestuft wurden.[102] Damit verloren sie ihre politischen Rechte und waren allein aufgrund ihrer von den Nationalsozialisten definierten „Rassenzugehörigkeit" isoliert. Damit war es juristisch möglich, sie anderen Rechtsnormen zu unterwerfen als die „arischen" Reichsbürger. Schönberg und seiner Familie wurde wie gezeigt die deutsche Staatsbürgerschaft aberkannt – sie galten ab diesem Zeitpunkt als „staatenlos". Schon 1934 hatte ein Gesetz die Steuergesetzgebung an die nationalsozialistische Ideologie angepasst, was zu einer steuerlichen Schlechterstellung von Juden führte und ihnen bestimmte Vergünstigungen und Freibeträge entzog.[103] Die seit 1931 bestehende „Reichsfluchtsteuer", die auswanderungswilligen Staatsangehörigen des Deutschen Reichs eine Steuer von 25 Prozent ihres Gesamtvermögens auferlegte, wurde in der Zeit des Nationalsozialismus mehrfach verschärft. So sank die versteuerbare Vermögensgrenze von ursprünglich 200.000 RM auf 50.000 RM. 1936 konnten die Devisenstellen auf der Basis neuer Gesetze „Sicherungsanordnungen" erlassen, wenn zu erwarten stand, dass die Eigentümer eine Auswanderung planten. Dies bedeutete, dass der potenzielle Personenkreis – also hauptsächlich Juden, die vor den Unterdrückungsmaßnahmen des NS-Regimes ins Ausland fliehen wollten – eine

Sicherheitsleistung in Höhe der vom Vermögen abhängigen Reichsfluchtsteuer bei der Deutschen Golddiskontbank hinterlegen musste. Allein über diese Tochter der Reichsbank war es seit 1934 möglich, Vermögen ins Ausland zu transferieren. Aufgrund dieser Bestimmungen konnten Juden über Gelder nicht mehr frei verfügen, sondern mussten sich jede Finanztransaktion vom Finanzamt genehmigen lassen.[104]

Diese Regelung betraf auch Schönberg und seine Familie. Schon im November 1935 gab er bei seiner Bank, dem Bankhaus H. Aufhäuser, die Sperrung seines Effektendepots mit Wertpapieren in Höhe von 20.000 Reichsmark in Auftrag, die der Sicherstellung für eine eventuelle Reichsfluchtsteuer dienen sollte. Verfügungen über sein Vermögen waren ab diesem Zeitpunkt nur noch mit Zustimmung des Finanzamts München-Nord möglich. Allein über die Zinsen konnte er frei verfügen.[105] Gleichzeitig mussten sich er und seine Familie bei Reisen ins Ausland beim Finanzamt jeweils eine Unbedenklichkeitsbescheinigung einholen. Dies betraf die Reise Schönbergs nach Preßburg wegen „Familienangelegenheiten" im April 1936, den Kuraufenthalt seiner Frau Eva im österreichischen Warmbad Villach und den gemeinsamen Besuch des Ehepaars bei Else in Paris, beide im Juli desselben Jahres.[106] Nur mit diesen Erklärungen war es den Schönbergs möglich, bei der Passstelle der Polizeidirektion München einen Ausreisevermerk zu erhalten. Diese Unbedenklichkeitsbescheinigungen sind gleichzeitig eine interessante Quelle zur Vermögenslage der Schönbergs, da sie diese zum 1. Januar 1931 bzw. 1. Januar 1935 sowie seine steuerbaren Einkommen der Jahre 1931 bis 1936 penibel auflisten. Die Reiseaktivitäten des Ehepaars im Jahr 1936 sind auch ein Zeichen dafür, dass das nationalsozialistische Regime im Vorfeld der Olympischen Sommerspiele im August des Jahres seine antisemitischen Parolen und Maßnahmen zurückfuhr, um der internationalen Öffentlichkeit eine scheinbare Weltoffenheit vorzuspiegeln. Dazu gehörten Reiseerleichterungen für Juden. Im Juni 1937 erhöhte Schönberg das angesprochene Wertpapierdepot beim Bankhaus Aufhäuser von 20.000 auf 30.000 RM, da mit dem Verkauf seiner Gesellschafteranteile an der Ingenieurbüro Oskar von Miller GmbH sein Vermögen angestiegen und die prophylaktische Reichsfluchtsteuer entsprechend erhöht werden musste.

Die zwischenzeitliche, durch die Olympischen Spiele bedingte Reduzierung der antisemitischen Propaganda war nach diesen schnell vorüber. Im März 1937 begann das Gewerbeamt München mit der Erstellung einer „Juden- und Ausländerkartei". Am 26. April 1938 wurde die Verordnung über die Anmeldung jüdischen Vermögens erlassen, das die jüdischen Bürgerinnen und Bürger zwang, alle Vermögenswerte im In- und Ausland über einem Wert von 5000 RM zu benennen. Gleichzeitig wurde ihnen die freie Verfügung für Summen über 100 Reichsmark entzogen. Alle darüberhinausgehenden Beträge mussten von den Behörden bewilligt werden. Mit der angeordneten Anmeldung bekam das NS-Regime eine hervorragende und zuverlässige Übersicht über das in der jüdischen Bevölkerung vorhandene Vermögen.[107]

Die Anmeldungen versetzten die Finanzbehörden nach dem Attentat auf Ernst vom Rath einige Monate später in die Lage, die von Reichsmarschall Hermann Göring für den Vierjahresplan unterzeichnete „Verordnung über eine Sühneleistung der Juden deutscher Staatsangehörigkeit" vom 12. November 1938 wirksam umzusetzen. Die darin festgelegte „Sühnezahlung" der Juden an das Deutsche Reich in Höhe von einer Milliarde Reichsmark sollte dadurch erreicht werden, dass von jedem jüdischen Vermögen 20 Prozent an die Finanzämter abgeführt werden mussten. Die pauschale Festsetzung sollte den bürokratischen Aufwand geringhalten. Als absehbar wurde, dass mit dieser Quote die Gesamtkontribution von einer Milliarde nicht erreicht würde, erhöhte man die Abgabe um weitere fünf Prozent. Diese allein gegen die jüdische Bevölkerung gerichtete Strafaktion bedeutete eine „tiefgreifende Zäsur in der Entwicklung der antisemitischen Maßnahmen der Finanzverwaltung".[108]

Für Arthur Schönberg hatte die „Judenvermögensabgabe" zur Folge, dass er dem Finanzamt 15.200 RM schuldete,[109] wodurch sich seine finanzielle Basis schlagartig schmälerte. Die festgesetzte Reichsfluchtsteuer erhöhte sich parallel zudem auf 15.697 RM. Da die Fristen für die Begleichung der „Sühneleistung" knapp waren, sah er sich ad hoc nur in der Lage, eine Teilsumme direkt zu überweisen – insgesamt 10.000 RM. Um an den Rest zu kommen, schlug das Finanzamt München-Nord vor, Schönbergs Grundstück in Obermenzing zu verkaufen. Diese Transaktion ist durch einen Akt im Stadtarchiv München akribisch belegt.[110] Der Verkauf ist beispielhaft für das enge Zusammenspiel staatlicher Finanzbehörden, NS-naher Organisationen und profitierender Privatpersonen bei der Arisierung jüdischen Vermögens, die letztlich auf dem Rücken der rechtmäßigen Eigentümer ausgetragen wurde.

Schönberg war schließlich gezwungen, das Obermenzinger Grundstück am 6. Dezember 1938 abzutreten, und zwar an die „Vermögensverwertung München GmbH".[111] Diese war vom NSDAP-Gauleiter Adolf Wagner erst kurz zuvor gegründet worden und sollte im Anschluss an das Novemberpogrom der raschen Einziehung und Verwertung jüdischen Eigentums dienen. Wagner selbst gehörte der GmbH als Gesellschafter an. Die Verkaufsverhandlungen liefen über seinen Vertrauten, den SA-Brigadeführer Gotthold Dziewas, der als „Treuhänder" fungierte. Dass der Verkauf durch Schönberg nicht freiwillig erfolgte, ergibt sich schon aus dem zeitlichen Zusammenhang zwischen der Verordnung und der Beurkundung des Kaufvertrags. Auch dass bei dieser erzwungenen Veräußerung an eine parteinahe Stelle, eben der Vermögensverwertung München, kein marktüblicher Preis bezahlt wurde, ist offenkundig. Diese kaufte Anwesen in der Regel zum Einheitswert oder zu noch niedrigeren Preisen an, um sie dann zum Verkehrswert weiter zu veräußern. Im Falle des Obermenzinger Grundstücks bedeutete dies, dass Schönberg dieses zu einem Preis von 4680 RM abgeben musste, während es die GmbH rund ein Jahr später, am 4. Oktober 1939, an den Medizinalrat im Bayerischen Staatsministerium des Innern, Dr. Anton Staudenmaier, und dessen Gattin Emmi, geb. Weber, für 5500 RM weiterverkaufte. Im Kaufpreis war die Treuhändergebühr von 275 RM enthalten.[112] Die Veräußerung erfolgte also nicht direkt von Schönberg an Staudenmaier.

Schon Mitte Februar 1939 erfolgte ein weiterer Angriff der NS-Bürokratie auf das Vermögen der Juden in Deutschland. Dabei wurde angeordnet, dass sie die in ihrem Besitz befindlichen Wertgegenstände und Schmucksachen aus Edelmetall sowie Perlen und Edelsteine binnen zwei Wochen öffentlichen Ankaufstellen anbieten mussten. Gleichzeitig durften sie künftig keine Edelmetalle und Gegenstände aus Gold, Silber oder Platin erwerben. Ausgenommen waren Trauringe und geringe Mengen an Tafelsilber, Zahnersatz aus Edelmetall und pro Person 200 Gramm Silbersachen.[113] Diese Maßnahmen bildeten den vorläufigen Abschluss der seit dem Novemberpogrom durchgeführten Finanzwinkelzüge gegen die Juden.

In München erfolgte die Einziehung durch das Städtische Pfandleihhaus in der Augustenstraße. In der Folge lieferte Schönberg am 20. März 1940 „Schmelzsilber" mit einem Gewicht von 700 Gramm – eine ziselierte silberne Platte, die möglicherweise aus dem Schönberg'schen Wohnzimmer stammte und auf Abbildung 6 zu sehen ist – sowie Edelsteine und Perlenschmuck, darunter eine goldene Damenuhr, an das Leihhaus ab. Dafür bekam er die minimale Ankaufsumme von 33,70 Reichsmark ausbezahlt.[114] Der von der Pfandleihe gezahlte Preis von 4,8 Pfennig pro Gramm lag dabei deutlich unter dem offiziellen Wert von Silber. Schönberg hatte wie andere zum Verkauf genötigte jüdische Menschen keine Möglichkeit, gegen die niedrigen Preise vorzugehen. Im Gegenteil: Da es den jüdischen Eigentümerinnen und Eigentümern verboten war, die Gegenstände persönlich ins Pfandleihhaus zu bringen, mussten sie „arische" Vertrauenspersonen mit dem Verkauf beauftragen. Er war auch gezwungen, bereits am 6. Februar 1940 einen Teil der ihm verliehenen Orden und Medaillen an das Leihamt abzugeben,[115] so die Königlich Bayerische Ludwigsmedaille Industrie und den Preußischen Kronenorden 4. Klasse. Sie hatten zusammen einen Versicherungswert von 250 Reichsmark. Beide Auszeichnungen gingen vom Städtischen Leihamt in München zur Verwertung an die zentrale Ankaufstelle in Berlin.[116]

Besonders schmerzlich dürfte für Schönberg gewesen sein, dass er den Goldenen Ehrenring der Bayerischen Staatsregierung (Abb. 44), der ihm am 7. Mai 1925 vom Deutschen Museum verliehen worden war, beim Leihamt abliefern musste.[117] Schönberg scheint den Ring häufig getragen zu haben, da er bei der Abgabe an das Leihamt stark abgenutzt war. Das Städtische Leihamt als „Reichsankaufstelle für Judengut" sah sich dabei vor das Problem gestellt, dass der Ring mit dem Bayerischen Staatswappen eine scheinbar wichtige staatliche Auszeichnung war. In einem Telefonat mit dem Deutschen Museum wurde vereinbart, den Ehrenring an das Bayerische Nationalmuseum als Sammlungsobjekt zu übergeben. Der damalige stellvertretende Verwaltungsdirektor des Deutschen Museums, Max Burgmayer, wollte aber ein solches Vorgehen bei der staatlichen Aufsichtsbehörde absichern, nachdem die Ehrungsstatuten lediglich eine Rückgabe des Rings nach dem Tod des Geehrten vorsahen. Daher wandte er sich am 2. Januar 1940 an das Bayerischen Staatsministerium für Unterricht und Kultus.[118] Das Ministerium verhinderte daraufhin die Übernahme durch das Bayerische Nationalmuseum und forderte die Ablieferung an sein Haus, sodass der Goldene Ehrenring Schönbergs letztlich eingeschmolzen wurde.

Abb. 44 Goldener Ehrenring der Bayerischen Staatsregierung, 1925. Auf der Innenseite ist das Datum der Verleihung eingeprägt.

Der nächste schwere Schlag betraf die bereits angesprochenen Wohnverhältnisse der Familie Schönberg, als sie mit dem Gesetz über Mietverhältnisse von Juden aus dem Jahr 1939 kurzfristig ihre geräumige Wohnung in der Hiltensperger Straße aufgeben und am 15. Juni in das „Judenhaus" in der Richard-Wagner-Straße 11 umziehen musste, wo ihr lediglich ein Zimmer zur Verfügung stand. Mit dieser Vertreibung war die bisher gutbürgerliche Lebenswelt der Schönbergs zerstört. Zudem hatte sich ihr Vermögen binnen drei Jahren halbiert. Über den größten Teil des verbliebenen Rests hatte Arthur Schönberg keine Verfügungsgewalt mehr. Nach dem Verkauf seiner Gesellschafteranteile verfügte er über keine laufenden Einnahmen und Dividenden aus dem Ingenieurbüro mehr. Sein kleines Gartengrundstück in Obermenzing hatte er 1939 unter dem Druck der Reichsfluchtsteuer verkaufen müssen. Schmuck, Edelmetalle und Orden waren ins Städtische Leihhaus gewandert. Mit dem Novemberpogrom 1938 und seiner Inhaftierung im Konzentrationslager Dachau hatte er die persönliche Bedrohung seiner Person erfahren. Alle diese Faktoren bewirkten, dass Schönberg 1939 seine Emigration intensiviert betrieb – allerdings zu spät, wie sich in kurzer Zeit herausstellte.

Die finanzielle Ausbeutung Schönbergs durch die Finanzbehörden ging bis zu seiner Deportation nach Theresienstadt am 4. Juni 1942 weiter. Tage vorher – am 1. Juni – musste er eine letzte Vermögensaufstellung gegenüber dem Finanzamt abgeben. Hier listete er die Pfaffstättener Parzelle und die Leibrenten, die bei der Alten Leipziger Versicherung für ihn eingekauft worden waren, auf. An unbezahlten Rechnungen standen noch aus: 759 RM als Arzthonorar an Rudolf Sikart, 37 RM für den Zahnarzt Willy Blumenreich, 1000 RM für Gotthold Dzierwas, den Beauftragten des Gauleiters für Arisierung (Kosten für die „Renovierung" seines Einzelzimmers im „Judenhaus" Richard-Wagner-Straße) sowie 100 RM bei der Israelitischen Kultusgemeinde. Möbel, so Schönberg, besitze er keine. Als seine Rechtsvertretung benannte er die Kanzlei Bloch-Königsberger in der Münchner Briennerstraße 8b. Offensichtlich war ihm nicht bekannt, dass sein Konsulent Hans Bloch bereits deportiert und am 9. März 1942 im Konzentrationslager Mauthausen ermordet worden war.[119]

Nach der am 25. November 1941 erlassenen 11. Verordnung zum Reichsbürgergesetz verloren alle Jüdinnen und Juden, die ihren Wohnsitz ins Ausland verlegten, automatisch ihre Staatsbürgerschaft. Zwar war Schönbergs Einbürgerung bereits 1934 – also noch vor dem Reichbürgergesetz von 1935 – widerrufen worden, doch wurde er als „Staatenloser" nach der Verordnung diesen gleichgestellt. Sinn und Zweck der 11. Verordnung war, dass die Vermögen von Juden nach ihrer Emigration oder Deportation dem Deutschen Reich zufallen sollten. Die Deportationen ins Generalgouvernement, in dem das Ghetto Theresienstadt lag, ins Reichskommissariat Ostland und in das Reichskommissariat Ukraine, die reichsrechtlich nicht als Ausland galten, wurden durch einen Runderlass des Reichsministeriums des Innern am 3. Dezember 1941 dem Ausland im Sinne der 11. Verordnung gleichgestellt. Hans Günther Adler hat darauf hingewiesen, dass staatenlosen Juden und Personen, die für eine Deportation nach Theresienstadt vorgesehen waren, durch Gerichtsvollzieher eine Urkunde zugestellt wurde, der zufolge ihr gesamtes Eigentum eingezogen würde.[120]

In einer Akte des Staatsarchivs München findet sich eine Feststellung des Finanzamts München-Nord vom 30. Mai 1942, also vier Tage vor dem Abtransport nach Theresienstadt und vor der letzten Vermögenserklärung Schönbergs, dass sein Vermögen zugunsten der Staatskasse eingezogen worden sei. Dazu zählte das Grundstück in Pfaffstätten bei Wien. Die über das Ingenieurbüro eingekauften Leibrenten fielen ebenfalls an den Staat. Aus dem Datum des Einzugs des Schönberg'schen Vermögens durch das Finanzamt wird deutlich, dass das Amt schon vor dem eigentlichen Deportationstag von dieser Tatsache unterrichtet war und in vorauseilendem Gehorsam agierte – erneut ein Hinweis darauf, wie vernetzt staatliche Stellen und NS-Behörden bei der Entrechtlichung der jüdischen Bevölkerung zusammenwirkten. Mit dem 30. Mai 1942 hatte Schönberg binnen weniger Jahre sein komplettes Vermögen verloren. Was ihm geblieben war, waren 100 RM für die Kosten der Zugfahrt nach Theresienstadt für sich und seine Frau sowie eine unbekannte, kleinere Summe an Bargeld.

Das Finanzamt hielt einige Monate später, am 7. September 1942, fest, dass mit Schönbergs Deportation auch die hinterlegte Reichsfluchtsteuer dem Reich verfallen sei.[121] Dies betraf die Summe von 12.840 Reichsmark. Deportation und „Flucht" wurden also finanztechnisch als identisch interpretiert. Als das Bankhaus Seiler & Co. am 4. März 1943 beim selben Finanzamt nachfragte, ob die Sperrung eines Depots von Arthur und Eva Schönberg nach ihrer „Evakuierung" noch aufrechterhalten werden solle, antwortete das Amt lapidar, diese sei gegenstandslos geworden. Ob dem Finanzamt bereits zu diesem Zeitpunkt bekannt geworden war, dass Eva am

23. Dezember 1942 und Arthur Schönberg am 20. Februar 1943 in Theresienstadt ermordet worden waren, ist unbekannt. Aus der banalen Formulierung „gegenstandslos" kann dies zumindest vermutet werden. Die noch vorhandenen Wertpapiere wurden an die Deutsche Reichsbank, Abteilung Wertpapiere übergeben.

Leben und Sterben in Theresienstadt

Die groß angelegten Deportationen aus dem „Altreich" begannen auch in München wenige Monate nach dem Überfall der deutschen Wehrmacht auf die Sowjetunion im Juni 1941 mit dem Massentransport von 998 Jüdinnen und Juden am 20. November nach Kaunas; dort wurden sie einige Tage später ausnahmslos ermordet. Schönberg und seine Frau hatten das Glück, zu diesem Zeitpunkt noch nicht auf einer Deportationsliste verzeichnet zu sein. Auch der zweiten Massendeportation am 3. April 1942 mit 989 Opfern in das KZ-Zwischenlager Piaski in Südostpolen entgingen Arthur und Eva Schönberg. Allerdings wurden die persönlichen Einschränkungen für sie wie auch für die anderen noch verbliebenen Jüdinnen und Juden immer schlimmer.

Die massenhafte Zusammenlegung von jüdischen Menschen in Milbertshofen und Berg am Laim gehörte zu der NS-Strategie, um sie von dort aus möglich vollständig in Konzentrations- und Vernichtungslager zu deportieren. Auch das Ehepaar Schönberg musste, wie beschrieben, zum 17. Januar 1942 ihr Zimmer im „Judenhaus" in der Richard-Wagner-Straße 11 räumen. Erst kurz vorher hatten beide von dieser Anordnung erfahren, wie ein Brief von Arthur Schönberg an seinen Schwager Martin Bach,[122] der 1938 in die Schweiz emigriert war, erkennen lässt. Darin schrieb er, dass Martins Frau „das allgemeine Schicksaal" erfahren habe.[123] Gemeint ist die Deportation von Selma Bach aus Wien am 11. Januar 1942 nach Riga und anschließend nach Stutthof, wo sie am 1. Januar 1945 ermordet wurde. Schönberg hatte die mittellose Schwägerin in Wien bis zu ihrer Deportation finanziell unterstützt. Den Brief selbst schloss er mit den Worten: „Ich habe selbst viel u. schwere Sorgen".

Das Ehepaar Schönberg wurde in das Internierungslager in einem Gebäude der Klosteranlage St. Michael der Barmherzigen Schwestern in Berg am Laim, Clemens-August-Straße 9, der sogenannten „Heimanlage für Juden", eingewiesen, wobei sie in getrennten Räumen einquartiert waren. Eva Schönberg teilte sich gemeinsam mit Gretchen Dillenius und Margarete Betty Altschüler ein Zimmer mit der promovierten Historikerin Else Behrend-Rosenfeld, die seit 1938 als Sozialarbeiterin bei der Jüdischen Gemeinde in München gearbeitet hatte und nun ebenfalls im Kloster untergebracht war.[124] Zu diesem Zeitpunkt fungierte Behrend-Rosenfeld als Wirtschaftsleiterin des Lagers. Eva selbst konnte den Umzug nach Berg am Laim nicht mitmachen, da sie zu diesem Zeitpunkt im Israelitischen Krankenhaus in der Hermann-Schmid-Straße lag. In der Heimanlage war sie nur wenige Tage, wie mehrere Krankenhausrechnungen über ihren Aufenthalt in der Klinik zwischen Februar und Juni 1942 belegen.[125] Dort wurde sie wegen eines Herzleidens behandelt, wie

Behrend-Rosenfeld in ihren Erinnerungen festgehalten hat. Auch zu Arthur Schönberg äußert sich die Wirtschaftsleiterin in ihren Aufzeichnungen:

> „Ihr Mann, siebzigjährig, ist der Erbauer des ‚Deutschen Museums' in München, jetzt in einer Zementfabrik beschäftigt, allerdings im Büro, wo man ihn Pläne zeichnen läßt. Er ist ein kleiner, unendlich stiller und bescheidener Mann, der sich in alles fügt, wie überhaupt sehr häufig die Menschen es uns am leichtesten machen, die früher hohe Stellungen bekleideten und etwas Besonderes leisteten."[126]

Wenngleich die Beschreibung seiner Rolle beim Deutschen Museum übertrieben dargestellt ist, verdeutlicht sie doch die enorme Wertschätzung, die Schönberg in München genossen hat. Bei der „Zementfabrik" handelte es sich um das Holzbetonwerk Hans Schuler in der Schlieffenstraße 35 (heute Anton-Pichler-Straße) in Pasing, wo der renommierte Ingenieur Zwangsarbeit verrichten musste. Vermutlich arbeitete er dort seit dem 9. Januar 1942, da dieses Datum in einer Aufstellung des Arbeitsamts München festgehalten ist.[127] Für seinen Arbeitseinsatz deklarierte er in einer Vermögenserklärung vom 1. Juni 1942 einen Lohn von 200 Reichsmark, wobei unklar ist, für welchen Zeitraum er diesen erhalten hat.

Arthur und Eva Schönberg wurden am 4. Juni 1942 mit dem zweiten von insgesamt 24 Theresienstädter Transporten dieses Jahres aus München deportiert.[128] Entsprechend den „Richtlinien zur technischen Durchführung der Evakuierung in das Altersghetto Theresienstadt" vom 15. Mai 1942[129] wurden jeweils 50 Personen in einem Eisenbahnwaggon, der an einen regelmäßig fahrenden Zug angehängt war, deportiert. Bis Februar 1945 verfrachteten die Nationalsozialisten insgesamt 1555 jüdische Münchnerinnen und Münchner nach Theresienstadt (heute Terezin).

Betrachtet man die Personenlisten der ersten drei Transporte vom 3., 4. und 5. Juni, fällt auf, dass bei mehr als zwei Drittel der erwähnten Namen als letzte Meldeadresse die Hermann-Schmid-Straße, Nummer 5 bzw. 7 angegeben ist. Dahinter verbirgt sich das damalige Israelitische Kranken- und Schwesternheim, in dem seit 1933 ausschließlich jüdische Frauen, Männer und Kinder behandelt wurden, nachdem staatliche oder städtische Krankenhäuser ihre Aufnahme verweigerten. Das Israelitische Krankenhaus sollte 1942 auf persönlichen Befehl des Reichsführers SS, Heinrich Himmler, rasch geräumt werden,[130] da er darin Teile der unter rassischen Aspekten gegründeten Organisation „Lebensborn" unterbringen wollte.[131] Die Betroffenen – Kranke wie Klinikpersonal – wurden für die Transporte direkt zum Bahnhof gebracht. Auf ihren Gesundheitszustand nahm man keine Rücksicht. Der leitende Chefarzt der Klinik, Dr. Julius Spanier, der mit seiner Frau ebenfalls deportiert wurde und einer der wenigen Überlebenden der ins Lager Theresienstadt überstellten Münchnerinnen und Münchner war, hat den Vorgang beschrieben:[132] Kranke, Schwerstkranke und sogar Sterbende wurden in leergeräumte Möbelwagen verladen. Das Hausmeisterehepaar des Krankenhauses und einige Freiwillige versuchten, den Transport für die Kranken durch das Auslegen von Matratzen in den Lastwagen etwas zu erleichtern.

Betroffen von der Räumung des Israelitischen Krankenhauses war auch Eva Schönberg, die sich aufgrund ihrer Herzinsuffizienz zu diesem Zeitpunkt zum wiederholten Mal in der Klinik befand. Arthur schrieb noch am 15. Februar 1942 an ihren Bruder Martin Bach: „Eva ist schwer krank und liegt in der Klinik. Herz u. Wasser. Der Arzt gibt aber Hoffnung wenngleich sie wol [sic!] nie wieder ganz gesund wird."[133] Vermutlich hat sich der Ehemann für den Transport am 4. Juni freiwillig gemeldet, um nicht von seiner Frau getrennt zu werden. Ein Indiz dafür ist, dass sich sein Name als letzter auf der Transportliste findet. Else Behrend-Rosenfeld hat die Ereignisse kurz festgehalten und dabei das Ehepaar Schönberg besonders erwähnt:

> „Aber auch das Ehepaar Schönberg gehörte mit zu diesem Transport. Wie wird ihn die schwer herzkranke Frau überstehen! Er, der siebzigjährige Baurat, der Erbauer des ‚Deutschen Museums', war bewundernswert gefaßt. Als wir uns verabschiedeten, sagte er: ‚Ich bin viel weniger beunruhigt als damals, da Sie deportiert werden sollten. Wir alle können Ihnen niemals das danken, was Sie für uns getan haben.'"[134]

Über die Reichsvereinigung der Juden, Zweigstelle München, erhielten alle für die Deportation vorgesehenen Personen kurz vor dem Transport ein Formblatt, das die Gegenstände auflistete, die mitzunehmen waren. Dazu gehörten warme Ober- und Unterkleidung, Leibwäsche, Schuhe, ein kleines Waschgefäß, ein kleiner Eimer zum Wäschewaschen, Decken, Reiseproviant, Essgeschirr (ohne Messer und Gabel). Zugebilligt wurde ein Gepäck mit 50 Kilogramm Gewicht, das in zwei Koffern oder in einem Rucksack und einem Koffer untergebracht werden musste. Kurz vor der Deportation musste Schönberg für sich und seine Frau erneut eine Vermögenserklärung abliefern. In seiner auf den 1. Juni 1942 datierten Erklärung, die er einige Tage vor seinem Abtransport einreichte, gab er an:[135]

> „Soweit mir die Mitnahme von Kleidungsstücken und Wäsche gestattet wird, befinden sich diese in einem Koffer ca 30 kg und eine Rolle (Bettdecke, Schlafsack u. Bademantel). [...] Die zurückbleibenden Effekten befinden sich in einem Kabinenkoffer. Den Schlüssel habe ich der Heimleiterin übergeben."

Der materielle Besitz des ehemals wohlhabenden Prokuristen der Ingenieurbüro Oskar von Miller GmbH war zu diesem Zeitpunkt also auf ein Minimum zusammengeschrumpft. Die „Reisekosten" für die Zugfahrt in Höhe von 50 Reichsmark pro Person wurden den Deportierten aufgebürdet. Darüber hinausgehende Beträge, Wertpapiere, Bankausweise etc. mussten in einem Umschlag mit Namen und Inhaltsverzeichnis verwahrt werden. Vor der Fahrt zwang die Gestapo alle für den Transport vorgesehenen Menschen, mit der Reichsvereinigung der Juden in Deutschland sogenannte „Heimeinkaufverträge" abzuschließen, in denen eine angeblich kostenfreie, lebenslange Unterbringung, Verpflegung und Krankenversorgung zugesichert wurden. Man gaukelte ihnen also eine altersgemäße Unterbringung in gut ausgestatteten Unterkünften vor, in denen sie ihren Lebensabend verbringen konnten. Inwieweit diese die NS-Rhetorik für wahr hielten, muss dahingestellt bleiben. Ob Schönberg einen Heimeinkaufvertrag unterzeichnet hat, ist aus den erhaltenen Akten nicht ersichtlich. Diese Art des Vertrags wurde im Juli 1942 eingeführt, zu einem Zeitpunkt, als sich Schönberg bereits in Theresienstadt befand.

Die Kranken aus dem Israelitischen Kranken- und Schwesternheim wurden mit dem Möbelwagen zum etwa einen Kilometer entfernten Südbahnhof gebracht, wobei einige Gestapo-Männer und mehrere Schutzpolizisten den Transport begleiteten. Dort mussten alle in einen Eisenbahnwaggon 2. Klasse umsteigen. Dieser wurde zum Hauptbahnhof rangiert und an einen regelmäßig verkehrenden Personenzug angehängt, der täglich gegen 12.00 Uhr über Moosach, Freising, Landshut, Regensburg, Schwandorf und Weiden nach Marktredwitz fuhr. Dort hängte man den Eisenbahnwagen um. Die Fahrt ging dann weiter über Eger (heute Cheb), Karlsbad (Karlovy Vary) und Aussig (Ústi nad Labem) nach Bauschowitz (Bohušovice nad Ohří). Dort kam der Zug mit Schönberg und seiner Frau am 5. Juni an. Da zu diesem Zeitpunkt noch keine direkte Eisenbahnlinie ins Lager führte, mussten die Deportierten unter strenger Bewachung die Strecke von 2,8 Kilometern nach Theresienstadt zu Fuß gehen; Eva wurde – vermutlich wie andere Kranke – in einem Lastkraftwagen nach Theresienstadt gebracht.

„Theresienstadt war eine graue Stadt, von hohen Festungsmauern umgeben. Die Straßen waren symmetrisch angelegt, gesäumt von eintönigen Häuserblocks und Kasernen […]", so erinnert sich Margot Friedländer, eine Überlebende des dortigen Lagers.[136] Der Ort Theresienstadt liegt rund 60 Kilometer nördlich von Prag. Zwischen 1780 und 1790 war hier nach dem Siebenjährigen Krieg zwischen Preußen und Österreich eine stark befestigte Garnison für bis zu 15 000 Mann errichtet worden, um das böhmische Binnenland vor preußischen Invasionen zu schützen. Ihren Namen hatte sie von der zu Baubeginn verstorbenen Maria Theresia, Erzherzogin von Österreich. Militärisch musste sich die Festung nie bewähren. Die rasterförmig angelegte Stadt mit acht fünfeckigen Bastionen barg eine Vielzahl einzelner Kasernen, die bis 1882 besetzt waren. In diesem Jahr wurde die Garnison aufgelassen, die Wehranlagen blieben aber erhalten.

Im Oktober 1941 wurde in zwei Sitzungen in Prag, an denen u. a. der Stellvertretende Reichsprotektor für Böhmen und Mähren Reinhard Heydrich, der bei ihm arbeitende SS-Funktionär Karl Hermann Frank und der für die massenhafte Ermordung von schätzungsweise sechs Millionen Juden mitverantwortliche Adolf Eichmann sowie mehrere NS-Beamte teilnahmen, über die „Lösung der jüdischen Frage im Protektorat" beraten. Das Ergebnis war, die alte Festung Theresienstadt als Übergangslager für Juden einzurichten, um diese von dort aus in den Osten zu „evakuieren".

Mit der Umwandlung Theresienstadts in ein Ghetto für Juden musste die gesamte ansässige Bevölkerung den Ort verlassen. Außer der Lagerleitung und dem Wachpersonal setzte sich seitdem die gesamte Einwohnerschaft aus Juden zusammen. Im November desselben Jahres kam die erste Gruppe aus Prag in die alte Festung. Anfang 1942 begannen die Massendeportationen aus dem Protektorat Böhmen und Mähren nach Theresienstadt. Um die Transporte von Jüdinnen und Juden aus dem Reich und ihre miserable Unterbringung in Theresienstadt zu verschleiern, sollte gemäß den Beschlüssen der Wannseekonferenz vom 20. Januar 1942 die alte Garnisonstadt als „Vorzugslager" für Juden über 65 Jahre, für Juden mit Kriegsauszeichnungen oder -verletzungen und für Juden mit Sonderstellung deklariert werden.

Das Ghetto sollte nach dem Prinzip einer scheinbaren Selbstverwaltung durch einen jüdischen Ältestenrat geführt werden, der u. a. für die Verteilung der Arbeiten und Lebensmittel, aber auch für die Zusammenstellung der Transportlisten für die Weiterdeportation in den Osten zuständig war. Die Vorgaben kamen allerdings von der deutschen Lagerleitung, die vom Ältestenrat umgesetzt werden mussten.

Das Leben im Ghetto Theresienstadt begann für das Ehepaar Schönberg in der sogenannten „Schleuse", die sich zu diesem Zeitpunkt in der Aussiger Kaserne (Benennung ab 1.7.1942 „J IV";[137] vgl. Abb. 45) im äußersten Westen der Stadt befand. Sie war die Sammelstelle für ankommende und abfahrende Deportierte, hier erfolgte die Registrierung der Neuankömmlinge, die Einteilung in Arbeitskategorien und die Austeilung von Essensmarken sowie die Kontrolle ihres Gepäcks, wobei ein Großteil der mitgebrachten Gegenstände konfisziert wurde. Das „Durchschleusen" konnte viele Stunden dauern. Bei der Durchsuchung wurden alle als „Konterbande" eingestuften Gegenstände weggenommen: Geld, Schmuck, Medikamente, Kosmetik, Spirituosen, Werkzeug, Instrumente, Konserven, elektrische Geräte, Kerzen, Feuerzeuge und vieles andere. Die Ankömmlinge mussten sich entkleiden und wurden desinfiziert. Anschließend wurden sie durch das Ghetto geführt. Was die Deportierten in diesem Augenblick empfanden, hat Gerty Spies beschrieben:[138]

> „Unbegreiflich! Wo waren das Altersheim, das Wohnheim, von dem man uns gesprochen hatte? Wo waren die sauberen Häuser, wo jeder sein eigenes wohl eingerichtetes Zimmer haben sollte? Durch die offenen Türen sah man Lumpengestalten am Fußboden oder auf Holzgestellen liegen. [...] Aber hier konnte man doch nicht leben!"

Das Entsetzen der Ankommenden beschreibt auch der tschechische Rabbiner Richard Feder, der seit 1942 im Ghetto war. Den deutschen Juden sei eingeredet worden, sie kämen nach „Theresienbad",[139] also in eine Art Kurort, weswegen sie komfortable Unterkünfte erwartet hätten und nun umso mehr geschockt waren.

Nach der Lagerführung erfolgte die Verteilung auf die „Ubikationen", ein im Ghetto Theresienstadt gebräuchlicher Ausdruck für die einzelnen Räume der jeweiligen Kasernen. Ob Arthur Schönberg dabei gemeinsam mit seiner Frau untergebracht wurde, ist unklar. In Theresienstadt war die Trennung nach Geschlechtern üblich,[140] bei Personen über 60 Jahren hatte man sie jedoch teilweise aufgehoben. Sofern ältere Ehepaare nicht getrennt wurden, kamen sie zwar in denselben Block, wurden aber in verschiedenen Zimmern einquartiert. Sicher überliefert ist die gemeinsame Einquartierung des Ehepaars Gustav und Jenny Sachs, die ebenfalls von München aus nach Theresienstadt deportiert und im selben Trakt wie Arthur Schönberg untergebracht waren.[141] Insofern ist anzunehmen, dass er mit seiner Frau zumindest in einem Kasernentrakt lebte. Allerdings ist auch denkbar, dass die schwerkranke Frau sofort in ein Krankenzimmer eingewiesen wurde.

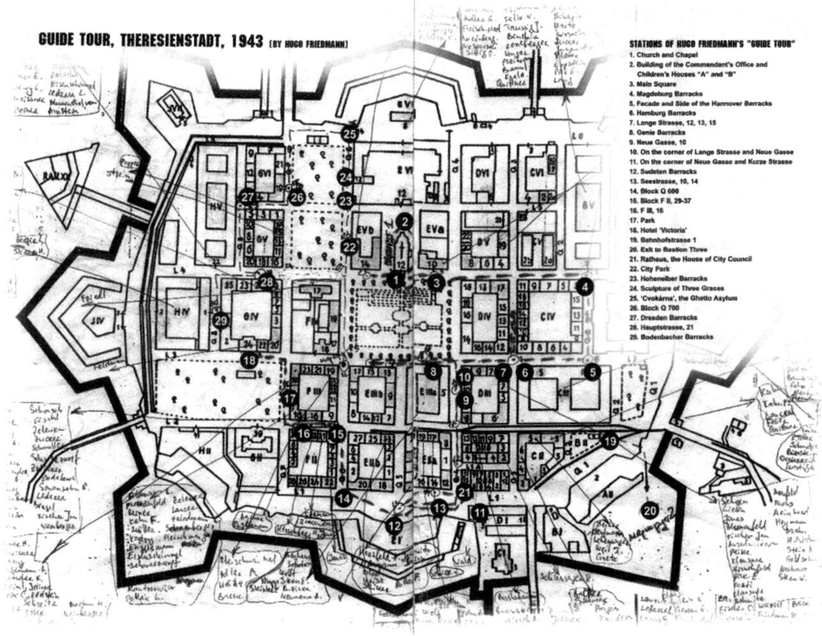

Abb. 45 Plan der Festung Theresienstadt. Zentral oben der Block E VII, in dem Arthur Schönberg lebte.[142]

Gesichert ist, dass Schönberg zum Zeitpunkt seines Tods im ehemaligen Magazin der Festung, der „Kavalierkaserne" (alte Bezeichnung „Kavalier 6", Abb. 46), mit der Nummerierung „E VII" im Raum 50 lebte.[143] Zeitweise war er dort im Zimmer 14 einquartiert. Dieser Kasernenblock befand sich im Nordosten der Wehranlage und bildete einen Teil der Befestigungswälle.

Bei den Häftlingen galt er als eine der schlimmsten Unterkünfte des Ghettos überhaupt.[144] Der Bauzustand war wesentlich schlechter als beispielsweise bei der im Süden liegenden „Sudetenbaracke" (E I), da der Trakt vor der Einquartierung von Deportierten als ehemaliges Magazin jahrzehntelang unbewohnt gewesen war. Er war kalt und feucht, nachdem bis hinunter auf die Grundwasserlinie gebaut worden war. Es gab kaum Waschgelegenheiten, da diese in den herkömmlichen militärischen Vorratslagern unnötig gewesen waren, während die anderen Kasernenteile für die Unterbringung von Soldaten geplant und mit entsprechenden sanitären Einrichtungen ausgestattet waren.

„E VII" war eines von mehreren Altenheimen in Theresienstadt, wobei hier in einem abgegrenzten Teil zahlreiche Geisteskranke lebten. Da in Theresienstadt Geisteskranke als „Zwock" (nach dem umgangssprachlichen tschechischen Wort „czok" – Verrückter) bezeichnet wurden, nannte man die Kavalierkaserne auch das „Zwockhaus".

Abb. 46 Die verwahrloste „Kavalierkaserne" nach der Befreiung von Theresienstadt, um 1945.[145]

Im *Biographischen Gedenkbuch der Münchner Juden 1933–1945* sind ca. 60 Personen namentlich nachgewiesen, die von München aus deportiert worden waren und ebenfalls in der Kavalierkaserne lebten, so u. a. Rosa Karolina Adler, Franziska Arndt, Sophie Bachmann, Julius Fackenheim, Klara Gärtner, Cilli Groeschel, Siegmund Kaufmann, Charlotte Anna Kellner, Fryma Levada, Dr. Adolf (Wolf) Lewinsky, Friedrich Siegmund Marx, Frieda Michaelis, Alfred Model, Vally Philippine Neubauer, Fanny Pappenheimer, Anna Babette Reutlinger und Julius Würzweiler. Sie alle überlebten Theresienstadt nicht. Die meisten verstarben noch 1942. Die extreme Todesrate ist ein deutlicher Hinweis auf die katastrophalen Lebensbedingungen, die in diesem Trakt herrschten. Bis zur Befreiung des Lagers Theresienstadt waren alle Personen des Transports II/02, mit dem das Ehepaar Schönberg deportiert worden war, ermordet. Insgesamt überlebten von den 1555 Münchnerinnen und Münchnern, die nach Theresienstadt gebracht worden waren, nur rund 160 Menschen, also lediglich rund zehn Prozent.[146]

Die Transporte aus dem „Altreich" seit Juni 1942 führten rasch zu einer dramatischen Überbelegung der einzelnen Gebäudekomplexe. Insgesamt lag die Zahl der Ankömmlinge im Jahr 1942 bei über 33 200;[147] der Höchststand wurde im September 1942 erreicht, als in Theresienstadt über 62 000 Menschen lebten.[148] Hans Günther Adler hat berechnet, dass im August 1942 die durchschnittliche „Wohnfläche" (einschließlich der Dachböden) pro Person lediglich bei 1,6 Quadratmeter lag.[149] Grundsätzlich herrschte Mangel an allem. Es fehlten Krankenhäuser und Krankenstuben, die Wasserversorgung war nicht auf eine so große Zahl von Menschen ausgerichtet, es gab viel zu wenige Toiletten, sodass die Deportierten meist lange anstehen mussten. Trotz intensiver Desinfektionsmaßnahmen breitete sich Ungeziefer immer wieder aus. Nahrungsmittel waren unzureichend vorhanden, was bedeutete, dass in den ersten Monaten nur zwischen 800 und 1000 Kalorien pro Person und Tag ausgegeben wurden. Häufig waren die Lebensmittel verdorben, Frischgemüse praktisch unbekannt. Die Folge war, dass sich unter den Bewohnerinnen und Bewohnern Krankheiten rasant ausbreiteten, vor allem da sie aufgrund des hohen Altersdurchschnitts und der vielen Mangelerscheinungen anfällig waren. Die meisten überlebten ihre Deportation nur kurz. So starben von dem zweiten Münchner Transport, dem das Ehepaar Schönberg angehört hatte, schon in den ersten drei Monaten mehr als 50 Prozent der Deportierten. Die häufigsten – zumindest offiziell so angegebenen – Todesursachen waren Herz- und Lungenkrankheiten.

Von dem verharmlosend als „Ghetto“ bezeichneten, aber KZ-ähnlichen Lager Theresienstadt sind authentische Berichte überliefert, welche die dortigen Zustände beschreiben. Was die Menschen fühlten und dachten, kann nur erahnt werden. Über das Leben und Sterben von Arthur Schönberg und seiner Frau in Theresienstadt haben sich indes nur spärliche Informationen erhalten. Dies liegt im Wesentlichen daran, dass es den Deportierten seit Dezember 1941 strikt untersagt war, Nachrichten zu versenden, ein Verbot, das erst im September 1942 durch die SS aufgehoben wurde. Allerdings waren seitdem nur Postkarten mit bis zu 30 Wörtern erlaubt, wobei auch diese der Zensur unterlagen und häufig an die Schreibenden zurückgegeben wurden.[150] Nur wenige als „privilegiert“ eingestufte Personen durften Briefe verschicken. Dazu gehörte der Münchner Karl Freiherr von Hirsch auf Gereuth, der im Jargon der NS-Rassengesetze als „Halbjude“ galt. Er war mit seinem Bruder Rudolf bereits mit dem ersten Einzeltransport nach Theresienstadt gebracht worden. Beide Brüder erhielten dort einen sogenannten Prominentenstatus, Karl wurde in der Liste „Prominente A“ geführt, Rudolf in der Kategorie „B“.[151] Den Status „A“ besaßen nur sehr wenige Personen, Adler spricht von 114 Insassen im Jahr 1944.[152] Schönbergs Tochter Else berichtete nach dem Zweiten Weltkrieg, sie habe von Rudolf Freiherrn von Hirsch erfahren, dass sein Bruder Karl es ihrem Vater ermöglicht habe, Post unter seinem Namen zu versenden.[153]

Die Sommermonate und weite Teile des Herbsts 1942 waren heiß und trocken. Da es kaum regnete, dominierte der Staub der ungepflasterten Plätze. Arthur Schönberg musste noch im Jahr seiner Deportation miterleben, wie zahlreiche Leidensgenossinnen und -genossen aus München schon in den ersten Monaten verstarben, viele davon in der Kavalierkaserne. Für die Insassen war es ein Glück, dass der Winter 1942/43 nahezu völlig schneefrei blieb und ihnen den Matsch und das Schneeräumen ersparte.[154]

In Theresienstadt mussten alle arbeitsfähigen Menschen unterschiedliche Tätigkeiten verrichten. Ein erheblicher Teil entfiel auf die vielfältigen Pflegedienste, die Selbstverwaltung und die zahlreichen Werkstätten. Schönberg selbst wurde, wie es in einer Quelle heißt, für „leichte Büroarbeit“ herangezogen, „die ihm Freude macht“.[155] Ob dies in der ihm fachlich naheliegenden Abteilung „Elektrizität“ der Fall war, ist unklar.

Im ersten Monat des Aufenthalts im Ghetto war die Bewegungsfreiheit des Ehepaars Schönberg nahezu völlig eingeschränkt. Erst ab Anfang Juli 1942 durften sich die Menschen bis zur abendlichen Sperrstunde frei im Ort bewegen.[156] In der Folge bildete sich auch ein von den Insassinnen und Insassen organisiertes kulturelles Leben, das sich in Theateraufführungen, Musikveranstaltungen, Lyrikwettbewerben und Vorträgen niederschlug. Wie aus einem Brief bekannt ist, nahm Schönberg rege an diesem kulturellen Angebot teil.[157] Initiator der Vorträge war der aus Berlin deportierte Pelzhändler und Fachjournalist Philipp Manes. Er kam Ende Juli 1942 nach Theresienstadt und hatte ab 1. August die Leitung des sogenannten „Orientierungsdiensts“ inne, der ältere und verwirrte Personen zu ihren Schlafstellen zurückbegleiten sollte. Die Vorträge begannen am 1. September 1942. Dank der von Manes geführten und heute in der Wiener Library in London archivierten Tagebücher sind wir über diese Vorträge gut informiert.[158] Im Rahmen der kulturellen Veranstaltungen hielt Arthur Schönberg noch im selben Monat, am 24. September 1942, in seiner Unterkunft, der Kavalierkaserne, im Zimmer 82 ebenfalls einen Vortrag (Abb. 47). Angekündigt war „Landesbaurat Ing. Schönberg“ mit dem Thema „Entwicklung der elektrischen Stromversorgung“, also seinem ureigensten Arbeitsgebiet im Ingenieurbüro Oskar von Miller.[159] Näheres zu dem Vortrag ist nicht überliefert. Wahrscheinlich handelte sein Referat von der Entwicklung der Elektrizität ausgehend von lokalen Netzen über regionale Werke bis hin zum Projekt einer Reichselektrizitätsversorgung, Vorhaben also, an denen er selbst mitgewirkt hatte und die auch in seinem Buch *Landes-Elektrizitätswerke* beschrieben sind.

Vermutlich plante er einen weiteren Vortrag zu diesem Thema. Rudolf von Miller, der jüngste Sohn Oskar von Millers, hat dem Autor dieser Biografie in einem Gespräch 1992 erzählt, dass Schönberg auch nach seiner Deportation dem Deutschen Museum eng verbunden blieb. Nach seinen Aussagen bat dieser in einem Brief aus Theresienstadt die Museumsleitung um Informationsmaterial, da er dort einen Vortrag über das Deutsche Museum halten wolle.[160] Diese Angabe ist nicht ganz zutreffend, da aus einem anderen Brief bekannt ist, dass Schönberg die Zusendung seines Buchs *Landes-Elektrizitätswerke* gewünscht hat.[161]

Aus Theresienstadt scheint sich keine Post erhalten zu haben, die Schönbergs Absender getragen hat. Dies ist auf die beschränkte Schreiberlaubnis im Lager, aber auch auf die Tatsache zurückzuführen, dass er seit seiner Deportation keine aktuellen Adressen seiner beiden Töchter besaß. Daher steht zu vermuten, dass beide Schönbergs während ihres Lebens in Theresienstadt keine Pakete mit Lebensmitteln von Verwandten oder Bekannten aus München erhalten haben. Es war für Arthur Schönberg immerhin sehr hilfreich, dass der angesprochene Karl Freiherr von Hirsch ihm die Möglichkeit verschaffte, Briefe zu schreiben. Einer dieser Briefe, der zwar nicht von eigener Hand stammt, aber wohl in seinem Auftrag geschrieben wurde, richtete sich an Martin Bach in Zürich, Evas Bruder. Als Briefschreiber und Absender fungierte Karl Freiherr von Hirsch. Datiert ist das Schreiben auf den 5. Februar 1943.

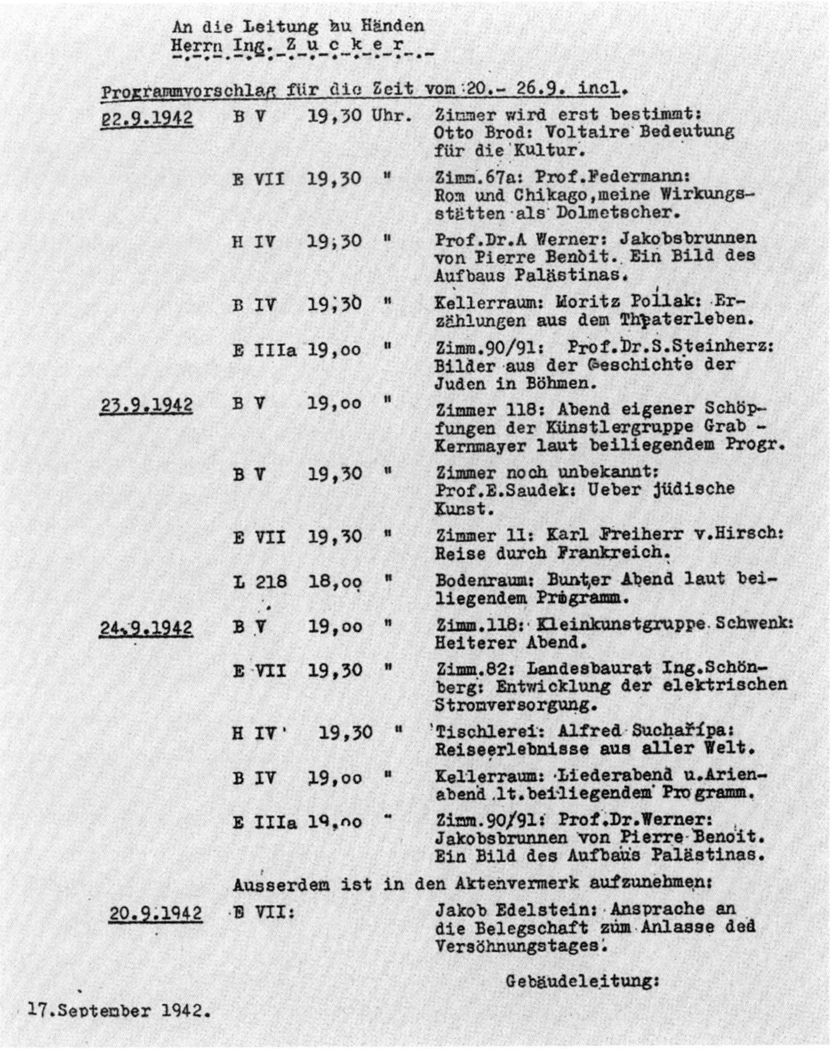

An die Leitung zu Händen
Herrn Ing. Z u c k e r

Programmvorschlag für die Zeit vom 20.- 26.9. incl.

22.9.1942	B V	19,30 Uhr.	Zimmer wird erst bestimmt: Otto Brod: Voltaire Bedeutung für die Kultur.
	E VII	19,30 "	Zimm.67a: Prof.Federmann: Rom und Chikago, meine Wirkungsstätten als Dolmetscher.
	H IV	19,30 "	Prof.Dr.A Werner: Jakobsbrunnen von Pierre Benoit. Ein Bild des Aufbaus Palästinas.
	B IV	19,30 "	Kellerraum: Moritz Pollak: Erzählungen aus dem Theaterleben.
	E IIIa	19,00 "	Zimm.90/91: Prof.Dr.S.Steinherz: Bilder aus der Geschichte der Juden in Böhmen.
23.9.1942	B V	19,00 "	Zimmer 118: Abend eigener Schöpfungen der Künstlergruppe Grab - Kernmayer laut beiliegendem Progr.
	B V	19,30 "	Zimmer noch unbekannt: Prof.E.Saudek: Ueber jüdische Kunst.
	E VII	19,30 "	Zimmer 11: Karl Freiherr v.Hirsch: Reise durch Frankreich.
	L 218	18,00 "	Bodenraum: Bunter Abend laut beiliegendem Programm.
24.9.1942	B V	19,00 "	Zimm.118: Kleinkunstgruppe Schwenk: Heiterer Abend.
	E VII	19,30 "	Zimm.82: Landesbaurat Ing.Schönberg: Entwicklung der elektrischen Stromversorgung.
	H IV	19,30 "	Tischlerei: Alfred Suchařípa: Reiseerlebnisse aus aller Welt.
	B IV	19,00 "	Kellerraum: Liederabend u.Arienabend lt.beiliegendem Programm.
	E IIIa	19,00 "	Zimm.90/91: Prof.Dr.Werner: Jakobsbrunnen von Pierre Benoit. Ein Bild des Aufbaus Palästinas.

Ausserdem ist in den Aktenvermerk aufzunehmen:

20.9.1942	E VII:	Jakob Edelstein: Ansprache an die Belegschaft zum Anlasse ded Versöhnungstages.

Gebäudeleitung:

17.September 1942.

Abb. 47 Ankündigung eines Vortrags von Arthur Schönberg am 24. September 1942 in Theresienstadt.[162]

Nach den in Theresienstadt üblichen Postvorschriften musste die Karten und Briefe an die Reichsvereinigung der Juden in Deutschland in Berlin adressiert sein, die diese dann weiterversandte.[163] Der angesprochene Brief von Baron Hirsch wurde am 22. Februar 1943 mit einem Berliner Poststempel expediert. Er gelangte später in den Besitz von Else Schönberg. Heute befindet er sich im Holocaust Museum, Los Angeles.[164]

Dieser Brief ist der einzige aus Theresienstadt, der sich zu Schönberg erhalten hat. Er vermeldet den Tod von Schönbergs Ehefrau. Sie verstarb in der Nacht vom 23. auf 24. Dezember 1942.[165] Eva wurde 63 Jahre alt. Eine Todesfallanzeige des Ältestenrats des Ghettos Theresienstadt existiert von ihr nicht. Allein im Dezember 1942 starben 2430 Menschen in Theresienstadt, davon 1517 Frauen. In dem abgedruckten Brief (Abb. 48/49) von Baron Hirsch werden die Umstände ihres Ablebens genauer beschrieben. Hauptursache ihres Tods war das schwere Herzleiden, das noch unmittelbar vor ihrer Deportation im Israelitischen Kranken- und Schwesternheim in München behandelt worden war. Hinzu kamen eine Schwächung durch eine vorausgegangene Lungenentzündung sowie sicherlich auch die grausamen Zustände im Lager. Der Todestag war gleichzeitig ihr Hochzeitstag. Der Brief, der wohl von dem zu diesem Zeitpunkt schwer erkrankten Arthur Schönberg zumindest in seinen Grundzügen diktiert worden ist, schildert ihren letzten Lebenstag:

> „Zum 43. Hochzeitstag hatte der Gatte seiner Frau ein Gedicht mit Erinnerungen an den 1., 10. u. 25. Hochzeitstag, an Eltern, Geschwister, Kinder und Enkel gemacht, das sie sehr erfreute und die Gatten mit neuen Lebenshoffnungen erfüllte. Aber das schwer kranke Herz war durch eine vorhergegangene Lungenentzündung doch so sehr geschwächt, dass es in der Nacht den Dienst versagte. Die Kranke ist völlig ahnungslos in wohligen Gedanken an all ihre Lieben für immer eingeschlummert. In der Früh lag sie da wie eine angenehm Träumende, das Gesicht glatt und schön wie Jahre vorher."[166]

Die einfühlsame Beschreibung des Hochzeitstags und des Tods von Eva lässt den Schluss zu, dass nicht Baron Hirsch, sondern Arthur Schönberg selbst diese Zeilen formuliert hat.

Die Einäscherung fand einige Tage später statt, am Sonntag, dem 28. Dezember, bei – wie es in dem Brief heißt – „herrlichem Sonnenschein". Neben dem Ehemann waren auch Marie Sturmband, Kunsthandwerkerin, Mitbesitzerin einer Graveuranstalt, Hebamme und Münchner Vertraute der Verstorbenen, sowie „einige seiner Freunde" anwesend.[167]

Als dieser Brief von Berlin aus am 22. Februar 1942 nach Zürich weitergeschickt wurde, war Arthur Schönberg ebenfalls bereits tot. Er verstarb am 20. Februar 1943, einem Sabbat. Seit etwa Mitte Januar hatten ihn die Ärzte u. a. wegen einer Kreislaufstörung von seiner Arbeit befreit und ihm Bettruhe verordnet.[168] Die letzte Nachricht von ihm ist die Todesfallanzeige des Ältestenrats von Theresienstadt direkt vom Todestag (Abb. 50).[169] Ihr zufolge verstarb Schönberg um 16.00 Uhr in seinem Zimmer Nr. 50 im Block E VII an einer Lungenentzündung. Dies war in Theresienstadt im Jahr 1943 die zweithäufigste offizielle Todesursache.[170] Als sein behandelnder Arzt ist Dr. Walter Wolf genannt. Die Totenbeschau nahm Dr. Rudolf Glaser unmittelbar nach dem Ableben vor, der auch gemeinsam mit dem Amtsarzt Dr. Erich Munk, dem Leiter des Gesundheitswesens in Theresienstadt, und dem Chefarzt Dr. Franz Schreier, dem ärztlichen Leiter der Gesundheitseinheit E VII, das Dokument unterzeichnete.

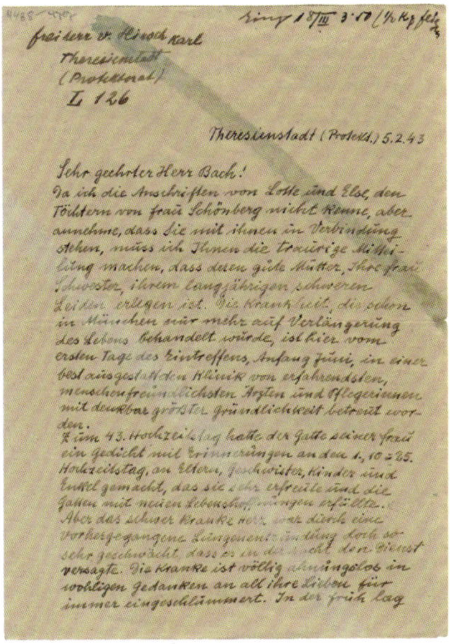

Freiherr v. Hirsch Karl
Theresienstadt
(Protektorat)
L 126

Theresienstadt (Protekt.) 5.2.43

Sehr geehrter Herr Bach!
Da ich die Anschriften von Lotte und Else, den Töchtern von Frau Schönberg nicht kenne, aber annehme, dass Sie mit ihnen in Verbindung stehen, muss ich Ihnen die traurige Mitteilung machen, dass deren gute Mutter, Ihre Frau Schwester, ihrem langjährigen schweren Leiden erlegen ist. Die Krankheit, die schon in München nur mehr auf Verlängerung des Lebens behandelt wurde, ist hier vom ersten Tage des Eintreffens, Anfang Juni, in einer best ausgestatteten Klinik von erfahrendsten, menschenfreundlichsten Ärzten und Pflegerinnen mit denkbar größter Gründlichkeit betreut worden.
Zum 43. Hochzeitstag hatte der Gatte seiner Frau ein Gedicht mit Erinnerungen an den 1, 10 u. 25. Hochzeitstag, an Eltern, Geschwister, Kinder und Enkel gemacht, das sie sehr erfreute und die Gatten mit neuen Lebenshoffnungen erfüllte.
Aber das schwer kranke Herz, war durch eine vorhergegangene Lungenentzündung doch so sehr geschwächt, dass es in der Nacht den Dienst versagte. Die Kranke ist völlig ahnungslos in wohligen Gedanken an all ihre Lieben für immer eingeschlummert. In der Früh lag

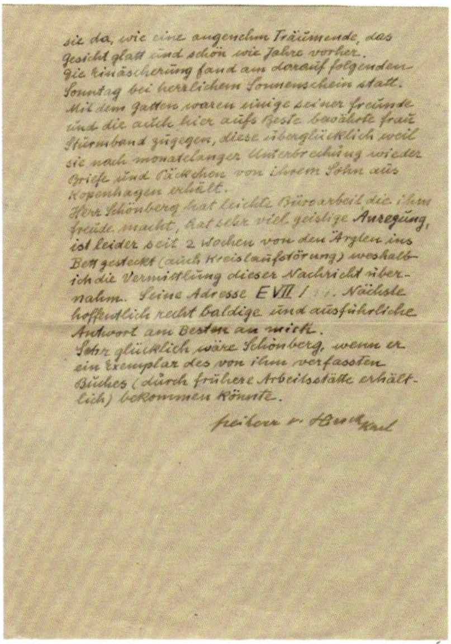

sie da, wie eine angenehm Träumende, das Gesicht glatt und schön wie Jahre vorher.
Die Einäscherung fand am darauf folgenden Sonntag bei herrlichem Sonnenschein statt.
Mit dem Gatten waren einige seiner Freunde und die auch hier aufs Beste bewährte Frau Sturmband zugegen, diese überglücklich weil sie nach monatelanger Unterbrechung wieder Briefe und Päckchen von ihrem Sohn aus Kopenhagen erhält.
Herr Schönberg hat leichte Büroarbeit die ihm Freude macht, hat sehr viel geistige Anregung, ist leider seit 2 Wochen von den Ärzten ins Bett gesteckt (auch Kreislaufstörung) weshalb ich die Vermittlung dieser Nachricht übernahm. Seine Adresse E VII / . Nächste hoffentlich recht baldige und ausführliche Antwort am Besten an mich.
Sehr glücklich wäre Schönberg, wenn er ein Exemplar des von ihm verfassten Buches (durch frühere Arbeitsstätte erhältlich) bekommen könnte.

Freiherr v. Hirsch Karl

Abb. 48/49 Brief von Karl Freiherr von Hirsch an Martin Bach, 5. Februar 1943.[171]

Damit brechen die Informationen zu Arthur Schönberg ab. Allerdings sind wir durch verschiedene Berichte aus Theresienstadt über den Umgang mit Verstorbenen gut unterrichtet. Nach der Feststellung des Tods durch den für die Totenbeschau zuständigen Arzt „wurde an der Leiche ein sogenannter Fußzettel befestigt, und gleichzeitig wurde in der Chefarztkanzlei der Totenschein ausgestellt, der mit dem Leichnam in die Totenkammer, das Krematorium, das Kolumbarium und in die Matrik gelangte".[172] Nach Aussage des tschechischen Rabbiners Richard Feder war Theresienstadt „wahrscheinlich das einzige Konzentrationslager, in dem der jüdische Ritus eingehalten wurde".[173] Mit der Fertigstellung des Krematoriums im Oktober 1942 wurde in einem der Festungsverließe eine Totenkammer eingerichtet, in der die Leichen nach jüdischen Vorschriften gewaschen wurden. Die vollständige rituelle Versorgung der Toten war in Theresienstadt jedoch nur eingeschränkt möglich, da die SS jegliche Bestattung mit Kleidung verbot. Für alle Toten, die an einem Tag eingeäschert werden sollten, wurde morgens um neun Uhr eine gemeinsame Trauerfeier abgehalten.[174] Anschließend fand die Einäscherung im Krematorium statt. Dies dürfte auch beim

Leichnam von Arthur Schönberg – wie schon bei seiner Frau Eva rund acht Wochen zuvor – der Fall gewesen sein. Diese Kremation, eine Anordnung der Lagerleitung, löste die bis dahin übliche Bestattung in Einzel- oder Massengräbern ab. Hintergrund waren die hohen Sterbezahlen seit Mitte 1942. Da keine Urnen zur Verfügung standen, fegten die Krematoriumsheizer, so Feder weiter, die Asche und die unverbrannten Knochenteile in Pappkartons, auf die man sorgfältig die Namen der Verstorbenen mit ihrer Theresienstädter Evidenznummer notierte.[175] Eine Beisetzung der provisorischen „Urnen“ erfolgte nicht. Vielmehr wurden diese provisorischen Schachteln in einem eigenen Kolumbarium in den unterirdischen Kasematten Theresienstadts aufbewahrt. Es lag in einem Ravelin an der Südstraße, einem der Außenwerke des bastionären Befestigungssystems. Die lange sorgfältig vom Ältestenrat gehüteten „Urnen“ wurden auf Anordnung der Kommandantur Anfang November 1944 weggeschafft. Dabei mussten in einer mehrtägigen Aktion rund 200 Personen die mehr als 22 000 Kartons aus dem Kolumbarium über eine Kette von Hand zu Hand weiterreichen und auf Lastwagen verladen. Die Asche der Toten schütteten die SS-Leute zum größten Teil dann nahe der Stadt in die Eger.

Schönbergs Tochter Else hat in einem Brief an den Autor dieses Buchs den Tod des Vaters bitter kommentiert. Darin heißt es:

> „Hingegen glaubte er fest an ein gewisses Weiterleben nach dem Tode, und er hat uns immer eingeschärft daß er nicht verbrand werden wolle. Auch diesen letzten Wunsch haben die Nazis verheitelt.“[176]

Die noch von Arthur Schönberg und seiner Frau vorhandenen Vermögensreste verfielen nach ihrem Tod gemäß der Verordnung zum Reichsbürgergesetz vom 1. Juli 1943 dem Deutschen Reich.[177]

Während seine inzwischen wieder in Paris lebende Tochter Else über ihren Onkel Martin Bach erfahren hatte, dass ihre Mutter im Dezember 1942 in Theresienstadt umgekommen war, wusste sie lange Zeit nichts über den Verbleib ihres Vaters. Noch Ende November 1945 schrieb sie an Arnold Schönberg, man habe ihr in Prag keine Auskünfte über ihren Vater geben können.[178] Wann sie von seinem Ableben erfahren hat, ist aus den Quellen nicht ersichtlich. Die Nachricht vom Tod Arthur Schönbergs scheint München – und hier insbesondere das Deutsche Museum – erst spät erreicht zu haben. Laut einer Aktennotiz überbrachte sie Johanna Scherr, eine Jugendfreundin Elses, am 16. August 1946, also rund 42 Monate nach dessen Ableben, dem Verwaltungsdirektor am Deutschen Museum Karl Bäßler; der entsprechende Sterbeschein, so Scherr, liege bei Dr. Julius Spanier im Ärztehaus in der Brienner Straße.[179] Vermutlich erhielt Else Schönberg in der ersten Jahreshälfte 1946 Kenntnis vom Tod ihres Vaters.

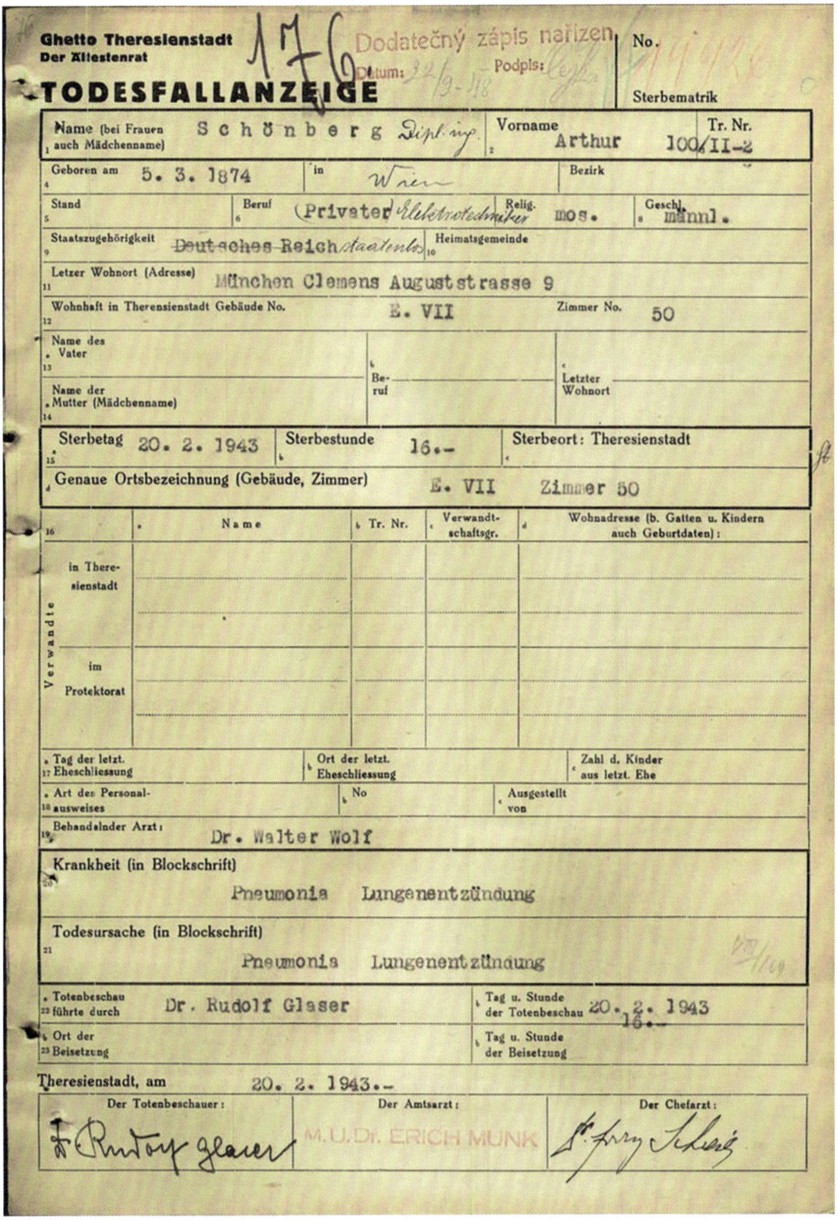

Ghetto Theresienstadt
Der Ältestenrat
176
Dodatečný zápis nařízen
Datum: 22/9-48 Podpis:
No.
Sterbematrik

TODESFALLANZEIGE

1 Name (bei Frauen auch Mädchenname) Schönberg Dipl. ing.	2 Vorname Arthur	Tr. Nr. 100/II-2

4 Geboren am 5. 3. 1874	in Wien	Bezirk
5 Stand	6 Beruf (Privater Elektrotechniker	Relig. mos. / 8 Geschl. männl.
9 Staatszugehörigkeit ~~Deutsches Reich~~ staatenlos	10 Heimatsgemeinde	
11 Letzter Wohnort (Adresse) München Clemens Auguststrasse 9		
12 Wohnhaft in Theresienstadt Gebäude No. E. VII	Zimmer No. 50	
13 Name des Vater	Beruf	Letzter Wohnort
14 Name der Mutter (Mädchenname)		

15 Sterbetag 20. 2. 1943	Sterbestunde 16.-	Sterbeort: Theresienstadt
Genaue Ortsbezeichnung (Gebäude, Zimmer) E. VII Zimmer 50		

16	Name	Tr. Nr.	Verwandtschaftsgr.	Wohnadresse (b. Gatten u. Kindern auch Geburtdaten):
Verwandte in Theresienstadt				
Verwandte im Protektorat				

17 Tag der letzt. Eheschliessung	Ort der letzt. Eheschliessung	Zahl d. Kinder aus letzt. Ehe
18 Art des Personalausweises	No	Ausgestellt von
19 Behandelnder Arzt: Dr. Walter Wolf		

20 Krankheit (in Blockschrift)
Pneumonia Lungenentzündung

21 Todesursache (in Blockschrift)
Pneumonia Lungenentzündung

22 Totenbeschau führte durch Dr. Rudolf Glaser	Tag u. Stunde der Totenbeschau 20. 2. 1943 16.-
23 Ort der Beisetzung	Tag u. Stunde der Beisetzung

Theresienstadt, am 20. 2. 1943.-

Der Totenbeschauer:	Der Amtsarzt:	Der Chefarzt:
Dr. Rudolf Glaser	M.U.Dr. ERICH MUNK	

Abb. 50 Todesfallanzeige Schönbergs im Ghetto Theresienstadt, 20.2.1943.[180]

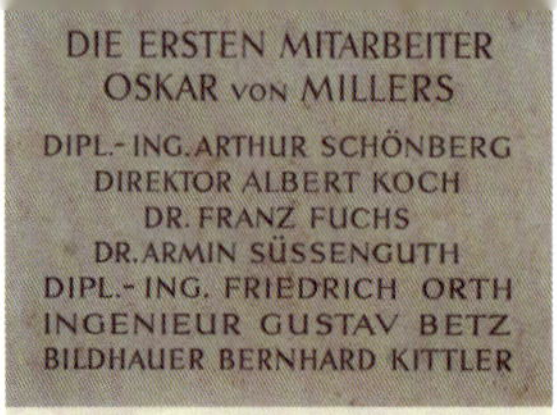

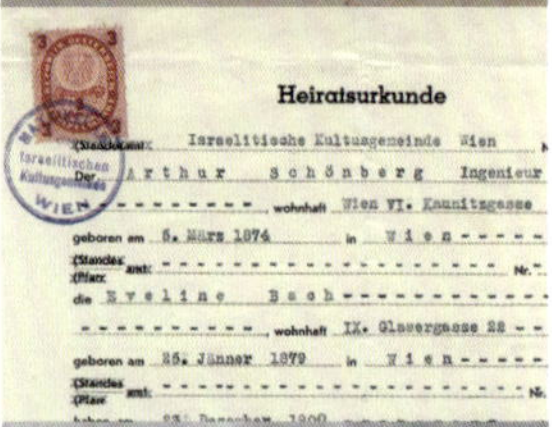

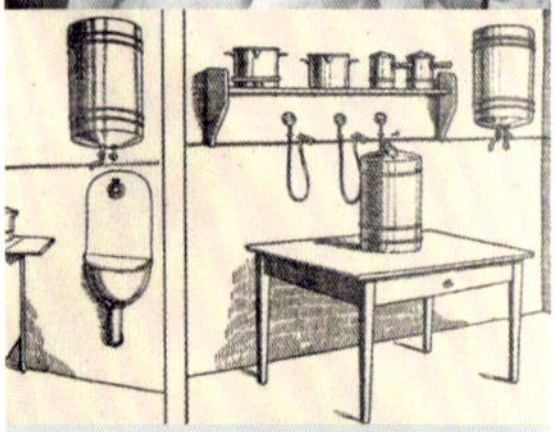

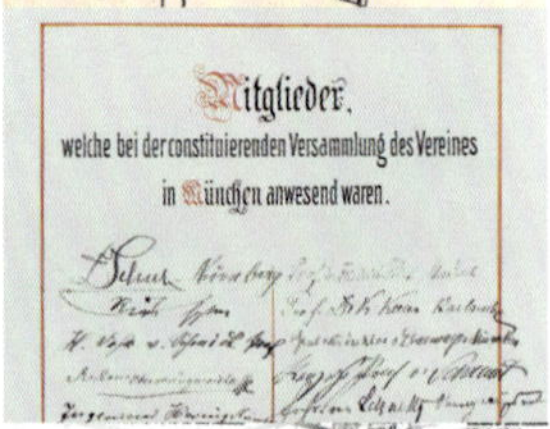

-Werner, Henriette: Kunst und Volk. David Josef Bach 1874–1

Mateo; u. a.: Rudolf Steiner – Die Alchemie des Alltags (Auss
2010.

, Christiane: Finanzverwaltung und Judenverfolgung. Die Ent
gens in Bayern während der NS-Zeit. München 2008.

okratie und Verbrechen. Antisemitische Finanzpolitik und Ver
alsozialistischen Deutschland. München 2013.

, Hans (Hrsg.): Von Juden in München. Ein Gedenkbuch. Mü

gangene Tage. Jüdische Kultur in München. München, Wien 1

, Boris Venediktovič: Die sowjetisch-deutsche Gesellschaft „Ku
Jahren 1923 bis 1933. In: Sanke, Heinz (Hrsg.): Deutschland,

Kapitel 6

Würdigung

Mit dem Ingenieur Arthur Schönberg rückt die vorliegende Biografie einen Mann in den Vordergrund, der in der Literatur bisher kaum Erwähnung gefunden hat und dessen Name nur wenigen Menschen geläufig ist. Diese Tatsache hat auch damit zu tun, dass sich die Geschichtswissenschaft in der Regel auf prominente, stets in der Öffentlichkeit stehende Personen konzentriert. Mit der Verschiebung der Perspektive vom berühmten Pionier der Elektrizitätsversorgung und Gründer des Deutschen Museums, Oskar von Miller, auf dessen langjährigen Mitarbeiter zeigte sich, wie lohnenswert es ist, einen Blick auf „Akteure und Akteurinnen der zweiten Reihe" zu werfen. Arthur Schönberg ist ein typisches Fallbeispiel dafür, wie schwer deren Leistungen von denen der Hauptprotagonisten zu trennen sind.

Die beruflichen Lebenslinien von Schönberg und seinem langjährigen Chef Miller sind eng verwoben. Das Buch konnte nur einzelne Fäden dieses Beziehungsgeflechts herausziehen und darstellen. Das Fehlen eines Nachlasses von Arthur Schönberg und der komplette Verlust der Akten des Ingenieurbüros Oskar von Miller bedeuten, dass es nur wenige Quellen über seine beruflichen Aktivitäten gibt. In einigen Fällen hilft ansatzweise das Arbeitsbuch der Firma, um Schönbergs Anteil an den Projekten „Bayernwerk" und „Walchenseekraftwerk" ermessen zu können. Immerhin lässt sich daraus ablesen, dass dieser Anteil – auch im Vergleich zu dem anderer Beschäftigter des Ingenieurbüros Oskar von Miller – herausragend war.

Erst unter Berücksichtigung des Zusammenspiels von Miller und Schönberg erklären sich die großen Erfolge des Firmenchefs besser, da daraus erkennbar wird, wie viele alltägliche, organisatorische und vor allem umfangreiche projektierende Arbeiten ihm von seinem Mitarbeiter abgenommen wurden. Im vorliegenden Buch konnte dessen 35-jähriges Wirken als Ingenieur im Kontext mit der von Miller betriebenen Elektrifizierung Bayerns und Deutschlands und bei der Entwicklung großflächiger Stromnetze herausgearbeitet werden. Dabei wurde deutlich, wie sehr Miller und das von ihm gegründete Ingenieurbüro seit Schönbergs Arbeitsantritt von dessen planerischen Fähigkeiten profitierten. Besonders seine methodische und systematische Datenerhebung und -auswertung verhalfen der Firma zu einem deutschlandweiten Alleinstellungsmerkmal.[1]

Mit der Einstellung von Arthur Schönberg in sein Technisches Bureau hatte Oskar von Miller im Jahr 1900 einen Mitarbeiter gewonnen, der schnell sein engster Vertrauter werden und dies über mehrere Jahrzehnte bleiben sollte. Soweit sich aus den Akten ablesen lässt, war es nie ein freundschaftliches, sondern immer ein von den beruflichen Aktivitäten bestimmtes, sachliches Verhältnis. Von Miller gibt es nur eine einzige private Bemerkung zu dem fast eine Generation jüngeren Mitarbeiter, als er 1902 schrieb, einen Abend mit dem „nicht besonders unterhaltenden Herrn Schönberg" verbracht zu haben.[2] Millers Eintreten in der Klage „Hertel ./. Schönberg" nur wenige Jahre später zeigt jedoch die Wertschätzung, die er seinem Mitarbeiter entgegenbrachte. Er erkannte schnell, dass der systematisch denkende und arbeitende Schönberg für sein Ingenieurbüro von herausragender Bedeutung war, den er keinesfalls in den Dienst des Deutschen Museums wechseln lassen wollte, obwohl sich dieser eine dauerhafte Museumstätigkeit gut vorstellen konnte.

Als „projektierender Ingenieur", wie Schönberg sich selbst sah, war er seit den 1910er Jahren an allen Großprojekten des Ingenieurbüros beteiligt. Bei den Pfalzwerken (1910–1912), dem Bayernwerk (1914–1923), dem Thüringenwerk (1920–1923) und bei dem Gutachten zur Reichselektrizitätsversorgung (1926–1929) stellte er seine organisatorischen Qualitäten unter Beweis. Durch seine akribische Datensammlung konnte er Miller stets valide und auch von Kritikern kaum anzweifelbare Fakten für die Gesamtplanung der Projekte liefern. Auf dieser Basis gelang es, solche überhaupt erst zu realisieren. Durch die von ihm eingeführte Standardisierung bei den erforderlichen Datenerhebungen gelang es, das Miller'sche Ingenieurbüro in seinen Betriebsabläufen zu modernisieren und zu professionalisieren. Gleichzeitig konnte man so Kosten sparen und die Firma wettbewerbsfähig halten. Dies trug maßgeblich dazu bei, dass sie in den Inflationsjahren und in der Weltwirtschaftskrise überleben konnte.

Hatte Miller nach der Gründung des Technischen Bureaus 1890 bis zum Ausbruch des Ersten Weltkriegs 1914 strategisch den Weg beschritten, für Kommunen im In- und Ausland Elektrizitätswerke zu planen, sie in Eigenregie zu bauen und sich dort – teilweise jahrzehntelang – die Betriebsführung zu sichern (Schwandorf, Brennerwerke, Wiesbaden, Schweinfurt, Bad Kissingen, Ludwigshafen, Riga), waren die 1920er und 1930er Jahre von den großen regionalen und nationalen Verbundprojekten geprägt, deren Planungen eindeutig die Handschrift Schönbergs tragen. Miller honorierte dessen Leistungen vielfach. Im Jahr 1917 ließ er ihm eine erstaunlich hohe Jahresprämie von 10.000 Mark zukommen. Seine Arbeit für das Walchenseekraftwerk und das Bayernwerk würdigte Miller, indem er die Planzeichnungen in einer Prunkmappe zusammenfasste und sie in einer noblen Geste mit der Notiz versah, Schönberg sei der wahre Schöpfer der beiden Projekte.[3]

Im Laufe seiner Karriere verschob sich Schönbergs Position im Ingenieurbüro. Zwar konnte – und wollte – er Oskar von Miller als den Hauptprotagonisten der Firma nicht verdrängen, doch nahm er im Kreis der Kollegenschaft eindeutig die führende Position ein. Dies äußerte sich u. a. in der Höhe seines Gehalts, das stets über dem der anderen Prokuristen lag. Als Bürochef kontrollierte er den gesamten Geschäftsablauf, koordinierte die Arbeiten und wachte über die Ordnung des Firmenarchivs. Mit der Planung der Großprojekte etablierte sich Arthur Schönberg auch auf nationaler Ebene als hoch geschätzter Fachmann, dessen Kompetenz von vielen Seiten gewürdigt wurde.

Schönbergs Arbeit im Schiedsgericht für Streitigkeiten im Bayernwerk 1929 weist auf einen weiteren Schwerpunkt seiner Tätigkeit im Ingenieurbüro hin. Bedingt durch die wirtschaftlichen Krisen der 1920er Jahre und den damit verbundenen Auftragsrückgang erweiterte die Firma ihr Portfolio an Dienstleistungen. Ein neuer

Schwerpunkt war das Gasgeschäft. Einen zweiten bildete die Beratung in Vertragsangelegenheiten. Soweit die Quellen dies dokumentieren, war Miller in diese Geschäftsbereiche nicht mehr involviert. Hauptakteur war hier Schönberg. In den Akten verschiedener Kommunalarchive finden sich Dankschreiben, in denen ihm die hervorragende Beratung bei der Revision bzw. Ausarbeitung von Verträgen im Energiesektor attestiert wurde.[4] In der Regel handelte es sich dabei um Städte, in denen das Ingenieurbüro Oskar von Miller selbst nicht am Bau oder beim Betrieb von E-Werken involviert war. Ähnlich wie bei den Gasgutachten stammen die meisten Vertragsgeschäfte aus der Zeit nach 1930.

Bemerkenswert ist, dass sich Schönberg erst spät wenigstens ansatzweise vom Firmenchef emanzipierte. Seine bekannten Veröffentlichungen beschäftigen sich – bis auf eine einzige – mit elektrotechnischen Fragen. Der Großteil der Publikationen erschien zwischen 1924 und 1933, in einer Zeitspanne also, in der er bereits ein Vierteljahrhundert im Ingenieurbüro tätig gewesen war. Sie fallen zudem mit dem letzten Lebensjahrzehnt Millers zusammen, in dem sich dieser immer stärker aus dem Alltagsgeschäft der GmbH zurückzog und sich ausgedehnten Reisen widmete. Hinzu kamen gesundheitliche Probleme Millers, die ihn spätestens ab 1930 beim Schreiben und Lesen behinderten, was sich ebenfalls auf sein Engagement im Ingenieurbüro auswirkte.

Wenngleich er als Fachmann anerkannt war, präsentierte Schönberg sein Wissen kaum in der Öffentlichkeit. Für seine Person lassen sich nur spärliche Teilnahmen an Fachtagungen und noch weniger Vorträge und Wortmeldungen nachweisen. Dass er in den gut überlieferten Protokollen der Gremiensitzungen des Deutschen Museums regelmäßig genannt ist, wurde an entsprechender Stelle beschrieben. Man kann aus ihnen herauslesen, dass Schönberg zu verschiedenen Themen referiert hat, ohne dass seine Ausführungen dort namentlich gekennzeichnet sind. Als ständiger Protokollführer hat er seine eigenen Beiträge immer anonymisiert.

Obwohl Schönberg in den Akten des Deutschen Museums häufig erwähnt ist, taucht sein Name in der bisherigen Geschichtsschreibung über das Haus so gut wie nie auf. Dabei sind seine Verdienste beachtlich. Er war bereits bei der ersten Sitzung zur Gründung eines technischen Museums in München anwesend. Er war es, der das Ablagesystem für die Museumsakten aufbaute, die Sitzungen, Verträge, Berichte und Haushaltsentwürfe vorbereitete, die Fachgebietseinteilung der Objektsammlungen und Ausstellungen, die teilweise noch heute gültig ist, entwickelte und die erste Ausstellung zur Reproduktionstechnik konzipierte. In vielen Fällen erledigte Schönberg wichtige und auch heikle Korrespondenz. Und er war es auch, der in den Aufbaujahren des Museums junge Angestellte zu einem technisch-wissenschaftlich versierten Personal ausbildete und so zu deren Professionalisierung beitrug. Wie im Ingenieurbüro war Schönberg in Museumsangelegenheiten Millers engster Mitarbeiter. Während dessen häufigen Reisen übernahm er die Leitung der Geschäfte. Obwohl ihm Miller dezidiert Entscheidungsvollmacht einräumte, stimmte sich Schönberg eng mit ihm ab, übersandte ihm relevante Schreiben und informierte ihn über seinen eigenen Briefwechsel.

Trotz seines Engagements – oder vielleicht sogar wegen seiner großen Verdienste – schlug Schönberg im Deutschen Museum auf der anderen Seite früh ein massiver Antisemitismus, wie er nicht nur in München verbreitet war, entgegen. Unterstützung und Rückhalt fand er in kritischen Situationen stets bei Miller, der sich öffentlich hinter seinen Vertrauten stellte. Schönberg dankte ihm dies mit einer ungewöhnlichen Loyalität, die Miller umgekehrt sehr zu schätzen und zu nutzen wusste.

Schönberg hat aber auch erheblich zur Glorifizierung der Person Oskar von Miller beigetragen. Die Formulierungen in den Protokollen der Museumssitzungen und die Darstellung Millers in der Chronik des Deutschen Museums sind dafür Belege. Neben der Familie des Museumsgründers war er einer der wichtigsten Akteure im Prozess der Überhöhung Millers.

Aus den Quellen wird darüber hinaus deutlich, dass sich Schönberg gerne im Hintergrund hielt und sich keinesfalls in den Vordergrund spielen wollte. Sinnbildlich wird dies anhand verschiedener Fotografien, die seine Person in zweiter Reihe zeigen. Die Abbildungen 51 und 52 sind zwei Beispiele aus dem Jahr 1931.

Abb. 51 Oskar von Miller (links) und Arthur Schönberg (3. von links) mit amerikanischen Gästen beim Besuch des Reichsmuseums für Wirtschafts- und Gesellschaftskunde in Düsseldorf, Juni 1931.[5]

Abb. 52 Ausflug der Ingenieurbüro Oskar von Miller GmbH nach Matrei und Innsbruck anlässlich ihres 40-jährigen Bestehens, Juli 1931. Hinter Marie von Miller (ganz links) ist Arthur Schönberg zu sehen.[6]

Über den Privatmann Schönberg wissen wir kaum etwas. Nur vereinzelt finden sich in den Quellen kurze Notizen, die etwas über sein Privatleben aussagen. So muss das Familiäre in der vorliegenden Biografie weitgehend außen vor bleiben. Wir erfahren nur wenig über sein Familienleben, die Erziehung der Kinder, über die Ehegattin und auch über sein Leben als Jude in einer Stadt, die sehr früh ihren radikalen Antisemitismus zeigte. In die Sorgen und Nöte Schönbergs und seiner Familie nach dem Hitlerputsch 1923, nach der sogenannten Machtergreifung der NSDAP, während der zunehmenden Unterdrückung in der NS-Zeit und vor der Deportation des Ehepaars haben wir nur einen bruchstückhaften Einblick. Aus der spärlichen Quellenüberlieferung kann man erahnen, dass Schönberg innerhalb der Familie sehr tolerant war. Er akzeptierte das politische und gesellschaftliche Engagement seiner Frau und der beiden Töchter und unterstützte die Neigungen von Else und Lotte bei ihrer beruflichen Entwicklung. Der traditionellen Geschlechterrolle seiner Zeit mit der Frau in der Familie und am Herd scheint er nicht verhaftet gewesen zu sein. Er ermöglichte Else ein Studium mit anschließender Promotion und unterstützte die zweite Tochter Lotte bei ihrer kunstgewerblichen Ausbildung und ihrer Verwirklichung im kulturellen Leben Münchens. Auch Schönbergs Freundeskreis bleibt weitgehend im Dunkeln. Private Briefe konnten – mit Ausnahme der Korrespondenz mit seinem Cousin Arnold Schönberg – bisher nicht nachgewiesen werden.

Abb. 53 Die Familie Schönberg anlässlich des 25. Hochzeitstags von Arthur und Eva Schönberg, 1925.[7]
Fotograf: Franz Hofer, Murnau

Die wenigen persönlichen Quellen und Fotografien vermitteln den Eindruck, dass Schönberg ein ausgeprägter Familienmensch war. Seine runden Geburtstage 1934 und 1939 feierte er – trotz der Schikanen und Ausgrenzung in der NS-Zeit – im Kreise seiner Familie. Er war stolz auf seine beiden Töchter und ermöglichte ihnen durch erhebliche Geldgeschenke die Emigration nach Paris bzw. Zagreb. Ein besonderes Verhältnis scheint er zu seinem einzigen Enkel Michael gehabt zu haben, der im September 1936 geboren wurde. Eine leider nur in schlechter Auflösung überlieferte Aufnahme zeigt den Großvater und Michael offensichtlich beim Wasserplantschen (Abb. 54).

Abb. 54 Arthur Schönberg mit seinem Enkel Muxi, 1937.[8]
Fotograf: Herbert Bach

Die Aufnahme stammt von Herbert Bach, einem Sohn von Evas Bruder Martin Bach, der mehrfach seine Tante und ihren Mann in München besuchte. Michael erinnerte sich später, dass der Großvater ihm bei den ersten Schritten geholfen habe, ihn dabei fotografiert und die Bilder stolz an seine Tochter Else in Paris geschickt habe.[9] Leider haben sich diese Aufnahmen nicht erhalten. Schönberg scheint kein großer Redner gewesen zu sein. Ein Grund liegt vielleicht in der ererbten und später schlecht operierten Lippen-Kiefer-Gaumenspalte, die eine etwas undeutliche Aussprache zur Folge hatte. Sie hätte in seiner Kindheit fast zum Schulausschluss geführt. Während er die Fehlbildung in früheren Jahren mit einem dichten Bart verdeckt hat, ist sie auf einer Fotografie aus dem Jahr 1939 deutlich sichtbar (Abb. 55), nachdem ihm im November 1938 im Konzentrationslager Dachau Haare und Bart abgeschnitten worden waren. Auf diese körperliche Behinderung hat seine Tochter Else hingewiesen, ohne aber auf die vielen Nachteile einzugehen, die für Schönberg damit verbunden waren.

Abb. 55 Passfoto von Arthur Schönberg, Anfang 1939.[10]

Die besondere Tragik der Biografie Schönbergs liegt darin, dass er auf dem Höhepunkt seiner Arbeit als Ingenieur stand, als 1933 die Nationalsozialisten an die Macht kamen. Die Reichweite dieses Systemwechsels hat er sicherlich falsch eingeschätzt. Selbstbewusst äußerte er sich zu dieser Zeit im Kreis seiner Familie: „[…] was kann denn schon passieren?“[11] Als national geschätzter Fachmann für Verbundnetze fühlte er sich vor Verfolgungen sicher. Wir wissen heute, dass sich er genau wie Hunderttausende Jüdinnen und Juden täuschte. Großer beruflicher Erfolg und sein Engagement für das Deutsche Museum – nichts half. Während seine Tochter Else frühzeitig vor den Nationalsozialisten geflohen war, blieben Arthur Schönberg und seine Frau in München. Da sein Förderer Oskar von Miller, der mehrfach seine schützende Hand über Schönberg gehalten hatte, im April 1934 starb, fiel sein prominentester Fürsprecher weg. Andere Angehörige der Familie von Miller hatten nicht den Einfluss, den der Firmengründer besessen hatte. Sie bemühten sich trotzdem, Schönberg vor einer Deportation zu bewahren, doch waren diese Versuche gegenüber der mörderischen Bürokratie des NS-Regimes hilf- und machtlos.

Aus einem erfolgreichen Ingenieur mit erheblichem Vermögen war 1942 ein bettelarmer Mann geworden, der letztendlich auch noch die Zugkosten für die Deportation nach Theresienstadt für sich und seine Frau bezahlen musste. Einer der fähigsten Elektroingenieure im ersten Drittel des 20. Jahrhunderts kam schließlich infolge der unmenschlichen Bedingungen im Lager Theresienstadt ums Leben, nachdem er zehn Jahre lang von den Nationalsozialisten entrechtet, gedemütigt und schließlich deportiert worden war. Seine Frau war bereits vorher aufgrund der katastrophalen Haftbedingungen in Theresienstadt im Dezember 1942 ihrem Herzleiden erlegen.

Von seiner Familie überlebten nur seine Tochter Else Schönberg und sein einziger Enkel Michael. Dessen Mutter Lotte wurde 1942 in Jugoslawien inhaftiert und wahrscheinlich brutal ermordet. Lottes Mann Rudolf Ernst wiederum hatte sich aus berechtigter Sorge vor einer Einweisung in ein Konzentrationslager im Jahr zuvor mit seinem Bruder Hugo das Leben genommen. Elses Verlobter Carl Rapaport wurde 1942 von Paris aus in ein Konzentrationslager deportiert und ist seitdem verschollen. Sie selbst überlebte das französische Sammellager in Gurs. Arthurs Schwester Helene und ihr Mann Wilhelm Grundmann verstarben 1942 noch vor ihrer wahrscheinlichen Deportation. Ende dieses Jahres war nahezu die gesamte Familie Schönberg ausgelöscht.

Im Bayerischen Hauptstaatsarchiv und im Staatsarchiv München sind mehrere Akten verwahrt, welche die verschiedenen Entschädigungs- und Wiedergutmachungsverfahren dokumentieren. Sie verdeutlichen in vielen, oft erschütternden Details die finanzielle Ausbeutung Arthur Schönbergs durch das NS-Regime. Es ist aber auch bezeichnend für die Nachkriegsgeschichte der Bundesrepublik, dass die berechtigten Ansprüche der beiden Überlebenden Else Schönberg und Michel Ernst-Schonberg nur in langwierigen Rechtsstreitigkeiten durchgesetzt werden konnten. Erst 1971 wurden die Akten geschlossen.

Es wäre höchst wünschenswert, wenn künftig in München, in der Stadt, in der Arthur Schönberg 42 Jahres seines Lebens wirkte und wohnte, seine Person und seine Leistungen öffentlich gewürdigt würden, sei es durch ein Erinnerungszeichen, eine Straßenbenennung oder in einer musealen Ausstellung.

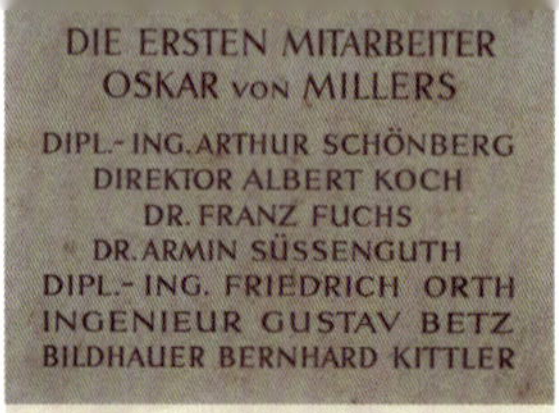

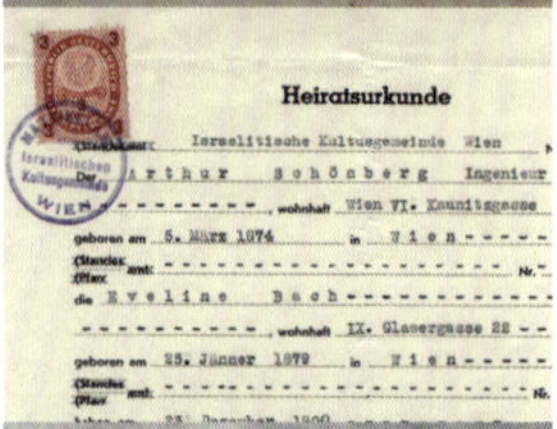

Heiratsurkunde

Israelitische Kultusgemeinde Wien

Der Arthur Schönberg Ingenieur

wohnhaft Wien VI. Kaunitzgasse

geboren am 5. März 1874 in Wien

die Eveline Bach

wohnhaft IX. Glasergasse 22

geboren am 25. Jänner 1879 in Wien

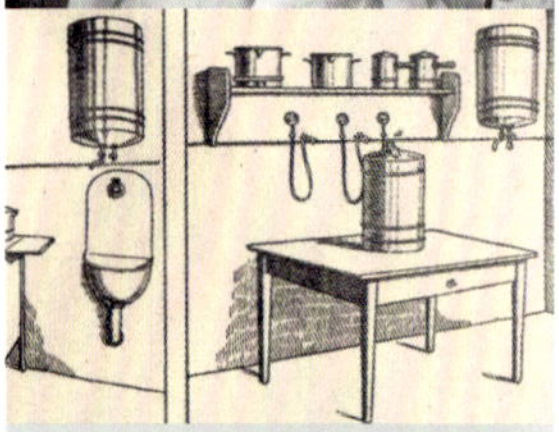

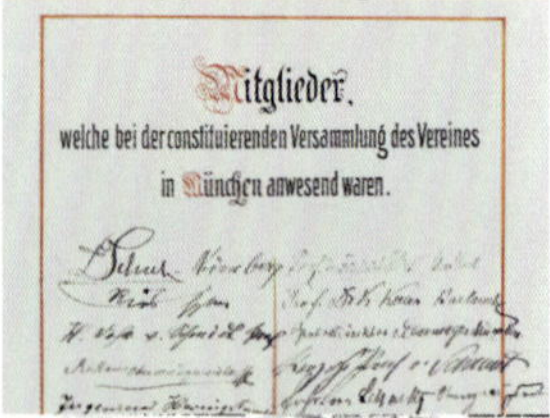

Mitglieder,
welche bei der constituierenden Versammlung des Vereines
in München anwesend waren.

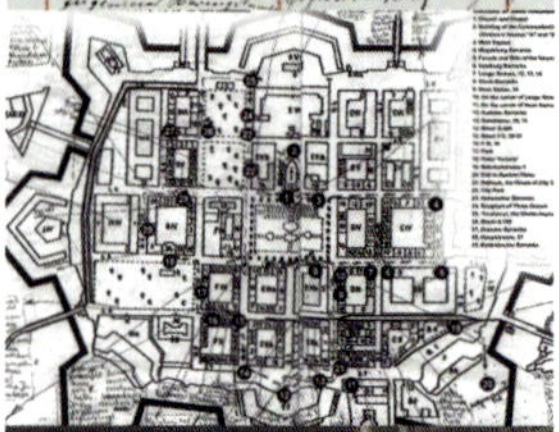

…-Werner, Henriette: Kunst und Volk. David Josef Bach 1874–…

… Mateo; u. a.: Rudolf Steiner – Die Alchemie des Alltags (Auss… 2010.

…, Christiane: Finanzverwaltung und Judenverfolgung. Die Entz… …ögens in Bayern während der NS-Zeit. München 2008.

…okratie und Verbrechen. Antisemitische Finanzpolitik und Ver… …alsozialistischen Deutschland. München 2013.

…, Hans (Hrsg.): Von Juden in München. Ein Gedenkbuch. Mü…

…gangene Tage. Jüdische Kultur in München. München, Wien 1…

…, Boris Venediktović: Die sowjetisch-deutsche Gesellschaft „K… … Jahren 1923 bis 1933. In: Sanke, Heinz (Hrsg.): Deutschland, …

Anhang

Abkürzungsverzeichnis

[Abkürzungen von Archivsignaturen sind nicht aufgenommen.]

As.	Abschrift
ASC	Arnold Schönberg Center, Wien
BA	Bundesarchiv, Koblenz, Berlin
BayHStA	Bayerisches Hauptstaatsarchiv, München
DMA	Deutsches Museum, München, Archiv
DMB	Deutsches Museum, München, Bibliothek
Emigr.	Emigration
gegr.	gegründet
Geh.StAPrK	Geheimes Staatsarchiv Preußischer Kulturbesitz, Berlin
HMLA	Holocaust Museum Los Angeles
IfZ	Institut für Zeitgeschichte München-Berlin
LMU	Ludwig-Maximilians-Universität München
MPG	Max-Planck-Gesellschaft
o. S.	ohne Seitenangabe
RM	Reichsmark
SAM	Stadtarchiv München
StAM	Staatsarchiv München
TH	Technische Hochschule
Verf.	Verfasser

Anmerkungen

Einführung

1 Mitglieder der Familie Schönberg sowie mit Arthur Schönberg in enger persönlicher Verbindung Stehende sind im Text mit Lebensdaten genannt, bei allen anderen Genannten finden sich diese Angaben im Personenverzeichnis.
2 Stadtarchiv München (SAM), DE-1992-RPJ-B-68.
3 Vgl. Fuchs, Väter, 1994, S. 242.
4 Deutsches Museum, München, Archiv (DMA), NL 247.

Kapitel 1

1 https://www.geschichtewiki.wien.gv.at/Galanteriewaren (10.3.2024).
2 Ein Eintrag in das Wiener Adressverzeichnis war in der Regel mit einer selbstständigen Tätigkeit verbunden, sodass auch bei Hermine Schönberg von einer solchen auszugehen ist.
3 Lehmann's Allgemeiner Wohnungs-Anzeiger, 1879, S. 779. Die Angaben zu den Wiener Wohnadressen sind hier und im Folgenden den jeweiligen Jahrgängen des Lehmann's Allgemeinen Wohnungs-Anzeigers von 1864 bis 1922 entnommen; https://www.digital.wienbibliothek.at/wbrobv/periodical/titleinfo/5311 (10.3.2024).
4 Vgl. Wiener Zeitung, Nr. 108, 10.5.1889, S. 14.
5 Vgl. Die Presse, Nr. 57, 27.2.1870, S. 11. in das Handelsregister wurde die Firma am 19.2.1870 eingetragen; https://www.wien.gv.at/actaproweb2/benutzung/image.xhtml?id=nH9A5S0+WIaXOWnaYJn/qeM0+8OkdD4Jp25sfgC2ACs1 (10.3.2024). Die Informationen zu den beruflichen Stationen wurden von Eric Randol Schönberg, Enkel des Komponisten Arnold Schönberg, für die Webseiten der Familie Schönberg zusammengetragen. Ihm sei an dieser Stelle für seine genealogische Arbeit und für die großzügige Unterstützung des Verf. ausdrücklich gedankt. Vgl. https://www.geni.com/people/Ignaz-Sch%C3%B6nberg/6000000002765603636 (10.3.2024). Die folgende Darstellung beruht in weiten Teilen auf seinen Internet-Einträgen.
6 Lehmann's Allgemeiner Wohnungs-Anzeiger, 1871, S. 518.
7 Die Annoncen finden sich im Zeitschriftenportal der Österreichischen Nationalbibliothek „Anno" (Suchbegriff: „Weiß & Schönberg NOT mähr").
8 Die Schreibweise des Namens ist uneinheitlich. Charlottes Vater ist als „Josef Weisse" genannt. Ihr Bruder Julius wiederum nennt sich „Weiss". In seiner Eingabe an die Jüdische Gemeinde von Wien mit der Bitte um Trauung im Bethaus in der Leopoldstadt spricht Ignaz Schönberg am 22. Mai 1872 von seiner Braut „Charlotte Weiß"; https://media.geni.com/p13/a4/ca/8b/02/53444849a7b104d9/ikg_trauungen_korr_1872_ignatz_schonberg_2_original.jpg?hash=c0315c9b09a7a96d337c79b3436131f026600c6025a9b5867ae0cb9578aad795.1673510399 (10.3.2024).
9 Zur Gründerkrise vgl. u. a. Weigt, Kapitalmarkt, 2005, S. 40–60.
10 Vgl. Amtsblatt zur Wiener Zeitung und Central-Anzeiger für Handel und Gewerbe, Nr. 240, 19.10.1875, S. 791.
11 Das Adressbuch von Wien aus dem Jahr 1874 vermerkt noch eine Wohnanschrift in der Augartenalleestraße. Diese wurde 1874 in Kaiser Josef Straße umbenannt; von 1919 bis 1938 und seit 1945 ist die Bezeichnung Heinestraße gültig; vgl. https://www.geschichtewiki.wien.gv.at/Augartenalleestra%C3%9Fe_(2) (10.3.2024).

12 https://anno.onb.ac.at/cgi-content/anno?aid=nwg&datum=18740526&seite=8&zoom=33&query=%22neues%22%2B%22wiener%22%2B%22Tagblatt%22%2B%2226.%22%2B%22mai%22%2B%221874%22&ref=anno-search (10.3.2024).
13 Vgl. Nagl, Valutabestätigung, 1875, besonders S. 648. Hier wird das in Österreich-Ungarn geltende Verständnis des „Escompteurs“ erläutert.
14 Stadt- und Landesarchiv Wien, Handelsregister E 14/251, S. 126; https://www.wien.gv.at/actaproweb2/benutzung/image.xhtml?id=p/uktGPqOTz7wVcWvzJaOeM0+8OkdD4Jp25sfgC2ACs1 (10.3.2024).
15 Vgl. https://media.geni.com/p13/86/c0/93/c7/53444849a7b104cf/1880_volkszahlung_6_ignaz_schonberg_orignal.jpg?hash=2498eb437a3f682a7992eff4d5a877f17965df16f28bde72f2049fba266f393e.1673423999 (10.3.2024).
16 Vgl. Kocka, Angestellten, 1981, v. a. S. 86–89 und S. 121–140.
17 Amtsblatt zur Wiener Zeitung. Central-Anzeiger für Handel und Gewerbe, Nr. 284, 12.12.1875, S. 1182. Zum Text https://privilegien.patentamt.at/image/1875_002537/1-5 (10.3.2024).
18 Amtsblatt zur Wiener Zeitung. Central-Anzeiger für Handel und Gewerbe, Nr. 230, 7.10.1876, S. 797 (10.3.2024).
19 Amtsblatt zur Wiener Zeitung. Central-Anzeiger für Handel und Gewerbe, Nr. 102, 3.5.1882, S. 827. Zum Originalprivileg vgl. https://privilegien.patentamt.at/image/1882_005274/12/ (10.3.2024).
20 Text und Zeichnung in https://privilegien.patentamt.at/image/1882_005275/1-3/#topDocAnchor (10.3.2024).
21 Amtsblatt zur Wiener Zeitung. Central-Anzeiger für Handel und Gewerbe, Nr. 21, 29.1.1883, S. 174. Zum Text des Privilegs vgl. https://privilegien.patentamt.at/image/ 1882_005276/1-5 (10.3.2024).
22 Vgl. https://privilegien.patentamt.at/image/1891_008137/1-6 (10.3.2024).
23 Zum Folgenden vgl. Else Schönberg an Verf., 14.12.1991.
24 Ebd.
25 Der Hinweis auf die Schule findet sich in den Unterlagen der Volkszählung 1880; https://media.geni.com/p13/76/5c/4d/54/53444849a7b104d4/1880_volkszahlung_1_ignaz_schonberg_original.jpg?hash=9b48b562e96f85f8cb3cf415bf52ac0f1e9db67ba0661d406fac2c895c064952.1666853999 (10.3.2024).
26 Vgl. Engelbrecht, Geschichte 4, 1986, S. 158.
27 Vgl. Else Schönberg an Verf., 14.12.1991.
28 Das Zeugnis hat sich nicht erhalten. Die Bezeichnung „Vorzugsschüler“ findet sich in einem Zeugnisauszug. Vgl. Miller an Bayerisches Staatsministerium des Innern, 24.11.1908, S. 12; BayHStA, MA 92274.
29 Das interessante Blatt, Nr. 37, 16.9.1886, S. 10.
30 Vgl. Else Schönberg an Verf., 14.12.1991.
31 Vgl. die Prüfungsprotokolle vom 1.12.1896; UA TU Wien, St.P.O. 1878, P2 1892/1893–1896/1897 Nr. 595 (Schönberg).
32 Vgl. den Briefwechsel Schönbergs mit Eichberg im Jahr 1905 (DMA, VA 0087/1 und VA 1397/4) bzw. die Stiftung von Büchern für das Deutsche Museum durch Dub, 19.5.1927 (DMA, VA 6004).
33 Der Name der Firma wechselt von „Technisches Bureau Oscar von Miller“ zu „Technisches Bureau Oskar von Miller“ über „Technisches Büro Oskar von Miller“ und schließlich zu „Ingenieurbüro Oskar von Miller GmbH“ (seit 1921).
34 Vgl. DMA, VA 0001/6 (sub Steiner); DMA, Mitgliederkartei, Steiner, Arnold.
35 Spezialprotokoll der Technischen Hochschule Wien, Nr. 595 (Schönberg) vom 22.12.1896; UA TU Wien, St.P.O. 1878, P2 1892/1893–1896/1897, Nr. 311–656. Das Zeugnis Schönbergs wurde von Oskar von Miller auszugsweise in einem Prozess vorgelegt (vgl. S. 147). Vgl. Miller

an Bayerisches Staatsministerium des Innern, 24.11.1908, S. 12; BayHStA, MA 92274. Es unterscheidet sich in wenigen Details von dem Spezialprotokoll.

36 Vgl. DMA, VA 1397/4.

37 Vgl. Stuckenschmidt, Schönberg, 1974, S. 155; https://www.schoenberg.at/index.php/de/natur-online/1846-objekt88 (10.3.2024).

38 Vgl. DMA, Mitgliederkartei, Eichberg, Friedrich.

39 Vgl. https://cs.wikipedia.org/wiki/Rudolf_Dub (10.3.2024). Dub trat 1898 aus dem Judentum aus; vgl. Staudacher, Austritt, 2009, S. 112.

40 Wittenberg 1922 bzw. 1927; Deutsches Museum, München, Bibliothek (DMB), 1932 A 468.

41 Vgl. Dub an Deutsches Museum, 27.5.1927; DMA, VA 6004.

42 Vgl. https://www.biographien.ac.at/oebl/oebl_K/Krizko_Jaromir-Vitazoslav_1873_1925.xml (10.3.2024).

43 Vgl. SAM, Einwohnermeldekartei, Schönberg, Arthur. Im Archiv der TH Berlin lässt sich die Diplomierung nicht nachweisen; Dr. Irina Schwab an Verf., 27.8.2022.

44 Vgl. Benecke, Prüfungen, 1926, S. 19.

45 Vgl. Else Schönberg an Verf., 14.12.1991.

46 Vgl. Seper, Automobilgeschichte, 1986, S. 35.

47 Eveline Bach (bzw. Schönberg) unterschrieb selbst mit „Eva"; vgl. DMA, VA 0271/2. Auch in der Familie wird sie mit diesem Namen gerufen. Daher wird im Folgenden die Kurzform „Eva" verwendet.

48 Eric Randol Schoenberg an Verf., 26.1.2021.

49 Vgl. Schönberg an Stadtrat von München, 10.11.1934; DMA, VA, PA 1993. Auch in HMLA, RG-27.01.41.

50 Vgl. Else Schönberg an Verf., 14.12.1991.

51 Vgl. Elektrotechnische Zeitschrift 20 (1899), S. 323.

52 Die Zahlenangabe findet sich in einer Aufstellung Millers. Miller an Bayerisches Staatsministerium des Innern, 24.11.1908, S. 5; BayHStA, MA 92274.

53 Vgl. Anton Echter an Wiedergutmachungsbehörde, 28.6.1950; StAM, Wiedergutmachungsbehörde Ia, Nr. 4453.

54 Vgl. https://gedenkbuch.muenchen.de/index.php?id=gedenkbuch&n,o_cache=1&tx_mucstadtarchiv_stadtarchivkey%5Bopferid%5D=8724&tx_mucstadtarchiv_stadtarchivkey%5Baction%5D=showopfer&tx_mucstadtarchiv_stadtarchivkey%5Bcontroller%5D= Archiv&cHash=f258fe179b2c3492222208111185fdf8 (10.3.2024).

55 Die Hausnummerierung wurde später umgestellt. Sie entspricht der heutigen Nummer Nördliche Auffahrtsallee 64; Elisabeth Angermair an Verf., 2.2.2023.

56 Heiratsurkunde (spätere Bescheinigung von 1956) in: HMLA, RG-27.01.06.

57 Vgl. Das Jüdische Echo 5 (1918), Nr. 30, S. 355.

58 Else Schönberg an Verf., 12.1.1992. Die originale Schreibweise wurde beibehalten.

59 Ebd.

60 Vgl. Schönberg an Stadtrat von München, 10.11.1934; DMA, VA, PA 1993.

61 Vgl. Rückerstattungsantrag von Else Schönberg vom 21.12.1948; StAM, Wiedergutmachungsbehörde, WB Ia 4441.

62 Enthalten in: BayHStA, LEA 33327. Bei der im Text genannte Firma „Fritzsche" handelt es sich um die Königlich bayerische Hofmöbelfabrik Otto Fritzsche, Georgenstraße 28 bzw. Karlsplatz 3.

63 Gemeint ist die Firma Schwarz & Weigl. Lüster & Broncewaren-Fabrik in München, die u. a. Beleuchtungskörper für Gas und Elektrizität herstellte.

64 Vgl. die entsprechenden Lehnstühle aus der Wohnzimmereinrichtung des Bildhauers Heinrich Waderé: www.bayerisches -nationalmuseum.de/sammlung/00218833 (10.3.2024).

65 Kasten mit einer Sammlung verschiedener Präzisions-Zeichengeräte (Reißzeuge) der Firma Clemens Riefler, Nesselwang, für technisches Zeichnen.

66 Firma Steingraeber & Söhne in Bayreuth.
67 Die Ausstattung des Gästezimmers mit weißen Möbeln und den markanten Rundungen (gebogenes Holz) sowie das Steinerbett im Arbeitszimmer deuten darauf hin, dass diese Möbel nach Entwürfen des Anthroposophen Rudolf Steiner gefertigt waren. Sie waren vermutlich vom Künstlerehepaar Rudolf und Lotte Ernst angekauft worden.
68 Veralteter Begriff für einen Schemel ohne Arm- und Rückenlehne.
69 Wahrscheinlich handelt es sich um ein Bett nach einem Entwurf des Anthroposophen Rudolf Steiner. Zu den Möbeln von Steiner vgl. Kries, Steiner, 2010, besonders S. 17 (Abbildung eines weißen Betts).
70 Gemeint: „Fehpelz“: Pelz aus dem grauweißen Winterfell von (meist sibirischen) Eichhörnchen; vgl. Werner, Kürschnerkunst, 1914, S. 75f.
71 Taschenuhr mit besonderen eingegrabenen Zeichnungen bzw. Verzierungen, die mit einer dunklen Masse, dem Niello, ausgefüllt und eingeschmolzen wurden. Werkstücke aus „Tula“ in Russland waren in Europa in der zweiten Hälfte des 19. Jahrhunderts äußerst beliebt. Möglicherweise ist die Uhr ein Erbstück aus der Familie Schönberg.
72 Gemeint: Schmuckring der „Wiener Werkstätten“, einer Produktionsgemeinschaft bildender Künstler in Wien, gegr. 1903, liquidiert 1932.
73 Vermutlich handelt es sich um eine Dose Pfeifentabak der Marke „Copenhagen“.
74 Künstler Fritz von Uhde (1848–1911).
75 Möglicherweise ist bei diesem Porträt eine Fotografie der Skizze von Arthur Schönberg gemeint, die der Maler Georg Waltenberger 1913 für das Triptychon der Grundsteinlegung des Deutschen Museums angefertigt hatte; vgl. 165. Vgl. Deutsches Museum an Schönberg, 23.12.1913; DMA, VA, PA 1993.
76 Gemeint ist der Maler Rudolf Ernst, seit 1932 Ehemann von Schönbergs Tochter Lotte.
77 Enthalten im Inventar der Wohnung, ca. 1934; BayHStA, LEA 33327.
78 Freundliche Auskunft von Dr. Sybe Wartena, Bayerisches Nationalmuseum, München. Wartena an Verf., 21.12.2022.
79 Vgl. die Abbildungen der Wohnzimmereinrichtung von Heinrich Waderé: https://www.bayerisches-nationalmuseum.de/sammlung/00218828 bzw. /00218830, /00218831, /00218832, /00218833 und /00219306 (10.3.2024).
80 Inventar, ca. 1934; BayHStA, LEA 33327.

Kapitel 2

1 Für die Geschichte der Familie Bach existiert in Privatbesitz ein Manuskript (Kopie in Besitz des Verf.), aus dem die meisten hier genannten Daten stammen. Gemäß der Familienüberlieferung soll es von Eva Schönberg stammen, was aufgrund jüngerer Jahreszahlen allerdings nicht möglich ist. Vermutlich schrieb ihr Bruder Martin den Text für seinen Sohn Herbert.
2 Vgl. Else Schönberg an Verf., 12.1.1992.
3 Die Annahme von Kotlan-Werner, Kunst, 1977, S. 9, die Familie sei schon vor der Geburt von David Josef nach Wien gezogen, stimmt nicht mit den polizeilichen Meldeunterlagen überein.
4 Vgl. SAM, Polizeimeldebogen: Bach, Henriette.
5 Vgl. Lehmann‘s Allgemeiner Wohnungs-Anzeiger, 1893, S. 985. Die Angabe bei https://www.lexm.uni-hamburg.de/object/lexm_lexmperson_00004736?wcmsID=0003 (10.3.2024), Henriette Bach habe eine Manufakturfabrik betrieben, ist nicht richtig. Ab dem Jahr 1897 fehlt im Wohnung-Anzeiger ein entsprechender Eintrag zu Henriette Bach.
6 Vgl. Stuckenschmidt, Schönberg, 1974, S. 75; http://archive.schoenberg.at/compositions/werke_einzelansicht.php?werke_id=173&herkunft=allewerke (10.3.2024). Falsch ist allerdings die dortige Angabe „bei den Eltern“, da Eduard Eisig Bach bereits 1892 verstorben ist.

7 Vgl. https://www.geni.com/people/Ottilie-Blumauer/6000000002802122785 (10.3.2024).
8 Vgl. Kotlan-Werner, Kunst, 1977, S. 14.
9 SAM, Polizeimeldebogen: Bach, Henriette. Im Jahr 1917 ist Henriette Bach erstmals bei Schönberg in den Münchner Adressbüchern nachgewiesen.
10 Vgl. Todesanzeige; Münchner Neueste Nachrichten 77, 1924, Nr. 77, 17.11.1924, S. 12.
11 Harburger, Gang, 1932, S. 132.
12 Vgl. Kotlan-Werner, Kunst, 1977, S. 12.
13 Die umfassendste Darstellung zu David Josef Bach findet sich bei Kotlan-Werner, Kunst, 1977.
14 Zitiert ebd., S. 50.
15 Das teilweise in der Literatur genannte Emigrationsjahr „1938" widerspricht Bachs eigenen Angaben; https://archive.schoenberg.at/scans/letters/10076/10076_1.jpg (10.3.2024).
16 Zitiert bei Kotlan-Werner, Kunst, 1977, S. 13.
17 Vgl. http://archive.schoenberg.at/compositions/werke_einzelansicht.php?werke_id=7&herkunft=allewerke (10.3.2024).
18 Heinrich Schönberg (1882–1941) war der jüngere Bruder des Komponisten Arnold Schönberg. Die Postkarte ist gerichtet an Gisela Cohen, die 1906 den Bruder von Arthurs Frau Eva, den Journalisten und Musikschriftsteller David Josef Bach, heiratete. HMLA, RG-27.01.20.
19 Eric Randol Schoenberg an Verf., 26.1.2021.
20 Vgl. Kotlan-Werner, Kunst, 1977, S. 135.
21 Vgl. Stuckenschmidt, Schönberg, 1974, S. 18, S. 20f., S. 155, S. 394 (Eichberg) bzw. S. 18 und S. 424 (Steiner).
22 Arnold Schönberg an Bonnie Lee Eichberg, August 1941; ASC, ID 2984 (SatCollL10, rl.14, fr.52).
23 Privatbesitz.
24 Arthur an Eva Schönberg, 20.5.1923; HMLA, RG-27.01.23.
25 Arthur an Else Schönberg, 20.5.1923; HMLA, RG-27.01.21.
26 Vgl. DMA, VA 0267/2, VA 0271/2 und VA 0271/5.
27 DMA, NL114_364_003.
28 Interview von Gabriele Mittag mit Else Schönberg, 1990 (Tonband und teilweise Transkription); Institut für Zeitgeschichte (IfZ), Archiv, D-ZS/A 60, Bd. 1.
29 Zu den Münchner Frauendemonstrationen vgl. Sternsdorf-Hauck, Brotmarken, 1989, S. 11f.
30 Vgl. Inventar, ca. 1934; BayHStA, LEA 33327.
31 Vgl. Förg, Hitler, 1993, S. 4.
32 Vgl. Sulner, Findelstube, 2008, S. 70.
33 Vgl. Pfister, Waisenrat, ^{2}1913, S. 83f.
34 Vgl. Interview von Gabriele Mittag mit Else Schönberg, 1990 (Tonband und teilweise Transkription); IfZ, Archiv, D-ZS/A 60, Bd. 1.
35 Vgl. ebd.
36 ASC, PH8257_9776 (Datierung laut Arnold Schönberg Center).
37 Vgl. StAM, FinA 19248.
38 Vgl. Bajohr, Hotel, 2007.
39 Zur Schule vgl. Rückert, Luisen, 2021.
40 Vgl. Füßl, Miller, 2005, S. 184.
41 Zitiert bei Brenner, Schatten, 2019, S. 209.
42 Vgl. Arthur an Arnold Schönberg, 14.12.1940; http://www.schoenberg.at/scans/DVD097/16113-2.jpg (10.3.2024).
43 Förg, Hitler, 1993, S. 4.
44 Ebd.
45 Ebd.
46 Vgl. Interview von Gabriele Mittag mit Else Schönberg, 1990 (Tonband und teilweise Transkrip-

tion); IfZ, Archiv, D-ZS/A 60, Bd. 1.
47 Einen guten Überblick zur Münchner Frauenbewegung mit umfangreichem Quellenmaterial bietet Kinnebrock, Augspurg, 2005.
48 Vgl. ebd., S. 459f.
49 Vgl. Schönberg an Stadtrat von München, 10.11.1934; HMLA, RG-27.01.41.
50 Zum Folgenden vgl. den handschriftlichen Lebenslauf von Else Schönberg, Juni 1924; Ludwig-Maximilians-Universität München (LMU), Archiv, M-II-47b pr.
51 Die Zahlen beziehen sich auf das Wintersemester 1921/22; vgl. Häntzschel, Frauen, 1997, S. 113.
52 Förg, Hitler, 1993, S. 4. Der Text von Ulrich/Baumann, Schicksale, 1993 folgt dem hier verwendeten Manuskript von Förg.
53 LMU, Archiv, Studentenkartei I, Schönberg, Else.
54 Vgl. Cahnmann, Juden, 1979, S. 419.
55 Förg, Hitler, 1993, S. 5.
56 Zum „Centralverein" vgl. u. a. Barkai, Wehr Dich, 2002; Grundmann/Hartmann/Siemens, Was soll, 2020; Denz, Bürgerlich, 2021.
57 Vgl. Siemens, Leben, 2020, S. 17.
58 Central-Verein-Zeitung 1 (1922), Nr. 34, S. 377.
59 Vgl. ebd. 2 (1923), Nr. 7, S. 49–50.
60 Brenner, Nathan, 2023, S. 10.
61 Förg, Hitler, 1993, S. 3.
62 Englischer Lebenslauf von Else Schönberg, o. D.; HMLA, RG-27.01.31. Bei der Firma dürfte es sich um die Firma A. Fränkel (auch: Fraenkel) & Co. in der Paul-Heyse-Straße gehandelt haben, die im Schuhwarengroßhandel tätig war.
63 Gutachten Webers vom 3.7.1924; LMU, Archiv, M-II-47b pr.
64 LMU, Archiv, Studentenkartei I, Schönberg, Else.
65 Vgl. englischer Lebenslauf von Else Schönberg, o. D. (ca.1956); HMLA, RG-27.01.31.
66 Vgl. ebd. Bei Mittag (Hrsg.), Gurs, 1991, S. 66 heißt es „1927/28", was allerdings nicht zu den Daten der Studentenkarte von Else Schönberg passt.
67 Verein für Fraueninteressen und Frauenarbeit, Jahresbericht 1930/31. München 1931, S. 7.
68 Vgl. Kuller, Bürokratie, 2013, S. 326.
69 Cahnmann, Juden, 1979, S. 431 berichtet von einer teilweisen Vernichtung der Akten des Münchner Centralvereins durch Vereinsmitglieder vor der angesprochenen Hausdurchsuchung. Vgl. Bergmann, Emigration, 2022, S. 332f.
70 Vgl. Volland/Bauer, München, 1991, S. 141.
71 Vgl. Kinnebrock, Augspurg, 2005, S. 550.
72 Förg, Hitler, 1993, S. 5.
73 Vgl. Mittag, Verdammte, 1996, S. 22.
74 Vgl. ebd., S. 20.
75 Vgl. Ulrich/Baumann, Schicksale, 1993, S. 140; Mittag, Gurs, 1991, S. 66.
76 Vgl. Interview von Gabriele Mittag mit Else Schönberg, 1990 (Tonband und teilweise Transkription); IfZ, Archiv, D-ZS/A 60, Bd. 1.
77 Verfügung der Regierung von Oberbayern vom 20.5.1935; HMLA, RG-27.01.29.
78 Vgl. Harrecker, Doktoren, 2007, S. 80, Anm. 11.
79 Der Name von Else Schönberg erscheint auch nicht in den bei Hepp, Ausbürgerung, 1985 zusammengestellten offiziellen, im Deutschen Reichsanzeiger und Preußischen Staatsanzeiger veröffentlichten Listen.
80 Vgl. Interview von Gabriele Mittag mit Else Schönberg, 1990 (Tonband und teilweise Transkription); IfZ, Archiv, D-ZS/A 60, Bd. 1.
81 Förg, Hitler, 1993, S. 10.
82 https://convoisduloiret.org/deporte/865-rapaport-carl/ (10.3.2024).

83 Förg, Hitler, 1993, S. 7.
84 Vgl. Novodorsqui-Deniau, Pithiviers, 2006, S. 340.
85 Zu Gurs vgl. Mittag, Frauen, 1991.
86 Vgl. Förg, Hitler, 1993, S. 10.
87 Ebd., S. 12f.
88 Vgl. Schramm, Menschen, 1977.
89 Vgl. Interview von Gabriele Mittag mit Else Schönberg, 1990 (Tonband und teilweise Transkription); IfZ, Archiv, D-ZS/A 60, Bd. 1.
90 Ebd., S. 17.
91 Arthur an Arnold Schönberg, 14.12.1940; http://www.schoenberg.at/scans/DVD097/16113-1.jpg (10.3.2024).
92 Vgl. Förg, Hitler, 1993, S. 21.
93 Ebd., S. 22.
94 Vgl. Interview von Gabriele Mittag mit Else Schönberg, 1990 (Tonband und teilweise Transkription); IfZ, Archiv, D-ZS/A 60, Bd. 1; HMLA, RG-27.01.02.
95 Arthur Schönberg an Martin Bach, 15.2.1942; HMLA, RG-27.01.37.
96 Zu Salomon vgl. Hazan/Weill, Salomon, 2011.
97 Vgl. Förg, Hitler, 1993, S. 25.
98 Ebd., S. 26.
99 Vgl. dazu Jahresberichte Luisenschule, 1913/14ff.
100 Vgl. Jahresbericht Kunstgewerbeschule, 1920, S. 37.
101 Zur Ausbildung von Zeichenlehrerinnen an der Schule vgl. Schmalhofer, Kunstgewerbeschule, 2005.
102 Zum Folgenden vgl. Jahresbericht Kunstgewerbeschule, 1920, S. 28–40.
103 Vgl. Jahresbericht Kunstgewerbeschule, 1920, S. 26.
104 Notiz von Willi Geiger, 18.6.1962; Münchner Stadtbibliothek / Monacensia, CMvW D 14.
105 Deutsche Nationalbibliothek, Leipzig, Signatur: 1930 A 13719.
106 Vgl. Schmalhofer, Kunstgewerbeschule, 2005, S. 191.
107 Vgl. SAM, DE-1992-KAM-355, Jahrgang 13 (1932), November-Heft.
108 Lotte war seit 1932 mit Rudolf Ernst verheiratet. Seit dieser Zeit taucht ihr Name in unterschiedlichen Schreibweisen auf: „Lotte Schönberg", „Lotte Ernst", „Lotte Schönberg-Ernst".
109 Bayerische Staatszeitung, Nr. 284, 8.12.1932; Münchner Zeitung, Nr. 337, 7.12.1932; München-Augsburger Abendzeitung, Nr. 329, 7.12.1932; alle in SAM, DE-1992- ZA-17186.
110 München-Augsburger Abendzeitung, Nr. 329, 7.12.1932; ebd.
111 Völkischer Beobachter, Nr. 345, 10.12.1932; ebd.
112 Deutsches Theatermuseum, Nachlass Otto Falckenberg, Presseheft zu *Die Ratten*, 1932/33.
113 Da in den Quellen unterschiedliche Schreibweisen wie „Schönberg-Ernst" und „Ernst-Schönberg" oder nur „Ernst" auftauchen, wird nach ihrer Heirat im Folgenden nur der Name „Ernst" verwendet.
114 Vgl. SAM, DE-1992-KAM-355, Jahrgang 14 (1933), Februar-Heft.
115 Vgl. Aktenvermerk vom 6.8.1962; Münchner Stadtbibliothek / Monacensia, CMvW D 14.
116 Münchner Telegramm-Zeitung, Nr. 40, 16.2.1933.
117 Zeugnis von Falckenberg, 23.12.1933 (As.); BayHStA, LEA 33327.
118 Vgl. Kritiken im Hofer Anzeiger, in der Münchner Zeitung, in den Münchner Neuesten Nachrichten, in der Bayerischen Staatszeitung und in der Frankfurter Zeitung (As.); ebd.
119 München-Augsburger Abendzeitung, o. D. (As.); ebd.
120 Hofer Anzeiger, o. D. (As.); ebd. Die Schreibweise der Abschrift wurde beibehalten.
121 Zum Text: http://www.verfassungen.de/de33-45/kulturkammer33-v1.htm (10.3.2024).
122 Bayerische Israelitische Gemeindezeitung 11 (1935), Nr. 6, S. 128; vgl. ebd., Nr. 4, S. 73.
123 Vgl. ebd. 11 (1935), Nr. 10, S. 220.
124 Vgl. ebd. 12 (1936), Nr. 1, S. 7.

125 Vgl. ebd. 12 (1926), Nr. 4, S. 80.
126 Ebd. 13 (1937), Nr. 5, S. 106.
127 Zu seiner Person vgl. Lippl, Ernst, 2001. Ein geringer Teil seines künstlerischen Werks befindet sich heute in Privatbesitz bzw. im Mishkan Museum of Art im Kibbuz „Ein Harod". Die biografischen Angaben bei Bonard, Muse, 1994, S. 61–65 (zu Rudolf Ernst) und S. 90 (zu dessen Frau Lotte) sind fehlerhaft. Die Identifizierung von Charlotte als einer Künstlerin aus Auschwitz ist falsch.
128 Vgl. den von Ernst 1929 verfassten Lebenslauf, abgedruckt bei Lippl, Ernst, 2001, o. S. Zu Leben und Werk: Messner, Ernst, 2 Bde., 2011; dies., Ernst, 2012. Zahlreiche biografische Hinweise finden sich in: SAM, Einbürgerungsakte Rudolf Ernst.
129 Eine Beschreibung seiner Kriegszeit findet sich in einem Brief von Rudolf Ernst an Hans Dennhöfer, o. D. [18.3.1932]; im Besitz des Verf.
130 Vgl. Eisen, Maler, 1936, S. 489–492.
131 Bayerische Israelitische Gemeindezeitung 6 (1930), Nr. 18, S. 293. Ernst war darüber hinaus u. a. bei verschiedenen Ausstellungen der Münchener Neuen Secession (1928, 129) und an der Münchner Kunstausstellung 1932 mit mehreren Bilden vertreten.
132 Im Besitz des Verf. Einige Briefe sind abgedruckt bei Messner, Ernst, Teil 1, 2011, S. 17 (sub Dokumente).
133 Kunstausstellung, 1931, S. 75, Nr. 2407–2410a.
134 deutscher künstlerverband die juryfreien, zweijahrbuch 1929/1930, 1930, o. S. Beide Gemälde sind abgedruckt bei Lippl, Ernst, 2001, o. S.
135 Inventar, ca. 1934; BayHStA, LEA 33327.
136 Abgebildet in Lippl, Ernst, 2001, o. S. Der Verbleib des Originals ist unbekannt. DMA, CD 88956.
137 Vgl. Ernst Michalski, Reichsausstellung jüdischer Künstler; Central-Verein-Zeitung 15 (1936), Nr. 18, 1. Beiblatt, 30.4.1936, o. S.
138 Vgl. Bayerische Israelitische Gemeindezeitung 9 (1933), Nr. 18, S.287, Nr. 19, S.311, Nr. 20, S.331, Nr. 21, S.351, Nr. 22, S.367.
139 Messner, Ernst, 2012, S. 45. Ein Werkverzeichnis findet sich bei Messner, Ernst, Teil 2, 2011.
140 Eine ausführliche Beschreibung dieses Zyklus bei Messner, Ernst, 2012, S. 46–54.
141 Ben-Chorin, Jugend, 1974, S. 170f.
142 Bayerische Staatsbibliothek, München, Signatur: DD.I.5706d.
143 Vgl. SAM, Einbürgerungsakt Rudolf Ernst.
144 Vgl. Beschluss der Regierung von Oberbayern, Kammer des Innern, 21.12.1932; ebd. Vgl. Messner, Ernst, Teil 1, 2011, S. 20–22.
145 Vgl. die Prozessakten; BayHStA, LEA 33327.
146 Depotnachweis der Bayerischen Hypotheken- und Wechselbank, 12.1.1932; SAM, Einbürgerungsakt Rudolf Ernst.
147 Vgl. Bayerische Israelitische Gemeindezeitung 10 (1934), Nr. 8, S. 164.
148 Zu Luiko vgl. das Gedenkalbum: Die jüdische Künstlerin Maria Luiko (1904–1941); https://sammlungonline.muenchner-stadtmuseum.de/album/gedenkalbum-die-juedische-kuenstlerin-maria-luiko-1904-1941-59.html (10.3.2024); Oesterle, Kitsch, 2009; Mundorff/Kink, Frau, 2020, S. 168-171.
149 Vgl. Oesterle, Kitsch, 2009, S. 116. Zum Münchner Marionettentheater Jüdischer Künstler vgl. ebd., S. 111–138; Bonard, Muse 1994; Smith, Kulturbund, 2014, S. 32–36.
150 Zitiert bei Bonard, Muse, 1994, S. 24.
151 Vgl. Oesterle, Kitsch, 2009, S. 119. Genannt sind: Walter Capell, Erich Erck (Künstlername von Erich Eisner), Rudolf Ernst, Ernest Frank, Paul Kuhn, Renate (Reta) Loeb, Maria Luiko, Lilly Marschütz, Rudolf Offenbacher, Bernard Renka, Walter Rieß, Nicoletta Rosenthal, Charlotte (Lotte) Schönberg-Ernst, Elisabeth Springer, Josef Waldner, Berthold Wolff sowie Sonja und Joseph Ziegler.

152 Vgl. Bonard, Muse, 1994, S. 90.
153 Bayerische Israelitische Gemeindezeitung 11 (1935), Nr. 4, S. 82. Vgl. die Ankündigung der Veranstaltung; ebd., S. 81.
154 Vgl. ebd. 12 (1936), Nr. 2, S. 38.
155 Nürnberg-Fürther Israelitisches Gemeindeblatt, Nr. 11, 1.1.1937, S. 183; zitiert bei http://www.rijo.homepage.t-online.de/pdf/DE_NU_JU_marionetten.pdf (10.3.2024). Gemeint sind Walter Rieß und Werner Capell.
156 Vgl. ebd. In der Besprechung werden die Stücke als *Wünsche* und *Die verzauberte Pastete* bezeichnet.
157 Vgl. Interview von Gabriele Mittag mit Else Schönberg, 1990 (Tonband und teilweise Transkription); IfZ, Archiv, D-ZS/A 60, Bd. 1.
158 Vgl. Ernst an Fritz Rosenthal, 24.12.1937; SAM, Jud. Var. 60. Ernst an Hans Schellinger, 31.4.1938, abgedruckt bei Messner, Ernst, Teil 1, 2011, Dokument 3.
159 Vgl. Ernst an Rosenthal, 24.1.1936; SAM, Jud. Var. 60. Vgl. Interview von Gabriele Mittag mit Else Schönberg, 1990 (Tonband und teilweise Transkription); IfZ, Archiv, D-ZS/A 60, Bd. 1.
160 Laut den Entschädigungsakten war die Familie Ernst bis 15. März 1938 in der Hiltensperger Straße gemeldet. Vgl. Aufenthaltsbescheinigung vom 28.7.1950; BayHStA, LEA 33327.
161 Vgl. Schönberg an Finanzamt München-Nord, 5.6.1939; StAM, FinA 19248.
162 Arthur an Arnold Schönberg, 21.5.1939; http://www.schoenberg.at/scans/DVD097/ 19562-6128.jpg (10.3.2024).
163 Vgl. Lippl, Ernst, 2001, o. S. Das Todesjahr von Ernst wird unterschiedlich angegeben. Nach der dem Verf. vorliegenden Todesbescheinigung ist es eindeutig das Jahr 1941.
164 Ich danke Dr. Karolina Novinšćak Kölker für die Auskunft.
165 Vgl. den fiktiven Brief „Lettre à ma mère“ von Michel Ernst-Schonberg, o. D. (Privatbesitz; Kopie im Besitz des Verf.) bzw. Annette Ernst-Schonberg an Verf., 7.5.2023 und 24.5.2023.
166 Angabe von Michel Ernst-Schonberg, „Feuille de Témoignage“, 7.1.1991; https://yvng.yadvashem.org/index.html?language=de&s_id=&s_lastName=ernst&s_firstName=Lotte&s_place=&s_dateOfBirth=&cluster=true (10.3.2024).
167 Zum Folgenden vgl. ebd.
168 Vgl. Eidesstattliche Erklärung von Else Schönberg, 20.9.1950; StAM, Wiedergutmachungsbehörde Ia, Nr. 4453.
169 Zu Wolff-Richter vgl. Heuss/Sindram, Kinderheim, 2021, hier S. 256f.
170 Vera Ferovic (1905–1964), Schwester von Rudolf Ernst.

Kapitel 3

1 Else Schönberg an Verf., 14.12.1991.
2 Vgl. Füßl, Miller, 2005.
3 Vgl. Vaupel, Chemie, 2000; dies., Weltjahrmarkt, 2003, S. 263–267.
4 Vgl. dies., Trocadéro, 2003.
5 Vgl. Miller, Weltausstellung, 1900.
6 Vgl. Füßl, Miller, 2005.
7 DMA, PT 02537/36 GF.
8 Lebenserinnerungen von Georg Zapf, hier zur Frankfurter Ausstellung, S. 2; (ehemaliges) Archiv Felten & Guilleaume, II/B/a (Kopie im Besitz des Verf.).
9 Vgl. Schönberg an Miller, 26.6.1904 (As.); DMA, NL 247/001.
10 Vgl. Miller, Versorgung 1, 1896; ders., Versorgung 2, 1903.
11 Zum Folgenden vgl. Miller, Versorgung 2, 1903.
12 Vgl. Oskar an Marie von Miller, 10.11.1902; DMA, NL 114/122.

13 Oskar an Marie von Miller, 15.11.1902 (Poststempel); ebd.
14 Oskar an Marie von Miller, 28.11.1902; ebd.
15 Oskar an Marie von Miller, 12.11.1902; ebd.
16 Ebd.
17 Miller, Versorgung 2, 1903, S. II.
18 Vgl. Breslauer, Rezension, 1903, S. 940.
19 Ebd.
20 Vgl. dazu u. a. Holtfrerich, Inflation, 1980.
21 Zum Folgenden vgl. BayHStA, MF 70489.
22 Vgl. Gutachten der Süddeutschen Treuhand-Gesellschaft, 23.11.1920; BayHStA 70489.
23 Vgl. Miller an Bayerisches Staatsministerium des Innern, 31.3.1921; ebd.
24 Vgl. die Vereinbarung vom 13.5.1921; ebd.
25 Vertrag in Firmenbesitz; Kopie beim Verf.
26 Ebd.
27 Vgl. ebd.
28 Vgl. ebd.
29 Rundschreiben in Firmenbesitz; Kopie beim Verf.
30 BayHStA, MHIG 3230.
31 Ebd.
32 Vgl. Bayerisches Wirtschaftsarchiv, K1 XXI 16, 49. Akt, Fall 21.
33 Bayerische Staatszeitung und Bayerischer Staatsanzeiger, Nr. 94, 25.4.1931, Zweites Blatt, S. 11.
34 Vgl. ebd.
35 Zum Projekt vgl. u. a.: Pohl, Bayernwerk, 1996, besonders S. 30–191; Füßl, Miller, 2005, S. 164–195.
36 Vgl. Gutachten der Süddeutschen Treuhand-Gesellschaft, 23.11.1920, Anlage I; BayHStA, MF 70489.
37 Vgl. Miller an Joseph Cassimir, 22.9.1914 (As.); DMA, NL 114/280.
38 Vgl. Füßl, Miller, 2005, S. 176.
39 Vgl. DMA, NL 114/280 bzw. BayHStA, MF 67746.
40 DMB, NB 332.
41 Auf dem Arbeitsbuch des Ingenieurbüros beruhen die Zahlen des Gutachtens der Süddeutschen Treuhand-Gesellschaft, 23.11.1920, Anlage I; BayHStA, MF 70489.
42 Vgl. Schönberg/Glunk, Landes-Elektrizitätswerke, 1926, S. 33–41.
43 Das Protokoll der Besprechung findet sich in DMA, NL 114/281. Vgl. Pohl, Bayernwerk, 1996, S. 57.
44 DMA, NL 114/284 PLAN.
45 Else Schönberg an Verf., 14.12.1991.
46 Zum Folgenden vgl. Miller, Bayernwerk, 1918.
47 Ein Beispiel für den verwendeten Fragebogen ist abgedruckt in: Schönberg/Glunk, Landes-Elektrizitätswerke, 1926, Liste 1 (nach S. 14).
48 Miller, Verwertung, 1921, S. 2.
49 DMA, BA 0303.
50 Vgl. DMA, NL 247/004 GF.
51 Vgl. Gutachten der Süddeutschen Treuhand-Gesellschaft, 23.11.1920, Anlage IV: „Bezüge des Prokuristen Arthur Schönberg für die Jahre 1910–1920“; BayHStA, MF 70489. Die Gratifikationen des Deutschen Museums sind in dieser Quelle nicht aufgeführt.
52 Ebd.
53 Vgl. Arbeitsbuch des Technischen Bureaus Oskar von Miller (teilweise Kopie im Besitz des Verf.).
54 Vgl. Pohl, Bayernwerk, 1996, S. 133.
55 Vgl. ebd., S. 173–177.
56 Zu dem Schiedsgerichtsverfahren und den Streit um Schönberg vgl. BayHStA, MHIG 3160.

57 Protokoll über die Sitzung des Finanz- und Verwaltungsausschusses der Bayernwerk AG am 29.1.1931, S. 35; ebd.
58 Vgl. ebd. (die Seiten mit dem Schiedsspruch fehlen im Akt).
59 Protokoll der Sitzung vom 29.1.1931, S. 30; ebd.
60 Vgl. Füßl, Miller, 2005, S. 219–227.
61 So war Schönberg u. a. bei der Sitzung am 20. April 1928 in München anwesend; vgl. Max-Planck-Gesellschaft (MPG), Archiv, I. Abt., Rep. 1 A, Nr. 2315.
62 Vgl. Schönberg, Thüringenwerk, 1924, S. 577.
63 Zum Folgenden vgl. ebd., S. 577–579.
64 Vgl. Schönberg/Glunk, Landes-Elektrizitätswerke, 1926, S. 48–49.
65 DMB, Elektrotechnische Zeitschrift 45 (1924), Heft 23, S. 577.
66 Vgl. ebd., S. 20–23.
67 Vgl. ebd., S. 24.
68 Vgl. ebd., S. 25.
69 Vgl. Mittelsdorf, Geschichte, 2007, S. 160f.
70 Schönberg, Thüringenwerk, 1924, S. 578.
71 Privatbesitz.
72 Schönberg/Glunk, Landes-Elektrizitätswerke, 1926.
73 DMB, Signatur: 1903 B 403/2.
74 Vgl. BayHStA, Abt. IV, Offizierspersonalakten 19853.
75 Zum Folgenden vgl. Lebenslauf Glunks vom 12.10.1901 sowie dessen Offizierspersonalakt; ebd.
76 https://depatisnet.dpma.de/DepatisNet/depatisnet?action=basis (Suche: „Ernst Glunk“) (10.3.2024).
77 Miller an Innenminister Brettreich, 29.12.1917; BayHStA, Abt. IV, Offizierspersonalakten 19853.
78 Vgl. Glunk, Verbindungsmann, 1932.
79 Miller an Innenminister Brettreich, 29.12.1917; BayHStA, Abt. IV, Offizierspersonalakten 19853.
80 Vgl. Gutachten der Süddeutschen Treuhand-Gesellschaft, 23.11.1920, Anlage I; BayHStA, MF 70489.
81 Vgl. http://digibus.ub.uni-stuttgart.de/viewer/image/1554117854977_J1903/1/ (S. 39) (10.3.2024).
82 Schönberg/Glunk, Landes-Elektrizitätswerke, 1926, S. 128–146.
83 Vgl. Miller, Versorgung, 2 Bde., 1896–1903.
84 Oskar an Marie von Miller, 28.11.1902; DMA, NL 114/122.
85 Vgl. Schönberg/Glunk, Landes-Elektrizitätswerke, 1926, S. VII.
86 Ebd., S. 4.
87 Vgl. ebd., Liste 1 (nach S. 14) und Listen 3/2–3/4, S. 21–23.
88 Vgl. Schönberg/Glunk, Landes-Elektrizitätswerke, 1926, Liste 7 (nach S. 52).
89 Vgl. ebd., S. 87.
90 Vgl. ebd. (Abschnitt V).
91 Vgl. ebd., S. 112–127 und S. 146–152.
92 Vgl. ebd., S. 156–158.
93 Vgl. ebd., S. 160–205.
94 Vgl. Schreiben des Ingenieurbüros Oskar von Miller an Oberbürgermeister von Selb, 9.7.1932; Stadtarchiv Selb, Nr. 862/2/13.
95 Vgl. Schönberg/Glunk, Landes-Elektrizitätswerke, 1926, S. 209.
96 Zum Folgenden vgl. ebd., S. 281–371.
97 Schönberg/Glunk, Landes-Elektrizitätswerke, 1926, S. 290 (Privatbesitz).
98 Vgl. ebd., S. 309–331.
99 Vgl. ebd., S. 375–380.

100 Interview von Gabriele Mittag mit Else Schönberg, 1990 (Tonband und teilweise Transkription); IfZ, Archiv, D-ZS/A 60, Bd. 1.
101 Vgl. Neue Freie Presse, 7.8.1926, Nr. 145, S. 18–19; Neues Wiener Tagblatt, Nr. 230, 21.8.1926, S. 15. Andere Besprechungen, auf die hier nicht näher eingegangen wird, sind u. a. erschienen in: Literarisches Zentralblatt für Deutschland 1926, Nr. 18, Sp. 1027; Die Bautechnik 4 (1926), Heft 40, S. 606; Zeitschrift des Vereins Deutscher Ingenieure 71 (1927), Nr. 15, S. 499; Schweizerische Bauzeitung 91/92 (1928), Heft 7, S. 93.
102 Siemens-Zeitschrift 7 (1927), Heft 4, S. 59.
103 Die Wasserwirtschaft. Zeitschrift für alle technischen, volkswirtschaftlichen und juristischen Fragen der Binnenschiffahrt und Wasserwirtschaft 1926, Nr. 18, S. 570–571, hier S. 571.
104 Wasserkraft und Wasserwirtschaft 22 (1927), Nr. 15, S. 213.
105 Elektrotechnik und Maschinenbau 44 (1926), Heft 36, S. 655–656, hier S. 656.
106 Journal of American Institute of Electrical Engineers 45 (1926), Nr. 8, S. 785.
107 Elektrotechnische Zeitschrift 48 (1927), S. 1357–1358, hier S. 1358.
108 Vgl. ebd., S. 1357.
109 Elektrotechnik und Maschinenbau 44 (1926), Heft 36, S. 655–656, hier S. 656.
110 Vgl. Schönberg/Glunk, Landes-Elektrizitätswerke, 1926, u. a. S. 86, S. 210, S. 229 und S. 281.
111 Vgl. u. a. Zängl, Strom, 1989, besonders S. 14–120; Stier, Staat, 1999; Schossig, Herausbildung, 2011.
112 Vgl. Schönberg, Küche, 1927; ders., Küche, 1928; ders., Küche, 1929.
113 Miller, Gutachten, 1930, S. 4.
114 Vgl. zum Folgenden Schönberg, Küche, 1927.
115 Vgl. „Versuche zur Einführung der Elektrowärme im Haushalt“. In: VDI-Nachrichten 7 (1927), Nr. 7, S. 1.
116 Vgl. Miller, Gutachten, 1930. Dazu ausführlich der folgenden Abschnitt Gutachten zur Reichselektrizitätsversorgung.
117 Vgl. ebd. In seinen drei Aufsätzen orientierte sich Schönberg vorwiegend an dem größeren Ort Schweinfurt mit 40 000 Einwohnern. Schwandorf war mit 10 000 Einwohnern deutlich kleiner. Die Geschichte des elektrischen Kochens in Schwandorf ist beschrieben in: Pfeifer/Pfeifer, Jahre [Teil 1], 1995, S. 108–110 bzw. [Teil 2], S. 46f.
118 Er wurde vermutlich von der Firma Johann Henrich. Spezialfabrik für Oekonom-Apparate, Freiburg i. Br. geliefert; vgl. https://digital.blb-karlsruhe.de/kochbuecher/content/thumbview/4970302 (10.3.2024).
119 Schönberg, Küche, 1927, S. 13.
120 Vgl. Schönberg, Küche, 1927, S. 14.
121 Vgl. ebd. Zur Ausstellung *Heim und Technik* vgl. Miller, Ausstellung, 1927.
122 Vgl. Katalog Heim und Technik, 1928, S. 111–113. Allgemein zum Thema „Haushaltstechnik auf Weltausstellungen“: Möllers, Electrifying, 2012.
123 Zum Folgenden vgl. Schönberg, Küche, 1928.
124 Vgl. ebd., S. 328, Anm. 1.
125 Pfeifer/Pfeifer, 150 Jahre [Teil 2], 1995, S. 46.
126 „Protokoll“ der Wochensitzung, 1.4.1935; DMA, NL 114/396, S. 1.
127 Kittler, Erfahrungen, 1931, S. 63.
128 Vgl. u. a. Meyer/Peters, Küche, 2006; Heßler, Kitchen, 2009.
129 Mengeringhausen, Kochen, 1930, S. 93.
130 Vgl. Vereinigung, Kochen, 1930.
131 Vgl. Schönberg, [Kurzbeitrag], 1930; ebd., S. 23–26.
132 Artikel „Besuch der Bayerischen Elektrizitätsdirektoren in Schwandorf“; Nabtal-Bote für Schwandorf und Umgebung, Nr. 278, 29.11.1929.
133 Vgl. Elektrowärme, 1931, S. 37–93.

134 So Mörtzsch, Belastungsverhältnisse, 1931, S. 48f und S. 52.
135 Vgl. Füßl, Miller, 2005, S. 140–164.
136 Schönberg an Stadtrat von Schwandorf, 25.12.1927; Stadtarchiv Schwandorf, E 119.
137 Vgl. Else Schönberg an Verf., 14.12.1991.
138 Zur Reichselektrizitätsversorgung vgl. Füßl, Miller, 2005, S. 195–219.
139 Vgl. Miller an Curtius, 6.9.1926; DMA, NL 114/294.
140 Vgl. ebd., S. 4.
141 Vgl. Füßl, Miller, 2005, S. 198.
142 Stier, Staat, 1999, S. 439.
143 Ebd.
144 Vgl. Miller, Gutachten, 1930, S. 5.
145 Arnold Theodor Groß an Friedrich Haßler, 28.2.1931 (As.); DMA, VA 0957/2.
146 Das Gutachten findet sich u. a. im Nachlass Millers; DMA, NL 114/088.
147 Miller, Gutachten, 1930, S. V (Vorwort von Julius Curtius).
148 Vgl. Miller, Gutachten, 1930, S. 4.
149 Ebd.
150 Vgl. ebd., S. 8.
151 Ebd., Nr. 20; DMA, NL 114/088 (Nr. 20).
152 Vgl. ebd., S. 21.
153 Vgl. ebd., S. 27.
154 Vgl. Füßl, Miller, 2005, S. 140–164.
155 Vgl. Schönberg an Stadtrat von München, 10.11.1934; HMLA, RG-27.01.41.
156 Vgl. Schönberg/Glunk, Landes-Elektrizitätswerke, 1926, u. a. S. 86, S. 210, S. 229 und S. 281.
157 Bayerisches Staatsministerium des Innern an Miller, 2.4.1923 bzw. Bayernwerk an Miller, 13.4.1923; DMA, NL 114/281.
158 Vgl. Stadtarchiv Schwandorf, E 119. Auch im Nachlass Oskar von Millers finden sich mehrere Dokumente zur Tätigkeit Schönbergs in Schwandorf. Sie betreffen fast ausschließlich die Elektrizität für den dortigen Bahnhof; vgl. DMA, NL 114/275.
159 Vgl. Pfeifer/Pfeifer, Jahre [Teil 2], 1995, S. 37–43.
160 Vgl. Stadtarchiv Schwandorf, E 119.
161 Pfeifer/Pfeifer, Jahre [Teil 2], 1995, S. 56.
162 Vgl. die Planungsunterlagen in HMLA, RG-27.01.12 und RG-27.01.15.
163 Vgl. Rudolf von Miller an Else Schönberg, 3.11.1955; HMLA, RG-27.01.33. Zum Projekt „YOUGELEXPORT“ vgl. DMA, NL 114/305.
164 HMLA, RG-27.01.15.
165 Vgl. Stadtarchiv Selb, Nr. 862/2/13, hier insbesondere den Auszug aus dem geheimen Sitzungsprotokoll des Stadtrats vom 25.6.1932.
166 Die Gutachten finden sich in DMA, NL 114/298. Als Verfasser sind Schönberg und Glunk genannt.
167 Vgl. HMLA, RG-27.01.41.
168 Vgl. Else Schönberg an Verf., 14.12.1991.
169 Vgl. Typoskript der Rede in DMA, NL 114/281. Der gedruckte offizielle Text (auch bei den beiden folgenden Zitaten) weicht etwas davon ab. Vgl. Rede Millers in: Stenographischer Bericht über die Verhandlungen der Kammer der Reichsräte, Bd. 1, Nr. 12, 12. Sitzung, 20.8.1912, S. 248–252; DMA, NL 114/083.
170 Manuskript mit dem Titel *Reichsratsreden*, 20.8.1912; MA, NL 114/281, S. 8 und S. 10.
171 Manuskript und Typoskript finden sich in DMA, NL 114/066 und NL 114/067.
172 Vgl. Vorsatzblatt zur Rede; DMA, NL 114/067.
173 Vgl. ebd., S. 12.
174 Zum Folgenden vgl. DMA, VA 0434/1.
175 Zum Folgenden vgl. Füßl, Miller, 2005, S. 324–330.

176 Miller, Kulturdenkmale, 1930, S. 2.
177 Banck sieht Werner Lindner als Urheber des Fragebogens, ohne dies anhand von Quellen zu belegen; vgl. Banck, Lindner, 2007, S. 177.
178 DMA, VA 0434/1.
179 Vgl. DMA, VA 0434/2.

Kapitel 4

1 Vgl. Füßl, Miller, 2005, S. 251.
2 Vgl. Abb. 1.
3 Vgl. DMA, VA 2399 und Füßl, Stifterbuch, 2022.
4 Zur Korrespondenz zwischen Schönberg und Weinzierl vgl. DMA, VA 0301/2 und Füßl, Schatzkammer, 2022, S. 56–59.
5 Vgl. DMA, VA 2399, S. 5.
6 Else Schönberg an Verf., 14.12.1991.
7 DMA, VA-Dru, Vorl. Nr. 0118/2, S. 11.
8 Zenneck an Stadtrat von München, 3.1.1935; DMA, VA, PA 1933.
9 Vgl. DMA, VA 0023/2.
10 Vgl. DMA, VA 0023/2, VA 0191/5 und VA 0194/5.
11 Vgl. Schönberg an Miller, 18.7.1904; DMA, VA 0023/2.
12 Vgl. Schönberg an Miller, 30.5.1908; DMA, VA 0194/5.
13 Vgl. Schönberg an Miller, 12.2.1908; ebd.
14 Ebd.
15 Vgl. die Auflistung (Beilage zu Brief an Carl von Linde) in DMA, VA 0020/3.
16 Vgl. DMA, VA 0010/1.
17 Zum Folgenden vgl. ebd.
18 Deutsches Museum: Museum von Meisterwerken der Naturwissenschaft und Technik. Satzung Allerhöchst genehmigt [...] am 28. Dezember 1903. München 1903.
19 Vgl. Zenneck an Stadtrat von München, 3.1.1935; DMA, VA, PA 1933.
20 Vgl. DMA, VA 0001/1–6.
21 DMA, VA 3969, Nr. 4, S. 2.
22 Miller an Wilhelm Hartmann, 22.12.1904; DMA, VA 0014/8.
23 Zenneck an Stadtrat von München, 3.1.1935; DMA, VA, PA 1993.
24 Handschriftliche Notiz Millers auf einem Brief von Emil Treptow an Deutsches Museum, 29.8.1903; DMA, VA 0001/3.
25 Vgl. Randnotiz Millers an Schönberg auf einem Brief von Otto Doeltz, 16.10.1903; DMA, VA 0001/4.
26 Notiz Millers auf Rundschreiben von Eduard Weiß, 12.10.1903; DMA, VA 0001/6.
27 Vgl. DMA, VA 0001/6.
28 Vgl. DMA, VA 3969, Nr. 11, S. 2.
29 Deutsches Museum: Museum von Meisterwerken der Naturwissenschaft und Technik. Verzeichnis der für die Ausgestaltung des provisorischen Museums zunächst in Aussicht genommenen Sammlungsgegenstände. München [1905], S. 5–6; DMA, VA 4014.
30 Eine Liste der Referenten findet sich in: Hashagen/Blumtritt/Trischler, Circa 1903, 2003, S. 552–553.
31 Vgl. DMA, VA 4014, S. 5–9.
32 Zu den Wunschlisten vgl. Füßl, Konstruktion, 2003.
33 Vgl. DMA, VA 3969, Nr. 30.

34 DMA, VA 4011, Nr. 22.
35 Vgl. Glocker, Drucktechnik, 2007, S. 4–7.
36 Zum Folgenden vgl. Deutsches Museum, Führer, 1907, S. 102–110.
37 Vgl. Briefwechsel zwischen Deutschem Museum und Oldenbourg; DMA, VA 1931/3. Unter Albertotypie versteht man ein Lichtdruckverfahren zur Wiedergabe von Abbildungen. Benannt wurde es nach dem Münchner Fotografen und Erfinder Joseph Albert.
38 Deutsches Museum, Führer, 1907, S. 103.
39 Vgl. ebd., S. 102–103.
40 Vgl. ebd., S. 109 bzw. S. 106. Die ursprüngliche Datierung im Museumsführer (1839) ist nicht korrekt. Zur Neudatierung der ältesten deutschen Fotografien vgl. Kemp, Licht, 2024.
41 Deutsches Museum, Führer, 1907, S. 107.
42 Zum Folgenden vgl. Kemp, Foto, 2017, S. 11f.
43 Vgl. Deutsches Museum, Führer, 1907, S. 109.
44 Vgl. Jonathan Zenneck an Bayerisches Staatsministerium für Unterricht und Kultus, 3.8.1933; DMA, VA, PA 1671.
45 Das Typoskript des Artikels findet sich in DMA, VA 0036/4.
46 Vgl. Brief Schönbergs vom 6.9.1907; DMA, VA 0036.
47 Das Typoskript Schönbergs für diese zwei Artikel ist überliefert in DMA, VA 1932/1 (sub A). Vgl. Schönberg, Reproduktionstechnik, 1908.
48 Vgl. den Briefwechsel mit Schmidt im Jahr 1906; DMA, VA 1930/2. Vgl. Kemp, Foto, 2017, S. 148.
49 Zenneck an Stadtrat von München, 3.1.1935; DMA, VA, PA 1993. Zu Zennecks Wirken im Deutschen Museum vgl. Eckert, Zenneck, 2025.
50 Vgl. Schriftverkehr des Deutschen Museums mit Rudolf Blanckertz, 1907; DMA, VA 1931/2.
51 Vgl. Miller an Johann Ossanna, 13.7.1906; DMA, VA 1397/2.
52 Vgl. Deutsches Museum, Katalog Siemens, 1906.
53 In den Museumsführern wird ebenfalls von der „Abteilung II“ gesprochen. Die Bezeichnung „Isarkaserne“, die sich auch in den Führern und in der Literatur findet, ist irreführend, da die Isarkaserne auf der Kohleninsel stand und erst 1928 abgerissen wurde.
54 Vgl. Verwaltungsbericht 1907/08, S. 9; DMA, VA-Dru, Vorl. Nr. 0121.
55 Vgl. DMA, VA 1396/1 – VA 1399/5.
56 Vgl. Schönberg an Deutsches Museum, 15.2.1927; DMA, VA 1405/4.
57 Vgl. Deutsches Museum, Führer, 1907.
58 Vgl. DMA, VA 1931/1 und VA 1931/3.
59 Vgl. Oldenbourg an Deutsches Museum, 18.11.1907; DMA, VA 1931/3.
60 Vgl. Deutsches Museum an Oldenbourg, 28.11.1907; ebd.
61 Deutsches Museum an Schönberg, 1.5.1908; DMA, VA, PA 1993.
62 Schönberg an Deutsches Museum, 23.5.1908; ebd.
63 Vgl. Schönberg an Magnus, 14.2.1907; DMA, NL 247/002 (As.).
64 Vgl. den Versteigerungskatalog: https://digi.ub.uni-heidelberg.de/diglit/baer1923_05_14/0005 (10.3.2024).
65 Zum Folgenden Schönberg an Miller, 26.6.1904; DMA, NL 247/001 (As.).
66 Ebd.
67 Vgl. Schönberg an Magnus, 14.2.1907; ebd. (As.).
68 Volkov, Rathenau, 2012, S. 78.
69 Vgl. Schönberg an Magnus, 14.2.1907; DMA, NL 247/002 (As.).
70 DMA, NL 247/002_001.
71 Vgl. Else Schönberg an Verf., 14.12.1991.
72 Vgl. dies. an Verf., 10.1.1992.
73 Studentenakte Hertel; TUM Archiv. Der Verf. dankt Dr. Katrin Bäumler, TUM Archiv, für ihre Unterstützung.

74 Zum Folgenden vgl. DMA, VA, PA 0817.
75 Miller an Dürck, 5.8.1905; ebd.
76 Vgl. Hertel an Miller, 26.11.1906; ebd.
77 Hertel an Miller, 5.10.1907; ebd.
78 Ebd.
79 Zitiert bei Füßl, Lenard, 2012, S. 38.
80 Hertel an Reichsamt des Innern, 3.12.1907; DMA, VA, PA 0817.
81 Miller an Bayerisches Staatsministerium des Innern, 15.1.1908; ebd.
82 Undeutsch an Miller, 26.12.1905 (As.); ebd.
83 Vgl. BayHStA, MA 92274.
84 Laut Polizeimeldebogen hatte Hertel im November 1907 einen Pass nach Afrika und Südamerika beantragt. In der Quelle findet sich ein amtlicher Eintrag vom 12.12.1909: „Wahrscheinlich vor 6 Wochen in Genua nach Buenos Aires abgereist"; SAM, DE-1992-PMB-H-232. Ob er wirklich ins Ausland gegangen ist, ist unklar.
85 Zu den Anklagen Heyms vgl. BayHStA, MA 92274.
86 Vgl. die Gegendarstellung Millers an Bayerisches Staatsministerium des Innern, 24.11.1908, S. 8; ebd.
87 Vgl. Staatsanwaltschaft beim Kgl. Landgericht München I an Heym, 28.1.1909, S. 2; ebd.
88 Miller an Bayerisches Staatsministerium des Innern, 24.11.1908; ebd.
89 Ebd., S. 9.
90 Ebd., S. 2.
91 Vgl. ebd., S. 12.
92 Ebd., S. 13.
93 Vgl. ebd.
94 Staatsanwaltschaft am Landgericht München I an Heym, 28.1.1909; ebd.
95 Vgl. SAM, DE-1992-PMB-H-166.
96 Deutsches Museum (Miller) an Bayerisches Staatsministerium des Innern, 6.2.1909; BayHStA, MA 92274.
97 Bayerisches Staatsministerium des Innern (Brettreich) an Vorstand des Deutschen Museums, 16.2.1909; ebd.
98 Vgl. Reichsamt des Innern an Kaiser Wilhelm II., 7.2.1910; Geheimes Staatsarchiv Preußischer Kulturbesitz (Geh.StAPrK), I. HA, Rep. 89, Nr. 20517.
99 Vgl. die Sitzungsprotokolle in DMA, VA 3969–3972 bzw. VA 3979–3980.
100 Vgl. die entsprechenden Protokolle in DMA, VA 3980.
101 Vgl. DMA, VA 3971, Nr. 6 und Nr. 7. Tagesordnungspunkt „Jahresversammlung": „Herr Schönberg fertigt den Jahresbericht 1926, sowie die Festbeschreibung mit dem Titel ‚Erinnerungen an die Entstehung des Deutschen Museums'". Vgl. Miller an Schönberg, 20.12.1918; DMA, VA, PA 1993.
102 Vgl. Miller an Carl von Linde, 24.12.1917; DMA, VA, PA 1993.
103 Abreise von München: 27.3.1912; Rückkehr nach München: 9.5.1912.
104 Vgl. DMA, VA 0360/1; Verwaltungsbericht des Deutschen Museums 1911/12, S. 22–27; DMA, VA-Dru, Vorl. Nr. 0125. Zur Amerikareise der Studienkommission vgl. Hilz, Bibliothek, 2012, S. 28–31.
105 Vgl. DMA, VA 0946/1–4.
106 Schönberg an Miller, 17.4.1912; DMA, VA 0360/1.
107 Vgl. Hilz, Bibliothek, 2017, S. 31.
108 Zum Folgenden vgl. DMA, VA 0959.
109 Vgl. Füßl, Schatzkammer, 2022, S. 15. Vgl. den Personalakt von Julius Fehl; DMA, VA, PA 0452.
110 Vgl. Miller an Schönberg, 20.12.1918; DMA, VA, PA 1993.
111 Zum Lebenslauf Fehls vgl. die Personalakten von Julius Fehl im Deutschen Museum (DMA,

VA, PA 0452) bzw. im Bayerischen Hauptstaatsarchiv (BayHStA, Abt. IV, Offizierspersonalakten 24375). Vgl. Fehl, Germans, 2002, S. 202–204.

112 Münchner Neueste Nachrichten, Nr. 573, 13.11.1918, Morgenausgabe, S. 2.

113 Vgl. Eisner, Zeit, 1919, S. 31–35.

114 Anonymer Bericht, [6.10.1933]; DMA, VA, PA 1671.

115 Ebd.

116 DMA, VA 2348, S. 110.

117 In den Münchner Adressbüchern ist Franz Xaver Weixler von 1910 bis 1935 als Gewerkschaftssekretär nachgewiesen. Zu seiner Person vgl. https://www.bioparl.de/datenbanken/biorabwr/biorabwr-db/ (10.3.2024).

118 DMA, VA, o. Nr. (Akt: Betriebsvertretung. Personal Allgemeines 1904–1925). Ich danke Dr. Matthias Röschner für diesen Hinweis. Das Schriftstück wurde nachträglich fälschlich auf das Jahr 1919 datiert. Da allerdings das gewerkschaftlich organisierte Personal schon im Dezember 1918 zum Verband der Gemeinde- und Staatsarbeiter gewechselt war, war Gewerkschaftssekretär Weixler nur bis zu diesem Zeitpunkt in die Auseinandersetzungen mit dem Museum involviert.

119 Völkischer Beobachter, 22.1.1930, Beilage.

120 Lenard an Zenneck, 2.9.1933; DMA, NL 303, K III 8.

121 Annotation Lenards zu dem in seiner Bibliothek vorhandenen Biografie von Walther von Miller: Oskar von Miller. Pionier der Energiewirtschaft. Schöpfer des Deutschen Museums. München 1932 (Typoskript von Richard Jung: Glossen aus Lenards Bibliothek); DMA, NL 009, Abgabe Jung, Nr. 4.

122 Philipp Lenard: Handschriftliche Anmerkungen auf einem Brief des Deutschen Museums vom 16.5.1924; DMA, NL 009/043. Abgedruckt in: Füßl/Hagmann, Wirklichkeit, 2012, S. 118.

123 Abgedruckt und abgebildet in: Ebd.

124 Völkischer Beobachter an Albert Koch, 3.12.1926; DMA, VA, PA 1993.

125 Zum Folgenden vgl. Koch an Völkischen Beobachter, 4.12.1926 (As.); ebd.

126 Ebd.

127 Verwaltungsbericht 1918–1921, S. 6, ähnlich S. 21; DMA, VA-Dru, Vorl. Nr. 0132.

128 Vgl. DMA, VA 3971, Nr. 6.

129 Deutsches Museum, Führer, 1925.

130 Vgl. DMA, VA 0444/1.

131 Vgl. DMA, VA 3971, Nr. 7.

132 Vgl. ebd., Nr. 12.

133 DMA, NL 114/394 GF_144 (Ausschnitt).

134 Deutsches Museum, Chronik, 1927, Vorwort, o. S.

135 Zum Folgenden vgl. Füßl, Miller, 2005, S. 357.

136 Vgl. Conzelmann an Haßler, 29.9.1931; DMA, VA 0957/2.

137 Zum Folgenden: Ludowici an Deutsches Museum, 8.9.1930; DMA, VA 0934/18,1.

138 Vgl. Ludowici, Lebensernte, 1941, S. 593–735: Kapitel „Der Parteigenosse".

139 Vgl. Ludowici, Denkfibel, ^{2}1929, u. a. S. 36, S. 58, S. 79 und S. 112.

140 Ebd., S. 170.

141 Deutsches Museum an Ludowici, 7.10.1930; DMA, VA 0934/18,1.

142 Vgl. Ludowici an Deutsches Museum, 8.10.1930; ebd.

143 Zum Verein vgl. https://www.historisches-lexikon-bayerns.de/Lexikon/Kampfbund_f%C3%BCr_deutsche_Kultur_(KfdK),_1928-1934 (10.3.2024).

144 Vgl. Füßl, Miller, 2005, S. 205f.

145 Zitiert ebd., S. 206.

146 Vgl. DMA, VA 2541.

147 Vgl. ebd.

148 DMA, VA 3971, Nr. 27.

149 Vgl. ebd.
150 DMA, NL 114/606_035.
151 Vgl. Matschoß, Russland, 1929, S. 421; zur Veranstaltung vgl. Artikel „Die ‚Woche der deutschen Technik“ in Moskau‘, in: Der Ost-Europa-Markt 9 (1929), Nr. 9, S. 129–130; Levšin, Gesellschaft, 1966.
152 DMA, NL 114/607_010.
153 Vgl. Schönberg, Elektrizitätswirtschaft, 1930.
154 Vgl. Matschoß, Russland, 1929.
155 Anonymer Bericht, [6.10.1933]; DMA, VA, PA 1671.
156 Vgl. ebd.
157 Ebd.
158 Ebd.
159 Ebd.
160 Hugo Bruckmann an Bayerisches Staatsministerium des Innern, 2.10.1935; DMA, VA, PA 2111.
161 Ebd.
162 Stark an Hitler, 11.5.1934; BA, R 43 I/823. Vgl. Füßl, Miller, 2005, S. 345.
163 Zum Haus der Deutschen Technik vgl. das gleichnamige Fotoalbum; DMA, BA–A 00006. Vgl. Rasp, Stadt, 1981, S. 100–103.
164 Schönberg an Comité für die Gründung eines Museums von Meisterwerken der Naturwissenschaft und Technik, 21.6.1903; DMA, VA 0002/3.
165 Vgl. Schönberg an Deutsches Museum, 19.11.1912; DMA, VA 0269/4.
166 DMA, VA 0886/3 („Vorschläge für die Verleihung von Auszeichnungen an Persönlichkeiten, welche sich um die Förderung des Deutschen Museums Verdienst erworben haben“, 1906).
167 Vgl. Geh.StAPrK, I. HA, Rep. 89, Nr. 20517.
168 Stand: März 2023. Ob nach den geplanten Umbaumaßnahmen im Zuge der „Zukunftsinitiative Deutsches Museum“ dieses Gemälde erneut gehängt wird, ist unklar.
169 Eine ausführliche Beschreibung des Gemäldes und seiner Entstehungsgeschichte bei Huguenin, Porträtgemälde, 2018, S. 120–125.
170 Typoskript von Georg Waltenberger, „50 Jahre Grundsteinlegung zum Deutschen Museum“, [1956]; DMA, VA 0386.
171 Zitiert bei Huguenin, Porträtgemälde, 2018, S. 124.
172 Vgl. Deutsches Museum an Schönberg, 23.12.1913; DMA, VA, PA 1993.
173 Vgl. Hauptmann, Festaktus, 1925; Klemm, Miller, 1966.
174 Urkunde vom 7.5.1925; DMA, NL 247/004 GF.
175 Urkunde des Deutschen Museums zur Verleihung, 16.7.1930; ebd.
176 Urkunde der Bayerischen Staatsregierung über die Verleihung, 7.5.1925; ebd.
177 Vgl. Artikel „Abschied von Oskar v. Miller“, in: Münchner Neueste Nachrichten, 13.4.1934, Nr. 99; SAM, BUR-599.
178 DMA, VA 0877/5 bzw. VA 0736/1. Die Liste ist abgedruckt bei Duffy, Anpassung, 2010, S. 70f.
179 DMA, VA 4044. Vgl. Füßl, Schatzkammer, 2022, S. 55.
180 Zitiert bei Duffy, Anpassung, 2010, S. 71.
181 DMA, Mitgliederkartei.
182 Vgl. Hilz, Bildungsanstalt, 2010, S. 276.
183 Ebd.
184 DMA, VA 6155, Blatt 267–272.
185 Vgl. DMA, NL 053.

Kapitel 5

1 Vgl. Unbedenklichkeitsbescheinigung des Finanzamts München-Nord vom 14.4.1936; StAM, FinA 19248.
2 Plannummer 1487. Vgl. Auszug aus dem Grundbuch Murnau, Band 2, Bl. 1554, S. 21ff; StAM, Wiedergutmachungsbehörde Ia, Nr. 4453.
3 Vgl. ebd.
4 Bezirksamt Weilheim vom 5.12.1931; StAM, Baupläne Weilheim 1931/263.
5 Bayerische Staatszeitung und Bayerischer Staatsanzeiger, Nr. 94, 25.4.1931, Zweites Blatt, S. 11.
6 Hermann Roth (Kürzel: „H.R."): 40 Jahre Technisches Büro Oskar v. Miller, in: Münchner Neueste Nachrichten, Nr. 195, 21.7.1931; SAM, BUR-599.
7 Vgl. ebd.
8 Vgl. Volland/Bauer, München, 1991, S. 140.
9 Interview von Gabriele Mittag mit Else Schönberg, 1990 (Tonband und teilweise Transkription); IfZ, Archiv, D-ZS/A 60, Bd. 1.
10 Vgl. ebd.
11 Vgl. Unbedenklichkeitsbescheinigung des Finanzamts München-Nord vom 14.4.1936; StAM, FinA 19248.
12 Vgl. Münchner Stadtchronik; https://www.muenchenwiki.de/wiki/1933 (10.3.2024).
13 Anonymer Bericht, [6.10.1933]; DMA, VA, PA 1671.
14 Vgl. Reichsgesetzblatt 1933, Teil I, S. 480; https://www.verfassungen.de/de33-45/staatsangehoerigkeit33.htm (10.3.2024).
15 Zum Folgenden vgl. SAM, EBA 1935-191.
16 Ebd.
17 Zum Folgenden vgl. Schönberg an Stadtrat von München, 10.11.1934; DMA, VA, PA 1993. Auch in: HMLA, RG-27.01.41.
18 Zenneck an Stadtrat von München, 3.1.1935; DMA, VA, PA 1993.
19 Ebd.
20 Ebd.
21 Verfügung der Regierung von Oberbayern vom 20.5.1935; ebd.
22 Vgl. Aushändigungsnachweis, 24.6.1935; SAM, EBA 1935-191.
23 Vgl. Unbedenklichkeitsbescheinigung des Finanzamts München-Nord vom 14.4.1936; StAM, FinA 19248.
24 HMLA, RG-27.01.29.
25 Vgl. Klemperer, Zeugnis, Bd. 2, 41995, S. 107f.
26 Vgl. Adler, Mensch, 1974, S. 51.
27 Vgl. ebd., S. 515.
28 Vgl. Hanke, Geschichte, 1967, S. 274.
29 Zum Folgenden vgl. Bayerisches Wirtschaftsarchiv, K1, XXI 16, 49. Akt, Fall 21.
30 Aktenvermerk des Wirtschaftsministeriums, 4.10.1937; BayHStA, MHIG 3230.
31 Aktennotiz des Staatsministeriums, 4.10.1938; ebd.
32 Schreiben des Ingenieurbüros, 13.3.1954; StAM, Wiedergutmachungsbehörde, WB I JR 8631.
33 Stadtarchiv München, Gewerbeamt Abg. 7/12a, Bund 21.
34 Vgl. Niederschrift bei der Wiedergutmachungsbehörde vom 30.4.1954; StAM, WB I JR 4652.
35 Förg, Hitler, 1993, S. 5.
36 Vgl. Heusler/Weger, Kristallnacht, 1998, S. 126.
37 Bernheimer, Kunde, 1982, S. 450.
38 Zitiert bei Heusler/Weger, Kristallnacht, 1998, S. 129.
39 Vgl. ebd.

40 Vgl. Bergmann, Emigration, 2022, S. 117.
41 HMLA, RG-27.01.07.
42 Vgl. https://geschichte.charite.de/aeik/biografie.php?ID=AEIK00213 (10.3.2024).
43 Zu Cohen vgl. Zahn, Hilfe, 2013, S. 1–6.
44 Vgl. SAM, Jud-V-107; Zahn, Hilfe, 2013.
45 Zum Folgenden vgl. Zahn, Hilfe, 2013, S. 29, S. 39f. und S. 272f.
46 Zur Thematik der „Ehrenringe" vgl. Stemmler, Ehrenring, 2011.
47 Vgl. Zahn, Hilfe, 2013, S. 272f.
48 Ich danke den Wiener Kolleginnen und Kollegen vom ASC für ihre Unterstützung und die Kopien des Briefwechsels.
49 Vgl. Bergmann, Emigration, 2022, u. a. S. 292f.
50 Vgl. Arnold Schönberg an Carrie Stern, 14.2.1941; https://archive.schoenberg.at/scans/letters/3544/3544.jpg (10.3.2024).
51 Arthur an Arnold Schönberg, 21.5.1939; http://www.schoenberg.at/scans/DVD097/ 19562-2.jpg (10.3.2024).
52 Arthur an Arnold Schönberg, 29.6.1939; http://www.schoenberg.at/scans/DVD097/ 16111-1.jpg (10.3.2024).
53 Vgl. Hanke, Geschichte, 1967, S. 281.
54 Arthur an Arnold Schönberg, 29.6.1939; http://www.schoenberg.at/scans/DVD097/ 16111-1.jpg (10.3.2024).
55 Vgl. Unbedenklichkeitsbescheinigung des Finanzamts München-Nord vom 20.2.1940; StAM, FinA 19248.
56 Arthur an Arnold Schönberg, 7.8.1939; ASC, http://ww.schoenberg.at/scans/DVD096/ 16109-2.jpg (10.3.2024).
57 Zur Hausgeschichte vgl. Ostendorf, Richard-Wagner-Straße, 2007, S. 68 und S. 110–113.
58 Vgl. Fragebogen vom 4.7.1939; StAM, FinA 19248.
59 Vgl. Reuther, Richard-Wagner-Straße, 2017, S. 80f.
60 Vgl. ebd., S. 69–137.
61 Vgl. Cahnmann, Juden, 1979, S. 411.
62 Eichberg an Arnold Schönberg, 16.7.1939; http://www.schoenberg.at/scans/ DVD053/10550-1.jpg (10.3.2024).
63 Arnold Schönberg an Eichberg, 6.7.1939; ASC, SatCollL10, rl.1, fr.421.
64 Arthur an Arnold Schönberg, 7.8.1939; http://www.schoenberg.at/scans/DVD096/ 16109-1.jpg (10.3.2024).
65 Arthur an Arnold Schönberg, 31.12.1939; http://www.schoenberg.at/scans/DVD096/ 16110.jpg (10.3.2024).
66 Vgl. https://marcuse.faculty.history.ucsb.edu/projects/currency.htm#tables (10.3.2024).
67 Arnold an Arthur Schönberg, 16.12.1940; www.schoenberg.at/scans/DVD_X/7337.jpg (10.3.2024).
68 Vgl. Eichberg an Arnold Schönberg, 26.1.1941; http://www.schoenberg.at/scans/DVD053/ 10552-1.jpg (10.3.2024).
69 Vgl. Steiner an Arnold Schönberg, 13.9.1944; http://www.schoenberg.at/scans/DVD104/ 16863-1.jpg (10.3.2024).
70 Zum Folgenden vgl. Arthur an Arnold Schönberg, 26.1.1941; http://www.schoenberg.at/ scans/DVD097/16114-1.jpg ff. (10.3.2024).
71 Vgl. Unbedenklichkeitsbescheinigung des Finanzamts München-Nord, 20.2.1940; StAM, FinA 19248.
72 Arthur an Arnold Schönberg, 14.12.1940; www.schoenberg.at/scans/DVD097/16113-2.jpg (10.3.2024).
73 Vgl. Arthur an Arnold Schönberg, 26.1.1941; http://www.schoenberg.at/scans/DVD097/ 16114-1.jpg ff. (10.3.2024).

74 Vgl. Schönberg an Schniewind, 2.10.1940; HMLA, RG-27.01.39. Affidavit Schniewinds vom 1.1.1941; HMLA, RG-27.01.01.
75 Vgl. Eichberg an Arnold Schönberg, 22.2.1941; http://www.schoenberg.at/scans/DVD053/10551-2.jpg (10.3.2024).
76 Vgl. Stern an Arnold Schönberg, 21.1.1941; http://www.schoenberg.at/scans/letter/17086/17086-1.jpg (10.3.2024).
77 Vgl. Steiner an Arnold Schönberg, 5.1.1941; http://www.schoenberg.at/scans/DVD104/16862-2.jpg (10.3.2024).
78 Arthur an Arnold Schönberg, 22.4.1941; http://www.schoenberg.at/scans/DVD097/ 16118-2.jpg ff. (10.3.2024).
79 Ebd.
80 Arthur Schönberg unterstützte Georg mit monatlich 20 Mark. Er erklärte sich auch bereit, ihm im Falle einer Emigration das Geld für die Fahrt zu einem Überseehafen zu schicken. Vgl. Georg an Arnold Schönberg, 7.6.1941; http://www.schoenberg.at/scans/letters/16212/16212-2.jpg. (10.3.2024).
81 Arthur an Arnold Schönberg, 22.4.1941; http://www.schoenberg.at/scans/DVD097/16118-2.jpg ff. (10.3.2024).
82 Vgl. Schönberg an Finanzamt München, 21.3.1941; StAM, FinA 19248.
83 Vgl. Ophir/Wiesemann, Geschichte, 1982, S. 486 bzw. S. 462. Die Zahlen variieren bei verschiedenen Autoren. Bei der Zahl „9005“ handelt es sich um „Glaubensjuden“, also Menschen, die ihrer Konfession nach dem Judentum angehörten. Hinzu kamen schätzungsweise ca. 3000 von den Nationalsozialisten als „Rassejuden“ oder als „Mischlinge“ bezeichnete Personen. Vgl. Bergmann, Emigration, 2022, S. 61 und S. 233.
84 Vgl. Reuther, Richard-Wagner-Straße, 2017, S. 120f.
85 Vgl. Zenneck an Pietzsch, 6.11.1941; DMA, VA, PA 1993.
86 Ebd.
87 Vgl. Pietzsch an Zenneck, 8.11.1941; ebd.
88 Miller an Pietzsch, 10.11.1941; ebd.
89 Pietzsch an Zenneck, 6.12.1941; ebd.
90 Vgl. Adler, Theresienstadt, ^{2}1960.
91 Adler, Mensch, 1974, S. 166.
92 Legal Aid Department an die Wiedergutmachungsbehörde Oberbayern, 1.10.1959; StAM, WB I N 402.
93 Vgl. DMA, NL 247/003.
94 Vgl. Gutachten der Süddeutschen Treuhand-Gesellschaft, 23.11.1920, Anlage IV: „Bezüge des Prokuristen Arthur Schönberg für die Jahre 1910–1920“; BayHStA, MF 70489.
95 Vgl. DMA, VA, PA 1993.
96 Vgl. Kaufkraftvergleiche historischer Geldbeträge; Deutscher Bundestag, Wissenschaftlicher Dienst, Aktenzeichen: WD 4 -3000 -96/16, www.bundestag.de\wd-4-096-16-pdf-data-1.pdf (30.12.2021).
97 Vgl. StAM, Wiedergutmachungsbehörde, WB Ia 4441.
98 Vgl. StAM, Wiedergutmachungsbehörde, WB Ia 4453.
99 Vgl. StAM, Oberfinanzdirektion München, Nr. 8062.
100 Angaben Schönbergs im Fragebogen für das Finanzamt München-Nord vom 5.6.1939; StAM, FinA 19248.
101 ASC, PH8263.
102 Reichsbürgergesetz vom 15.9.1935; https://www.1000dokumente.de/index.html?c= dokument_de&dokument=0007_nue&object=translation&l=de (10.3.2024).
103 Vgl. Kuller, Finanzverwaltung, 2008, S. 15.
104 Vgl. ebd., S. 21.

105 Vgl. Bankhaus Aufhäuser an Finanzamt München-Nord, 22.11.1935; StAM, FinA 19248.
106 Vgl. Unbedenklichkeitsbescheinigungen des Finanzamts München-Nord vom 14.4. bzw. 24.7.1936; ebd.
107 Vgl. Kuller, Finanzverwaltung, 2008, S. 16.
108 Kuller, Bürokratie, 2013, S. 161.
109 Schönberg an Finanzamt München-Nord, 5.6.1939; StAM, FinA 19248.
110 Vgl. SAM, Jüdische Vermögen 234.
111 Vgl. Zuber, Amt, 2023, S. 476–479.
112 Vgl. die Kaufverträge vom 6.12.1938 bzw. vom 4.10.1939; SAM, Jüdische Vermögen 234.
113 Vgl. Hanke, Geschichte, 1967, S. 240f.
114 Vgl. StAM, Wiedergutmachungsbehörde, WB I N 402.
115 Zum Folgenden siehe den Fragebogen Schönbergs, 4.7.1939; StAM, FinA 19248.
116 Vgl. die Aufstellung im Entschädigungsakt in BayHStA, LEA 33327.
117 Vgl. den Fragebogen Schönbergs, 4.7.1939; StAM, FinA 19248.
118 Vgl. BayHStA, MK 50947; vgl. DMA, VA 0464/3.
119 Zu Bloch vgl. Strauß, Odeonsplatz, 2017, S. 58–62.
120 Adler hat die entsprechende Urkunde für Gerty Spies, die 1942 ebenfalls von München nach Theresienstadt deportiert worden war, abgedruckt. Vgl. Adler, Wahrheit, 1958, S. 62f.
121 Vgl. StAM, FinA 19248.
122 Arthur Schönberg an Martin Bach, 15.2.1942 (Kopie); HMLA, RG-27.01.37.
123 Ebd.
124 Vgl. Behrend-Rosenfeld, Ich, 1988, S. 131f.
125 Vgl. Kontoauszüge der Überweisungen von Arthur Schönberg beim Bankhaus Seiler & Co.; StAM, Oberfinanzdirektion München 8062.
126 Behrend-Rosenfeld, Ich, 1988, S. 132.
127 Vgl. Arolsen, DE ITS 2.1.1.1 BY 101 JÜD 11 ZM_Arbeitsamt.
128 Vgl. https://www.statistik-des-holocaust.de/II2-3.jpg und https://www.statistik-des- holocaust.de/II2-1.jpg (10.3.2024).
129 Abgedruckt bei Gottwald/Schulle, Judendeportationen, 2005, S. 268–275.
130 Text bei Adler, Wahrheit, 1958, S. 15.
131 Vgl. Strnad, Zwischenstation, 2011, S. 69 und S. 124 Anm. 91; Baumann/Heusler, Kinder, 2013, S. 89–91.
132 Vgl. Spanier, Schwestern- und Krankenheim, 1982, S. 128.
133 HMLA, RG-27.01.37.
134 Behrend-Rosenfeld, Ich, 1988, S. 169.
135 StAM, Oberfinanzdirektion München 8062.
136 Friedländer, Versuche, 2008, S. 178.
137 Zum 1. Juli 1942 wurden die alten Kasernen- und zivilen Straßenamen abgeschafft und die Kasernen von Ost nach West mit Buchstaben (A, B, C, D etc.) und von Süd nach Nord mit römischen Ziffern (I, II, II, IV etc.) bezeichnet. So trug der zentrale Kasernenbereich in der Mitte von Theresienstadt die Bezeichnung „E“, wobei sich E I im Süden und E VII im Norden der Stadt befand.
138 Spies, Jahre, 1984, S. 35.
139 Vgl. Feder, Tragödie, 2004, S. 41.
140 Vgl. Benz, Theresienstadt, 2013, S. 65; Adler, Theresienstadt, [2]1960, S. 330.
141 Vgl. https://gedenkbuch.muenchen.de/index.php?id–gedenkbuch_link&gid–1597 bzw. https://gedenkbuch.muenchen.de/index.php?id–gedenkbuch_link&gid–1596 (10.3.2024). Vgl. das Ehepaar Hermann Herz Sekler und Emilie Sekler, die ebenfalls in „E VII“ einquartiert waren; https://www.stolpersteine-berlin.de/en/biografie/8300 (10.3.2024).

142 Makarova/Makarov, University, ²2004, S. 16–17.
143 Vgl. Todesfallanzeige für Schönberg vom 20.2.1943; https://www.holocaust.cz/de/datenbank-der-digitalisierten-dokumenten/dokument/95223-sch-nberg-arthur-todesfallanzeige-ghetto-theresienstadt/ (10.3.2024). In einem Brief von Karl Freiherr von Hirsch an Martin Bach vom 5.2.1943 lautet die Adresse „E VII/14".
144 Vgl. http://www.ghetto-theresienstadt.de/pages/k/kasernekavalier.htm (10.3.2024).
145 Adler, Wahrheit, 1958, S. 115.
146 Brenner, Jahre, 2015, S. 72. Das Gedenkbuch zählt 188 Überlebende; vgl. https://gedenkbuch.muenchen.de/index.php?id=theresienstadt ((10.3.2024).
147 Vgl. Adler, Theresienstadt, ²1960, S. 42.
148 Vgl. Feder, Tragödie, 2004, S. 41. Adler, Theresienstadt, ²1960, S. 694 spricht von einem Höchststand von 58 491 Gefangenen am 18.9.1942.
149 Vgl. Adler, Theresienstadt, ²1960, S. 325.
150 Vgl. ebd., S. 574.
151 Vgl. Liste der Prominenten; https://de.wikipedia.org/wiki/Theresienstadt-Konvolut (10.3.2024).
152 Vgl. Adler, Theresienstadt, ²1960, S. 311.
153 Vgl. Förg, Hitler, 1993, S. 26.
154 Vgl. Manes, Als ob's, 2005, S. 143.
155 Karl Freiherr von Hirsch an Martin Bach, 5.2.1943; HMLA, RG-27.01.36.
156 Vgl. Benz, Theresienstadt, 2013, S. 65.
157 Vgl. Karl Freiherr von Hirsch an Martin Bach, 5.2.1943; HMLA, RG-27.01.36.
158 Vgl. Manes, Als ob's, 2005, S. 89–102.
159 Vgl. Makarova/Makarov, University, ²2004, S. 57. Die Vorlage für dieses Blatt liegt im Archiv von Yad Vashem, Jerusalem.
160 Der angesprochene Brief konnte im Verwaltungsarchiv des Deutschen Museums nicht aufgefunden werden.
161 Vgl. Karl Freiherr von Hirsch an Martin Bach, 5.2.1943; HMLA, RG-27.01.36.
162 Abgebildet ebd.
163 Vgl. Adler, Wahrheit, 1958, S. 232f.
164 Zum Folgenden vgl. Karl Freiherr von Hirsch an Martin Bach, 5.2.1943; HMLA, RG-27.01.36.
165 Vgl. Else Schönberg an Verf., 12.1.1992. In den Akten der Wiedergutmachungsbehörde gibt es zwei unterschiedliche, aber falsche Daten, nämlich 29.12. bzw. 28.12.1942; StAM, Wiedergutmachungsbehörde, WB I N 429 bzw. WB Ia 4441. Eric Randol Schoenberg gibt als Sterbedatum ebenfalls fälschlich den 28.12.1942 an; https://www.geni.com/people/Eveline-Sch%C3%B6nberg- Bach/6000000002765603676 (10.3.2024).
166 Karl Freiherr von Hirsch an Martin Bach, 5.2.1943; HMLA, RG-27.01.36.
167 Ebd.
168 Vgl. ebd.
169 https://www.holocaust.cz/de/datenbank-der-digitalisierten-dokumenten/dokument/95223-sch-nberg-arthur-todesfallanzeige-ghetto-theresienstadt/ (10.3.2024).
170 Vgl. Adler, Theresienstadt, ²1960, S. 528.
171 Ebd.
172 Vgl. ebd., S. 531.
173 Feder, Tragödie, 2004, S. 185.
174 Vgl. Adler, Wahrheit, 1958, S. 130.
175 Vgl. Feder, Tragödie, 2004, S. 186.
176 Else Schönberg an Verf., 12.1.1992. Die originale Schreibweise wurde beibehalten; sie lebte bis zu ihrem Tod in Frankreich.
177 Vgl. § 2,1 der Verordnung: https://alex.onb.ac.at/cgi-content/alex?apm=0&aid=dra&datum=19430004&seite=00000372&zoom=2 (10.3.2024); vgl. Selig, Arisierung, 2008, S. 81.

178 Vgl. Else an Arnold Schönberg, 26.11.1945; http://www.schoenberg.at/scans/DVD099/16128.jpg (10.3.2024).
179 Vgl. Aktennotiz, o. D. [ca. August 1946]; DMA, VA, PA 1993.
180 Národní archiv, Praha, Matriky židovských náboženských obcí v českých krajích, Ohledací listy – ghetto Terezín, svazek 80; https://www.holocaust.cz/de/datenbank-der-digitalisierten-dokumenten/dokument/95223-sch-nberg-arthur-todesfallanzeige-ghetto-theresienstadt/ (10.3.2024).

Kapitel 6

1 Soweit aus den Quellen ersichtlich ist, arbeitete Schönberg noch traditionell mit schriftlichen Umfragebögen und manuellen Auswertungen. Die in den 1920er Jahren einsetzende maschinelle Datenverarbeitung durch Lochkarten scheint zu dieser Zeit noch nicht Eingang in die Ingenieurbüro Oskar von Miller GmbH gefunden zu haben.
2 Oskar an Marie von Miller, 12.11.1902; DMA, NL 114/122.
3 Vgl. Else Schönberg an Verf., 14.12.1991.
4 Schreiben des Stadtrats von Nördlingen vom 3.12.1932 bzw. des Stadtrats von Selb vom 1.7.1932; SA Selb, Nr. 862/2/13. Dsgl. zum Gutachten für Passau, Stadtarchiv Passau, Sign. VI D13h, Nr. 37 (Faszikel V).
5 DMA, NL 114/394 GF_140.
6 DMA, R 4105/16.
7 ASC, PH8253_11054 recto.
8 Privatbesitz.
9 „Lettre à ma mère“ von Michel Ernst-Schonberg, o. D. (Privatbesitz; Kopie im Besitz des Verf.).
10 ASC, PH8256.
11 Förg, Hitler, 1993, S. 5.

Literaturverzeichnis

[Anonym erschienene Titel werden zu Beginn des Literaturverzeichnisses angeführt. Mehrere Publikationen einer Autorin, eines Autors oder einer Institution sind chronologisch angeordnet.]

– Adolph Lehmann's Allgemeiner Wohnungs-Anzeiger nebst Handels- und Gewerbe-Adreßbuch für die k. k. Reichshaupt- und Residenzstadt Wien und Umgebung. Wien 1864–1922.

– Bericht der Königlich Technischen Hochschule in Stuttgart für das Studienjahr 1903/1904. Stuttgart 1903, http://digibus.ub.uni-stuttgart.de/viewer/image/1554117854977_J1903/1/ (10.3.2024).

– Central-Verein-Zeitung. Blätter für Deutschtum und Judentum. Organ des Central-Vereins deutscher Staatsbürger jüdischen Glaubens 1 (1922) – 9 (1930).

– Elektrowärme in Industrie, Haushalt und Gewerbe. Fachtagung der Vereinigung der Elektrizitätswerke E.V. anläßlich ihrer Hauptversammlung Berlin 1930. Berlin 1931.

– Jahresbericht der Kunstgewerbeschule München 1918/19 und 1919/20. München 1920.

– Jahresbericht der Städtischen Höheren Töchterschule a. d. Luisenstrasse in München für das Schuljahr 1911/12 [ab Schuljahr 1912/13 unter dem Titel: „Jahresbericht der Städtischen Höheren Mädchenschule a. d. Luisenstrasse mit Gymnasialabteilung in München]. München 1912–1920.

– Amtlicher Katalog. Heim und Technik. Ausstellung München 1928. München 1928.

– Münchener Kunstausstellung 1931 im Glaspalast. Amtlicher Katalog. München 1931.

– Personalverzeichnis der Königlichen Technischen Hochschule Stuttgart, [Wintersemester 1898/99 bis Sommersemester 1904]. Stuttgart 1898–1904.

– Programm der k. k. Technischen Hochschule in Wien für das Studienjahr 1892–1893, 1. Heft. Wien. 1892.

– Programm der k. k. Technischen Hochschule in Wien für das Studienjahr 1894–1895, 1. Heft. Wien 1894.

– Verzeichnis der Vorlesungen und Übungen an der k. k. Technischen Hochschule in Wien für das Studienjahr 1893–1894. Wien 1893.

Adler, Hans Günther: Die verheimlichte Wahrheit. Theresienstädter Dokumente. Tübingen 1958.

–: Theresienstadt 1941–1945. Das Antlitz einer Zwangsgemeinschaft. Geschichte – Soziologie – Psychologie. Tübingen ²1960.

–: Der verwaltete Mensch. Studien zur Deportation der Juden aus Deutschland. Tübingen 1974.

Angermair, Elisabeth: Münchner Jüdinnen – ihr soziales und politisches Engagement vor 1920. In: Festschrift 200 Jahre Israelitische Kultusgemeinde München und Oberbayern. München 2015, S. 78–85.

Anthes, Max: Elektrisches Kochen und Heizen. Leipzig 1922.

Bach, Maximilian: Geschichte der Wiener Revolution im Jahre 1848. Volksthümlich dargestellt. Wien 1898.

Bajohr, Frank: „Unser Hotel ist judenfrei". Alltagsantisemitismus in Bade- und Kurorten im 19. und 20. Jahrhundert. Trier 2007.

Banck, Barbara: Werner Lindner. Industriemoderne und regionale Identität. Diss. Universität Dortmund. Dortmund 2007.

Barkai, Avraham: „Wehr Dich!". Der Centralverein deutscher Staatsbürger jüdischen Glaubens (C.V.) 1893–1938. München 2002.

Baumann, Angelika; Heusler, Andreas (Hrsg.): Kinder für den „Führer". Der Lebensborn in München. München 2013.

Behrend-Rosenfeld, Else R.: Ich stand nicht allein. Leben einer Jüdin in Deutschland 1933 bis 1944. München 1988.

Ben-Chorin, Schalom: Jugend an der Isar. München 1974.

Benecke, Otto (Hrsg.): Die Prüfungen an den Technischen Hochschulen in Preußen. Amtliche Bestimmungen. Berlin 1926.

Benz, Wolfgang: Theresienstadt. Eine Geschichte von Täuschung und Vernichtung. München 2013.

Bergmann, Katharina: Jüdische Emigration aus München. Entscheidungsfindung und Auswanderungswege (1933–1941). Berlin, Boston 2022.

Bernheimer, Otto: Kunde Göring. In: Lamm, Hans (Hrsg.): Vergangene Tage. Jüdische Kultur in München. München, Wien 1982, S. 449–451.

Bernstein, Elsa: Das Leben als Drama. Erinnerungen an Theresienstadt. Hrsg. von Rita Bake und Birgit Kiupel. Hamburg 1999.

Bonard, Waldemar: Die gefesselte Muse. Das Marionettentheater im Jüdischen Kulturbund 1935–1937. München 1994.

Brenner, Michael: 200 Jahre Israelitische Kultusgemeinde München. In: Festschrift 200 Jahre Israelitische Kultusgemeinde München und Oberbayern. München 2015, S. 64–77.

–: Der lange Schatten der Revolution. Juden und Antisemiten in Hitlers München 1918–1923. Berlin 2019.

–: Nathan, der Geächtete. Als Nazis versuchten, eine Lessing-Verfilmung zu canceln: Vor dem Hitlerputsch 1923 zeigten die Rechten ihre Macht in einem Kulturkampf. In: Süddeutsche Zeitung, Nr. 33, 9.2.2023, S. 10.

Breslauer, Max: Rezension von „Die Versorgung der Städte mit Elektricität. Von Oscar von Miller. Zweites Heft. Stuttgart 1903." In: Elektrotechnische Zeitschrift 24 (1903), Heft 46, S. 940.

Cahnmann, Werner J.: Die Juden in München 1918–1943. In: Zeitschrift für bayerische Landesgeschichte 42 (1979), S. 403–461.

Denz, Rebekka: Bürgerlich, jüdisch, weiblich. Frauen im Centralverein deutscher Staatsbürger jüdischen Glaubens (1918–1938). Berlin 2021.

deutscher künstlerverband die juryfreien – münchen: Ausstellung Rudolf Ernst. Bilder – Zeichnungen – Plastische Versuche. 7. April bis 5. Mai 1932. München 1932.

–: zweijahrbuch 1929/1930. München [1929].

Deutsches Museum:

– –: Museum von Meisterwerken der Naturwissenschaft und Technik. Satzung Allerhöchst genehmigt [...] am 28. Dezember 1903. München 1903.

– –: Deutsches Museum von Meisterwerken der Naturwissenschaft und Technik: Mitglieder-Verzeichnis nach dem Stande vom 1. Juni 1904. [München 1904].

– –: Museum von Meisterwerken der Naturwissenschaft und Technik. Verzeichnis der für die Ausgestaltung des provisorischen Museums [...] zunächst in Aussicht genommenen Sammlungsgegenstände. München [1905].

– –: Katalog der seitens der Firmen Siemens & Halske A.-G., Berlin und Siemens-Schuckertwerke G.m.b.H., Berlin dem „Deutschen Museum von Meisterwerken der Naturwissenschaft und Technik" zu München gestifteten Gegenstände, darstellend die für die Entwicklung der Elektrotechnik wichtigen Erzeugnisse ihrer Werke. Berlin 1906.

– –: Deutsches Museum von Meisterwerken der Naturwissenschaft und Technik: Führer durch die Sammlungen der Abteilung I: München, Maximiliansstraße 26. München 1907.

– –: Deutsches Museum. Mitglieder des Vorstandsrates u. des Ausschusses nach dem Stand vom 1. November 1907. [München 1907].

– –: Denkschrift über den Bibliotheksbau des Deutschen Museums. München [1917].

– –: Deutsches Museum von Meisterwerken der Naturwissenschaft und Technik. Amtlicher Führer durch die Sammlungen. München 1925.

– –: Chronik des Deutschen Museums von Meisterwerken der Naturwissenschaft und Technik. Gründung, Grundsteinlegung und Eröffnung 1903–1925. München 1927.

Duffy, Eve: Jenseits von Anpassung und Autonomie. Zur institutionellen Entwicklung des Deutschen Museums zwischen 1933 und 1945. In: Vaupel, Elisabeth; Wolff, Stefan L. (Hrsg.): Das Deutsche Museum in der Zeit des Nationalsozialismus. Eine Bestandsaufnahme. München 2010, S. 45–77.

Eckert, Michael: Jonathan Zenneck. Eine Biografie (in Vorbereitung für 2025).

Eisen, Richard: Der Maler Rudolf Ernst – München. In: Bayerische Israelitische Gemeindezeitung 12 (1936), Nr. 22, 15.11.1936, S. 489–492.

Eisner, Kurt: Die neue Zeit. München 1919, https://www.bavarikon.de/object/bav:BSB-MDZ-00000BSB00013240?lang=de (10.3.2024).

Engelbrecht, Helmut: Geschichte des österreichischen Bildungswesens. Erziehung und Unterricht auf dem Boden Österreichs. Bd. 4: Von 1848 bis zum Ende der Monarchie. Wien 1986.

Feder, Richard: Jüdische Tragödie – letzter Akt. Theresienstadt 1941–1945. Bericht eines Rabbiners. Aus dem Tschechischen übersetzt von Gustav Just, hrsg. von Michael Philipp. Potsdam 2004.

Fehl, Gerhard; Fehl, Renate (Hrsg.): The Germans to the Front? Mit einer Batterie schwerer Haubitzen im „Boxerkrieg". Ein Tagebuch der Deutschen Expedition nach China 1900–1901. Hamburg 2002.

Förg, Gabriele: „Ich habe Hitler viel ernster genommen als andere ...“. Else Schönberg, Jahrgang 1901, Jüdin, München – Paris. Erinnerungen, Texte und Dokumente zu Emigration und Exil. Manuskript zur Sendung des Bayerischen Rundfunks am 15. Januar 1993.

Friedländer, Margot: „Versuche, dein Leben zu machen“. Als Jüdin versteckt in Berlin. Berlin 2008.

Fuchs, Margot: Wie die Väter so die Töchter. Frauenstudium an der Technischen Hochschule München 1899–1970. München 1994.

Füßl, Wilhelm: Konstruktion technischer Kultur: Sammlungspolitik des Deutschen Museums in den Aufbaujahren 1903–1909. In: Hashagen, Ulf; Blumtritt, Oskar; Trischler, Helmuth (Hrsg.): Circa 1903. Artefakte in der Gründungszeit des Deutschen Museums. München 2003, S. 32–53.

–: Oskar von Miller 1855–1934. Eine Biographie. München 2005.

–: Philipp Lenard und das Deutsche Museum. In: Ders.; Hagmann, Johannes-Geert (Hrsg.): Konstruierte Wirklichkeit. Philipp Lenard (1862–1947). Biografie – Physik – Ideologie. München 2012, S. 34–43.

–; Johannes-Geert Hagmann (Hrsg.): Konstruierte Wirklichkeit. Philipp Lenard (1862-1947). Biografie – Physik – Ideologie. München 2012.

–: Schatzkammer für Technik und Wissenschaft. Das Archiv des Deutschen Museums. München 2022.

–: Das Stifterbuch des Bettelmönchs. In: Kultur & Technik 46 (2022), Heft 3, S. 39–41.

Glocker, Winfrid: Drucktechnik. Ein Begleitbuch zur Ausstellung im Deutschen Museum. München 2007.

Glunk, Ernst: Verbindungsmann zur Artillerie. In: Solleder, Fridolin (Hrsg.): Vier Jahre Westfront. Geschichte des Regiments List R.I.R. 16. München 1932, S. 57–59.

Gottwald, Alfred; Schulle, Diana: Die „Judendeportationen“ aus dem Deutschen Reich von 1941–1945. Eine kommentierte Chronologie. Wiesbaden 2005.

Grundmann, Regina; Hartmann, Bernd J.; Siemens, Daniel (Hrsg.): „Was soll aus uns werden?“. Zur Geschichte des Centralvereins deutscher Staatsbürger jüdischen Glaubens im nationalsozialistischen Deutschland. Berlin 2020.

Häntzschel, Hiltrud: Der Exodus von Wissenschaftlerinnen. „Jüdische“ Studentinnen an der Münchner Universität und was aus ihnen wurde. In: Exil 12 (1992), S. 43–52.

–: Frauen jüdischer Herkunft an bayerischen Universitäten. Zum Zusammenhang von Religion, Geschlecht und „Rasse“. In: Dies.; Bußmann, Hadumod (Hrsg.): Bedrohlich gescheit. Ein Jahrhundert Frauen und Wissenschaft in Bayern. München 1997, S. 105–136.

Hanke, Peter: Zur Geschichte der Juden in München zwischen 1933 und 1945. München 1967.

Harburger, Theodor: Ein Gang durch Münchens jüdische Friedhöfe, in: Bayerische Israelitische Gemeindezeitung 8 (1932), Nr. 9, 1.5.1932, S. 129–132.

Harrecker, Stefanie: Degradierte Doktoren. Die Aberkennung der Doktorwürde an der Ludwig-Maximilians-Universität München während der Zeit des Nationalsozialismus. München 2007.

Hashagen, Ulf; Blumtritt, Oskar; Trischler, Helmut (Hrsg.): Circa 1903. Artefakte in der Gründungszeit des Deutschen Museums. München 2003.

Hauptmann, Gerhart: Festaktus zur Eröffnung des Deutschen Museums. München 1925.

Hazan, Katy; Weill, Georges: Andrée Salomon, une femme de lumière. Textes établis et annotés d'après ses mémoires. Paris 2011.

Hepp, Michael (Hrsg.): Die Ausbürgerung deutscher Staatsbürger 1933–45 nach den im Reichsanzeiger veröffentlichten Listen, 3 Bde. München u. a. 1985.

Heßler, Martina: The Frankfurt Kitchen. The Model of Modernity and the „Madness" of Traditional Users, 1925 to 1933. In: Oldenziel, Ruth; Zachmann, Karin (Hrsg.): Cold War Kitchen. Americanization, Technology, and European Users. Cambridge, London 2009, S. 163–184.

Heusler, Andreas; Weger, Tobias: „Kristallnacht". Gewalt gegen die Münchner Juden im November 1938. München 1998.

Heuss, Ludwig T.; Sindram, Miriam (Hrsg.): Mit dem Kinderheim auf der Flucht. Annemarie Wolff-Richter (1900–1945), Heilpädagogin im Widerstand gegen den Nationalsozialismus. Biografie. Berlin 2021.

Hilz, Helmut: „Eine Bildungsanstalt für alle Stände unseres Volkes". Die Bibliothek des Deutschen Museums in der Zeit des Nationalsozialismus. In: Vaupel, Elisabeth; Wolff, Stefan L. (Hrsg.): Das Deutsche Museum in der Zeit des Nationalsozialismus. Eine Bestandsaufnahme. München 2010, S. 244–286.

–: Die Bibliothek des Deutschen Museums. Geschichte – Sammlung – Bücherschätze. München 2017.

Holtfrerich, Carl-Ludwig: Die deutsche Inflation 1914–1923. Ursachen und Folgen in internationaler Perspektive. Berlin, New York 1980.

Huguenin, Fabienne: Porträtgemälde zwischen Wissenschaft und Technik. Die Sammlung des Deutschen Museums. München 2018.

Kaplan, Marion M.: Die jüdische Frauenbewegung in Deutschland. Organisation und Ziele des Jüdischen Frauenbundes 1904–1938. Hamburg 1981.

–: Jüdisches Bürgertum. Frau, Familie und Identität im Kaiserreich. Hamburg 1997.

Kastner, Wolfram P. (Hrsg.): Auf einmal da waren sie weg ... Die Maxvorstadt und ihre jüdischen Bewohner. München 2017.

Kemp, Cornelia: Foto und Film. Die Technik der Bilder. Mit Beiträgen von Dorothea Peters und Steffen Siegel. München 2017.

–: Licht – Bild – Experiment. Franz von Kobell, Carl August von Steinheil und die Erfindung der Fotografie in Deutschland. Göttingen 2024.

Kinnebrock, Susanne: Anita Augspurg (1857–1943). Feministin und Pazifistin zwischen Journalismus und Politik. Eine kommunikationshistorische Biographie. Herbolzheim 2005.

Kittler, Ludwig: Erfahrungen mit elektrischen Haushaltsküchen in einem süddeutschen Überlandwerk. In: Elektrowärme in Industrie, Haushalt und Gewerbe. Fachtagung der Vereinigung der Elektrizitätswerke E. V. anläßlich ihrer Hauptversammlung Berlin 1930. Berlin 1931, S. 62–67.

Klemm, Friedrich: Oskar von Miller und Gerhart Hauptmann. Eine Dokumentation. In: Abhandlungen und Berichte 34 (1966), Heft 1, S. 36–46.

Klemperer, Victor: Ich will Zeugnis ablegen bis zum letzten. Tagebücher 1942–1945. 2 Bde. Herausgegeben von Walter Nowojski unter Mitarbeit von Hadwig Klemperer. Berlin [4]1995.

Kocka, Jürgen: Die Angestellten in der deutschen Geschichte 1850–1980. Vom Privatbeamten zum angestellten Arbeitnehmer. Göttingen 1981.

Kotlan-Werner, Henriette: Kunst und Volk. David Josef Bach 1874–1947. Wien 1977.

Kries, Mateo; u. a.: Rudolf Steiner – Die Alchemie des Alltags (Ausstellungskatalog). Weil am Rhein 2010.

Kuller, Christiane: Finanzverwaltung und Judenverfolgung. Die Entziehung jüdischen Vermögens in Bayern während der NS-Zeit. München 2008.

–: Bürokratie und Verbrechen. Antisemitische Finanzpolitik und Verwaltungspraxis im nationalsozialistischen Deutschland. München 2013.

Lamm, Hans (Hrsg.): Von Juden in München. Ein Gedenkbuch. München 1958.

–: Vergangene Tage. Jüdische Kultur in München. München, Wien 1982.

Levšin, Boris Venediktovič: Die sowjetisch-deutsche Gesellschaft „Kultur und Technik" in den Jahren 1923 bis 1933. In: Sanke, Heinz (Hrsg.): Deutschland, Sowjetunion. Aus fünf Jahrzehnten kultureller Zusammenarbeit. Berlin 1966, S. 138–144.

Lippl, Louis Robert: Rudolf Ernst. Ein Münchner Maler 1896–1942. Raisting 2001.

Ludowici, August: Denkfibel. Der Gegensatz als Richtmass. München [2]1929.

–: Eine Lebensernte aus bewegter Zeit. 1866–1940. München 1941.

Makarova, Elena; Makarov, Sergei; Kuperman, Victor: University over the Abyss. The Story behind 489 Lecturers and 2309 Lectures in KZ Theresienstadt 1942–1944. Jerusalem 2000.

–: University over the Abyss. The Story behind 520 Lecturers and 2443 Lectures in KZ Theresienstadt 1942–1944. Jerusalem [2]2004.

Manes, Philipp: Als ob's ein Leben wär. Tatsachenbericht Theresienstadt 1942–1944. Hrsg. von Ben Barkow und Klaus Leist. Berlin 2005.

Matschoß, Conrad (Bearb.): Das Deutsche Museum. Geschichte – Aufgaben – Ziele. Berlin, München 1925.

–: Russland. Deutsche Technische Woche in Moskau. In: VDI-Nachrichten 9 (1929), Nr. 6, S. 1–2.

Mengeringhausen, Max: Elektrisches Kochen und Kraftwerksbelastung. In: Elektrotechnische Zeitschrift 51 (1930), S. 93.

Messner, Anna: Rudolf Ernst. Leben und Werk eines jüdischen Münchner Künstlers (Magisterarbeit), 2 Teile. München 2011.

–: Rudolf Ernst (1896–1942). Maler, Graphiker, Kunsthandwerker. In: Münchner Beiträge zur jüdischen Geschichte und Kultur 6 (2012), Heft 2, S. 43–54.

Meyer, Martin; Peters, Ursula: Die Frankfurter Küche aus der Römerstadt-Siedlung. In: Anzeiger des Germanischen Nationalmuseums 2006. Nürnberg 2006, S. 189–214.

Miller, Oskar: Die Versorgung der Städte mit Elektricität. 2 Bde. Stuttgart 1896 bzw. 1903.

–: Von der Pariser Weltausstellung. Die Elektrotechnik. In: Frankfurter Zeitung, Nr. 234, 25.8.1900; Nr. 242, 2.9.1900; Nr. 270, 30.9.1900; Nr. 277, 7.10.1900.

–: Vorschläge des Herrn Oskar von Miller in München über den Ausbau und die Verwertung der Walchenseekraft (Oktober 1915). München 1915.

–: Bayernwerk zur einheitlichen Versorgung des rechtsrheinischen Bayern mit Elektrizität. München 1918.

–: Die Verwertung der Wasserkraft-Elektrizität in Bayern unter Berücksichtigung des Bayernwerks. Vortrag gehalten am 12. Juli 1921 im Wasserwirtschaftlichen Ausschuß des Reichswirtschaftsrats. In: Wasser und Gas 22 (1921), S. 221–232 (auch als Sonderdruck im Nachlass Millers: DMA, NL 114_281).

–: Die Ausstellung „Heim und Technik München 1928“. In: VDI-Nachrichten 7 (1927), Nr. 32, S. 9.

–: Gutachten über die Reichselektrizitätsversorgung. Mit 12 Listen im Text, 30 Listen im Anhang und 23 farbigen Plänen. Berlin 1930.

–: Technische Kulturdenkmäler. In: Bayerische Industrie- und Handelszeitung 60 (1930), Heft 18, S. 2.

Mittag, Gabriele (Hrsg.): Frauen von Gurs. Stationen des Überlebens. In: Dies. (Hrsg.): Gurs. Deutsche Emigrantinnen im französischen Exil. Mit einem Vorwort von Gisèle Freund. Mit Fotografien von Birgit Kleber. Berlin 1991, S. 43–51.

–: Gurs. Deutsche Emigrantinnen im französischen Exil. Mit einem Vorwort von Gisèle Freund. Mit Fotografien von Birgit Kleber. Berlin 1991.

–: „Es gibt Verdammte nur in Gurs“. Literatur, Kultur und Alltag in einem südfranzösischen Internierungslager 1940–1942. Diss. Tübingen 1996.

Mittelsdorf, Harald: Die Geschichte der Saale-Talsperren (1890–1945). Jena 2007.

Möllers, Nina: Electrifying the World. Representations of Energy and Modern Life at World's Fairs, 1893–1982. In: Dies.; Zachmann, Karin (Hrsg.): Past and Present Energy Societies. How Energy connects Politics, Technologies and Cultures. Bielefeld 2012, S. 45–78.

Mörtzsch, Friedrich: Belastungsverhältnisse beim elektrischen Kochen. In: Elektrowärme in Industrie, Haushalt und Gewerbe. Fachtagung der Vereinigung der Elektrizitätswerke e.V. anläßlich ihrer Hauptversammlung Berlin 1930. Berlin 1931, S. 39–54.

Mundorff, Angelika; Kink, Barbara (Hrsg.): Frau darf ... 100 Jahre Künstlerinnen an der Akademie. Miesbach 2020.

Nagl, Alfred: Die Valutabestätigung im Wechsel. In: Juristische Blätter 4 (1875), S. 647–649 und S. 659–662.

Novodorsqui-Deniau, Monique: Pithiviers – Auschwitz 17 juillet 1942, 6 h 15. Convoi 6, camp de Pithiviers et Beaune-la-Rolande. Édition présentée et annotée par Katy Hazan, Benoît Verny, Nadine Fresco. Orléans 2006.

Oesterle, Diana: „So süßlichen Kitsch, das kann ich nicht“. Die Münchner Künstlerin Maria Luiko (1904–1941). München 2009.

Ophir, Baruch Z.; Wiesemann, Falk: Geschichte und Zerstörung der jüdischen Gemeinde in München 1918–1945. In: Lamm, Hans (Hrsg.): Vergangene Tage. Jüdische Kultur in München. München, Wien 1982, S. 462–489.

Ostendorf, Jutta: Die Richard-Wagner-Straße in München. Die Häuser und ihre Geschichten. München 2007.

Paucker, Arnold: Deutsche Juden im Kampf um Recht und Freiheit. Studien zu Abwehr, Selbstbehauptung und Widerstand der deutschen Juden seit dem Ende des 19. Jahrhunderts. Bearbeitet von Barbara Suchy. Teetz 2003.

Pfeifer, Johann; Pfeifer, Hansjörg: 150 Jahre Technikgeschichte Schwandorf und Umgebung. 100 Jahre Elektrizitätswerk Schwandorf GmbH. 1895–1995. Schwandorf 1995.

Pfister, Bernhard: Der Waisenrat. Ein Führer und Ratgeber für die bayerischen Waisenräte. München ^{2}1913.

Pohl, Manfred: Das Bayernwerk 1921 bis 1996. München, Zürich 1996.

Rasp, Hans-Peter: Eine Stadt für tausend Jahre. München – Bauten und Projekte für die Hauptstadt der Bewegung. München 1981.

Reuther, Ingrid; Kastner, Wolfram P.: Richard-Wagner-Straße 11. In: Kastner, Wolfram P. (Hrsg.): Auf einmal da waren sie weg ... Die Maxvorstadt und ihre jüdischen Bewohner. München 2017, S. 69–137.

Rückert, Horst: Das Luisen. Die Geschichte einer Münchner Schule 1822–2022. München 2021.

Schmalhofer, Claudia: Die Kgl. Kunstgewerbeschule München (1868–1918). Ihr Einfluss auf die Ausbildung der Zeichenlehrerinnen. München 2005.

Schönberg, Arthur: Die Reproduktionstechnik im Deutschen Museum. In: Der Sammler. Belletristische Beilage zur „Augsburger Abendzeitung", Nr. 69, 10.6.1908, S. 3–4; Nr. 70, 11.6.1908, S. 2–4.

–: Wasserkraft und Wärmekraft. In: Bayerische Industrie- und Handelszeitung 55 (1924), Nr. 24, S. 9–10.

–: Das Thüringenwerk. In: Elektrotechnische Zeitschrift 45 (1924), S. 577–579.

–: Ders.; Glunk, Ernst: Landes-Elektrizitätswerke. München, Berlin 1926.

Rezensionen dazu:

– Elektrotechnik und Maschinenbau 44 (1926), Heft 36, S. 655–656.

– Journal of American Institute of Electrical Engineers 45 (1926), Nr. 8, S. 785.

– Die Wasserwirtschaft. Zeitschrift für alle technischen, volkswirtschaftlichen und juristischen Fragen der Binnenschiffahrt und Wasserwirtschaft 1926, Nr. 18, S. 570–571.

– Dingler‘s Polytechnisches Journal 341 (1926), Heft 24, S. 282.

– Neue Freie Presse, Nr. 145, 7.8.1926, S. 18–19.

– Neues Wiener Tagblatt, Nr. 230, 21.8.1926, S. 15.

– Die Bautechnik 4 (1926), Heft 40, S. 606.

- Literarisches Zentralblatt für Deutschland 1926, Nr. 18, Sp. 1027.

- Elektrotechnische Zeitschrift 48 (1927), S. 1357–1358.

- Zeitschrift des Vereins Deutscher Ingenieure 71 (1927), S. 499.

- Wasserkraft und Wasserwirtschaft 22 (1927), Nr. 15, S. 213.

- Siemens-Zeitschrift 1927, Heft 4, S. 59.

- Schweizerische Bauzeitung 91/92 (1928), Heft 7, S. 93.

–: Die elektrische Küche. In: VDI-Nachrichten 7 (1927), Nr. 40, S. 13–14.

–: Die elektrische Küche. In: Elektrotechnische Zeitschrift 49 (1928), S. 327–331.

–: Die elektrische Küche. In: Elektrotechnische Zeitschrift 50 (1929), S. 1689–1692.

–: [Kurzbeitrag]. In: Vereinigung der Elektrizitätswerke e. V.: Elektrisches Kochen. Verhandlungsbericht der Sondertagung der VDEW am 15. und 16. Okt. 1929 in Berlin. Berlin 1930, S. 23–26.

–: Über den Einfluß der Wärmestromverteilung auf die Belastungsverhältnisse der Elektrizitätswerke. In: Elektrizitätswirtschaft. Mitteilungen des VDEW, Nr. 516, 1930, S. 479–482.

–: Russische Elektrizitätswirtschaft. In: VDI-Nachrichten 10 (1930), Nr. 50, S. 11–12.

–: Die Kosten der Wärmestromverteilung. In: Elektrowärme in Industrie, Haushalt und Gewerbe. Fachtagung der Vereinigung der Elektrizitätswerke e. V. anläßlich ihrer Hauptversammlung Berlin 1930. Berlin 1931, S. 58–62.

–: Ders.; Glunk, Ernst: Gutachten für die Pfälzische Gas-A.G. über die Ferngasversorgung der Rheinpfalz vom Ingenieurbüro Oskar v. Miller, München. München 1933.

Schönberg, Else: Die Monopolfrage in der Elektrizitätsversorgung. Diss. Ludwig-Maximilians-Universität München, München 1924.

Schönberg, Lotte: Johann Gottfried Herder „Gott". München 1922.

Schossig, Walter: Die Herausbildung erster lokaler und regionaler Netze (1880–1915). In: Dittmann, Frank (Hrsg.): Überwindung der Distanz. 125 Jahre Gleichstromübertragung Miesbach – München, 125 Jahre elektrische Energieübertragung. Berlin, Offenbach 2011, S. 157–190.

Schramm, Hanna: Menschen in Gurs. Erinnerungen an ein französisches Internierungslager (1940–1941). Worms 1977.

Selig, Wolfram: „Arisierung" in München. Die Vernichtung jüdischer Existenz 1937–1939. Berlin 2004.

Seper, Hans: Österreichische Automobilgeschichte 1815 bis heute. Wien 1986.

Siemens, Daniel: Leben ohne Zukunft? Zur Selbstverortung des Centralvereins in den Jahren 1933–1938. In: Grundmann, Regina; Hartmann, Bernd J.; Siemens, Daniel (Hrsg.): „Was soll aus uns werden?". Zur Geschichte des Centralvereins deutscher Staatsbürger jüdischen Glaubens im nationalsozialistischen Deutschland. Berlin 2020, S. 15–43.

Smith, Dana Leigh: Der Jüdische Kulturbund in Bayern, Ortsgruppe München 1934–1938. In: Münchner Beiträge zur jüdischen Geschichte und Kultur 8 (2014), Heft 2, S. 26–39.

–: The Jewish Kulturbund in Bavaria, 1934–1938. Art and Jewish Self-Representation under

National Socialism. Diss. Queen Mary University of London. London 2015.

Spanier, Julius: Das Israelitische Schwestern- und Krankenheim. In: Lamm, Hans (Hrsg.): Von Juden in München. Ein Gedenkbuch. München 1958, S. 126–129.

Spies, Gerty: Drei Jahre Theresienstadt. München 1984.

Staudacher, Anna L.: „... meldet den Austritt aus dem mosaischen Glauben". 18 000 Austritte aus dem Judentum in Wien, 1864–1914. Namen – Quellen – Daten. Frankfurt am Main u. a. 2009.

Stemmler, Gunter: Der Ehrenring – eine junge Auszeichnung. In: Herold-Jahrbuch NF 16 (2011), S. 231–258.

Sternsdorf-Hauck, Christiana: Brotmarken und rote Fahnen. Frauen in der bayrischen Revolution und Räterepublik 1918/19. Frankfurt 1989.

Stier, Bernhard: Staat und Strom. Die politische Steuerung des Elektrizitätssystems in Deutschland 1890–1950. Ubstadt-Weiher 1999.

Strauß, Eva: Odeonsplatz 1. In: Kastner, Wolfram P. (Hrsg.): Auf einmal da waren sie weg ... Die Maxvorstadt und ihre jüdischen Bewohner. München 2017, S. 56–68.

Strnad, Maximilian: Zwischenstation „Judensiedlung". Verfolgung und Deportation der jüdischen Münchner 1941–1945. München 2011.

Stuckenschmidt, Hans Heinz: Schönberg. Leben – Umwelt – Werk. Zürich 1974.

Sulner, Petra: Von der Findelstube zur Babyklappe. Strategien zum Umgang mit der Problematik ungewollter Kinder unter besonderer Berücksichtigung der historischen Konstellation in München. Diss. Technische Universität München. München 2008.

Ulrich, Herta; Baumann, Günther: Jüdische Schicksale aus Neuhausen. Else Schönberg. Münchner Jüdin im Pariser Exil. In: Geschichtswerkstatt Neuhausen e. V. (Hrsg.): Zum Beispiel Neuhausen 1918–1933. Die nationalsozialistische „Kampfzeit" in einem Stadtteil der ehemaligen „Hauptstadt der Bewegung". München 1993, S. 139–143.

Vaupel, Elisabeth: Chemie für die Massen. Weltausstellungen und die Chemieabteilung im Deutschen Museum. In: Kultur & Technik 24 (2000), Heft 3, S. 42–45.

–: Unter dem Trocadéro. Das Pariser Weltausstellungsbergwerk als Vorbild für das Deutsche Museum. In: Kultur & Technik 27 (2003), Heft 2, S. 20–25.

–: Zwischen Weltjahrmarkt und Wissenspopularisierung. Die Frühgeschichte der Chemieabteilung. In: Füßl, Wilhelm; Trischler, Helmuth (Hrsg.): Geschichte des Deutschen Museums. Akteure, Artefakte, Ausstellungen. München 2003, S. 255–288.

Vereinigung der Elektrizitätswerke e. V.: Elektrisches Kochen. Verhandlungsbericht der Sondertagung der VDEW am 15. und 16. Okt. 1929 in Berlin. Berlin 1930.

Volkov, Shulamit: Walther Rathenau. Ein jüdisches Leben in Deutschland 1867–1922. München 2012.

Volland, Eva Maria; Bauer, Reinhard (Hrsg.): München – Stadt der Frauen. Kampf für Frieden und Gleichberechtigung 1800–1945. Ein Lesebuch. München, Zürich 1991.

Weigt, Anja: Der deutsche Kapitalmarkt vor dem Ersten Weltkrieg – Gründerboom, Gründerkrise und Effizienz des deutschen Aktienmarktes bis 1914. Frankfurt am Main 2005.

Werner, Hans: Die Kürschnerkunst. Leipzig 1914.

Zängl, Wolfgang: Deutschlands Strom. Die Politik der Elektrifizierung von 1866 bis heute. Frankfurt am Main, New York 1989.

Zahn, Peter (Hrsg.): Hilfe für Juden in München. Annemarie und Rudolf Cohen und die Quäker 1938–1941. München 2013.

Zuber, Brigitte: Der Gauleiter. Das Amt „Willkür“: Adolf Wagner (1890–1944). Eine Biografie. Bielefeld 2023.

Namensregister

Sofern Frauen verheiratet waren, sind sie unter dem Familiennamen des Ehemanns eingereiht. Bei Künstlernamen wird auf den bürgerlichen Namen verwiesen. Zu Personen, die in Konzentrations- oder Vernichtungslager deportiert wurden und deren Todesjahr nicht geklärt ist, werden – soweit bekannt – das Deportationsjahr in Schrägstrichen „/“ und dahinter das Jahr 1945 als Ende des Zweiten Weltkriegs angegeben: z. B.: (1881–/1942/1945).
Auf die Nennung von Autorennamen der Sekundärliteratur wird verzichtet. Bei lebenden Personen ist aus Datenschutzgründen kein Geburtsdatum genannt; sie werden mit einem „*“ gekennzeichnet.

Bildnachweis

Die als „Privatbesitz" gekennzeichneten Fotografien gehören Personen, die nicht genannt werden möchten. Bei den Internetquellen finden sich die exakten Links in den Anmerkungen.

Abb. 1	DMA, CD 82110
Abb. 2	DMA, BN 02100
Abb. 3	Österreichische Nationalbibliothek
Abb. 4	HMLA, RG-27.01.06
Abb. 5	BayHStA, LEA 33327
Abb. 6	HMLA, RG-27.01.20
Abb. 7	Privatbesitz
Abb. 8	DMA, NL 114/364_003
Abb. 9	ASC, PH8257_9776
Abb. 10	Mémoires du Convoi 6 et des Camps du Loiret, Paris
Abb. 11–13	Deutsche Bibliothek, Leipzig
Abb. 14	Deutsches Theatermuseum, Nachlass Otto Falckenberg, Presseheft zu „Die Ratten", 1932/33
Abb. 15	DMA, CD 88956
Abb. 16	Bayerische Staatsbibliothek, München
Abb. 17	DMA, CD 65484
Abb. 18	DMA, CD 88746
Abb. 19	DMA, NL 114/281_122
Abb. 20	DMA, BN 23481
Abb. 21	DMA, BN 51080
Abb. 22	DMA, CD 87967

Abb. 23	DMA, CD 87965
Abb. 24	DMA, CD 81710
Abb. 25	DMA, CD 87966
Abb. 26	DMA, CD 82105
Abb. 27	DMA, CD 56086
Abb. 28	HMLA, RG-27.01.15
Abb. 29	DMA, BN 45904
Abb. 30/31	DMA, CD 51427 / CD 51428
Abb. 32	DMA, CD 51889
Abb. 33	DMA, R 6328-3
Abb. 34	DMA, NL 247/002_001
Abb. 35	DMA, NL 114/394 GF_144 (Ausschnitt)
Abb. 36	DMA, NL 114/606_035
Abb. 37	DMA, NL 114/607_010
Abb. 38	DMA, BN 02100
Abb. 39	DMA, CD 87964
Abb. 40	HMLA, RG-27.01.29
Abb. 41	Privatbesitz
Abb. 42	HMLA, RG-27.01.07
Abb. 43 (und S. 3)	ASC, PH8263.
Abb. 44	DMA, CD 60685
Abb. 45	DMA, CD 88070
Abb. 46	DMA, CD 86283
Abb. 47	DMA, CD 88957
Abb. 48/49	HMLA, RG-27.01.36
Abb. 50	Národní archiv, Praha
Abb. 51	DMA, NL 114/394 GF_140
Abb. 52	DMA, R 4105/16
Abb. 53	ASC, PH8253_11054 recto
Abb. 54	Privatbesitz
Abb. 55	ASC, PH8256